卓越工程师培养系列

STM32F1 开发标准教程

董　磊　赵志刚　主　编

杜　杨　郭文波　副主编

陈　昕　主　审

電子工業出版社

Publishing House of Electronics Industry

北京·BEIJING

内 容 简 介

与电子相关的专业，如电子工程、自动化、光电、机电、机器人、生物医学工程、医疗器械工程、康复工程等，都需要学习微控制器（微控制器也常常被称作单片机）。本书基于 STM32 核心板，以 16 个实验为主线。这些实验的编码规范均参见本书附录 C《C 语言软件设计规范（LY-STD001—2019）》。另外，所有的实验均基于模块化设计。这样读者就可以轻松地将这些模块应用在不同的项目和产品中。

本书配套的资料包既包括 STM32 核心板原理图、例程、软件包，又包括软件和硬件资料，还包括配套的 PPT 讲义、视频等，且持续更新，最新下载链接可通过微信公众号“卓越工程师培养系列”获取。本书内容翔实，图文并茂，思路清晰，凡是涉及的知识点均会详细讲解，未涉及的知识点尽可能不予讲解。这样既能减轻读者的学习负担，又能促使读者快速掌握微控制器系统设计的各项必备技能。

本书既可以作为高等院校相关专业的入门教材，也可以作为微控制器系统设计及相关行业工程技术人员的入门培训用书。

图书在版编目（CIP）数据

STM32F1 开发标准教程 / 董磊，赵志刚主编. —北京：电子工业出版社, 2020.1（2025.2 重印）

ISBN 978-7-121-36388-7

Ⅰ. ①S… Ⅱ. ①董… ②赵… Ⅲ. ①微控制器-系统开发-高等学校-教材 Ⅳ. ①TP332.3

中国版本图书馆 CIP 数据核字（2019）第 076282 号

责任编辑：张小乐　　文字编辑：徐　萍
印　　刷：涿州市般润文化传播有限公司
装　　订：涿州市般润文化传播有限公司
出版发行：电子工业出版社
　　　　　北京市海淀区万寿路 173 信箱　邮编：100036
开　　本：787×1092　1/16　印张：22.75　字数：582 千字
版　　次：2020 年 1 月第 1 版
印　　次：2025 年 2 月第 10 次印刷
定　　价：79.00 元

凡所购买电子工业出版社图书有缺损问题，请向购买书店调换。若书店售缺，请与本社发行部联系，联系及邮购电话：（010）88254888，88258888。

质量投诉请发邮件至 zlts@phei.com.cn，盗版侵权举报请发邮件至 dbqq@phei.com.cn。

本书咨询联系方式：zhxl@phei.com.cn。

前　言

本书是一本讲解 STM32F1 系列微控制器的书籍。无论电子工程、自动化、光电、机电、机器人专业，还是生物医学工程、医疗器械工程、康复工程专业，都要学习微控制器。然而，微控制器涉及面非常广，除了要掌握各种电路知识、C 语言语法、计算机体系架构，还要熟悉微控制器的寄存器、固件库及各种集成开发环境、下载工具和串口调试工具。要想成为一名优秀的微控制器系统设计工程师，还需要进一步掌握软/硬件联合调试技能，具备模块化设计思想，并且能从宏观角度进行系统架构设计，能够灵活地将各种技术规范融入具体的项目中。

天津大学李刚教授有句名言，“勇于实践+深入思考=真才实学”，而当今的高等院校工科生，最缺乏的就是勇于实践，没有大量的实践，就很难对某一个问题进行深入剖析和思考，当然，也就谈不上真才实学。随着时代的进步和发展，技术更新速度也越来越快，很多陈旧的技术在不断被淘汰。然而，很多高校依然是参照 20 世纪七八十年代的课程体系，或在此基础上增加一些新课程。这样，就出现了一个严重的问题：学生需要修读的学分越来越多，而每门课程的课时越来越少。然而，卓越工程师的培养必须配以高强度的实训。

本书可以作为实训手册使用。16 个实验都包括实验内容、实验原理、实验步骤、本章任务和本章习题 5 个环节。这些实验相对而言比较基础，而且每个实验都有详细的步骤和源代码，以确保读者能够顺利完成。另外，本书还对实验的内容、设计思路等进行了详细讲解，以保证读者能够深入理解这些实验涉及的知识点。每个实验的最后都有一个任务。这些任务是本章实验的延伸和拓展。因此，能够顺利完成并理解该章实验的读者，再加上深入思考，都能够完成这些任务。本章任务之后是本章习题，由若干小习题构成，用于检查读者是否真正掌握了本章的知识。

现在的微控制器功能比以往强大很多，想要掌握其知识点，就必须花费大量的时间和精力。比如，学习某一款 STM32 微控制器，至少要阅读三本手册，分别是 ARM 公司的《ARM Cortex-M3 权威指南》、ST 公司的《STM32 中文参考手册》和《STM32 固件库使用手册》。这些手册加起来一千多页。另外，初学者还要花费大量的时间和精力熟悉 STM32 的集成开发环境、程序下载工具、串口助手工具等。为了减轻查找资料和熟悉工具的负担，促使读者将更多的精力聚集在实践环节，争取快速入门，本书将每个实验涉及的《STM32 中文参考手册》《ARM Cortex-M3 权威指南》和《STM32 固件库使用手册》上的知识点统一汇总在实验原理一节，STM32 集成开发环境、程序下载工具、串口助手工具等的使用也穿插于各个章节中。这样，读者就可以通过本书和一套 STM32 核心板，结合书中的实验内容、实验原理、实验步骤、本章任务和本章习题，按照“勇于实践+深入思考”的思想，轻松踏上学习 STM32 之路，在实践过程中不知不觉掌握各种知识和技能。

简单总结一下本书的特点：

（1）微控制器系统设计以一块 STM32 核心板作为实践载体。微控制器之所以选取 STM32F103 RCT6，主要考虑到 STM32 是目前市面上使用最为广泛的微控制器。而且该系列的微控制器具有功耗低、外设多、基于库开发、配套资料多、开发板种类多等优势。

（2）书中 16 个实验涉及的所有知识点均详细讲解，未涉及的知识点几乎不予讲解。这样，初学者就可以快速掌握微控制器系统设计的绝大多数基本知识点。

（3）各种规范贯穿于整个微控制器系统设计的过程中，如 Keil 集成开发环境参数设置、工程和文件命名规范、版本规范、软件设计规范等。

（4）所有实验严格按照统一的工程架构设计，每个子模块按照统一的标准设计。

（5）配有完整的资料包，既包括 STM32 核心板原理图、例程、软件包，也包括软件和硬件资料，还包括配套的 PPT 讲义、视频等。这些资料会持续更新，下载链接通过微信公众号"卓越工程师培养系列"获取。

读者在使用本书开展实验时，建议先通过实验 1 和实验 2 快速熟悉整个开发流程，而对于实验 3～6，务必花费大量的时间和精力，重点学习外设架构、寄存器、固件库函数、驱动设计和应用层设计等，并认真总结这 4 章的经验，最后，将这 4 章总结的经验灵活运用在后面的 10 个实验中，因为实验 3～6 基本涵盖了最后 10 个实验 80%的知识点。学习过程中要学会抓重点，比如，实验 3～6 建议花费 40%的时间和精力，而剩余 10 个实验建议花费 60%的时间和精力，切勿平均分配时间，而且学习过程中要不断总结和归纳。

另外，本书中的程序都严格按照《C 语言软件设计规范（LY-STD001—2019）》编写。设计规范要求每个函数的实现必须有清晰的函数模块信息，包括函数名称、函数功能、输入参数、输出参数、返回值、创建日期和注意事项。由于本书篇幅有限，书中实验 3～16 中每个函数的实现均省略了函数模块信息，但是，读者在编写程序时，建议完善每个函数的模块信息，《函数实现及其模块信息》（位于本书配套资料包的"08.软件资料"文件夹）罗列了所有函数的实现及其模块信息，供读者开展实验时参考。

本书的编写得到了深圳市乐育科技有限公司的大力支持；深圳大学的覃进宇、刘宇林、陈旭萍和黄荣祯，以及杨钦铸、陈焕鑫、曹康养、王东琪和黄楷镔在教材编写、例程优化和文本校对中做了大量的工作；本书的出版得到了电子工业出版社的鼎力支持，张小乐编辑为本书的顺利出版做了大量工作，一并向他们表示衷心的感谢。本书获深圳大学教材出版资助。

由于作者水平有限，书中难免有错误和不足之处，敬请读者不吝赐教。

编　者

2019.10

目　　录

第 1 章　STM32 开发平台和工具

一部分读者在学习完本书姊妹篇《电路设计与制作实用教程（Altium Designer 版）》《电路设计与制作实用教程（PADS 版）》或《电路设计与制作实用教程（Allegro 版）》，完成 STM32 核心板的设计与制作之后，进入到本书的学习。这部分读者已经对 STM32 核心板和 STM32 芯片有了初步的认识。还有相当一部分读者希望直接使用本书来学习 STM32 微控制器系统设计。因此，本章首先对 STM32 核心板及 STM32 芯片进行简要介绍，并解释为什么选择 STM32 核心板作为本书的载体；然后讲解 STM32 开发工具的安装和配置；最后介绍在 STM32 核心板上可以开展的实验，以及本书配套的资料包。

1.1　STM32 芯片介绍

在微控制器选型过程中，工程师常常会陷入这样一个困局：一方面抱怨 8 位/16 位微控制器有限的指令和性能，另一方面抱怨 32 位处理器的高成本和高功耗。能否有效地解决这个问题，让工程师不必在性能、成本、功耗等因素中做出取舍和折中？

基于 ARM 公司 2006 年推出的 Cortex-M3 内核，ST 公司于 2007 年推出的 STM32 系列微控制器就很好地解决了上述问题。因为 Cortex-M3 内核的计算能力是 1.25DMIPS/MHz，而 ARM7TDMI 只有 0.95DMIPS/MHz。而且 STM32 拥有 1μs 的双 12 位 ADC，4Mbit/s 的 UART，18Mbit/s 的 SPI，18MHz 的 I/O 翻转速度，更重要的是，STM32 在 72MHz 工作时功耗只有 36mA（所有外设处于工作状态），而待机时功耗只有 2μA。

STM32 拥有丰富的外设、强大的开发工具、易于上手的固件库，在 32 位微控制器选型中，其已经成为许多工程师的首选。据统计，从 2007 年到 2016 年，STM32 系列微控制器出货量累计约 20 亿个，十年间 ST 公司在中国的市场份额从 2%增长到 14%。iSuppli 的 2016 下半年市场报告显示，STM32 微控制器在中国 Cortex-M 市场的份额约占 45.8%。

尽管 STM32 微控制器已经推出十余年，但它依然是市场上 32 位微控制器的首选，经过十余年的积累，各种开发资料都非常完善，降低了初学者的学习难度。因此，本书选用 STM32 微控制器作为载体，核心板上的主控芯片就是封装为 LQFP64 的 STM32F103 RCT6 芯片，最高主频可达 72MHz。

STM32F103RCT6 芯片拥有的资源包括 48KB SRAM、256KB Flash、1 个 NVIC、1 个 EXTI（支持 19 个外部中断/事件请求）、2 个 DMA（支持 12 个通道）、1 个 RTC、2 个 16 位基本定时器、4 个 16 位通用定时器、2 个 16 位高级定时器、1 个独立看门狗、1 个窗口看门狗、1 个 24 位 SysTick、2 个 I^2C、5 个串口（包括 3 个同步串口和 2 个异步串口）、3 个 SPI、2 个 I^2S（与 SPI2 和 SPI3 复用）、1 个 SDIO 接口、1 个 CAN、1 个 USB、51 个通用 I/O 接口、3 个 12 位 ADC（可测量 16 个外部和 2 个内部信号源）、2 个 12 位 DAC、1 个内置温度传感器、1 个串行 JTAG 调试接口。

STM32 系列微控制器可以开发各种产品，如智能小车、无人机、电子体温枪、电子血压计、血糖仪、胎心多普勒、监护仪、呼吸机、智能楼宇控制系统、汽车控制系统等。

1.2　STM32 核心板电路简介

本书将以 STM32 核心板为载体对 STM32 微控制器程序设计进行讲解。那么，到底什么是 STM32 核心板？

STM32 核心板是由通信-下载模块接口电路、电源转换电路、JTAG/SWD 调试接口电路、独立按键电路、OLED 显示屏接口电路、高速外部晶振电路、低速外部晶振电路、LED 电路、STM32 微控制器电路、复位电路和外扩引脚电路组成的电路板。

STM32 核心板正面和背面如图 1-1 所示，其中，J4 为通信-下载模块接口（XH-6P 母座），J8 为 JTAG/SWD 调试接口（简牛），J7 为 OLED 显示屏接口（单排 7P 母座），J6 为 BOOT0 电平选择接口（默认为不接跳线帽），RST（白头按键）为 STM32 系统复位按键，PWR（红色 LED）为电源指示灯，LED1（蓝色 LED）和 LED2（绿色 LED）为信号指示灯，KEY1、KEY2、KEY3 为普通按键（按下为低电平，不按为高电平），J1、J2、J3 为外扩引脚。核心板背面除直插件的引脚名称丝印外，还印有电路板的名称、版本号、设计日期和信息框。

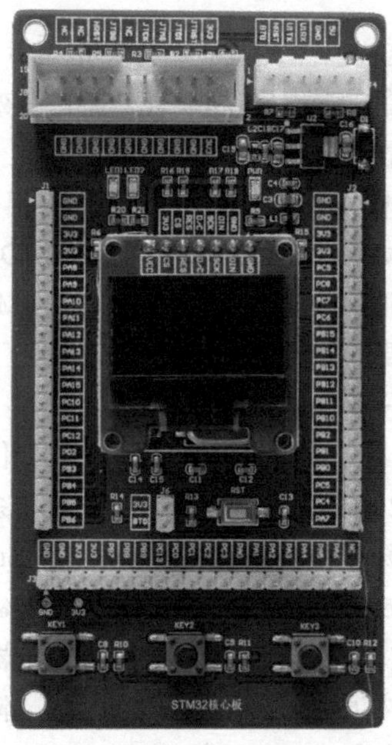

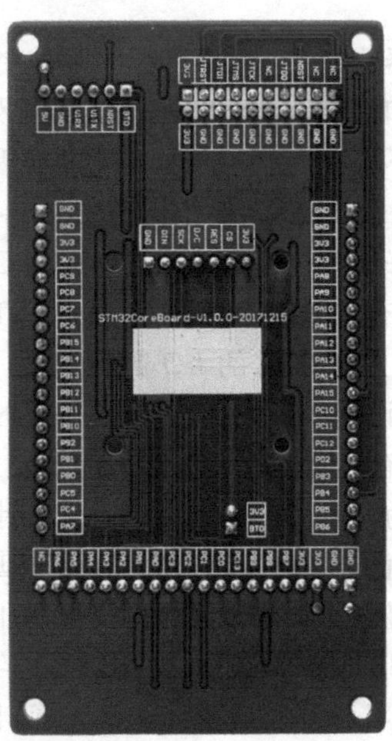

图 1-1　STM32 核心板正面和背面

STM32 核心板要正常工作，还需要搭配一套 JTAG/SWD 仿真-下载器、一套通信-下载模块和一块 OLED 显示屏。仿真-下载器既能下载程序，又能进行断点调试，本书建议使用 ST 公司推出的 ST-Link 仿真-下载器。通信-下载模块主要用于计算机与 STM32 之间的串口通信，当然，该模块也可以对 STM32 进行程序下载。OLED 显示屏则用于参数显示。STM32 核心板、通信-下载模块、JTAG/SWD 仿真-下载器、OLED 显示屏的连接图如图 1-2 所示。

1．通信-下载模块接口电路

工程师编写完程序后，需要通过通信-下载模块将.hex（或.bin）文件下载到 STM32 中。

通信-下载模块向上与计算机连接，向下与 STM32 核心板连接，通过计算机上的 STM32 下载工具（如 mcuisp），就可以将程序下载到 STM32 中。通信-下载模块除具备程序下载功能外，还担任着“通信员”的角色，即可以通过通信-下载模块实现计算机与 STM32 之间的通信。此外，通信-下载模块还为 STM32 核心板提供 5V 电压。需要注意的是，通信-下载模块既可以输出 5V 电压，也可以输出 3.3V 电压，本书中的实验均要求在 5V 电压环境下实现，因此，在连接通信-下载模块与 STM32 时，需要将通信-下载模块的电源输出开关拨到 5V 挡位。

STM32 核心板通过一个 XH-6P 的底座连接到通信-下载模块，通信-下载模块再通过 USB 线连接到计算机的 USB 接口，通信-下载模块接口电路如图 1-3 所示。STM32 核心板只要通过通信-下载模块连接到计算机，标识为 PWR 的红色 LED 就会处于点亮状态。R9 电阻起到限流的作用，防止红色 LED 被烧坏。

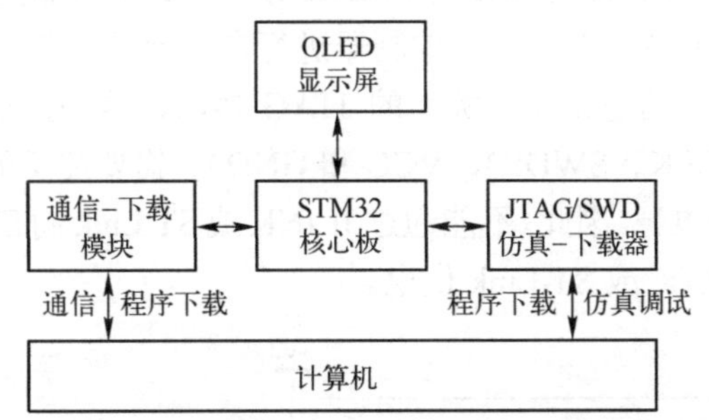

图 1-2　STM32 核心板正常工作时连接图

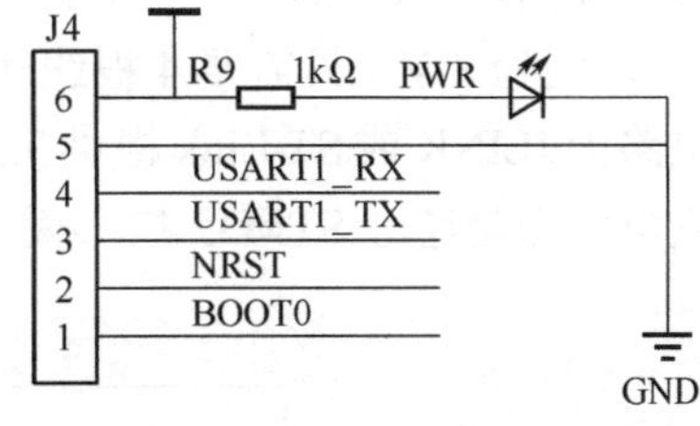

图 1-3　通信-下载模块接口电路

从图 1-3 中可以看出，通信-下载模块接口电路共有 6 个引脚，各引脚说明如表 1-1 所示。

表 1-1　通信-下载模块接口电路引脚说明

引脚顺序	引脚名称	引脚说明	备　注
1	BOOT0	启动模式选择 BOOT0	STM32 核心板 BOOT1 固定为低电平
2	NRST	STM32 复位	
3	USART1_TX	STM32 的 USART1 发送端	连接通信-下载模块的接收端
4	USART1_RX	STM32 的 USART1 接收端	连接通信-下载模块的发送端
5	GND	接地	
6	VCC_IN	电源输入	5V 供电，为 STM32 核心板提供电源

2. 电源转换电路

图 1-4 所示为 STM32 核心板的电源转换电路，将 5V 输入电压转换为 3.3V 输出电压。通信-下载模块的 5V 电源与 STM32 核心板电路的 5V 电源网络相连接，二极管 VD1（SS210）的功能是防止 STM32 核心板向通信-下载模块反向供电，二极管上会产生约 0.4V 的正向电压差，因此低压差线性稳压电源 U2（AMS1117-3.3）输入端（Vin）的电压并非 5V，而是 4.6V 左右。经过低压差线性稳压电源的降压，在 U2 的输出端（Vout）产生 3.3V 的电压。为了调试方便，在电源转换电路上设计了 3 个测试点，分别是 5V、3V3 和 GND。

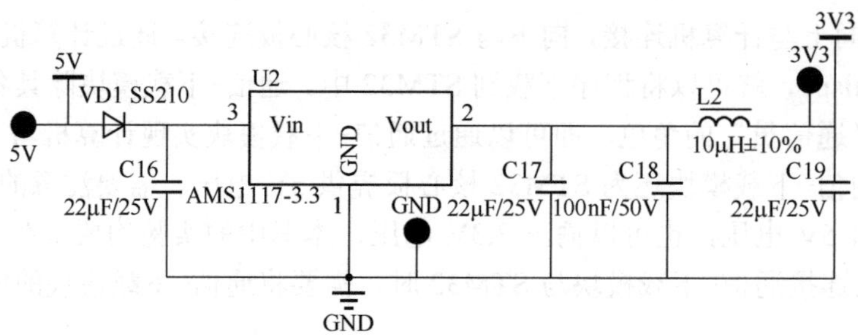

图 1-4　电源转换电路（5V 转 3.3V）

3．JTAG/SWD 调试接口电路

除了可以使用上述通信-下载模块下载程序，还可以使用 JLINK 或 ST-Link 下载程序。JLINK 和 ST-Link 不仅可以下载程序，还可以对 STM32 微控制器进行在线调试。图 1-5 是 STM32 核心板的 JTAG/SWD 调试接口电路，这里采用了标准的 JTAG 接法，这种接法兼容 SWD 接口，因为 SWD 只需要 4 根线（SWCLK、SWDIO、VCC 和 GND）。需要注意的是，该接口电路为 JLINK 或 ST-Link 提供 3.3V 的电源，因此，不能通过 JLINK 或 ST-Link 向 STM32 核心板供电，而是通过 STM32 核心板向 JLINK 或 ST-Link 供电。

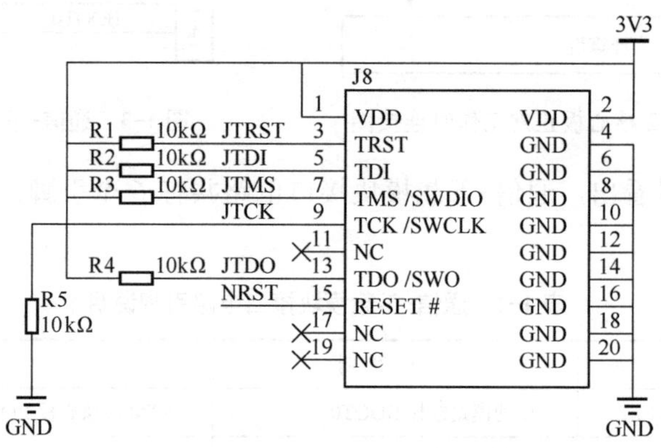

图 1-5　JTAG/SWD 调试接口电路

由于 SWD 只需要 4 根线，因此在进行产品设计时，建议使用 SWD 接口，摒弃 JTAG 接口，这样就可以节省很多接口。尽管 JLINK 和 ST-Link 都可以下载程序，而且还能进行在线调试，但是无法实现 STM32 微控制器与计算机之间的通信，所以在设计产品时，除了保留 JTAG/SWD 接口，还建议保留通信-下载接口。

4．独立按键电路

STM32 核心板上有 3 个独立按键，分别是 KEY1、KEY2 和 KEY3，其原理图如图 1-6 所示。每个按键都与一个电容并联，且通过一个 10kΩ 电阻连接到 3.3V 电源网络。按键未按下时，输入 STM32 微控制器的电压为高电平；按键按下时，输入 STM32 微控制器的电压为低电平。KEY1、KEY2 和 KEY3 分别连接到 STM32F103RCT6 芯片的 PC1、PC2 和 PA0 引脚上。

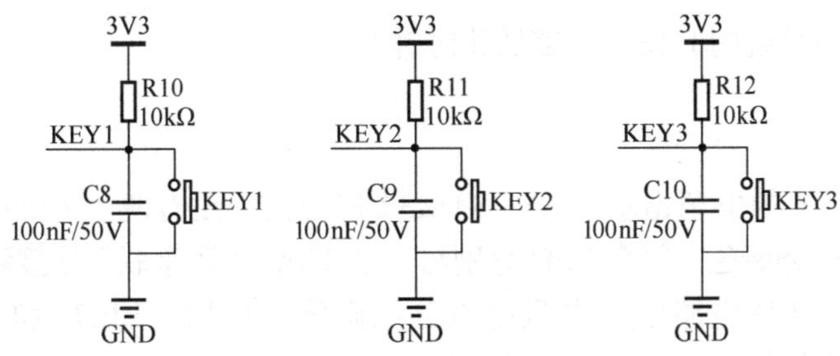

图 1-6　独立按键电路

5. OLED 显示屏接口电路

本书所使用的 STM32 核心板，除了可以通过通信-下载模块在计算机上显示数据，还可以通过板载 OLED 显示屏接口电路外接一个 OLED 显示屏来显示数据。图 1-7 即为 OLED 显示屏接口电路，该接口电路为 OLED 显示屏提供 3.3V 的电源。

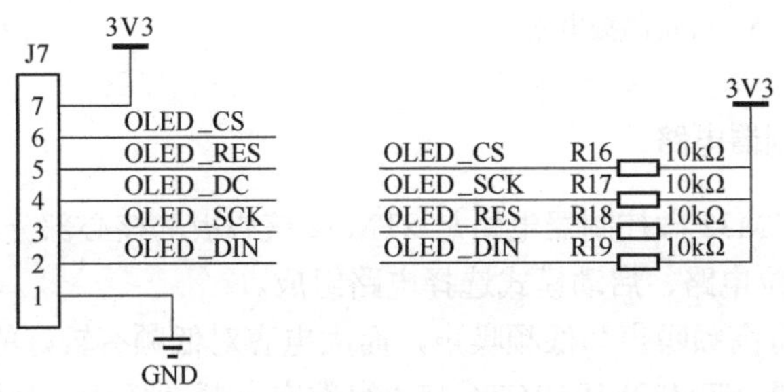

图 1-7　OLED 显示屏接口电路

OLED 显示屏接口电路的引脚说明如表 1-2 所示，其中，DIN（SPI2_MOSI）、SCK（SPI2_SCK）、D/C（PC3）、RES（SPI2_MISO）和 CS（SPI2_NSS）分别连接在 STM32F103RCT6 的 PB15、PB13、PC3、PB14 和 PB12 引脚上。

表 1-2　OLED 显示屏接口电路引脚说明

引脚序号	引脚名称	引脚说明	备　注
1	GND	接地	
2	OLED_DIN（SPI2_MOSI）	OLED 串行数据线	
3	OLED_SCK（SPI2_SCK）	OLED 串行时钟线	
4	OLED_DC（PC3）	OLED 命令/数据标志	0—命令；1—数据
5	OLED_RES（SPI2_MISO）	OLED 硬复位	
6	OLED_CS（SPI2_NSS）	OLED 片选信号	
7	3V3（3.3V）	电源输出	为 OLED 显示屏提供电源

6. 晶振电路

STM32 微控制器具有非常强大的时钟系统，除内置高速和低速的时钟系统外，还可以通过外接晶振，为 STM32 微控制器提供高精度的高速和低速时钟系统。图 1-8 所示为外接晶振电路，其中 Y1 为 8MHz 无源晶振，连接时钟系统的 HSE（外部高速时钟），Y2 为 32.768kHz

无源晶振，连接时钟系统的 LSE（外部低速时钟）。

7. LED 电路

除了标识为 PWR 的电源指示 LED，STM32 核心板上还有两个 LED，如图 1-9 所示。LED1 为蓝色，LED2 为绿色，每个 LED 分别与一个 330Ω 电阻串联后连接到 STM32F103RCT6 芯片的引脚上。在 LED 电路中，电阻起着分压限流的作用。LED1 和 LED2 分别连接到 STM32F103RCT6 芯片的 PC4 和 PC5 引脚上。

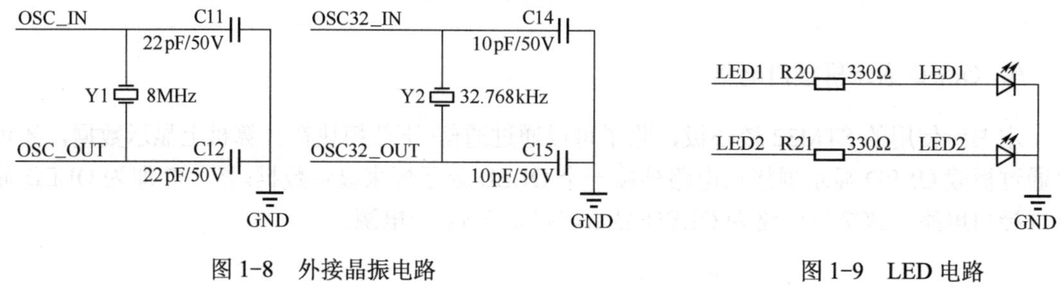

图 1-8　外接晶振电路

图 1-9　LED 电路

8. STM32 微控制器电路

图 1-10 所示的 STM32 微控制器电路是 STM32 核心板的核心部分，由 STM32 滤波电路、STM32 微控制器、复位电路、启动模式选择电路组成。

电源网络一般会有高频噪声和低频噪声，而大电容对低频有较好的滤波效果，小电容对高频有较好的滤波效果。STM32F103RCT6 有 4 组数字电源-地引脚，分别是 VDD_1、VDD_2、VDD_3、VDD_4、VSS_1、VSS_2、VSS_3、VSS_4，还有一组模拟电源-地引脚，即 VDDA、VSSA。C1、C2、C6、C7 电容用于滤除数字电源引脚上的高频噪声，C5 用于滤除数字电源引脚上的低频噪声，C4 用于滤除模拟电源引脚上的高频噪声，C3 用于滤除模拟电源引脚上的低频噪声。为了达到良好的滤波效果，还需要在进行 PCB 布局时，尽可能将这些电容摆放在对应的电源-地回路之间，且布线越短越好。

NRST 引脚通过一个 10kΩ 电阻连接 3.3V 电源网络，因此，用于复位的引脚在默认状态下是高电平，只有复位按键按下时，NRST 引脚为低电平，STM32F103RCT6 芯片才进行一次系统复位。

BT0 引脚（60 号引脚）、BT1 引脚（28 号引脚）为 STM32F103RCT6 芯片启动模块选择端口，当 BT0 为低电平时，系统从内部 Flash 启动。因此，默认情况下，J6 跳线不需要连接。

9. 外扩引脚

STM32 核心板上的 STM32F103RCT6 芯片总共有 51 个通用 I/O 接口，分别是 PA0～15、PB0～15、PC0～15、PD0～2。其中，PC14、PC15 连接外部的 32.768kHz 晶振，PD0、PD1 连接外部的 8MHz 晶振，除了这 4 个引脚，STM32 核心板还通过 J1、J2、J3 共 3 组排针引出其余 47 个通用 I/O 接口，外扩引脚原理图如图 1-11 所示。

读者可以通过这 3 组排针，自由扩展外设。另外，J1、J2、J3 这 3 组排针分别包括两组 3.3V 电源和接地（GND），这样就可以直接通过 STM32 核心板对外设进行供电，大大降低了系统的复杂度。因此，利用这 3 组排针，可以将 STM32 核心板的功能发挥到极致。

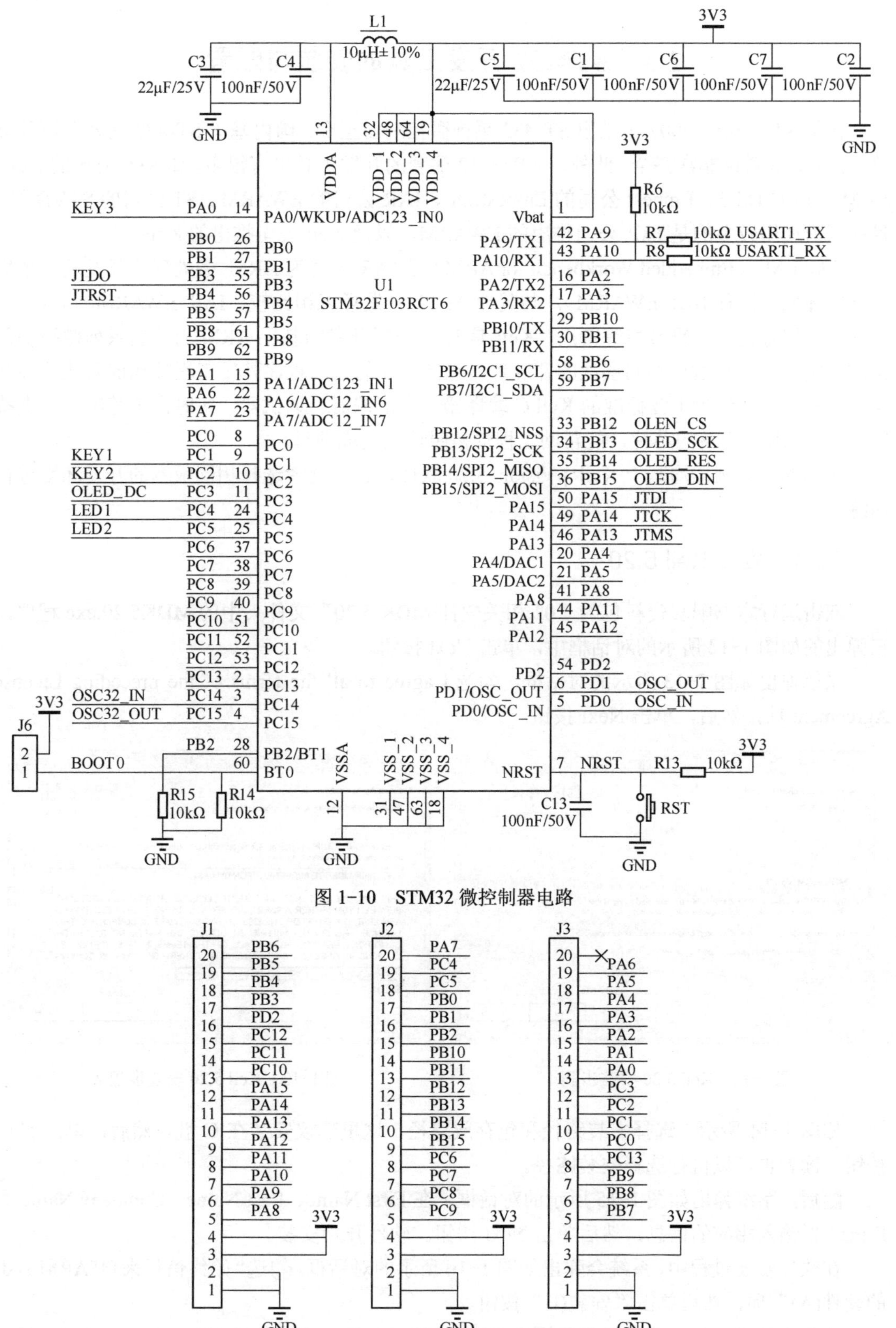

图 1-10　STM32 微控制器电路

图 1-11　外扩引脚原理图

1.3　STM32 开发工具的安装与配置

自从 ST 公司于 2007 年推出 STM32 系列微控制器至今，国内基于 STM32 的开发板种类繁多，配套资料也非常齐全。此外，与 STM32 配套的开发工具也有很多，如 Keil 公司的 Keil、ARM 公司的 DS-5、Embest 公司的 EmbestIDE、IAR 公司的 EWARM、ST 公司的 STVD 等。目前国内使用较多的是 IAR 公司推出的 EWARM，以及 Keil 公司推出的 Keil。

EWARM （Embedded Workbench for ARM）是 IAR 公司为 ARM 微处理器开发的一个集成开发环境（简称 IAR EWARM）。与其他 ARM 开发环境相比较，IAR EWARM 具有入门容易、使用方便和代码紧凑等特点。Keil 是 Keil 公司开发的基于 ARM 内核的系列微控制器集成开发环境，它适合不同层次的开发者，包括专业的应用程序开发工程师和嵌入式软件开发入门者。Keil 包含工业标准的 Keil C 编译器、宏汇编器、调试器、实时内核等组件，支持所有基于 ARM 内核的芯片，能帮助工程师按照计划完成项目。

本书的所有例程均基于 Keil μVision 5.20 软件，建议读者选择相同版本的开发环境进行演练。

1.3.1　安装 Keil 5.20

双击运行本书配套资料包的“02.相关软件\MDK 5.20”文件夹中的 MDK5.20.exe 程序，在弹出的如图 1-12 所示的对话框中，单击 Next 按钮。

系统弹出如图 1-13 所示的对话框，勾选 I agree to all the terms of the preceding License Agreement 项，然后，单击 Next 按钮。

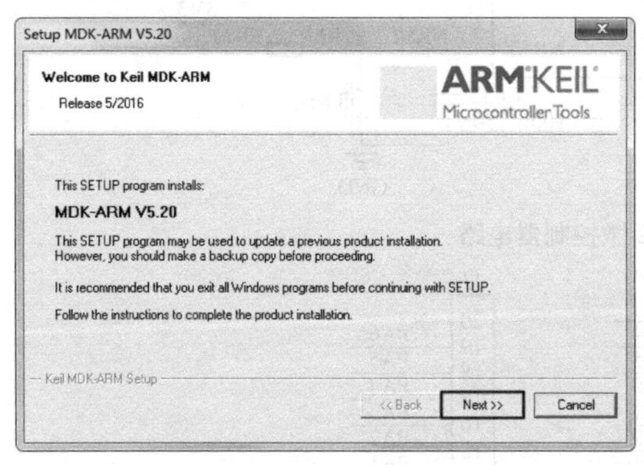

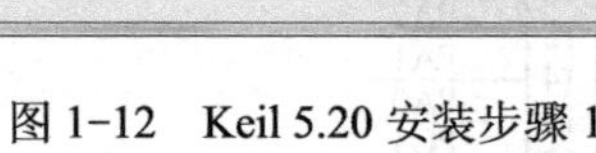
图 1-12　Keil 5.20 安装步骤 1

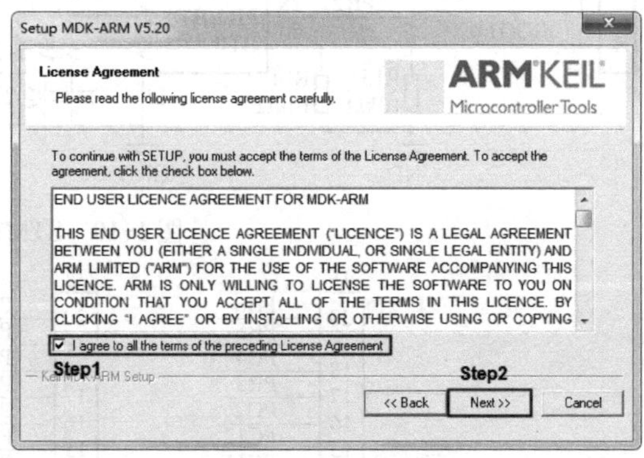

图 1-13　Keil 5.20 安装步骤 2

如图 1-14 所示，选择安装路径和包存放路径，这里建议安装在 C 盘。然后，单击 Next 按钮。读者也可以自行选择安装路径。

随后，系统弹出如图 1-15 所示的对话框，在 First Name、Last Name、Company Name 和 E-mail 栏输入相应的信息，然后单击 Next 按钮。软件开始安装。

在软件安装过程中，系统会弹出如图 1-16 所示的对话框，勾选“始终信任来自"ARM Ltd"的软件(A)”项，然后单击“安装(I)”按钮。

软件安装完成后，系统弹出如图 1-17 所示的对话框，取消勾选 Show Release Notes 项，然后单击 Finish 按钮。

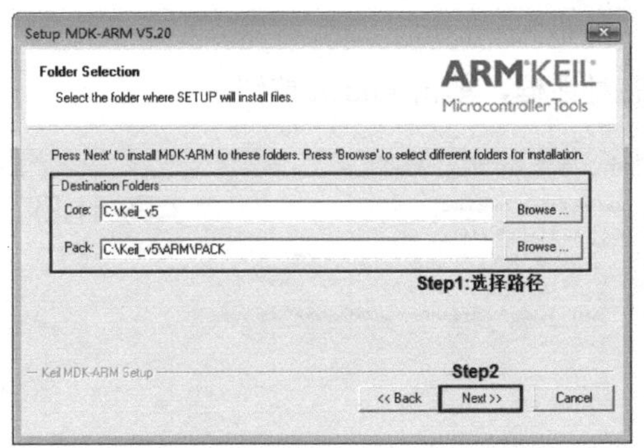

图 1-14　Keil 5.20 安装步骤 3

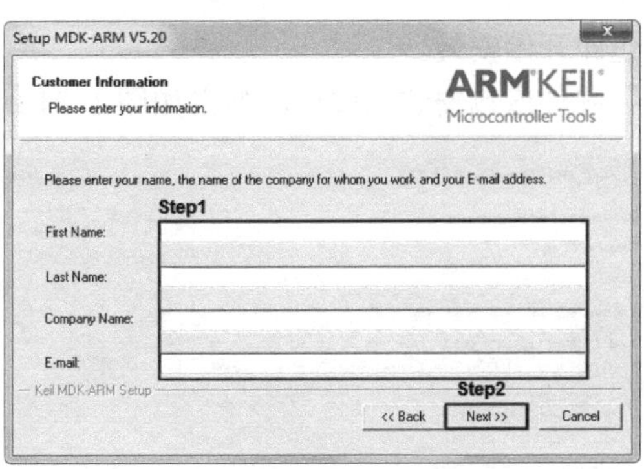

图 1-15　Keil 5.20 安装步骤 4

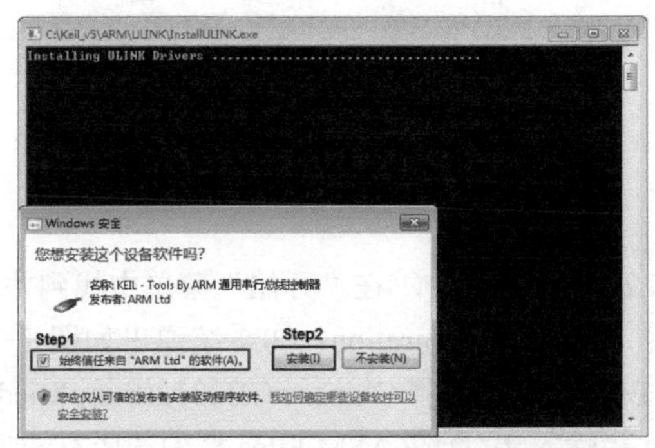

图 1-16　Keil 5.20 安装步骤 5

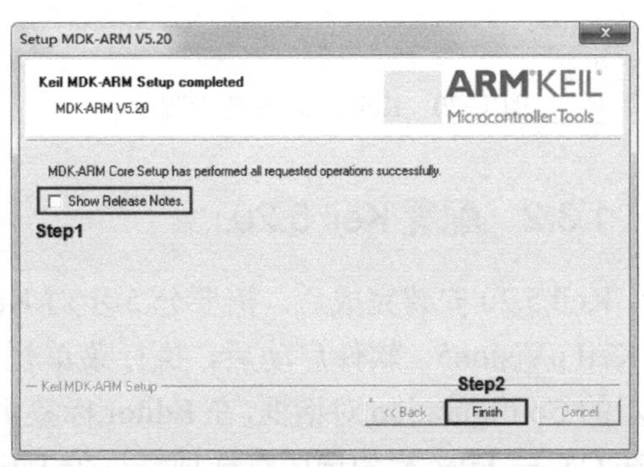

图 1-17　Keil 5.20 安装步骤 6

在如图 1-18 所示的 Pack Installer 对话框中，取消勾选 Show this dialog at startup 项，然后单击 OK 按钮。

最后，关闭如图 1-19 所示的对话框。

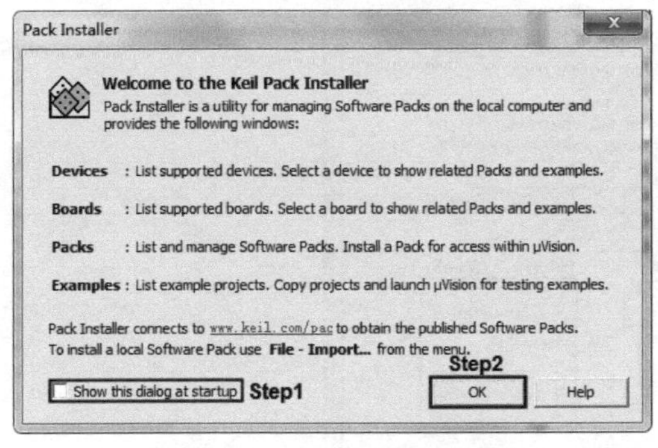

图 1-18　Keil 5.20 安装步骤 7

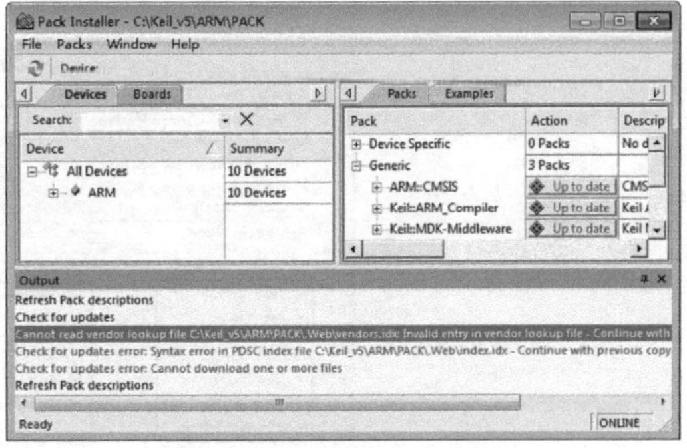

图 1-19　Keil 5.20 安装步骤 8

在安装包中还有另外两个文件，分别是 Keil.STM32F1xx_DFP.2.1.0.pack 和 Keil.STM32F4xx_DFP.2.8.0.pack，这两个文件分别是 STM32F1 系列和 STM32F4 系列微控制器的固件库包。如果使用 STM32F1 系列微控制器，则需要安装前者，如果使用 STM32F4 系列微控制器，则需要安装后者。两个固件库包的安装方式相同，这里以安装 Keil.STM32F1xx_ DFP.2.1.0.pack 为例来说明。在本书配套资料包的"02.相关软件\MDK5.20"文件夹中，找到并双击运行 Keil.STM32F1xx_DFP.2.1.0.pack，打开如图 1-20 所示的对话框，直接单击 Next 按钮，固件库包即开始安装。

固件库包安装完成后，弹出如图 1-21 所示的对话框，单击 Finish 按钮。

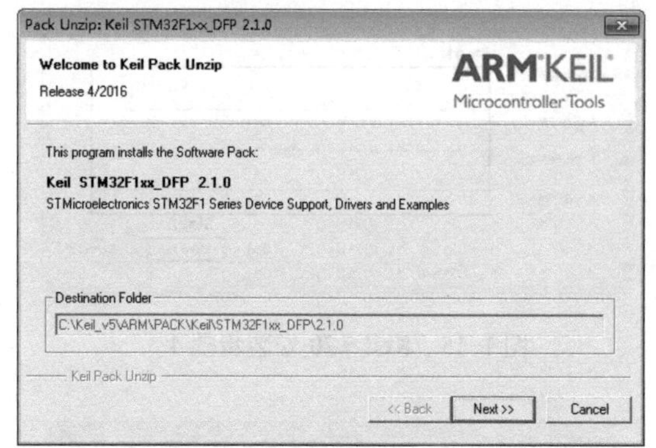

图 1-20　Keil 5.20 安装步骤 9

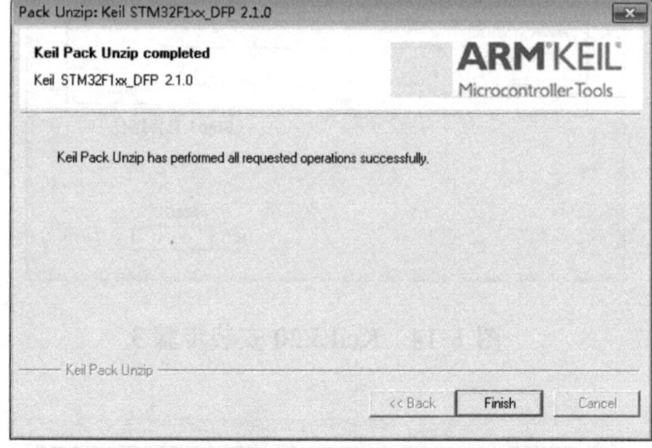

图 1-21　Keil 5.20 安装步骤 10

1.3.2　配置 Keil 5.20

Keil 5.20 安装完成后，需要分 5 步对 Keil 5.20 进行配置：①在“开始”菜单中找到并单击 Keil μVision5，软件启动后，执行菜单栏命令 Edit→Configuration；②系统弹出如图 1-22 所示的 Configuration 对话框，在 Editor 标签页的 Encoding 栏选择 Chinese GB2312(Simplified)；③在 C/C++ Files 栏勾选所有选项，并在 Tab size 栏输入 2；④在 ASM Files 栏勾选所有选项，并在 Tab size 栏输入 2；⑤在 Other Files 栏勾选所有选项，并在 Tab size 栏输入 2。最后单击 OK 按钮。

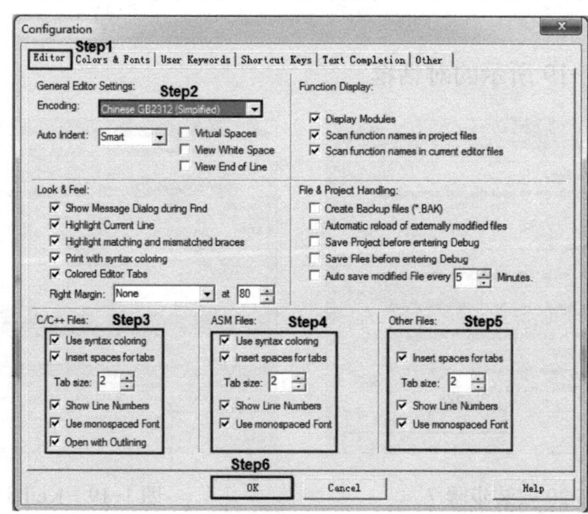

图 1-22　配置 Keil 5.20

1.4　STM32 核心板可以开展的部分实验

基于本书配套的 STM32 核心板，可以开展的实验非常丰富，这里仅列出具有代表性的 16 个实验，如表 1-3 所示。

表 1-3　STM32 核心板可开展的部分实验清单

序　号	实 验 名 称	序　号	实 验 名 称
1	F103 基准工程实验	9	外部中断实验
2	串口电子钟实验	10	OLED 显示实验
3	GPIO 与流水灯实验	11	独立看门狗实验
4	GPIO 与独立按键输入实验	12	读/写内部 Flash 实验
5	串口通信实验	13	PWM 输出实验
6	定时器实验	14	输入捕获实验
7	SysTick 实验	15	DAC 实验
8	RCC 实验	16	ADC 实验

1.5　本书配套的资料包

本书配套的资料包名称为“STM32F1 开发标准教程”（可通过微信公众号“卓越工程师培养系列”提供的链接获取）。为了保持与本书实验步骤的一致性，建议将资料包复制到计算机的 D 盘中，地址即为“D:\STM32F1 开发标准教程”。资料包由若干文件夹组成，如表 1-4 所示。

表 1-4　本书配套资料包清单

序　号	文 件 夹 名	文件夹介绍
1	入门资料	存放学习 STM32 微控制器系统设计相关的入门资料，建议读者在开始实验前，先阅读入门资料
2	相关软件	存放本书使用到的软件，如 MDK5.20、STM ISP 下载器 mcuisp、SSCOM 串口助手、ST-Link 驱动、CH340 驱动等
3	原理图	存放 STM32 核心板的 PDF 版本原理图
4	例程资料	存放 STM32 微控制器系统设计所有实验的相关素材，读者根据这些素材开展各个实验
5	PPT 讲义	存放配套 PPT 讲义
6	视频资料	存放配套视频资料
7	数据手册	存放 STM32 核心板所用元器件的数据手册，便于读者进行查阅
8	软件资料	存放本书使用到的小工具，如 PCT 协议打包/解包工具、信号采集工具等，以及《C 语言软件设计规范（LY-STD001—2019）》
9	硬件资料	存放 STM32 核心板所使用到的 PCB 工程相关库文件，包括 Altium Designer 版、PADS 版和 Allegro 版
10	参考资料	存放与 STM32 微控制器相关的资料，如《STM32 中文参考手册（中文版）》《STM32 中文参考手册（英文版）》《ARM Cortex-M3 权威指南（中文版）》《ARM Cortex-M3 权威指南（英文版）》《STM32F10x 固件库使用手册（中文版）》《STM32F10x 闪存编程手册（中文版）》和《STM32 芯片手册（英文版）》《SSD1306 数据手册（英文版）》

本 章 任 务

学习完本章后，下载本书配套的资料包，准备好配套的开发套件，熟悉 STM32 核心板的电路原理及各模块功能。

本 章 习 题

1．简述 STM32 与 ST 公司和 ARM 公司的关系。

2．通信-下载模块接口电路使用了一个红色 LED（PWR）作为电源指示，请问如何通过万用表检测一个 LED 的正、负端？

3．通信-下载模块接口电路中的电阻（R9）有什么作用？该电阻阻值的选取标准是什么？

4．电源转换电路中的 5V 网络能否使用 3.3V 网络？并解释原因。

5．电源转换电路中二极管（VD1）上的压差为什么不是一个固定值？这个压差的变化有什么规律？请结合 SS210 的数据手册进行解释。

6．什么是低压差线性稳压电源？请结合 AMS1117-3.3 的数据手册，简述低压差线性稳压电源的特点。

7．低压差线性稳压电源的输入端和输出端均有电容（C16、C17、C18），请解释这些电容的作用。

8．电路板上的测试点有什么作用？哪些点需要添加测试点？请举例说明。

9．电源电路中的电感（L2）和电容（C19）有什么作用？

10．独立按键电路中的电容有什么作用？

11．独立按键电路为什么要通过一个电阻连接到 3.3V 电源网络，而不直接连接到 3.3V 电源网络？

第 2 章　实验 1——F103 基准工程

本书所有 STM32 实验均基于 Keil μVision5.20 开发环境，在开始 STM32 微控制器程序设计之前，本章先以一个基准工程的创建为主线，分为 17 个步骤，对 Keil 软件的配置和使用，以及工程的编译和程序下载进行说明。读者通过对本章的学习，主要掌握软件的使用和工具的操作，不需要深入理解代码。

2.1　实 验 内 容

通过学习本实验原理，按照实验步骤，进行 Keil 软件的标准化设置，并创建和编译工程，最后将编译生成的.hex 和.axf 文件下载到 STM32 核心板，验证以下基本功能：两个 LED（编号为 LED1 和 LED2）每 500ms 交替闪烁；计算机上的串口助手每秒输出一次字符串。

2.2　实 验 原 理

2.2.1　寄存器与固件库

STM32 刚刚面世时就有配套的固件库，但当时的嵌入式开发人员习惯使用寄存器，很少使用固件库。究竟是基于寄存器开发更快捷还是基于固件库开发更快捷，曾引起了非常激烈的讨论。然而，随着 STM32 固件库的不断完善和普及，越来越多的嵌入式开发人员开始接受并适应这种高效率的开发模式。

什么是寄存器开发模式？什么是固件库开发模式？为了便于理解这两种不同的开发模式，下面以日常生活中熟悉的开汽车为例，从芯片设计者的角度来解释。

1．如何开汽车

开汽车实际上并不复杂，只要能够协调好变速箱（Gear）、油门（Speed）、刹车（Brake）和转向盘（Wheel），基本上就掌握了开汽车的要领。启动车辆时，首先将变速箱从驻车挡切换到前进挡，然后松开刹车紧接着踩油门，需要加速时，将油门踩得深一些，需要减速时，油门适当松开一些。需要停车时，先松开油门，然后踩刹车，在车停稳之后将变速箱从前进挡切换到驻车挡。当然，实际开汽车还需要考虑更多的因素，本例仅为了形象地解释寄存器和固件库开发模式而将其简化了。

2．汽车芯片

要设计一款汽车芯片，除了 CPU、ROM、RAM 和其他常用外设（如 CMU、PMU、Timer、UART 等），还需要一个汽车控制单元（CCU），如图 2-1 所示。

为了实现对汽车的控制，即控制变速箱、油门、刹车和转向盘，还需要进一步设计与汽车控制单元相关的 4 个寄存器，分别是变速箱控制寄存器（CCU_GEAR）、油门控制寄存器（CCU_SPEED）、刹车控制寄存器（CCU_BRAKE）和转向盘控制寄存器（CCU_WHEEL），如图 2-2 所示。

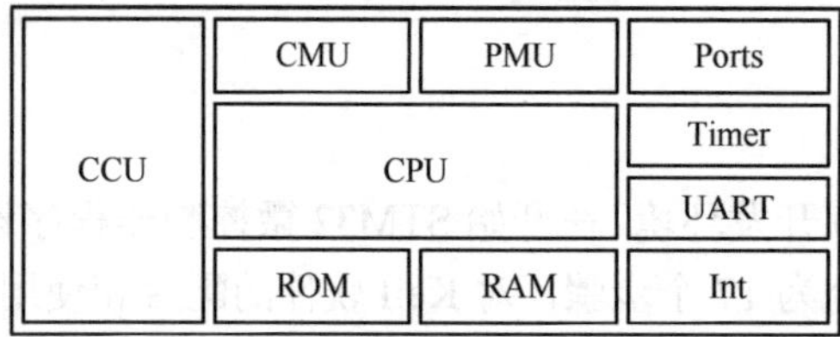

图 2-1　汽车芯片结构图 1

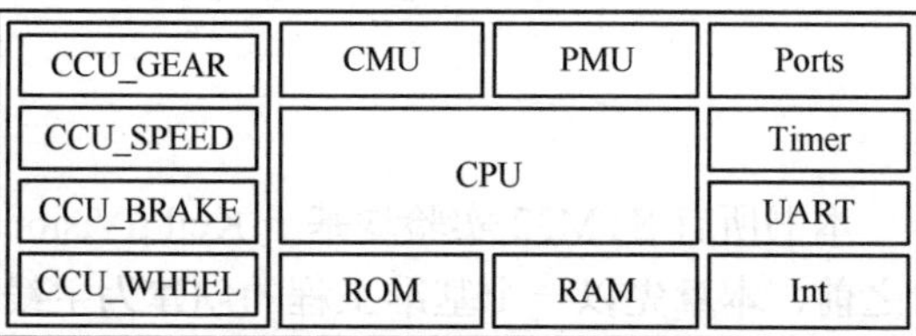

图 2-2　汽车芯片结构图 2

3．汽车控制单元寄存器（寄存器开发模式）

通过向汽车控制单元寄存器写入不同的值即可实现对汽车的操控，这些寄存器每一位具体的定义是什么，还需要进一步明确。表 2-1 给出了汽车控制单元（CCU）的寄存器地址映射和复位值。

表 2-1　CCU 的寄存器地址映射和复位值

偏移	寄存器	31	30	…	9	8	7	6	5	4	3	2	1	0
00h	CCU_GEAR	保留										GEAR[2:0]		
	复位值											0	0	0
04h	CCU_SPEED	保留					SPEED[7:0]							
	复位值						0	0	0	0	0	0	0	0
08h	CCU_BRAKE	保留					BRAKE[7:0]							
	复位值						1	1	1	1	1	1	1	1
0Ch	CCU_WHEEL	保留					WHEEL[7:0]							
	复位值						0	1	1	1	1	1	1	1

下面依次解释说明变速箱控制寄存器（CCU_GEAR）、油门控制寄存器（CCU_SPEED）、刹车控制寄存器（CCU_BRAKE）和转向盘控制寄存器（CCU_WHEEL）的结构和功能。

1）变速箱控制寄存器（CCU_GEAR）

CCU_GEAR 的结构如图 2-3 所示，对 CCU_GEAR 部分位的解释说明如表 2-2 所示。

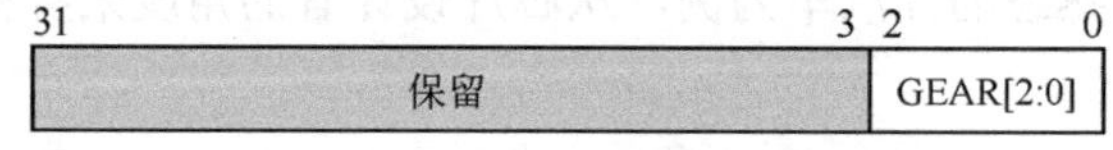

图 2-3　CCU_GEAR 的结构

表 2-2　CCU_GEAR 部分位的解释说明

位 2:0	GEAR[2:0]：挡位选择 000-PARK（驻车挡）；001-REVERSE（倒车挡）；010-NEUTRAL（空挡）； 011-DRIVE（前进挡）；100-LOW（低速挡）

2）油门控制寄存器（CCU_SPEED）

CCU_SPEED 的结构如图 2-4 所示，对 CCU_SPEED 部分位的解释说明如表 2-3 所示。

图 2-4　CCU_SPEED 的结构

表 2-3　CCU_SPEED 部分位的解释说明

位 7:0	SPEED[7:0]：油门选择 0 表示未踩油门，255 表示将油门踩到底

3）刹车控制寄存器（CCU_BRAKE）

CCU_BRAKE 的结构如图 2-5 所示，对 CCU_BRAKE 部分位的解释说明如表 2-4 所示。

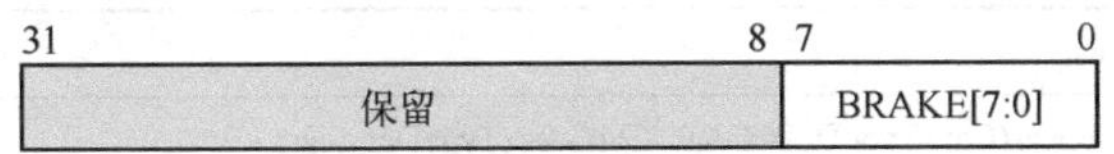

图 2-5　CCU_BRAKE 的结构

表 2-4　CCU_BRAKE 部分位的解释说明

位 7:0	BRAKE[7:0]：刹车选择 0 表示未踩刹车，255 表示将刹车踩到底

4）转向盘控制寄存器（CCU_WHEEL）

CCU_WHEEL 的结构如图 2-6 所示，对 CCU_WHEEL 部分位的解释说明如表 2-5 所示。

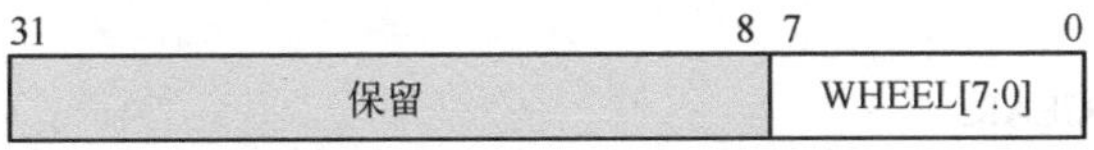

图 2-6　CCU_WHEEL 的结构

表 2-5　CCU_WHEEL 部分位的解释说明

位 7:0	WHEEL[7:0]：方向选择 0 表示转向盘向左转到底，255 表示转向盘向右转到底

完成汽车芯片设计之后，就可以借助一款合适的集成开发环境（如 Keil 或 IAR）来编写程序，通过向汽车芯片中的寄存器写入不同的值来实现对汽车的操控，这种开发模式称为寄存器开发模式。

4. 汽车芯片固件库（固件库开发模式）

寄存器开发模式对于一款功能简单的芯片（如 51 单片机，只有二三十个寄存器），开发起来比较容易，但是，当今市面上主流的微控制器芯片功能都非常强大，如 STM32 系列微控制器，其寄存器个数为几百甚至更多，而且每个寄存器又有很多功能位，寄存器开发模式就比较复杂。为了方便工程师更好地读/写这些寄存器，提升开发效率，芯片制造商通常会设计一套完整的固件库，通过固件库来读/写芯片中的寄存器，这种开发模式称为固件库开发模式。

例如，设计汽车控制单元的 4 个固件库函数分别是变速箱控制函数 SetCarGear、油门控制函数 SetCarSpeed、刹车控制函数 SetCarBrake 和转向盘控制函数 SetCarWheel，定义如下：

```
int SetCarGear(Car_TypeDef* CAR, int gear);
int SetCarSpeed(Car_TypeDef* CAR, int speed);
int SetCarBrake(Car_TypeDef* CAR, int brake);
int SetCarWheel(Car_TypeDef* CAR, int wheel);
```

由于以上 4 个函数的功能比较类似，下面重点介绍 SetCarGear 函数的功能及实现。

1）SetCarGear 函数的描述

SetCarGear 函数的功能是根据 Car_TypeDef 中指定的参数设置挡位，通过向 CAR→GEAR 写入参数来实现的。具体描述如表 2-6 所示。

表 2-6　SetCarGear 函数的描述

函数名	SetCarGear
函数原形	int SetCarGear(Car_TypeDef* CAR, CarGear_TypeDef gear)
功能描述	根据 Car_TypeDef 中指定的参数设置挡位
输入参数 1	CAR：指向 CAR 寄存器组的首地址
输入参数 2	gear：具体的挡位
输出参数	无
返回值	设定的挡位是否有效（FALSE 为无效，TRUE 为有效）

Car_TypeDef 定义如下：

```
typedef struct
{
  __IO uint32_t GEAR;
  __IO uint32_t SPEED;
  __IO uint32_t BRAKE;
  __IO uint32_t WHEEL;
}Car_TypeDef;
```

CarGear_TypeDef 定义如下：

```
typedef enum
{
  Car_Gear_Park = 0,
  Car_Gear_Reverse,
  Car_Gear_Neutral,
  Car_Gear_Drive,
  Car_Gear_Low
}CarGear_TypeDef;
```

2）SetCarGear 函数的实现

下面的程序清单是 SetCarGear 函数的实现，通过将参数 gear 写入 CAR→GEAR 来实现。返回值用于判断设定的挡位是否有效，当设定的挡位为 0～4 时，即为有效挡位，返回值为 TRUE；当设定的挡位不为 0～4 时，即为无效挡位，返回值为 FALSE。

程序清单

```
int SetCarGear(Car_TypeDef* CAR, int gear)
{
  int valid = FALSE;
if(0 <= gear && 4 >= gear)
{
```

```
    CAR->GEAR = gear;
    valid = TRUE;
  }
  return valid;
}
```

通过前面的介绍，相信读者对寄存器开发模式和固件库开发模式，以及这两种开发模式之间的关系有了一定的了解。无论是寄存器开发模式还是固件库开发模式，实际上最终都要配置寄存器，只不过寄存器开发模式是直接读/写寄存器，而固件库开发模式是通过固件库函数间接读/写寄存器。固件库的本质是建立一个新的软件抽象层，因此，固件库开发的优点是基于分层开发带来的高效性，缺点也是由于分层开发导致的资源浪费。

嵌入式开发从最早的基于汇编语言，到基于 C 语言，再到基于操作系统，实际上是一种基于分层的进化；另一方面，STM32 作为高性能的微控制器，其固件库导致的资源浪费远不及它所带来的高效性。因此，我们应该适应基于固件库的先进的开发模式。当然，很多读者会有这样的疑惑：基于固件库的开发是否需要深入学习寄存器？这个疑惑实际上很早就有答案了，比如，我们使用 C 语言开发某一款微控制器，为了设计出更加稳定的系统，还是非常有必要了解汇编指令的。同理，基于操作系统开发，也有必要熟悉操作系统的底层运行机制。ST 公司提供的固件库编写的代码非常规范，注释也比较清晰，读者完全可以通过追踪底层代码来研究固件库是如何读/写寄存器的。

2.2.2　Keil 编辑和编译及 STM32 下载过程

STM32 的集成开发环境有很多种，本书使用的是 Keil。通常，我们会使用 Keil 建立工程、编写程序，然后，编译工程并生成二进制或十六进制文件，最后，将二进制或十六进制文件下载到 STM32 芯片上运行。但是，整个编译和下载过程究竟做了哪些操作？编译过程到底生成了什么样的文件？编译过程到底使用了哪些工具？下载又使用了哪些工具？下面将对这些问题进行说明。

1．Keil 编辑和编译过程

首先，介绍 Keil 编辑和编译过程。Keil 与其他集成开发环境的编辑和编译过程类似，如图 2-7 所示。Keil 软件编辑和编译过程分为以下 4 个步骤：①创建工程，并编辑程序，程序分为 C/C++代码（存放于.c 文件）和汇编代码（存放于.s 文件）；②通过编译器 armcc 对.c 文件进行编译，通过编译器 armasm 对.s 文件进行编译，这两种文件编译之后，都会生成一个对应的目标程序（.o 文件），.o 文件的内容主要是从源文件编译得到的机器码，包含代码、数据及调试使用的信息；③通过链接器 armlink 将各个.o 文件及库文件链接生成一个映像文件（.axf 或.elf 文件）；④通过格式转换器 fromelf 将.axf 或.elf 文件转换成二进制文件（.bin 文件）或十六进制文件（.hex 文件）。编译过程中使用到的编译器 armcc、armasm，以及链接器 armlink 和格式转换器 fromelf 均位于 Keil 的安装目录下，如果 Keil 默认安装在 C 盘，这些工具就存放在 C:\Keil_v5\ARM\ARMCC\bin 目录下。

2．STM32 下载过程

通过 Keil 生成的映像文件（.axf 或.elf）或二进制/十六进制文件（.bin 或.hex），可以使用不同的工具将其下载到 STM32 芯片上的 Flash 中。上电后，系统会将 Flash 中的文件加载到片上 SRAM，运行整个代码。

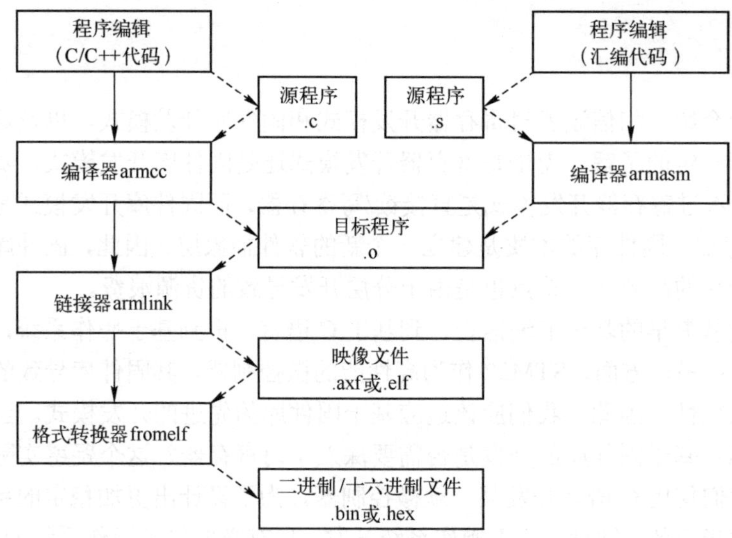

图 2-7　Keil 编辑和编译过程

本书使用了两种下载程序的方法：第一种方法是使用 Keil 将.axf 通过 ST-Link 下载到 STM32 芯片上的 Flash 中，具体步骤见 2.3 节的步骤 13；第二种方法是使用 mcuisp 将.hex 通过通信-下载模块下载到 STM32 芯片上的 Flash 中，具体步骤见 2.3 节的步骤 15。

2.2.3　STM32 工程模块名称及说明

本书所有实验在 Keil 集成开发环境中建立完成后，工程模块分组均如图 2-8 所示。项目按照模块被分为 App、Alg、HW、OS、TPSW、FW 和 ARM。

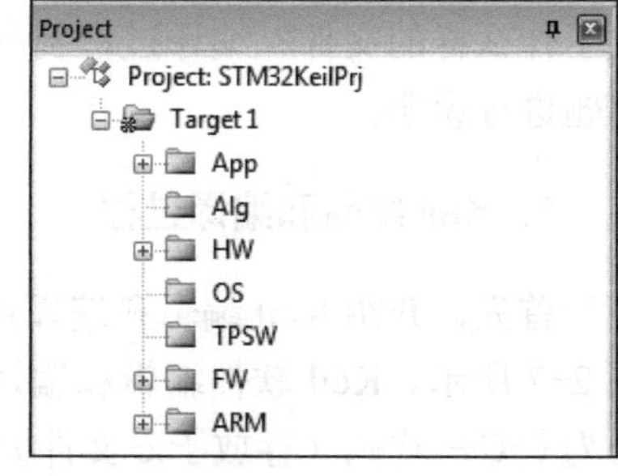

图 2-8　Keil 工程模块分组

STM32 工程模块名称及说明如表 2-7 所示。App 是应用层，该层包括 Main、硬件应用和软件应用文件；Alg 是算法层，该层包括项目算法相关文件，如心电算法文件等；HW 是硬件驱动层，该层包括 STM32 片上外设驱动文件，如 UART1、Timer 等；OS 是操作系统层，该层包括第三方操作系统，如 μC/OS III、FreeRTOS 等；TPSW 是第三方软件层，该层包括第三方软件，如 STemWin、FatFs 等；FW 是固件库层，该层包括与 STM32 相关的固件库，如 stm32f10x_gpio.c 和 stm32f10x_gpio.h 文件；ARM 是 ARM 内核层，该层包括启动文件、NVIC、SysTick 等与 ARM 内核相关的文件。

表 2-7　STM32 工程模块名称及说明

模　块	名　称	说　明
App	应用层	应用层包括 Main、硬件应用和软件应用文件
Alg	算法层	算法层包括项目算法相关文件，如心电算法文件等
HW	硬件驱动层	硬件驱动层包括 STM32 片上外设驱动文件，如 UART1、Timer 等

续表

模　块	名　称	说　明
OS	操作系统层	操作系统层包括第三方操作系统，如 μC/OS III、FreeRTOS 等
TPSW	第三方软件层	第三方软件层包括第三方软件，如 STemWin、FatFs 等
FW	固件库层	固件库层包括与 STM32 相关的固件库，如 stm32f10x_gpio.c 和 stm32f10x_gpio.h 文件
ARM	ARM 内核层	ARM 内核层包括启动文件、NVIC、SysTick 等与 ARM 内核相关的文件

2.2.4 STM32 参考资料

在 STM32 微控制器系统设计过程中，会涉及各种参考资料，如《STM32 参考手册》《STM32 芯片手册》《STM32 固件库使用手册》和《ARM Cortex-M3 权威指南》等，这些资料存放在本书配套资料包的“10.参考资料”文件下，下面对这些参考资料进行简单的介绍。

1. 《STM32 参考手册》

该手册是 STM32 系列微控制器的参考手册，主要对 STM32 系列微控制器的外设，如存储器、RCC、GPIO、UART、Timer、DMA、ADC、DAC、RTC、IWDG、WWDG、FSMC、SDIO、USB、CAN、I^2C 等进行讲解，包括各个外设的架构、工作原理、特性及寄存器等。读者在开发过程中会频繁使用到该手册，尤其是查阅某个外设的工作原理和相关寄存器时。

2. 《STM32 芯片手册》

在开发过程中，选好某一款具体的芯片之后，就需要弄清楚该芯片的主功能引脚定义、默认复用引脚定义、重映射引脚定义、电气特性和封装信息等，读者可以通过该手册查询到这些信息。

3. 《STM32 固件库使用手册》

固件库实际上就是读/写寄存器的一系列函数集合，该手册是这些固件库函数的使用说明文档，包括封装寄存器的结构体说明、固件库函数说明、固件库函数参数说明，以及固件库函数使用实例等。读者不需要记住这些固件库函数，只需要在 STM32 开发过程中遇到不清楚的固件库函数时，能够翻阅之后解决问题即可。

4. 《ARM Cortex-M3 权威指南》

该手册由 ARM 公司提供，主要介绍 Cortex-M3 处理器的架构、功能和用法，它补充了《STM32 参考手册》没有涉及或讲解不充分的内容，如指令集、NVIC 与中断控制、SysTick 定时器、调试系统架构、调试组件等，需要学习这些内容的读者，可以翻阅《ARM Cortex-M3 权威指南》。

本书的每个实验涉及的上述资料均已汇总在每章的实验原理一节，因此，读者在开展每章实验时，只需要借助本书和一套 STM32 核心板，便可大胆踏上学习 STM32 之路。由于本书是 STM32 微控制器入门书籍，读者在开展本书以外的实验时，遇到书中未涉及的知识点，需要查看以上手册，或者翻阅其他书籍及借助网络资源。

2.3　实 验 步 骤

步骤 1：Keil 软件标准化设置

在进行程序设计前，建议对 Keil 软件进行标准化设置，比如将编码格式改为 Chinese GB2312(Simplified)，这样可以防止代码文件中输入的中文乱码现象；将缩进的空格数设置为 2 个空格，同时将 Tab 键也设置为 2 个空格，这样可以防止使用不同的编辑器阅读代码时出现代码布局不整齐的现象。针对 Keil 软件，设置编码格式、制表符长度和缩进长度的具体方法如图 2-9 所示。首先，打开 Keil μVision5 软件，执行菜单命令 Edit→Configuration，在 Encoding 下拉列表中选择 Chinese GB2312(Simplified)；其次，在 C/C++ Files、ASM Files 和 Other Files 栏中，均勾选 Insert spaces for tabs、Show Line Numbers，并将 Tab size 改为 2；最后，单击 Configuration 对话框下的 OK 按钮。

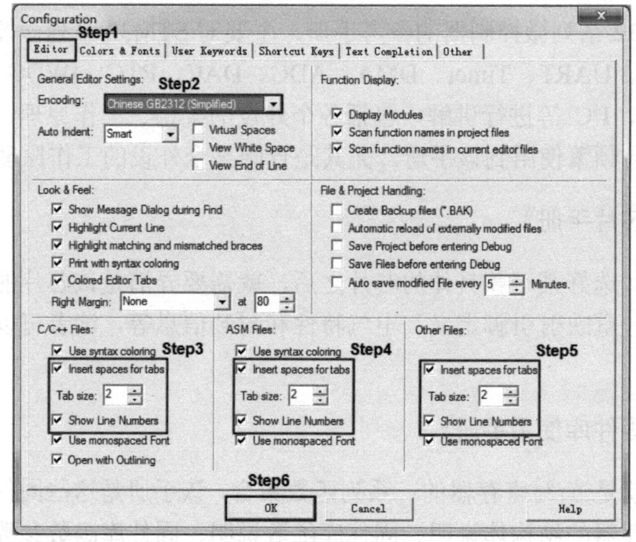

图 2-9　Keil 软件标准化设置

步骤 2：新建存放工程的文件夹

在计算机的 D 盘下建立一个 STM32KeilTest 文件夹，将本书配套资料包的“04.例程资料\Material”文件夹复制到 STM32KeilTest 文件夹下，然后在 STM32KeilTest 文件夹下新建一个 Product 文件夹。当然，工程保存的文件夹路径读者可以自行选择，不一定放在 D 盘中，但是完整的工程保存的文件夹及命名一定要严格按照要求进行，从小处养成良好的规范习惯。

步骤 3：复制和新建文件夹

首先，在 D:\STM32KeilTest\Product 文件夹下新建一个名为“01.F103 基准工程实验”的文件夹；其次，将“D:\STM32KeilTest\Material\01.F103 基准工程实验”文件夹中的所有文件夹和文件（包括 Alg、App、ARM、FW、HW、OS、TPSW、clear.bat、readme.txt）复制到“D:\STM32KeilTest\Product\01.F103 基准工程实验”文件夹中；最后，在“D:\STM32KeilTest\Product\

01.F103 基准工程实验”文件夹中新建一个 Project 文件夹。

步骤 4：新建一个工程

打开 Keil μVision5 软件，执行菜单命令 Project→New μVision Project，在弹出来的 Create New Project 对话框中，工程路径选择“D:\STM32KeilTest\Product\01.F103 基准工程实验\Project”，将工程名命名为 STM32KeilPrj，最后单击“保存”按钮，如图 2-10 所示。

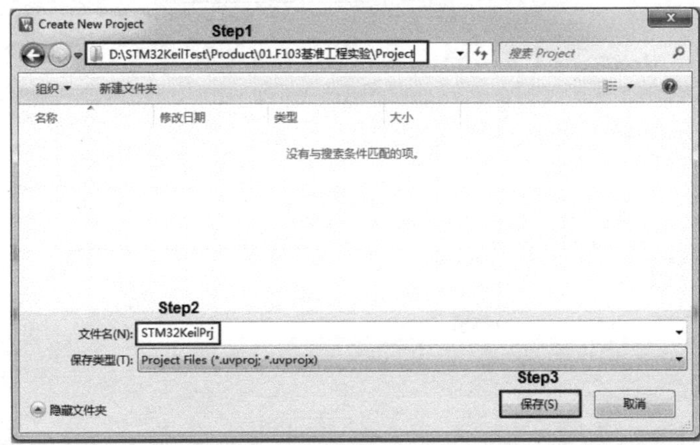

图 2-10　新建一个工程

步骤 5：选择对应的 STM32 型号

在弹出的 Select Device for Target 'Target 1'...对话框中，选择对应的 STM32 型号。由于核心板上 STM32 芯片的型号是 STM32F103RCT6，因此，在如图 2-11 所示的对话框中，选择 STM32F103RC，最后单击 OK 按钮。

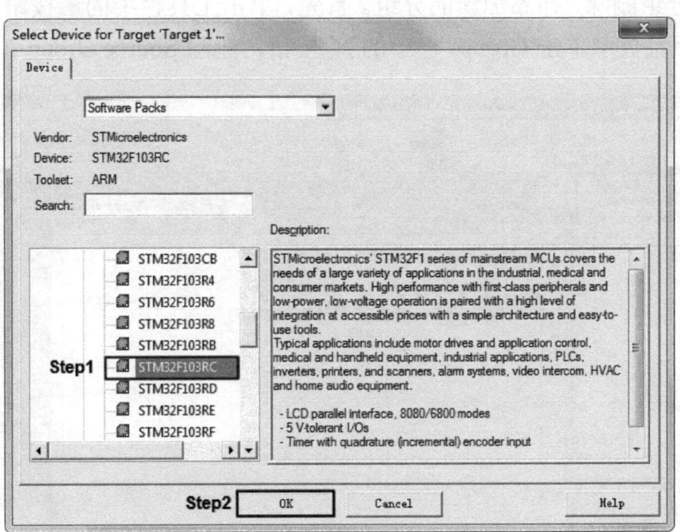

图 2-11　选择对应的 STM32 型号

步骤 6：关闭 Manage Run-Time Environment

由于本书没有使用到实时环境，因此，在弹出的如图 2-12 所示的 Manage Run-Time

Environment 对话框中，单击 Cancel 按钮直接关闭即可。

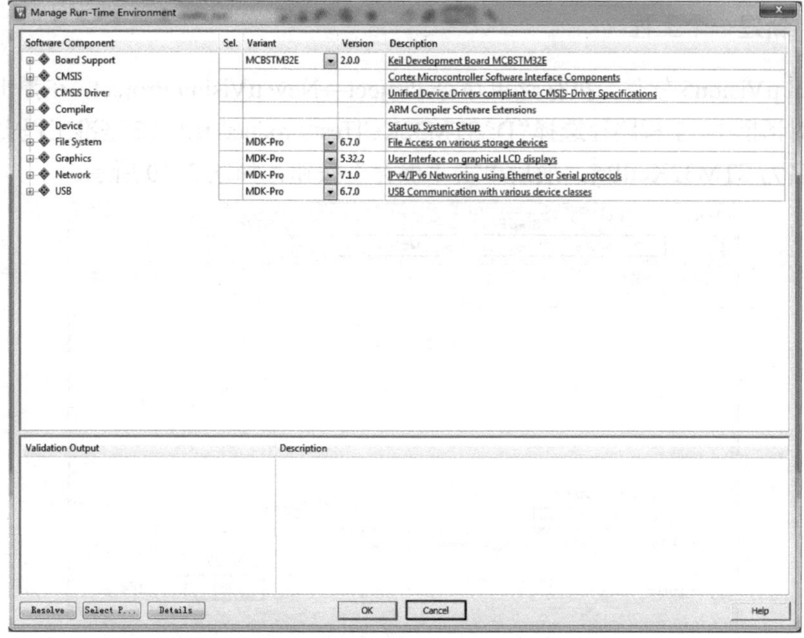

图 2-12　关闭 Manage Run-Time Environment

步骤 7：删除原有分组并新建分组

关闭 Manage Run-Time Environment 对话框之后，一个简单的工程创建即完成，工程名为 STM32KeilPrj。可以在 Keil 软件界面的左侧看到，Target 1 下有一个 Source Group 1 分组，这里需要将已有的分组删除，并添加新的分组。首先，单击工具栏中的按钮，如图 2-13 所示，在 Project Items 标签页中单击 Groups 栏中的按钮，删除 Source Group 1 分组。

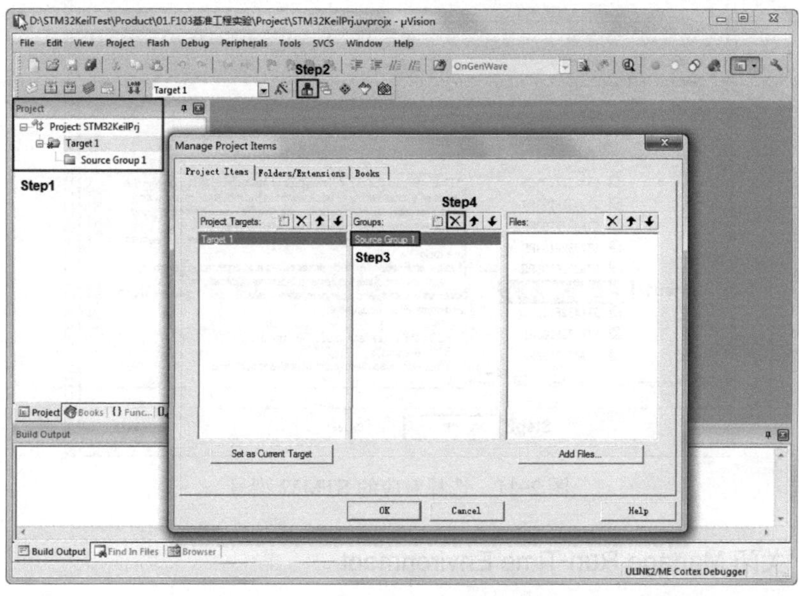

图 2-13　删除原有的 Source Group 1 分组

接着，在 Manage Project Items 对话框的 Project Items 标签页，在 Groups 栏中单击按钮，依次添加 App、Alg、HW、OS、TPSW、FW、ARM 分组，如图 2-14 所示。注意，可以通过单击上、下箭头按钮调整分组的顺序。

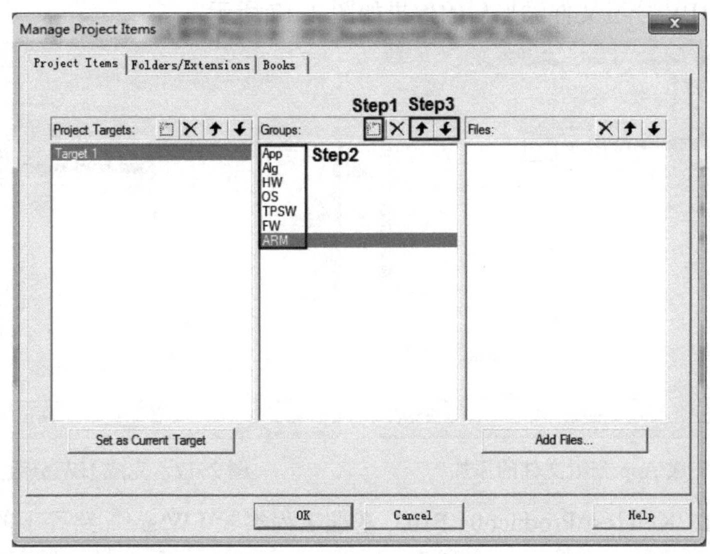

图 2-14　新建分组

步骤 8：向分组添加文件

如图 2-15 所示，在 Manage Project Items 对话框的 Groups 栏，单击选择 App，然后单击 Add Files 按钮。在弹出的 Add Files to Group 'App' 对话框中，查找范围选择"D:\STM32KeilTest\Product\01.F103 基准工程实验\App\Main"。接着单击选择 Main.c 文件，最后单击 Add 按钮将 Main.c 文件添加到 App 分组。注意，也可以在 Add Files to Group 'App' 对话框中通过双击 Main.c 文件向 App 分组添加该文件。

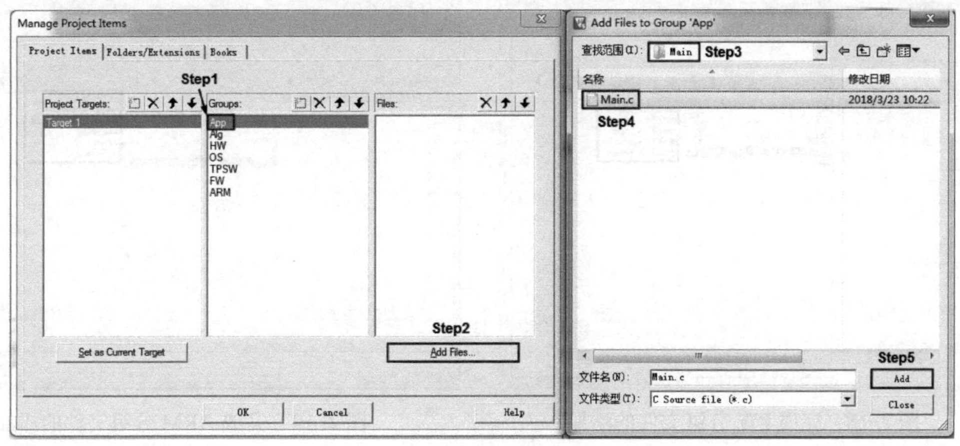

图 2-15　向 App 分组添加 Main.c 文件

用同样的方法，将"D:\STM32KeilTest\Product\01.F103 基准工程实验\App\LED"路径下的 LED.c 文件添加到 App 分组，完成 App 分组文件添加后的效果如图 2-16 所示。

将“D:\STM32KeilTest\Product\01.F103 基准工程实验\HW\RCC”路径下的 RCC.c、“D:\STM32KeilTest\Product\01.F103 基准工程实验\HW\Timer”路径下的 Timer.c、“D:\STM32KeilTest\Product\01.F103 基准工程实验\HW\UART1”路径下的 Queue.c 和 UART1.c 分别添加到 HW 分组，完成 HW 分组文件添加后的效果如图 2-17 所示。

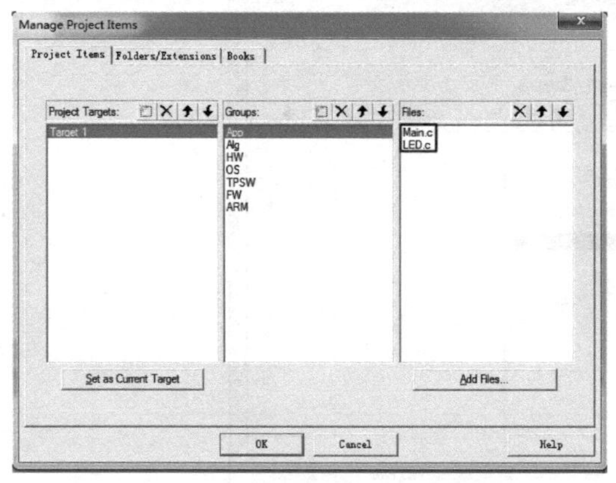

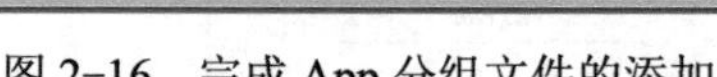
图 2-16　完成 App 分组文件的添加

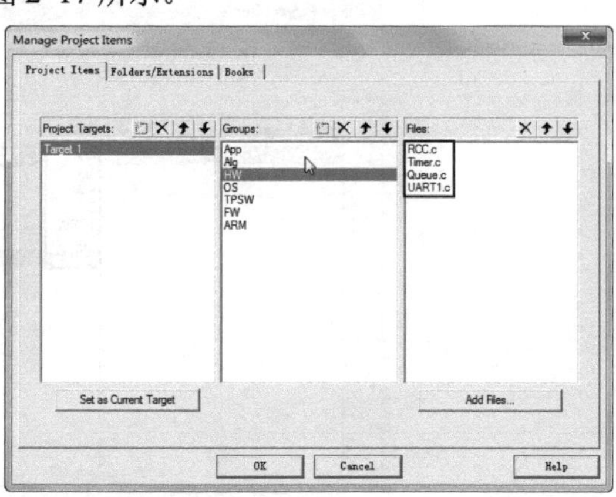

图 2-17　完成 HW 分组文件的添加

将“D:\STM32KeilTest\Product\01.F103 基准工程实验\FW\src”路径下的 misc.c、stm32f10x_flash.c、stm32f10x_gpio.c、stm32f10x_rcc.c、stm32f10x_tim.c、stm32f10x_usart.c 添加到 FW 分组，完成 FW 分组文件添加后的效果如图 2-18 所示。

将“D:\STM32KeilTest\Product\01.F103 基准工程实验\ARM\System”路径下的 stm32f10x_it.c、system_stm32f10x.c、startup_stm32f10x_hd.s、core_cm3.c 添加到 ARM 分组，再将“D:\STM32KeilTest\Product\01.F103 基准工程实验\ARM\NVIC”路径下的 NVIC.c 和“D:\STM32KeilTest\Product\01.F103 基准工程实验\ARM\SysTick”路径下的 SysTick.c 添加到 ARM 分组，完成 ARM 分组文件添加后的效果如图 2-19 所示。注意，向 ARM 分组添加 startup_stm32f10x_hd.s 时，需要在“文件类型(T)”下拉列表中选择 Asm Source file (*.s*; *.src; *.a*)或 All files (*.*)。

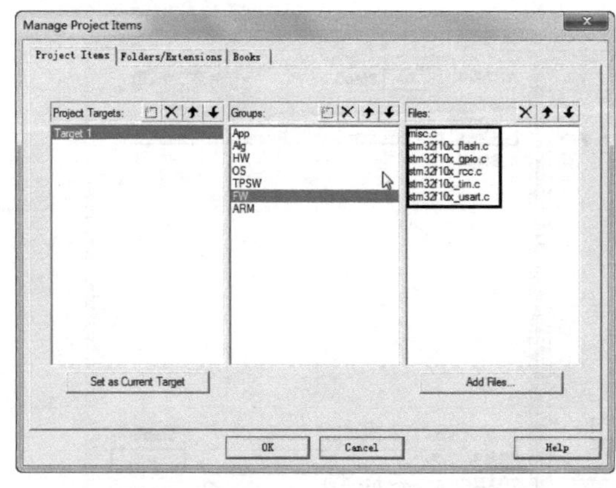

图 2-18　完成 FW 分组文件的添加

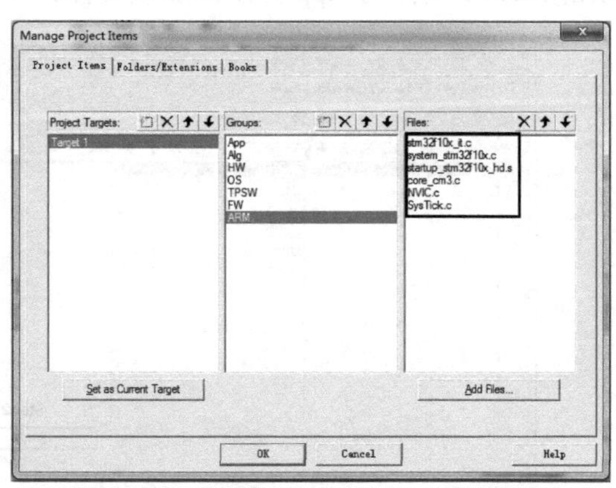

图 2-19　完成 ARM 分组文件的添加

步骤 9：勾选 Use MicroLIB

为了方便调试，本书在很多地方都使用了 printf 语句，在 Keil 中使用 printf，需要勾选 Use MicroLIB，具体做法如图 2-20 所示。首先，单击工具栏中的按钮，然后，在弹出的

Options for Target 'Target1'对话框中单击 Target 标签页，最后，勾选 Use MicroLIB。

步骤 10：勾选 Create HEX File

通过 ST-Link，既可以下载.hex 文件，也可以下载.axf 文件到 STM32 的内部 Flash。Keil 默认编译时不生成.hex 文件，如果需要生成.hex 文件，则需要勾选 Create HEX File，具体做法如图 2-21 所示。首先，单击工具栏中的按钮，然后，在弹出的 Options for Target 'Target1' 对话框中单击 Output 标签页，最后，勾选 Create HEX File。注意，通过 ST-Link 下载.hex 文件一般要通过 STM32 ST-LINK Utility 软件，本书不讲解通过 ST-Link 下载.hex 文件，读者可以自行尝试通过 ST-Link 下载.hex 文件到 STM32 的内部 Flash。

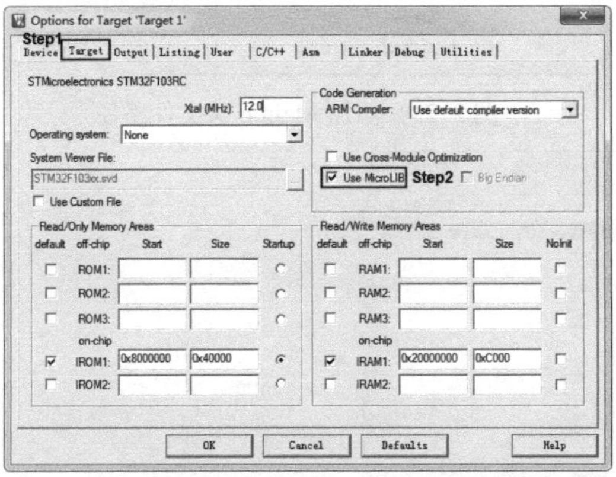

图 2-20　勾选 Use MicroLIB

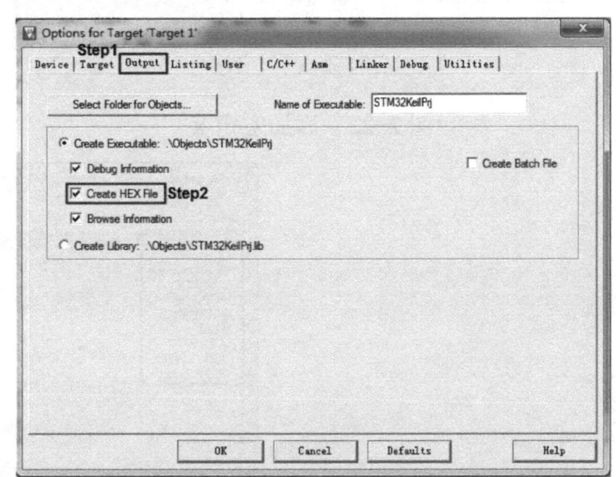

图 2-21　勾选 Create HEX File

步骤 11：添加宏定义和头文件路径

由于 STM32 的固件库有着非常强的兼容性，只需要通过宏定义就可以区分使用在不同型号的 STM32 芯片，而且可以通过宏定义选择是否使用标准库，具体做法如图 2-22 所示。首先，单击工具栏中的按钮，然后，在弹出的 Options for Target 'Target1'对话框中单击 C/C++ 标签页，最后，在 Define 栏中输入 STM32F10X_HD,USE_STDPERIPH_DRIVER。注意，STM32F10X_HD 和 USE_STDPERIPH_DRIVER 用英文逗号隔开，第一个宏定义表示使用在大容量的 STM32 芯片，第二个宏定义表示使用标准库。

完成分组中.c 文件和.s 文件的添加后，还需要添加头文件路径，这里以添加 Main.h 头文件路径为例进行讲解，具体做法如图 2-23 所示。首先，单击工具栏中的按钮，然后，在弹出的 Options for Target 'Target1'对话框中：①单击 C/C++标签页；②单击“文件夹设定”按钮；③单击“新建路径”按钮；④将路径选择到“D:\STM32KeilTest\Product\01.F103 基准工程实验\App\Main”；⑤单击 OK 按钮。这样就可以完成 Main.h 头文件路径的添加。

与添加 Main.h 头文件路径的方法类似，依次添加其他头文件路径“D:\STM32KeilTest\Product\01.F103 基准工程实验\App\LED”“D:\STM32KeilTest\Product\01.F103 基准工程实验\App\DataType”“D:\STM32KeilTest\Product\01.F103 基准工程实验\HW\RCC”“D:\STM32KeilTest\Product\01.F103 基准工程实验\HW\Timer”“D:\STM32KeilTest\Product\01.F103 基准工程实验\HW\UART1”“D:\STM32KeilTest\Product\01.F103 基准工程实验\FW\inc”“D:\STM32KeilTest\Product\01.F103 基准工程实验\ARM\NVIC”“D:\STM32KeilTest\ Product\01.F103 基准工程实验\ARM\SysTick”“D:\STM32KeilTest\Product\01.F103 基准工程实验\ARM\System”。所

有的头文件路径添加完成后的效果如图 2-24 所示。

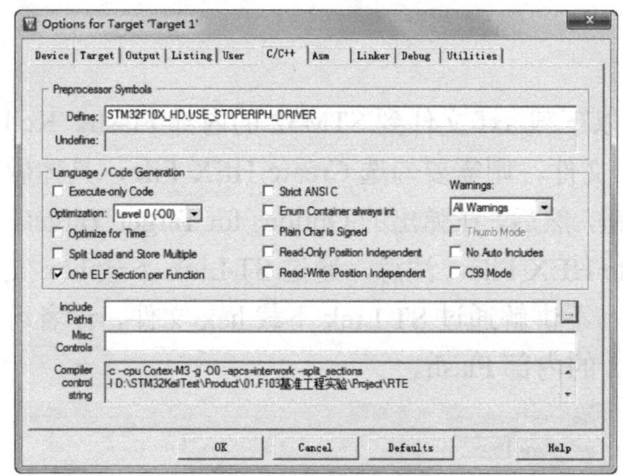

图 2-22　添加宏定义

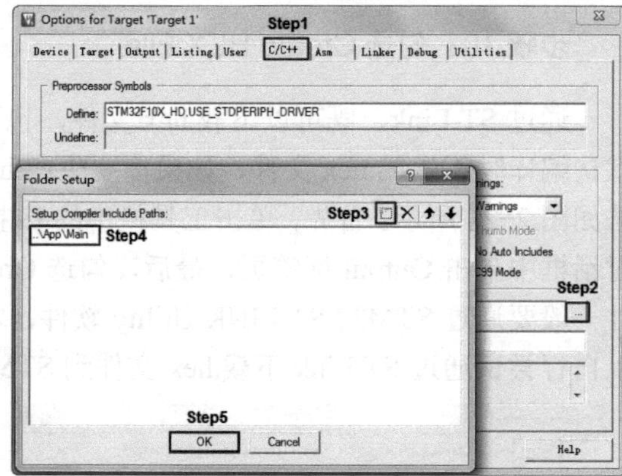

图 2-23　添加 Main.h 头文件路径

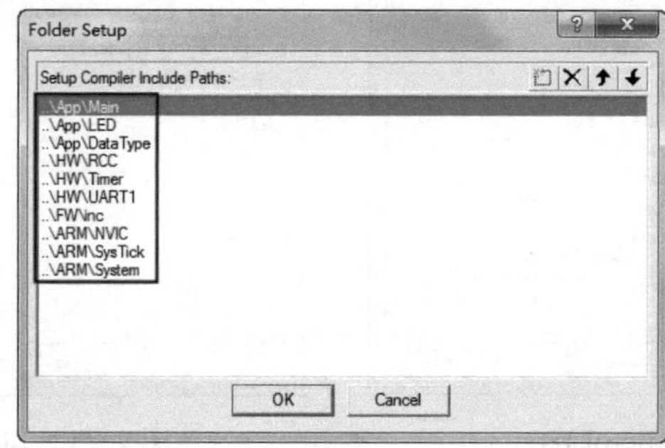

图 2-24　添加完所有头文件路径的效果

步骤 12：程序编译

完成以上步骤后，就可以对整个程序进行编译了，单击工具栏中的按钮，即 Rebuild 按钮对整个程序进行编译。当 Build Output 栏出现 FromELF：creating hex file...时，表示已经成功生成.hex 文件，出现 0 Error(s), 0 Warning(s)表示编译成功，如图 2-25 所示。

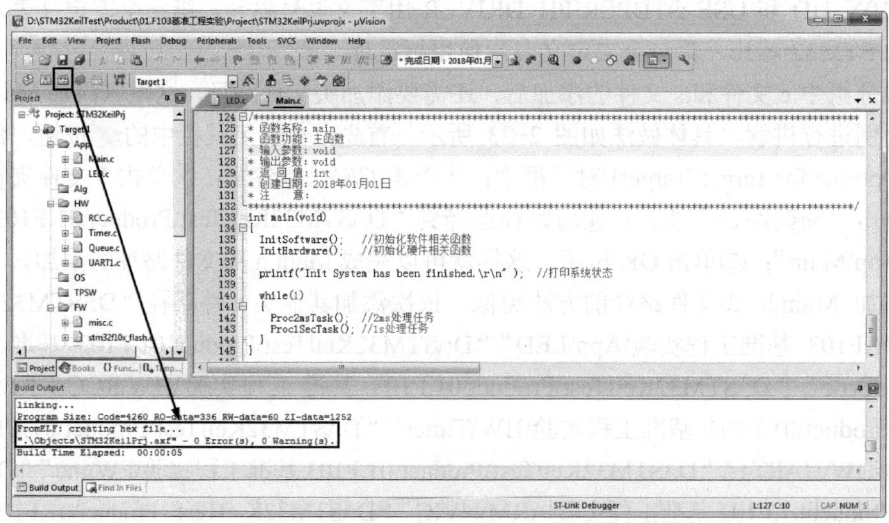

图 2-25　程序编译

步骤 13：通过 ST-Link 下载程序

取出开发套件中的通信-下载模块、STM32 核心板（将 OLED 显示屏插在 STM32 核心板的 J7 母座上）、1 条 Mini-USB 线、1 条 XH-6P 双端线。将 Mini-USB 线的公口（B 型插头）连接到通信-下载模块的 USB 接口，再将 XH-6P 双端线连接到通信-下载模块的白色 XH-6P 座子上，然后将 XH-6P 双端线接在 STM32 核心板的 J4 座子上；取出 ST-Link 调试器、一条 Mini-USB 线、一条 20P 灰排线，将 Mini-USB 线的公口（B 型插头）连接到 ST-Link 调试器，将 20P 灰排线的一端连接到 ST-Link 调试器，将另一端连接到 STM32 核心板的 JTAG/SWD 调试接口（编号为 J8）；最后将两条 Mini-USB 线的公口（A 型插头）均插到计算机的 USB 接口，如图 2-26 所示。

在本书配套资料包的“02.相关软件\ST-LINK 官方驱动”文件夹中找到 dpinst_amd64 和 dpinst_x86，如果计算机安装的是 64 位操作系统，双击运行 dpinst_amd64.exe，如果计算机安装的是 32 位操作系统，则双击运行 dpinst_x86.exe。ST-Link 驱动安装成功后，可以在设备管理器中看到 STMicroelectronics STLink dongle，如图 2-27 所示。

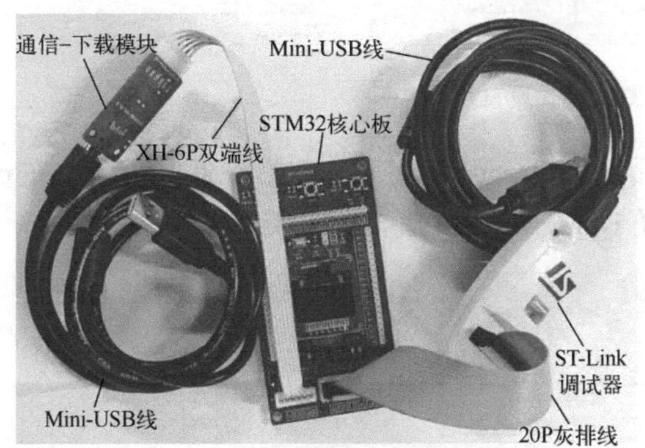

图 2-26　STM32 核心板连接实物图

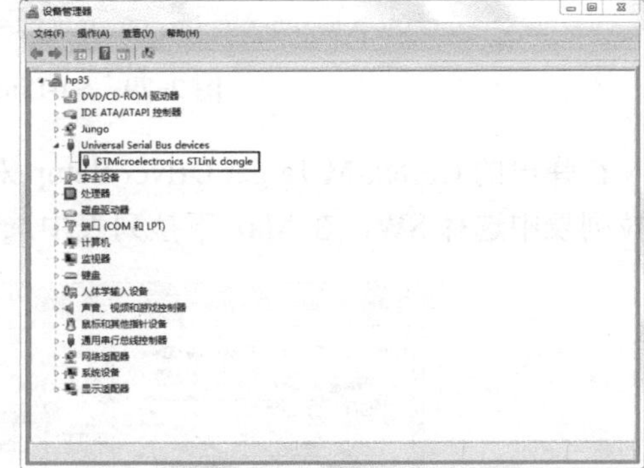

图 2-27　ST-Link 驱动安装成功示意图

打开 Keil μVision5 软件，如图 2-28 所示，单击工具栏中的按钮，进入设置界面。

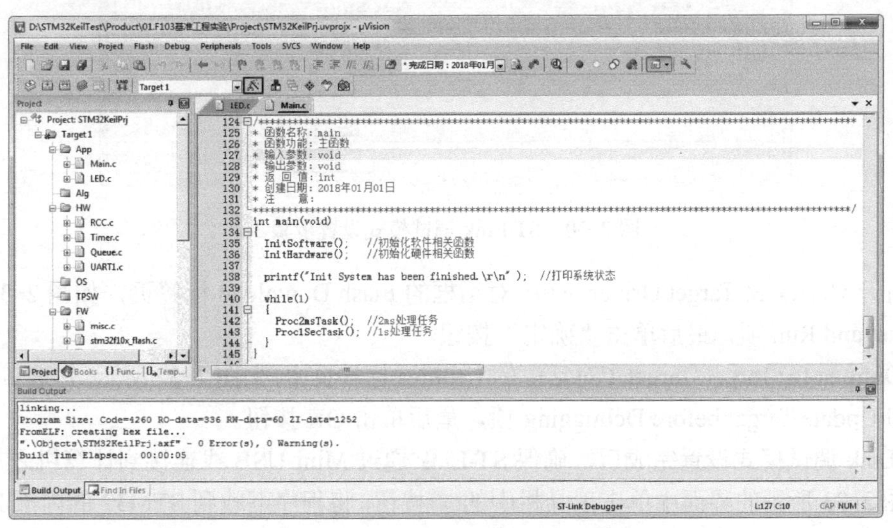

图 2-28　ST-Link 调试模式设置步骤 1

在弹出的 Options for Target 'Target1'对话框的 Debug 标签页中，如图 2-29 所示，在 Use 后的下拉列表中选择 ST-Link Debugger，然后单击 Settings 按钮。

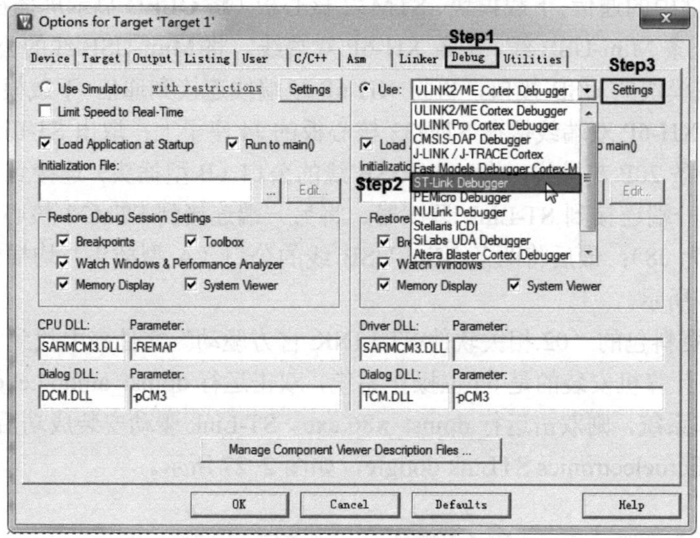

图 2-29　ST-Link 调试模式设置步骤 2

在弹出的 Cortex-M Target Driver Setup 对话框的 Debug 标签页中，如图 2-30 所示，在 ort 下拉列表中选择 SW，在 Max 下拉列表中选择 1.8MHz，最后单击“确定”按钮。

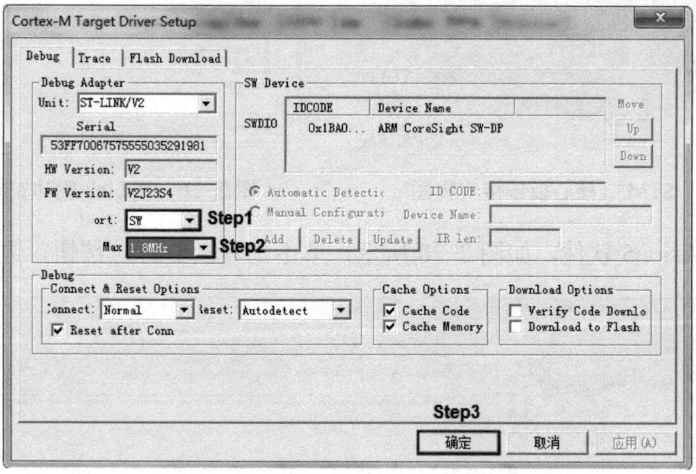

图 2-30　ST-Link 调试模式设置步骤 3

再打开 Cortex-M Target Driver Setup 对话框的 Flash Download 标签页，如图 2-31 所示，勾选 Reset and Run 项，最后单击“确定”按钮。

在 Options for Target 'Target 1'对话框的 Utilities 标签页中，如图 2-32 所示，勾选 Use Debug Driver 和 Update Target before Debugging 项，最后单击 OK 按钮。

ST-Link 调试模式设置完成后，确保 ST-Link 通过 Mini-USB 线连接到计算机之后，就可以在如图 2-33 所示的界面中单击工具栏中的LOAD按钮，将程序下载到 STM32 的内部 Flash 了。下载成功后，在 Keil 软件的 Build Output 栏中会出现如图 2-33 所示字样。

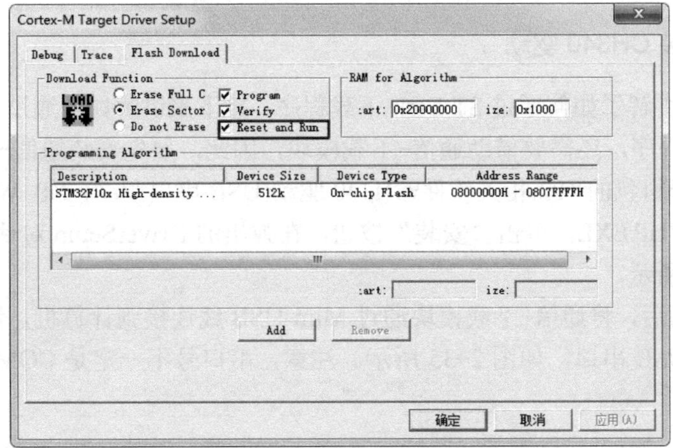

图 2-31　ST-Link 调试模式设置步骤 4

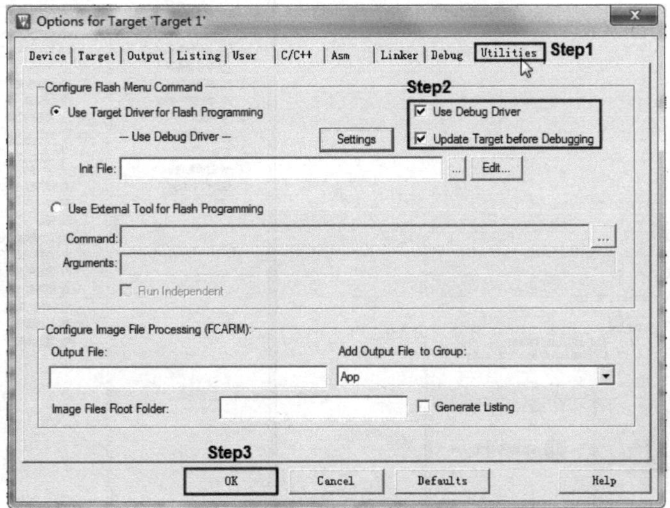

图 2-32　ST-Link 调试模式设置步骤 5

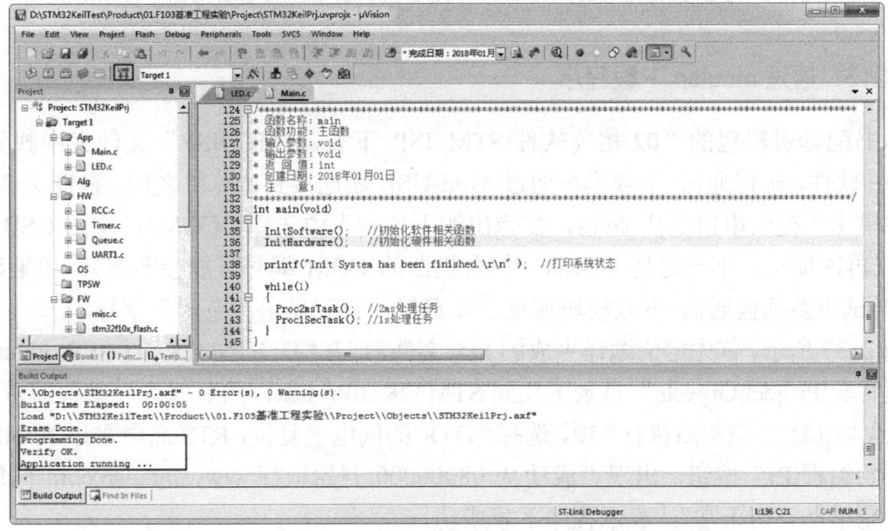

图 2-33　通过 ST-Link 向 STM32 下载程序成功界面

步骤 14：安装 CH340 驱动

步骤 13 已经讲解了如何通过 ST-Link 下载程序，接下来讲解如何通过 mcuisp 下载程序。通过 mcuisp 下载程序，还需要借助通信-下载模块，因此，要先安装通信-下载模块驱动。

在本书配套资料包的“02.相关软件\CH340 驱动(USB 串口驱动)_XP_WIN7 共用”文件夹中，双击运行 SETUP.EXE，单击“安装”按钮，在弹出的 DriverSetup 对话框中单击“确定”按钮，如图 2-34 所示。

驱动安装成功后，将通信-下载模块通过 Mini-USB 线连接到计算机，然后在计算机的设备管理器中找到 USB 串口，如图 2-35 所示。注意，串口号不一定是 COM4，每台计算机有可能会不同。

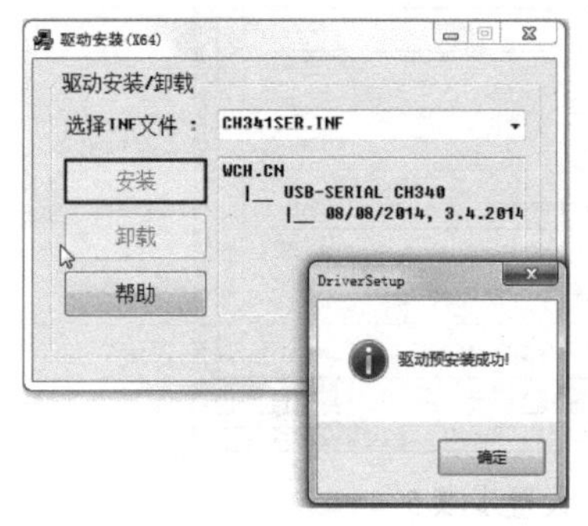

图 2-34　安装 CH340 驱动

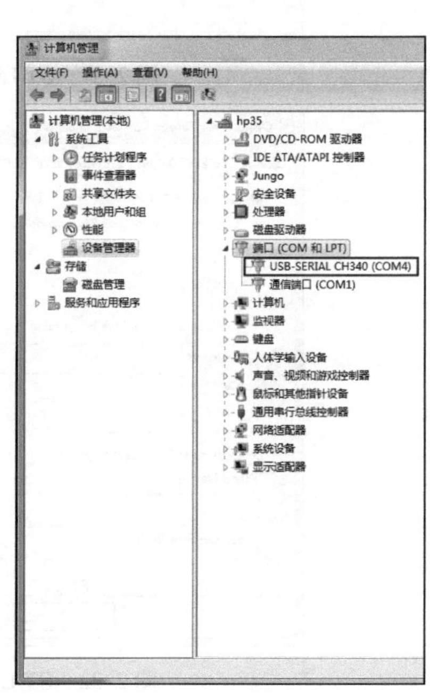

图 2-35　计算机设备管理器中显示 USB 串口信息

步骤 15：通过 mcuisp 下载程序

在本书配套资料包的“02.相关软件\STM ISP 下载器 MCUISP”文件夹中找到并双击 mcuisp.exe 软件，确保通信-下载模块通过 Mini-USB 线连接到计算机之后，在图 2-36 所示的菜单栏中单击“搜索串口(X)”按钮，在弹出的下拉列表中选择“COM4：空闲 USB-SERIAL CH340”（再次提示，不一定是 COM4，每台机器的 COM 编号可能会不同），如果显示“占用”，则尝试重新插拔通信-下载模块或重启计算机，直到显示“空闲”字样。

如图 2-37 所示，首先定位编译生成的.hex 文件，即在“D:\STM32KeilTest\Product\01.F103 基准工程实验\Project\Objects”目录下找到 STM32KeilPrj.hex；然后勾选“编程前重装文件”项，再勾选“校验”“编程后执行”项，选择“DTR 的低电平复位，RTS 高电平进 BootLoader”，单击“开始编程(P)”按钮，出现“成功从 08000000 开始运行 www.mcuisp.com 向您报告，命令执行完毕，一切正常”，表示程序下载成功。

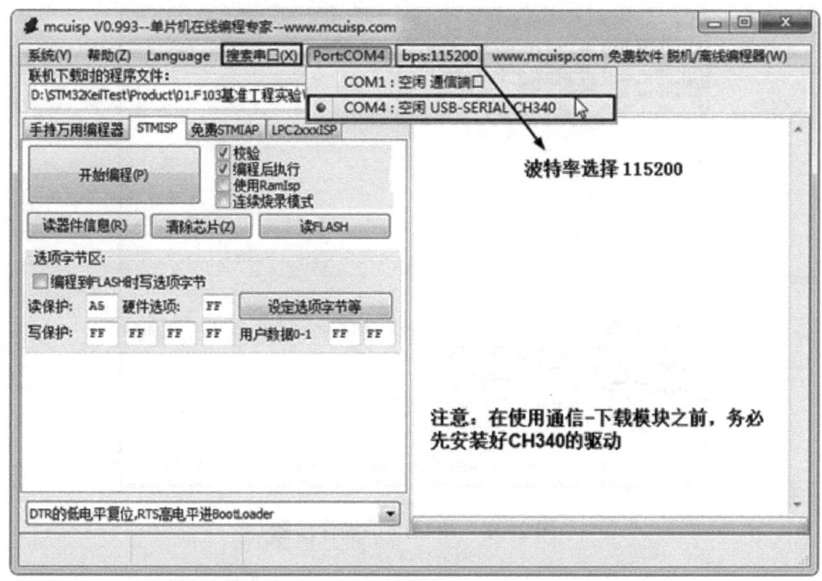

图 2-36　使用 mcuisp 进行程序下载步骤 1

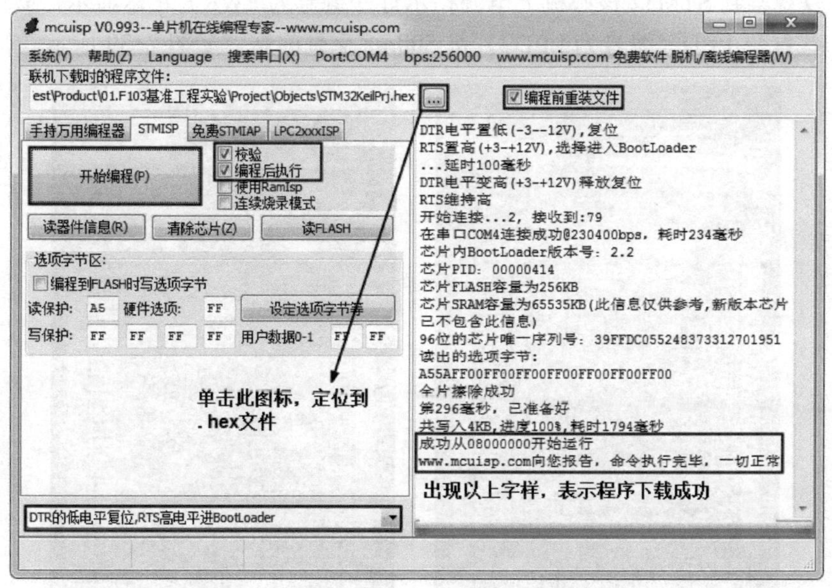

图 2-37　使用 mcuisp 进行程序下载步骤 2

步骤 16：通过串口助手查看接收数据

在“02.相关软件\串口助手”文件夹中找到并双击 sscom42.exe（串口助手软件），如图 2-38 所示。选择正确的串口号，波特率选择 115200，然后单击“打开串口”按钮，取消勾选“HEX 显示”项，当窗口中每秒输出 This is the first STM32F103 Project, by Zhangsan 时，表示实验成功。注意，实验完成后，在串口助手软件中先单击“关闭串口”按钮关闭串口，然后再断开 STM32 核心板的电源。

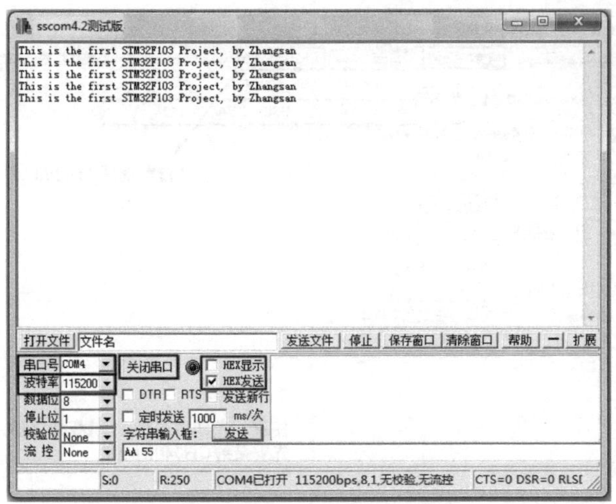

图 2-38　串口助手操作步骤

步骤 17：查看 STM32 核心板的工作状态

此时可以观察到 STM32 核心板上电源指示灯（编号为 PWR）正常显示，蓝色 LED（编号为 LED1）、绿色 LED（编号为 LED2）每 500ms 交替闪烁，如图 2-39 所示。

图 2-39　STM32 核心板正常工作状态示意图

本 章 任 务

学习完本章后，严格按照程序设计的步骤，进行软件标准化设置、创建 STM32 工程、编译并生成.hex 和.axf 文件、将程序下载到 STM32 核心板，查看运行结果。

本 章 习 题

1．为什么要对 Keil 进行软件标准化设置？

2．STM32 核心板上的 STM32 芯片的型号是什么？该芯片的内部 Flash 和内部 SRAM 的大小分别是多少？

3．在创建 STM32 基准工程时，使用了两个宏定义，分别是 STM32F10X_HD 和 USE_STDPERIPH_DRIVER，这两个宏定义的作用是什么？

4．在创建 STM32 基准工程时，为什么要勾选 Use MicroLIB？

5．在创建 STM32 基准工程时，为什么要勾选 Create HEX File？

6．通过查找资料，总结.hex、.bin 和.axf 文件的区别。

7．通过网络下载并安装 STM32 ST-LINK Utility 软件，尝试通过 ST-Link 工具和 STM32 ST-LINK Utility 软件将.hex 文件下载到 STM32 核心板。

第 3 章　实验 2——串口电子钟

通过第 2 章的学习，初步掌握了 STM32 工程的创建、编译和下载验证方法。本章将通过串口电子钟实验，带领读者进入微控制器程序设计的世界。

3.1 实验内容

本实验主要包括以下内容：①将 RunClock 模块添加至 STM32 工程，并在应用层调用 RunClock 模块的 API 函数，实现基于 STM32 串口的电子钟功能；②将时钟的初始值设为 23:59:50，通过计算机上的串口助手每秒输出一次时间值，格式为 Now is xx:xx:xx；③将编译生成的.hex 或.axf 文件下载到 STM32 核心板；④打开串口助手软件，查看电子钟运行是否正常。

3.2 实验原理

3.2.1 RunClock 模块函数

RunClock 模块由 RunClock.h 和 RunClock.c 文件实现，这两个文件位于本书配套资料包的“04.例程资料\Material\02.串口电子钟实验\App\RunClock”文件夹中。RunClock 模块有 6 个 API 函数，分别是 InitRunClock、RunClockPer2Ms、PauseClock、GetTimeVal、SetTimeVal 和 DispTime，下面对这 6 个 API 函数进行讲解。

1. InitRunClock

InitRunClock 函数的功能是初始化 RunClock 模块，通过对 s_iHour、s_iMin 和 s_iSec 共 3 个内部变量赋值 0 来实现。该函数的描述如表 3-1 所示。

表 3-1　InitRunClock 函数的描述

函数名	InitRunClock
函数原型	void InitRunClock(void)
功能描述	初始化 RunClock 模块
输入参数	void
输出参数	无
返回值	void

2. RunClockPer2Ms

RunClockPer2Ms 函数的功能是以 2ms 为最小单位运行时钟系统，该函数每执行 500 次，变量 s_iSec 递增一次。该函数的描述如表 3-2 所示。

表 3-2　RunClockPer2Ms 函数的描述

函数名	RunClockPer2Ms
函数原型	void RunClockPer2Ms(void)
功能描述	时钟计数，每 2ms 调用一次
输入参数	void
输出参数	无
返回值	void

3. PauseClock

PauseClock 函数的功能是启动和暂停时钟。该函数的描述如表 3-3 所示。

表 3-3　PauseClock 函数的描述

函数名	PauseClock
函数原型	void PauseClock(u8 flag)
功能描述	实现时钟的启动和暂停
输入参数	flag：时钟启动或暂停标志位。1—暂停时钟；0—启动时钟
输出参数	无
返回值	void

例如，通过 PauseClock 函数暂停时钟运行的代码如下：

```
PauseClock(1);
```

4. GetTimeVal

GetTimeVal 函数的功能是获取当前时间值，时间值的类型由 type 决定。该函数的描述如表 3-4 所示。

表 3-4　GetTimeVal 函数的描述

函数名	GetTimeVal
函数原型	i16 GetTimeVal(u8 type)
功能描述	获取当前的时间值
输入参数	type：时间值的类型
输出参数	无
返回值	获取到的当前时间值（小时、分钟或秒），类型由参数 type 决定

例如，通过 GetTimeVal 函数获取当前时间值的代码如下：

```
u8 hour;
u8 min;
u8 sec;
hour = GetTimeVal(TIME_VAL_HOUR);
```

```
min = GetTimeVal(TIME_VAL_MIN);
sec = GetTimeVal(TIME_VAL_SEC);
```

5. SetTimeVal

SetTimeVal 函数的功能是根据参数 timeVal 设置当前的时间值，时间值的类型由 type 决定。该函数的描述如表 3-5 所示。

表 3-5　SetTimeVal 函数的描述

函数名	SetTimeVal
函数原型	void SetTimeVal(u8 type, i16 timeVal)
功能描述	设置当前的时间值
输入参数	type：时间值的类型；timeVal：要设置的时间值类型
输出参数	无
返回值	void

例如，通过 SetTimeVal 函数将当前时间设置为 23:59:50，代码如下：

```
SetTimeVal(TIME_VAL_HOUR, 23);
SetTimeVal(TIME_VAL_MIN, 59);
SetTimeVal(TIME_VAL_SEC, 50);
```

6. DispTime

DispTime 函数的功能是根据参数 hour、min 和 sec 显示当前的时间，通过 printf 函数来实现。该函数的描述如表 3-6 所示。

表 3-6　DispTime 函数的描述

函数名	DispTime
函数原型	void DispTime(i16 hour, i16 min, i16 sec)
功能描述	显示当前的时间
输入参数	hour：当前的小时值；min：当前的分钟值；sec：当前的秒值
输出参数	无
返回值	void

例如，当前时间是 23:59:50，通过 DispTime 函数显示当前时间，代码如下：

```
DispTime(23, 59, 50);
```

3.2.2　函数调用框架

图 3-1 为本实验的函数调用框架，Timer 模块的 TIM2 用于产生 2ms 标志，TIM5 用于产生 1s 标志，Main 模块通过获取和清除 2ms、1s 标志，实现 Proc2msTask 函数中的核心语

句块每 2ms 执行一次，Proc1SecTask 函数中的核心语句块每 1s 执行一次。Main 模块调用 RunClock 模块的 PauseClock 函数启动时钟运行，通过 SetTimeVal 函数设置初始时间值；Proc2msTask 函数调用 RunClock 模块的 RunClockPer2Ms 函数，实现 RunClock 模块内部静态变量 s_iHour/s_iMin/s_iSec 的计数功能，进而实现时钟的运行；时间显示是由 RunClock 模块的 DispTime 函数调用 printf 语句输出实现的，Proc1SecTask 函数每秒调用一次 DispTime 函数。

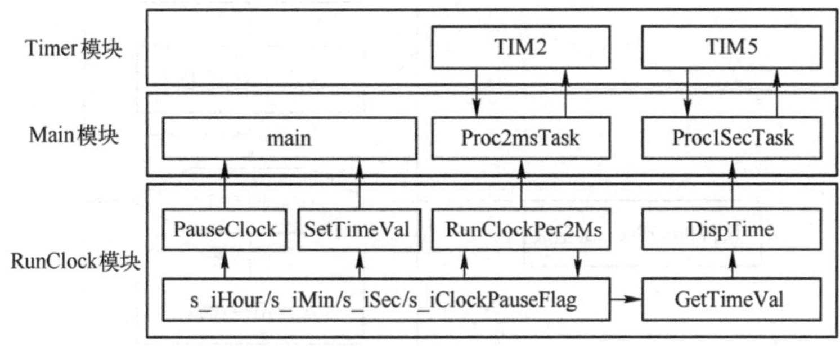

图 3-1　串口电子钟实验函数调用框架

3.2.3　Proc2msTask 与 Proc1SecTask

Proc2msTask 和 Proc1SecTask 是本书经常用到的函数，它们的工作机制类似，下面以 Proc2msTask 函数为例说明。程序清单 3-1 是 Proc2msTask 函数的实现，注意，需要每 2ms 执行一次的代码一定要放在 if 语句中。

程序清单 3-1

```
/*********************************************************************************************/
static  void  Proc2msTask(void)
{
  if(Get2msFlag())  //检查 2ms 标志状态
  {
    //用户代码，此处代码 2ms 执行一次
    Clr2msFlag();    //清除 2ms 标志
  }
}
```

Proc2msTask 函数在 main 函数的 while 语句中被调用，每隔几微秒执行一次，具体间隔取决于各中断服务函数及 Proc1SecTask 函数的执行时间。如果 Proc2msTask 函数约每 10μs 执行一次，Get2msFlag 函数用于读取 2ms 标志位的值并判断是否为 1，该标志位在 TIM2 的中断服务函数中被置为 1，TIM2 的中断服务函数每 2ms 执行一次，因此 2ms 标志位也是每 2ms 被置为 1 一次。如果 2ms 标志位为 1，则执行用户代码，执行完毕，清除 2ms 标志位，然后执行 Proc1SecTask 函数，接着继续判断 2ms 标志位；如果 2ms 标志位不为 1，则执行 Proc1SecTask 函数，然后继续判断 2ms 标志位。main 函数的 while 语句具体执行过程如图 3-2 所示。

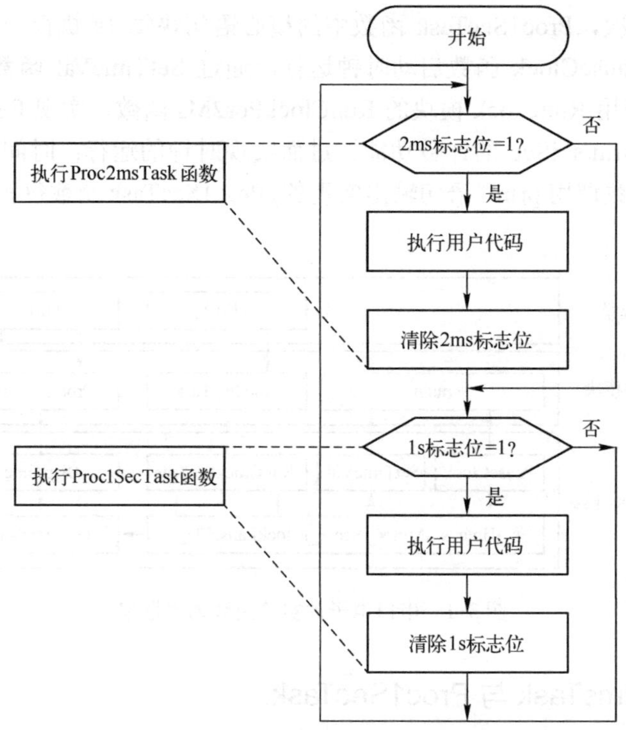

图 3-2　main 函数的 while 语句具体执行过程

3.3　实 验 步 骤

步骤 1：复制并编译原始工程

首先，将“D:\STM32KeilTest\Material\02.串口电子钟实验”文件夹复制到“D:\STM32KeilTest\Product”文件夹中。然后，双击运行“D:\STM32KeilTest\Product\02.串口电子钟实验\Project”文件夹中的 STM32KeilPrj.uvprojx，单击工具栏中的按钮，进行编译。当 Build Output 栏中出现 FromELF：creating hex file...时，表示已经成功生成.hex 文件，出现 0 Error(s), 0 Warning(s)表示编译成功。最后，将.axf 文件下载到 STM32 的内部 Flash，观察 STM32 核心板上的两个 LED 是否交替闪烁，同时打开串口助手，观察是否每秒输出一次 This is the first STM32F103 Project, by Zhangsan。如果两个 LED 交替闪烁、串口正常输出字符串，表示原始工程正确，可以进入下一步操作。

步骤 2：添加 RunClock 文件对

首先，将“D:\STM32KeilTest\Product\02.串口电子钟实验\App\RunClock”文件夹中的 RunClock.c 添加到 App 分组，具体操作可参见 2.3 节步骤 8。然后，将“D:\STM32KeilTest\Product\02.串口电子钟实验\App\RunClock”路径添加到 Include Paths 栏，具体操作可参见 2.3 节步骤 11。

步骤 3：完善串口电子钟应用层

在 Project 面板中，双击打开 Main.c 文件，在 Main.c 文件的“包含头文件”区的最后，添加代码#include "RunClock.h"，如程序清单 3-2 所示。这样就可以在 Main.c 文件中调用 RunClock 模块的枚举定义和 API 函数等，实现对 RunClock 模块的操作。

程序清单 3-2

```
/*********************************************************************************************
*                                          包含头文件
*********************************************************************************************/
#include "Main.h"
#include "stm32f10x_conf.h"
#include "DataType.h"
#include "NVIC.h"
#include "SysTick.h"
#include "RCC.h"
#include "Timer.h"
#include "UART1.h"
#include "LED.h"
#include "RunClock.h"
```

在 Main.c 文件的 InitSoftware 函数中，添加调用 InitRunClock 函数的代码，如程序清单 3-3 所示，这样就实现了对 RunClock 模块的初始化。

程序清单 3-3

```
/*********************************************************************************************
* 函数名称：InitSoftware
* 函数功能：所有与软件相关的模块初始化函数都放在此函数中
* 输入参数：void
* 输出参数：void
* 返 回 值：void
* 创建日期：2018 年 01 月 01 日
* 注    意：
*********************************************************************************************/
static  void  InitSoftware(void)
{
  InitRunClock();    //初始化 RunClock 模块
}
```

在 Main.c 文件的 Proc2msTask 函数中，添加调用 RunClockPer2Ms 函数的代码，如程序清单 3-4 所示。再次强调，一定要将调用 RunClockPer2Ms 函数的代码放在 if 语句中，这样才表示 RunClockPer2Ms 函数每 2ms 执行一次。

程序清单 3-4

```
/*********************************************************************************************
* 函数名称：Proc2msTask
* 函数功能：2ms 处理任务
* 输入参数：void
* 输出参数：void
```

```
* 返 回 值：void
* 创建日期：2018 年 01 月 01 日
* 注    意：
*********************************************************************************************/
static  void  Proc2msTask(void)
{
  if(Get2msFlag())                    //判断 2ms 标志位状态
  {
    RunClockPer2Ms();                 //每 2ms 运行一次该函数

    LEDFlicker(250);                  //调用闪烁函数
    Clr2msFlag();                     //清除 2ms 标志位
  }
}
```

实验要求每秒输出一次时间，因此，需要在 Main.c 文件的 Proc1SecTask 函数中添加调用 DispTime 函数的代码。DispTime 函数的参数包括小时、分钟、秒，需要先定义 hour、min 和 sec 时间值变量，然后通过 GetTimeVal 函数获取这 3 个时间值，代码如程序清单 3-5 所示。这样即可实现每秒获取一次时间值（包括小时、分钟、秒），并通过 STM32 的串口发送到计算机的串口助手显示出来。由于 DispTime 函数是通过串口输出时间的，因此，需要注释掉 if 语句中的 printf 语句。

程序清单 3-5

```
/*********************************************************************************************
* 函数名称：Proc1SecTask
* 函数功能：1s 处理任务
* 输入参数：void
* 输出参数：void
* 返 回 值：void
* 创建日期：2018 年 01 月 01 日
* 注    意：
*********************************************************************************************/
static  void  Proc1SecTask(void)
{
  i16 hour;
  i16 min;
  i16 sec;

  if(Get1SecFlag())        //判断 1s 标志位状态
  {
    //printf("This is the first STM32F103 Project, by Zhangsan\r\n");
    hour = GetTimeVal(TIME_VAL_HOUR);
    min = GetTimeVal(TIME_VAL_MIN);
    sec = GetTimeVal(TIME_VAL_SEC);

    DispTime(hour, min, sec);
```

```
    Clr1SecFlag();        //清除 1s 标志位
  }
}
```

在 Main.c 函数的 main 函数中，添加调用 PauseClock 和 SetTimeVal 函数的代码，如程序清单 3-6 所示。PauseClock 函数用于启动和暂停时钟，SetTimeVal 函数用于设置初始时间值。下面根据实验要求，将初始时间设定为 23:59:50，然后通过 PauseClock 函数启动时钟。

程序清单 3-6

```
/*********************************************************************************************
* 函数名称：main
* 函数功能：主函数
* 输入参数：void
* 输出参数：void
* 返 回 值：int
* 创建日期：2018 年 01 月 01 日
* 注    意：
*********************************************************************************************/
int main(void)
{
  InitSoftware();                                          //初始化软件相关函数
  InitHardware();                                          //初始化硬件相关函数

  printf("Init System has been finished.\r\n" );           //打印系统状态

  PauseClock(FALSE);
  SetTimeVal(TIME_VAL_HOUR, 23);
  SetTimeVal(TIME_VAL_MIN, 59);
  SetTimeVal(TIME_VAL_SEC, 50);

  while(1)
  {
    Proc2msTask();                                         //2ms 处理任务
    Proc1SecTask();                                        //1s 处理任务
  }
}
```

步骤 4：编译及下载验证

代码编写完成后，单击按钮进行编译。编译结束后，Build Output 栏中出现 0 Error(s)，0 Warning(s)，表示编译成功。然后，参见图 2-33，通过 Keil μVision5 软件将.axf 文件下载到 STM32 核心板。下载完成后，打开串口助手，可以看到时间值每秒输出一次，格式为 Now is xx:xx:xx，如图 3-3 所示。同时，可以看到 STM32 核心板上的 LED1 和 LED2 交替闪烁，表示实验成功。

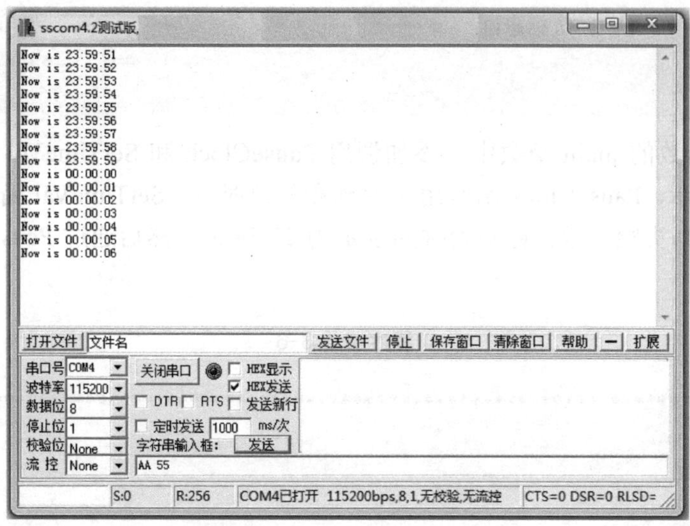

图 3-3　串口电子钟实验结果

本 章 任 务

2018 年共有 365 天，将 2018 年 1 月 1 日作为计数起点，即计数 1，将 2018 年 12 月 31 日作为计数终点，即计数 365。计数 1 代表“2018 年 1 月 1 日-星期一”，计数 10 代表“2018 年 1 月 10 日-星期三”。根据串口电子钟实验原理，基于 STM32 核心板设计一个实验，实现每秒计数递增一次，计数范围为 1～365，并通过 printf 每秒输出一次计数对应的年、月、日、星期，结果通过计算机上的串口助手显示。此外，可以设置日期的初始值，例如，将初始日期设置为“2018 年 1 月 10 日-星期三”，第 1 秒输出“2018 年 1 月 10 日-星期三”、第 2 秒输出“2018 年 1 月 11 日-星期四”，以此类推。

本 章 习 题

1．Proc2msTask 函数的核心语句块如何实现每 2ms 执行一次？
2．Proc1SecTask 函数的核心语句块如何实现每秒执行一次？
3．PauseClock 函数如何实现电子钟的运行和暂停？
4．RunClockPer2Ms 函数为什么要每 2ms 执行一次？

第4章　实验3——GPIO与流水灯

本章开始，将对STM32核心板上可以实现的代表性实验进行详细介绍。GPIO与流水灯实验旨在通过编写一个简单的流水灯程序，让读者理解STM32的部分GPIO功能，掌握基于寄存器和固件库的GPIO配置和使用方法。

4.1　实验内容

通过学习LED电路原理图、STM32系统架构与存储器组织，以及GPIO功能框图、寄存器和固件库函数，基于STM32核心板设计一个流水灯程序，使得STM32核心板上的两个LED（LED1和LED2）交替闪烁，每个LED的点亮时间和熄灭时间均为500ms。

4.2　实验原理

4.2.1　LED电路原理图

GPIO与流水灯实验涉及的硬件包括两个位于STM32核心板上的LED（LED1和LED2），以及分别与LED1和LED2串联的限流电阻R20和R21，LED1通过330Ω电阻连接到STM32F103RCT6芯片的PC4引脚，LED2通过330Ω电阻连接到STM32F103RCT6芯片的PC5引脚，如图4-1所示。PC4为高电平时，LED1点亮，PC4为低电平时，LED1熄灭；同样，PC5为高电平时，LED2点亮，PC5为低电平时，LED2熄灭。

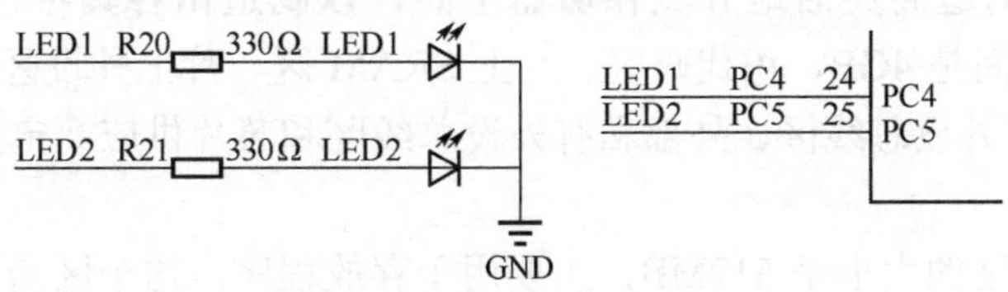

图4-1　LED硬件电路

4.2.2　STM32系统架构与存储器组织

从本实验开始，我们将深入讲解STM32的各种片上外设，在讲解这些外设之前，先分别介绍STM32系统架构、STM32存储器映射，以及STM32部分片上外设寄存器组起始地址。

1. STM32系统架构

STM32由4个驱动单元和4个被动单元组成，4个驱动单元分别是Cortex-M3内核、DCode总线、System总线和通用DMA1/DMA2，4个被动单元分别是内部Flash、内部SRAM、FSMC

和 AHB 到 APB 的桥（AHB2APBx）。STM32 系统框图如图 4-2 所示。

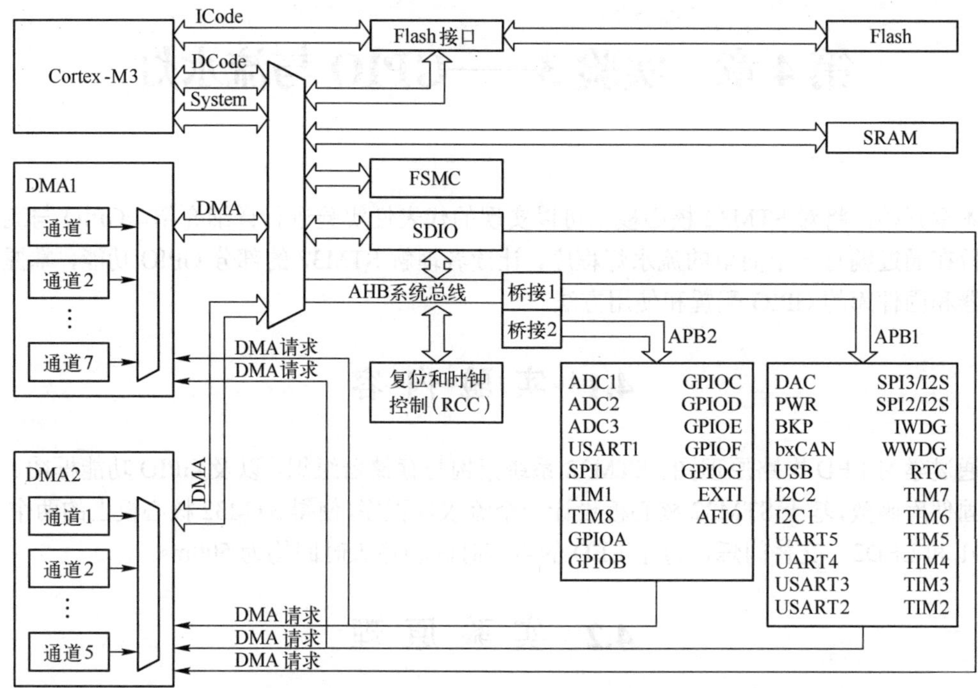

图 4-2　STM32 系统框图

2．STM32 存储器映射

Cortex-M3 只有一个单一固定的存储器映射，这一点极大地方便了软件在各种以 Cortex-M3 为内核的微控制器间的移植。举一个简单的例子，各款基于 Cortex-M3 内核的微控制器的 NVIC 和 MPU 都在相同的位置布设寄存器。尽管如此，Cortex-M3 的存储器规定依然是粗线条的，它允许芯片制造商灵活地分配存储器空间，以制造出各具特色的微控制器产品。Cortex-M3 的地址空间是 4GB，由代码区、片上 SRAM 区、片上外设区、片外 RAM 区、片外外设区、内部私有外设总线区、外部私有外设总线区和芯片供应商定义区组成，如图 4-3 所示。

Cortex-M3 代码区的大小是 512MB，主要用于存放程序，这个区通过指令总线来访问。STM32 的代码区的起始地址为 0x08000000，该地址实际上就是内部 Flash 主存储块的起始地址，STM32 核心板上的 STM32F103RCT6 芯片的内部 Flash 容量为 256KB。

Cortex-M3 片上 SRAM 区的大小也是 512MB，是用于让芯片制造商映射到片上 SRAM 的，这个区通过系统总线来访问。STM32 片上 SRAM 区的起始地址为 0x20000000，STM32 核心板上的 STM32F103RCT6 芯片的内部 SRAM 容量为 48KB。

Cortex-M3 片上外设区的大小同样是 512MB，STM32 的片上外设地址范围为 0x40000000～0x5003FFFF，该片区对应着 STM32 片上外设寄存器。

Cortex-M3 片外 RAM 区和片外外设区的大小都为 1GB。如果片内 SRAM 不够用，就需要在片外增加 RAM，这个新增的 RAM 地址必须在 0x60000000～0x9FFFFFFF 区间，同样，片外外设的地址也必须在 0xA0000000～0xDFFFFFFF 区间。

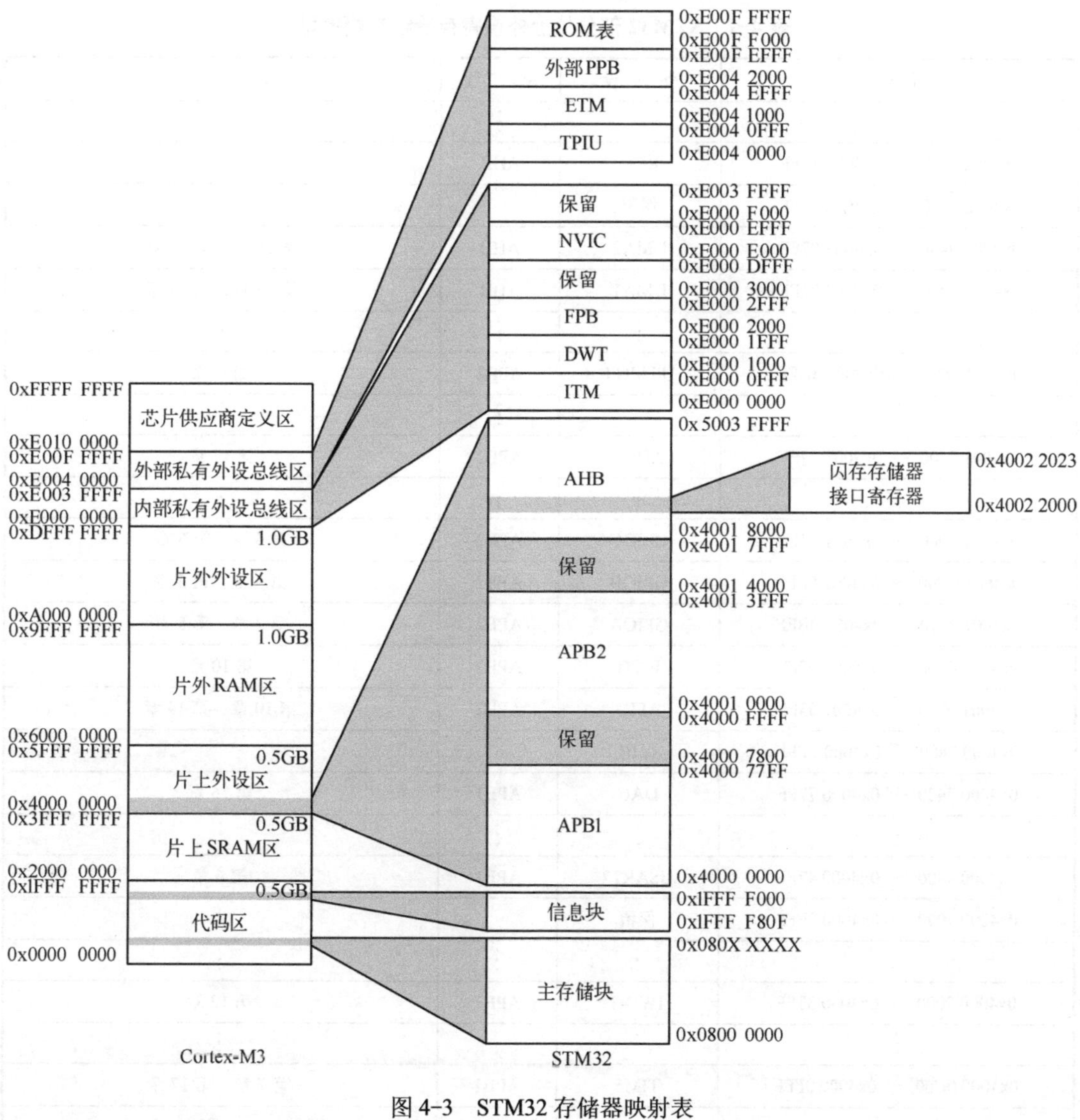

图 4-3　STM32 存储器映射表

Cortex-M3 私有外设总线分为内部私有外设总线（也称为 AHB 私有外设总线）和外部私有外设总线（也称为 APB 私有外设总线），其中，AHB 私有外设包括 NVIC、FPB、DWT 和 ITM，APB 私有外设包括 ROM 表、外部 PPB、ETM 和 TPIU。

3. STM32 部分片上外设寄存器组起始地址

STM32 片上外设包括 ADC1、ADC2、USART1、USART2、USART3、UART4、UART5、SPI1、SPI2/I2S、SPI3/I2S、GPIOA、GPIOB、GPIOC、GPIOD、GPIOE、GPIOF、GPIOG、TIM1、TIM2、TIM3、TIM4、TIM5、TIM6、TIM7、TIM8、EXTI、AFIO、DAC、PWR、BKP、CAN1、CAN2、I2C1、I2C2、IWDG、WWDG 和 RTC。然而，本书涉及的外设仅有 ADC1、USART1、USART2、GPIOA、GPIOB、GPIOC、TIM2、TIM3、TIM4、TIM5、EXTI、AFIO、DAC 和 IWDG，因此，表 4-1 仅列出本书涉及的片上外设寄存器组起始地址。

表 4-1　STM32 部分片上外设寄存器组起始地址

起始地址	外设	总线	参考章节
⋮	⋮	⋮	⋮
0x4002 1000 ～ 0x4002 13FF	RCC	AHB	第 9 章
0x4002 0800 ～ 0x4002 0FFF	保留		
0x4002 0400 ～ 0x4002 07FF	DMA2	AHB	第 16 章、第 17 章
0x4002 0000 ～ 0x4002 03FF	DMA1	AHB	第 16 章、第 17 章
⋮	⋮	⋮	⋮
0x4001 3800 ～ 0x4001 3BFF	USART1	APB2	第 6 章
⋮	⋮	⋮	⋮
0x4001 2400 ～ 0x4001 27FF	ADC1	APB2	第 17 章
⋮	⋮	⋮	⋮
0x4001 1000 ～ 0x4001 13FF	GPIOC	APB2	第 4 章、第 5 章
0x4001 0C00 ～ 0x4001 0FFF	GPIOB	APB2	第 4 章、第 5 章
0x4001 0800 ～ 0x4001 0BFF	GPIOA	APB2	第 4 章、第 5 章
0x4001 0400 ～ 0x4001 07FF	EXTI	APB2	第 10 章
0x4001 0000 ～ 0x4001 03FF	AFIO	APB2	第 10 章、第 14 章
0x4000 7800 ～ 0x4000 FFFF	保留		
0x4000 7400 ～ 0x4000 77FF	DAC	APB1	第 16 章
⋮	⋮	⋮	⋮
0x4000 4400 ～ 0x4000 47FF	USART2	APB1	第 6 章
0x4000 4000 ～ 0x4000 3FFF	保留		
⋮	⋮	⋮	⋮
0x4000 3000 ～ 0x4000 33FF	IWDG	APB1	第 12 章
⋮	⋮	⋮	⋮
0x4000 0C00 ～ 0x4000 0FFF	TIM5	APB1	第 7 章、第 17 章
0x4000 0800 ～ 0x4000 0BFF	TIM4	APB1	第 7 章、第 16 章
0x4000 0400 ～ 0x4000 07FF	TIM3	APB1	第 7 章、第 14 章、第 17 章
0x4000 0000 ～ 0x4000 03FF	TIM2	APB1	第 7 章

4.2.3　GPIO 功能框图

STM32 的 I/O 引脚可以通过寄存器配置为各种不同的功能，如输入或输出，所以又被称为 GPIO（General Purpose Input Output，通用输入/输出），而 GPIO 又被分为 GPIOA、GPIOB、GPIOC、GPIOD、GPIOE、GPIOF 和 GPIOG 共 7 组，每组端口又分为 0～15 共计 16 个不同的引脚。对于不同型号的 STM32 芯片，端口的组数和引脚数不尽相同，读者可以参考相应芯片的数据手册。

可以通过 GPIO 寄存器将 STM32 的 GPIO 配置成 8 种模式，这 8 种模式又分为 4 种输入模式和 4 种输出模式。4 种输入模式分别为输入浮空、输入上拉、输入下拉和模拟输入，4 种输出模式分别为开漏输出、推挽式输出、推挽式复用功能和开漏复用功能。

图 4-4 所示的 GPIO 功能框图是为了便于分析 GPIO 与流水灯实验。在本实验中，两个 LED 引脚对应的 GPIO 配置为推挽输出模式，因此，下面依次介绍输出相关寄存器、输出驱动器和 I/O 引脚及保护二极管。

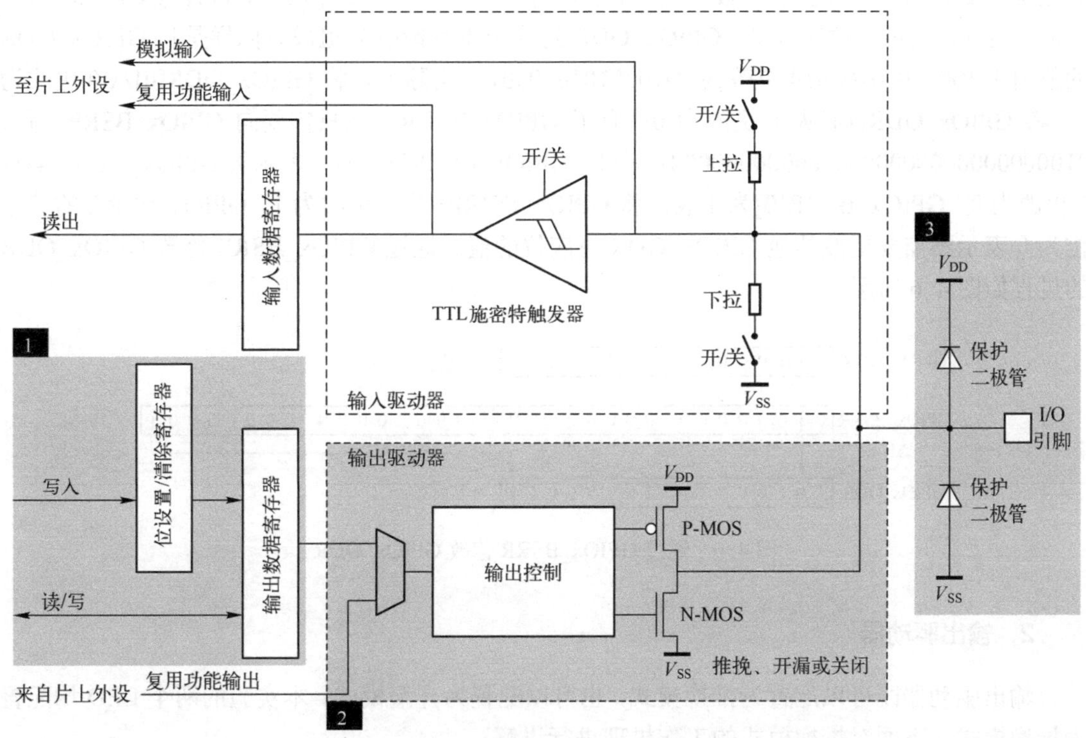

图 4-4　GPIO 功能框图（分析 GPIO 与流水灯实验）

1. 输出相关寄存器

输出相关数据寄存器包括端口位设置/清除寄存器（GPIOx_BSRR）和端口输出数据寄存器（GPIOx_ODR）。可以通过更改 GPIOx_ODR 中的值，达到更改 GPIO 引脚电平的目的。然而，写 GPIOx_ODR 是一次性更改 16 个引脚的电平，这样就很容易把一些不需要更改的引脚电平更改为非预期值。为了准确修改某一个或某几个引脚的电平，比如，要将 GPIOx_ODR[0]更改为 1，将 GPIOx_ODR[14]更改为 0，可以先读 GPIOx_ODR 的值到一个临时变量地址（temp），然后再将 temp[0]更改为 1，将 temp[14]更改为 0，最后将 temp 写入 GPIOx_ODR，如图 4-5 所示。

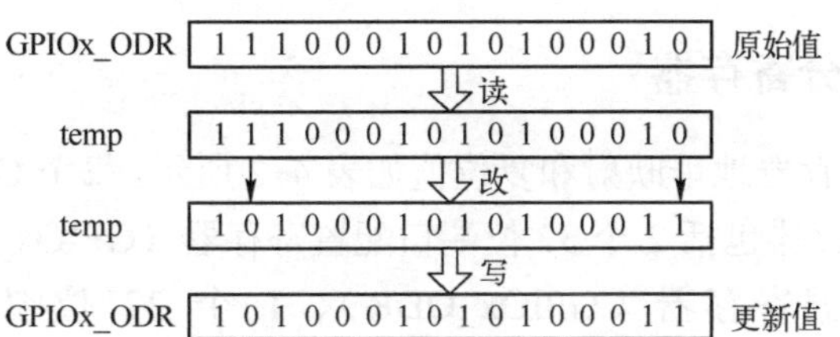

图 4-5　“读-改-写”方式修改 GPIOx_ODR

然而，这种“读-改-写”方式不仅效率低，而且操作繁杂，为了简化操作，提升效率，STM32 新增了端口位设置/清除寄存器（GPIOx_BSRR），该寄存器由 16 位端口清除位（对应 16 个引脚，向某一位写入 1 即可设置 GPIOx_ODR 对应位为 0，向某一位写入 0，GPIOx_ODR 对应位不受影响）和 16 位端口设置位（对应 16 个引脚，向某一位写入 1 即可设置 GPIOx_ODR 对应位为 1，向某一位写入 0，GPIOx_ODR 对应位不受影响）组成。同样是将 GPIOx_ODR 的值由 1110001010100010 更改为 1010001010100011，实际上是将 GPIOx_ODR[0]从 0 更改为 1，将 GPIOx_ODR[14]从 1 更改为 0，有了 GPIOx_BSRR，就只需要向 GPIOx_BSRR 写入 01000000000000000000000000000001 即可。GPIOx_BSRR[30]为 1 表示将 GPIOx_ODR[14]从 1 更改为 0，GPIOx_BSRR[0]为 1 表示将 GPIOx_ODR[0]从 0 更改为 1，GPIOx_BSRR 的其他位为 0 表示不需要更改其他 GPIOx_ODR 对应位的值。通过 GPIOx_BSRR 修改 GPIOx_ODR 的过程如图 4-6 所示。

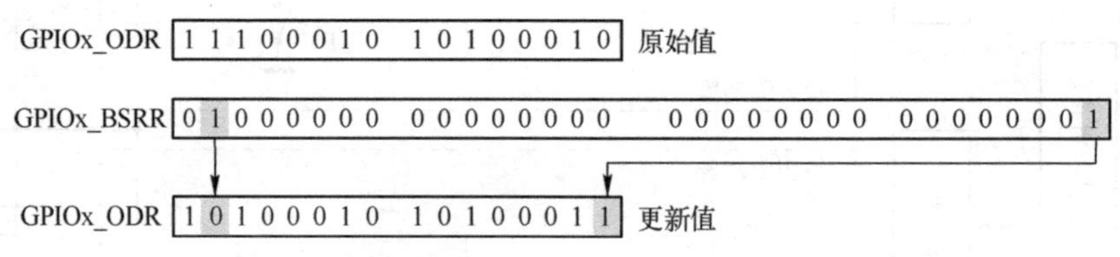

图 4-6　通过 GPIOx_BSRR 修改 GPIOx_ODR

2. 输出驱动器

输出驱动器既可以配置为推挽模式，也可以配置为开漏模式。本实验的两个 LED 均配置为推挽模式，下面对推挽模式的工作机理进行讲解。

当输出驱动器的输出控制端为高电平时，经过反向，上方的 P-MOS 管导通，下方的 N-MOS 管关闭，I/O 引脚对外输出高电平；当输出驱动器的输出控制端为低电平时，经过反向，上方的 P-MOS 管关闭，下方的 N-MOS 管导通，I/O 引脚对外输出低电平。当 I/O 引脚高、低电平切换时，两个 MOS 管轮流导通，P-MOS 管负责灌电流，N-MOS 管负责拉电流，使其负载能力和开关速度均比普通方式有较大的提高。推挽输出的低电平大约为 0V，高电平大约为 3.3V。

3. I/O 引脚及保护二极管

与 I/O 引脚相连接的两个二极管称为保护二极管，用于防止引脚过高或过低的外部电压输入。当引脚的外部电压高于 V_{DD} 时，上方的二极管导通，当引脚电压低于 V_{SS} 时，下方的二极管导通，从而可以防止不正常的电压引入芯片导致芯片烧毁。

4.2.4　GPIO 部分寄存器

STM32 的 GPIO 寄存器地址映射和复位值如表 4-2 所示。每个 GPIO 端口有 7 个寄存器，本实验涉及的 GPIO 寄存器包括 2 个 32 位端口配置寄存器（GPIOx_CRL，GPIOx_CRH）、1 个 32 位端口输出数据寄存器（GPIOx_ODR）、1 个 32 位端口位设置/清除寄存器（GPIOx_BSRR）、1 个 32 位端口位清除寄存器（GPIOx_BRR）。

表 4-2　GPIO 寄存器地址映射和复位值

偏移	寄存器	31	30	29	28	27	26	25	24	23	22	21	20	19	18	17	16
00h	GPIOx_CRL	CNF7 [1:0]		MODE7 [1:0]		CNF6 [1:0]		MODE6 [1:0]		CNF5 [1:0]		MODE5 [1:0]		CNF4 [1:0]		MODE4 [1:0]	
	复位值	0	1	0	1	0	1	0	1	0	1	0	1	0	1	0	1
04h	GPIOx_CRH	CNF15 [1:0]		MODE15 [1:0]		CNF14 [1:0]		MODE14 [1:0]		CNF13 [1:0]		MODE13 [1:0]		CNF12 [1:0]		MODE12 [1:0]	
	复位值	0	1	0	1	0	1	0	1	0	1	0	1	0	1	0	1
08h	GPIOx_IDR	保留															
	复位值																
0Ch	GPIOx_IDR	保留															
	复位值																
10h	GPIOx_BSRR	BR[15:0]															
	复位值	0	0	0	0	0	0	0	0	0	0	0	0	0	0	0	0
14h	GPIOx_BRR	保留															
	复位值																
18h	GPIOx_LCKR	保留															LCKK
	复位值																0
偏移	寄存器	15	14	13	12	11	10	9	8	7	6	5	4	3	2	1	0
00h	GPIOx_CRL	CNF3 [1:0]		MODE3 [1:0]		CNF2 [1:0]		MODE2 [1:0]		CNF1 [1:0]		MODE1 [1:0]		CNF0 [1:0]		MODE0 [1:0]	
	复位值	0	1	0	1	0	1	0	1	0	1	0	1	0	1	0	1
04h	GPIOx_CRH	CNF11 [1:0]		MODE11 [1:0]		CNF10 [1:0]		MODE10 [1:0]		CNF9 [1:0]		MODE9 [1:0]		CNF8 [1:0]		MODE8 [1:0]	
	复位值	0	1	0	1	0	1	0	1	0	1	0	1	0	1	0	1
08h	GPIOx_IDR	IDR[15:0]															
	复位值	0	0	0	0	0	0	0	0	0	0	0	0	0	0	0	0
0Ch	GPIOx_ODR	ODR[15:0]															
	复位值	0	0	0	0	0	0	0	0	0	0	0	0	0	0	0	0
10h	GPIOx_BSRR	BSR[15:0]															
	复位值	0	0	0	0	0	0	0	0	0	0	0	0	0	0	0	0
14h	GPIOx_BRR	BR[15:0]															
	复位值	0	0	0	0	0	0	0	0	0	0	0	0	0	0	0	0
18h	GPIOx_LCKR	LCK[15:0]															
	复位值	0	0	0	0	0	0	0	0	0	0	0	0	0	0	0	0

1．端口配置寄存器（GPIOx_CRL 和 GPIOx_CRH）

4.2.3 节已经介绍了 STM32 的 GPIO 可以通过寄存器配置成 8 种模式。每个 GPIO 端口具体是通过 CNF[1:0]和 MODE[1:0]配置为 8 种模式中的一种的，如表 4-3 所示。

表 4-3　端口位配置表

配置模式		CNF 1	CNF 0	MODE 1	MODE 0	PxODR
通用输出	推挽（Push-Pull）	0	0	01—最大输出速度为 10MHz 10—最大输出速度为 2MHz 11—最大输出速度为 50MHz		0 或 1
	开漏（Open-Drain）		1			0 或 1
复用功能输出	推挽（Push-Pull）	1	0			不使用
	开漏（Open-Drain）		1			不使用
输入	模拟输入	0	0	00		不使用
	浮空输入		1			不使用
	下拉输入	1	0			0
	上拉输入					1

STM32 的每组 GPIO 端口有 16 个引脚，比如，GPIOA 有 GPIOA0～15 共 16 个引脚，而每个引脚都需要 4bit（分别是 CNF[1:0]和 MODE[1:0]）进行输入/输出模式及输出速率的配置，因此，每组 GPIO 端口就需要有 64bit。作为 32 位微控制器，STM32 安排了两组寄存器，分别是端口配置低寄存器（GPIOx_CRL）和端口配置高寄存器（GPIOx_CRH），分别如图 4-7

和图 4-8 所示。GPIOx_CRL 常常简称为 CRL，GPIOx_CRH 常常简称为 CRH。

偏移地址：0x00

复位值：0x4444 4444

31 30	29 28	27 26	25 24	23 22	21 20	19 18	17 16
CNF7[1:0]	MODE7[1:0]	CNF6[1:0]	MODE6[1:0]	CNF5[1:0]	MODE5[1:0]	CNF4[1:0]	MODE4[1:0]
rw rw	rw rw	rw rw	rw rw	rw rw	rw rw	rw rw	rw rw
15 14	**13 12**	**11 10**	**9 8**	**7 6**	**5 4**	**3 2**	**1 0**
CNF3[1:0]	MODE3[1:0]	CNF2[1:0]	MODE2[1:0]	CNF1[1:0]	MODE1[1:0]	CNF0[1:0]	MODE0[1:0]
rw rw	rw rw	rw rw	rw rw	rw rw	rw rw	rw rw	rw rw

图 4-7　GPIOx_CRL 的结构、偏移地址和复位值

偏移地址：0x04

复位值：0x4444 4444

31 30	29 28	27 26	25 24	23 22	21 20	19 18	17 16
CNF15[1:0]	MODE15[1:0]	CNF14[1:0]	MODE14[1:0]	CNF13[1:0]	MODE13[1:0]	CNF12[1:0]	MODE12[1:0]
rw rw	rw rw	rw rw	rw rw	rw rw	rw rw	rw rw	rw rw
15 14	**13 12**	**11 10**	**9 8**	**7 6**	**5 4**	**3 2**	**1 0**
CNF11[1:0]	MODE11[1:0]	CNF10[1:0]	MODE10[1:0]	CNF9[1:0]	MODE9[1:0]	CNF8[1:0]	MODE8[1:0]
rw rw	rw rw	rw rw	rw rw	rw rw	rw rw	rw rw	rw rw

图 4-8　GPIOx_CRH 的结构、偏移地址和复位值

大家可能会问：为什么图 4-7 和图 4-8 只标注了偏移地址，而没有标注绝对地址？因为 STM32 最多有 7 组 GPIO 端口，即 GPIOA、GPIOB、GPIOC、GPIOD、GPIOE、GPIOF 和 GPIOG（又称 PA、PB、PC、PD、PE、PF 和 PG）。如果标注绝对地址，就需要将每组端口的 CRL 和 CRH 全部罗列出来，既没有意义，也没有必要。通过偏移地址计算绝对地址也非常简单，比如，要计算 GPIOC 端口 CRH 的绝对地址。可以先查看 GPIOC 的起始地址，从图 4-9 可以确定 GPIOC 的起始地址为 0x40011000，CRH 的偏移地址为 0x04，因此，GPIOC 的 CRH 的绝对地址通过计算，即 0x40011000+0x04，就可以得出为 0x40011004。又比如，要计算 GPIOD 端口 ODR 的绝对地址，可以先查看 GPIOD 的起始地址，从图 4-9 可以确定 GPIOD 的起始地址为 0x40011400，ODR 的偏移地址为 0x0C，因此，GPIOD 的 ODR 的绝对地址通过计算，即 0x40011400+0x0C，就可以得出为 0x4001140C。

起始地址	外设
0x4001 2000～0x4001 23FF	GPIO端口G
0x4001 1C00～0x4001 1FFF	GPIO端口F
0x4001 1800～0x4001 1BFF	GPIO端口E
0x4001 1400～0x4001 17FF	GPIO端口D
0x4001 1000～0x4001 13FF	GPIO端口C
0x4001 0C00～0x4001 0FFF	GPIO端口B
0x4001 0800～0x4001 0BFF	GPIO端口A

偏移	寄存器
000h	GPIOx_CRL
004h	GPIOx_CRH
008h	GPIOx_IDR
00Ch	GPIOx_ODR
010h	GPIOx_BSRR
014h	GPIOx_BRR
018h	GPIOx_LCKR

GPIO端口C的起始地址 0x4001 1000
\+ CRH的偏移地址 0x04
GPIOC→CRH的绝对地址 0x4001 1004

GPIO端口D的起始地址 0x4001 1400
\+ ODR的偏移地址 0x0C
GPIOD→ODR的绝对地址 0x4001 140C

图 4-9　GPIOC→CRH 和 GPIOD→ODR 绝对地址的计算过程

CRL 和 CRH 用于控制 GPIO 端口的输入/输出模式及输出速度，CRL 用于控制 GPIO 端口（A～G）低 8 位的输入/输出模式及输出速度，CRH 用于控制 GPIO 端口（A～G）高 8 位的输

入/输出模式及输出速度。每个 GPIO 端口的引脚占用 CRL 或 CRH 的 4 位，高两位为 CNF[1:0]，低两位为 MODE[1:0]，CNF[1:0]和 MODE[1:0]的解释说明如表 4-4 所示。从图 4-7 和图 4-8 可以看到，这两个寄存器的复位值均为 0x4444 4444，即 CNF[1:0]为 01，MODE[1:0]为 00，从表 4-4 可以得出这样的结论，即 STM32 复位后所有引脚配置为浮空输入模式。

表 4-4　CNF[1:0]和 MODE[1:0]的解释说明

位	说明
位 31:30 27:26 23:22 19:18 15:14 11:10 7:6 3:2	CNFy[1:0]：端口 x 的配置位（y=0, …, 15）（Port x configuration bits）。 软件通过这些位配置相应的 I/O 端口。 在输入模式（MODE[1:0]=00）： 00：模拟输入模式； 01：浮空输入模式（复位后的状态）；10：上拉/下拉输入模式；11：保留。 在输出模式（MODE[1:0]>00）： 00：通用推挽输出模式； 01：通用开漏输出模式；10：复用功能推挽输出模式；11：复用功能开漏输出模式
位 29:28 25:24 21:20 17:16 13:12 9:8 5:4 1:0	MODEy[1:0]：端口 x 的模式位（y=0, …, 15）（Port x mode bits）。 软件通过这些位配置相应的 I/O 端口。 00：输入模式（复位后的状态）； 01：输出模式，最大速度为 10MHz； 10：输出模式，最大速度为 2MHz； 11：输出模式，最大速度为 50MHz

2. 端口输出数据寄存器（GPIOx_ODR）

GPIOx_ODR 是一组 GPIO 端口的 16 个引脚的输出数据寄存器，因此只用了低 16 位。该寄存器为可读可写，从该寄存器读出来的数据可以用于判断某组 GPIO 端口的输出状态，向该寄存器写数据可以控制某组 GPIO 的输出电平。GPIOx_ODR 的结构、偏移地址和复位值，以及各个位的解释说明如图 4-10 和表 4-5 所示。GPIOx_ODR 也常常简称为 ODR。

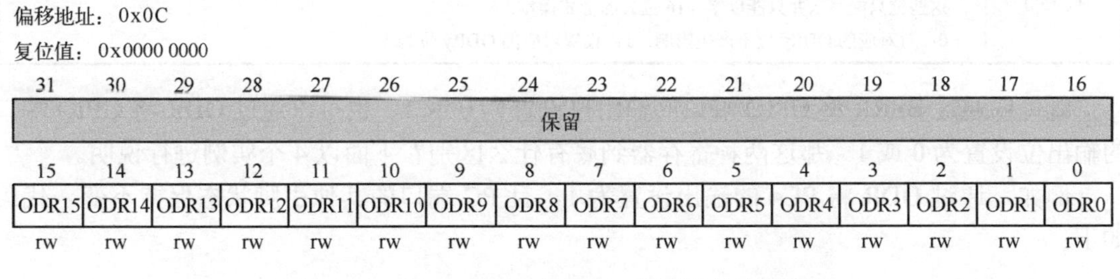

图 4-10　GPIOx_ODR 的结构、偏移地址和复位值

表 4-5　GPIOx_ODR 各个位的解释说明

位	说明
位 31:16	保留，始终读为 0
位 15:0	ODRy：端口输出数据（y=0, …, 15）（Port output data）。 这些位可读可写并只能以字（16 位）的形式操作。 注意，对 GPIOx_BSRR（x=A, …, E），可以分别对各个 ODR 位进行独立设置/清除

例如，通过寄存器操作的方式，将 PC4 输出设置为高电平，且 GPIOC 端口的其他引脚电平不变。

```
u32 temp;
```

```
temp = GPIOC->ODR;
temp = (temp & 0xFFFFFFEF) | 0x00000010;
GPIOC->ODR = temp;
```

3. 端口位设置/清除寄存器（GPIOx_BSRR）

GPIOx_BSRR 用于设置 GPIO 端口的输出位为 0 或 1。该寄存器和 ODR 有着类似的功能，都可以用来设置 GPIO 端口的输出位为 0 或 1。GPIOx_BSRR 的结构、偏移地址和复位值，以及各个位的解释说明如图 4-11 和表 4-6 所示。GPIOx_BSRR 也常常简称为 BSRR。

偏移地址：0x10

复位值：0x0000 0000

31	30	29	28	27	26	25	24	23	22	21	20	19	18	17	16
BR15	BR14	BR13	BR12	BR11	BR10	BR9	BR8	BR7	BR6	BR5	BR4	BR3	BR2	BR1	BR0
w	w	w	w	w	w	w	w	w	w	w	w	w	w	w	w

15	14	13	12	11	10	9	8	7	6	5	4	3	2	1	0
BS15	BS14	BS13	BS12	BS11	BS10	BS9	BS8	BS7	BS6	BS5	BS4	BS3	BS2	BS1	BS0
w	w	w	w	w	w	w	w	w	w	w	w	w	w	w	w

图 4-11　GPIOx_BSRR 的结构、偏移地址和复位值

表 4-6　GPIOx_BSRR 各个位的解释说明

位	说明
位 31:16	BRy：清除端口 x 的位 y（y=0, …, 15）(Port x reset bit y)。 这些位只能写入并只能以字（16 位）的形式操作。 0：对对应的 ODRy 位不产生影响；1：清除对应的 ODRy 位为 0。 注意，如果同时设置了 BSy 和 BRy 的对应位，则 BSy 位起作用
位 15:0	BSy：设置端口 x 的位 y（y=0, …, 15）(Port x set bit y)。 这些位只能写入并只能以字（16 位）的形式操作。 0：对对应的 ODRy 位不产生影响；1：设置对应的 ODRy 位为 1

既可以通过 BSRR 将 GPIO 端口的输出位设置为 0 或 1，也可以通过 ODR 将 GPIO 端口的输出位设置为 0 或 1。那这两种寄存器到底有什么区别？下面以 4 个实例进行说明。

例如，通过 ODR 将 PC4 的输出设置为 1，且 PC 端口的其他引脚状态保持不变，代码如下：

```
u32 temp;
temp = GPIOC->ODR;
temp = (temp & 0xFFFFFFEF) | 0x00000010;
GPIOC->ODR = temp;
```

通过 BSRR 将 PC4 的输出设置为 1，且 PC 端口的其他引脚状态保持不变，代码如下：

```
GPIOC->BSRR = 1 << 4;
```

通过 ODR 将 PC4 的输出设置为 0，且 PC 端口的其他引脚状态保持不变，代码如下：

```
u32 temp;
temp = GPIOC->ODR;
temp = temp & 0xFFFFFFEF;
```

```
GPIOC->ODR = temp;
```

通过 BSRR 将 PC4 的输出设置为 0，且 PC 端口的其他引脚状态保持不变，代码如下：

```
GPIOC->BSRR = 1 << (16+4);
```

从上面的 4 个实例可以得出以下结论：①如果不是对某一组 GPIO 端口的所有引脚输出状态进行更改，而是对其中一个或若干引脚状态进行更改，通过 ODR 需要经过“读→改→写”三个步骤，通过 BSRR 只需要一步；②向 BSRR 的某一位写 0 对相应的引脚输出不产生影响，如果要将某一组 GPIO 端口的一个引脚设置为 1，只需要向对应的 BSy 写 1，其余写 0 即可；③如果要将某一组 GPIO 端口的一个引脚设置为 0，只需要向对应的 BRy 写 1，其余写 0 即可。

4．端口位清除寄存器（GPIOx_BRR）

GPIOx_BRR 用于设置 GPIO 端口的输出位为 0，GPIOx_BRR 的结构、偏移地址和复位值，以及部分位的解释说明如图 4-12 和表 4-7 所示。GPIOx_BRR 也常常简称为 BRR。

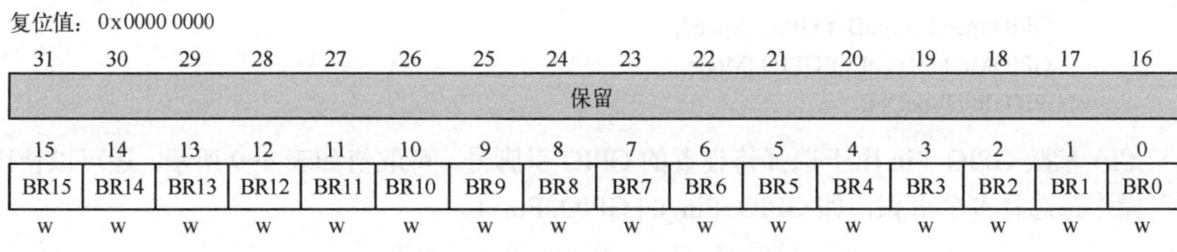

图 4-12　GPIOx_BRR 的结构、偏移地址和复位值

表 4-7　GPIOx_BRR 部分位的解释说明

位 31:16	保留
位 15:0	BRy：清除端口 x 的位 y（y=0, …, 15）（Port x reset bit y）。 这些位只能写入并只能以字（16 位）的形式操作。 0：对对应的 ODRy 位不产生影响；1：清除对应的 ODRy 位为 0

例如，通过 BRR 将 PC4 的输出设置为 0，且 PC 端口的其他引脚状态保持不变，代码如下：

```
GPIOC->BRR = 1 << 4;
```

4.2.5　GPIO 部分固件库函数

本实验涉及的 GPIO 固件库函数包括 GPIO_Init、GPIO_WriteBit 和 GPIO_ReadOutputDataBit，这 3 个函数在 stm32f10x_gpio.h 文件中声明，在 stm32f10x_gpio.c 文件中实现。本书所涉及的固件库版本均为 V3.5.0。

1．GPIO_Init

GPIO_Init 函数的功能是设定 A、B、C、D、E、F、G 端口的任一个引脚的输入/输出的配置信息，通过向 GPIOx→CRL 或 GPIOx→CRH 写入参数来实现，同时，该函数还可以按

需要初始化 STM32 的 I/O 口状态，通过向 GPIOx→BRR 或 GPIOx→BSRR 写入参数来实现。具体描述如表 4-8 所示。

表 4-8　GPIO_Init 函数的描述

函数名	GPIO_Init
函数原型	void GPIO_Init(GPIO_TypeDef* GPIOx, GPIO_InitTypeDef* GPIO_InitStruct)
功能描述	根据 GPIO_InitStruct 中指定的参数初始化外设 GPIOx 寄存器
输入参数 1	GPIOx：x 可以是 A、B、C、D、E、F、G，用于选择 GPIO 外设
输入参数 2	GPIO_InitStruct：指向结构体 GPIO_InitTypeDef 的指针，包含外设 GPIO 的配置信息
输出参数	无
返回值	void

GPIO_InitTypeDef 结构体定义在 stm32f10x_gpio.h 文件中，内容如下：

```
typedef struct
{
  uint16_t GPIO_Pin;
  GPIOSpeed_TypeDef GPIO_Speed;
  GPIOMode_TypeDef GPIO_Mode;
}GPIO_InitTypeDef;
```

（1）参数 GPIO_Pin 用于选择待设置的 GPIO 引脚号，可取值如表 4-9 所示，还可以使用“|”操作符选择多个引脚，如 GPIO_Pin_0 | GPIO_Pin_1。

表 4-9　参数 GPIO_Pin 的可取值

可 取 值	实 际 值	描　　述
GPIO_Pin_0	0x0001	选中引脚 0
GPIO_Pin_1	0x0002	选中引脚 1
GPIO_Pin_2	0x0004	选中引脚 2
GPIO_Pin_3	0x0008	选中引脚 3
GPIO_Pin_4	0x0010	选中引脚 4
GPIO_Pin_5	0x0020	选中引脚 5
GPIO_Pin_6	0x0040	选中引脚 6
GPIO_Pin_7	0x0080	选中引脚 7
GPIO_Pin_8	0x0100	选中引脚 8
GPIO_Pin_9	0x0200	选中引脚 9
GPIO_Pin_10	0x0400	选中引脚 10
GPIO_Pin_11	0x0800	选中引脚 11
GPIO_Pin_12	0x1000	选中引脚 12
GPIO_Pin_13	0x2000	选中引脚 13
GPIO_Pin_14	0x4000	选中引脚 14
GPIO_Pin_15	0x8000	选中引脚 15
GPIO_Pin_All	0xFFFF	选中全部引脚

（2）参数 GPIO_Speed 用于设置选中引脚的速度，可取值如表 4-10 所示。

表 4-10　参数 GPIO_Speed 的可取值

可　取　值	实　际　值	描　　述
GPIO_Speed_10MHz	1	最高输出速度为 10MHz
GPIO_Speed_2MHz	2	最高输出速度为 2MHz
GPIO_Speed_50MHz	3	最高输出速度为 50MHz

（3）参数 GPIO_Mode 用于设置选中引脚的工作状态，可取值如表 4-11 所示。

表 4-11　参数 GPIO_Mode 的可取值

可　取　值	实　际　值	描　　述
GPIO_Mode_AIN	0x00	模拟输入
GPIO_Mode_IN_FLOATING	0x04	浮空输入
GPIO_Mode_IPD	0x28	下拉输入
GPIO_Mode_IPU	0x48	上拉输入
GPIO_Mode_Out_OD	0x14	开漏输出
GPIO_Mode_Out_PP	0x10	推挽输出
GPIO_Mode_AF_OD	0x1C	复用开漏输出
GPIO_Mode_AF_PP	0x18	复用推挽输出

例如，配置 PC4 引脚为推挽输出，最大速度为 50MHz，代码如下：

```
GPIO_InitTypeDef GPIO_InitStructure;                 //定义结构体
GPIO_InitStructure.GPIO_Pin = GPIO_Pin_4;
GPIO_InitStructure.GPIO_Speed = GPIO_Speed_50MHz;
GPIO_InitStructure.GPIO_Mode = GPIO_Mode_Out_PP;
GPIO_Init(GPIOC, &GPIO_InitStructure);
```

2. GPIO_WriteBit

GPIO_WriteBit 函数的功能是设置或清除所选定端口的特定位，通过向 GPIOx→BSRR 或 GPIOx→BRR 写入参数来实现。具体描述如表 4-12 所示。

表 4-12　GPIO_WriteBit 函数的描述

函数名	GPIO_WriteBit
函数原型	void GPIO_WriteBit（GPIO_TypeDef* GPIOx, uint16_t GPIO_Pin, BitAction BitVal)
功能描述	设置或清除指定数据端口位
输入参数 1	GPIOx：x 可以是 A、B、C、D、E、F、G，用于选择 GPIO 外设
输入参数 2	GPIO_Pin：待设置或清除的端口位
输出参数 3	BitVal：该参数指定了待写入的值，可以有以下两个取值。 Bit_RESET：清除数据端口位； Bit_SET：设置数据端口位
输出参数	无
返回值	void

例如，将 PC4 设置为低电平，代码如下：

```
GPIO_WriteBit(GPIOC, GPIO_Pin_4, Bit_RESET);
```

再如，将 PC5 设置为高电平，代码如下：

```
GPIO_WriteBit(GPIOC, GPIO_Pin_5, Bit_SET);
```

3. GPIO_ReadOutputDataBit

GPIO_ReadOutputDataBit 函数的功能是读取指定外设端口的指定引脚的输出值，通过读 GPIOx→ODR 来实现。具体描述如表 4-13 所示。

表 4-13　GPIO_ReadOutputDataBit 函数的描述

函数名	GPIO_ReadOutputDataBit
函数原型	uint8_t GPIO_ReadOutputDataBit(GPIO_TypeDef* GPIOx, uint16_t GPIO_Pin)
功能描述	读取指定端口引脚的输出值
输入参数 1	GPIOx：x 可以是 A、B、C、D、E、F、G，用于选择 GPIO 外设
输入参数 2	GPIO_Pin：待读取的端口位
输出参数	无
返回值	输出端口引脚值

例如，读取 PC4 的电平，代码如下：

```
GPIO_ReadOutputDataBit(GPIOC, GPIO_Pin_4);
```

4.2.6　RCC 部分寄存器

本实验涉及的 RCC 寄存器只有 APB2 外设时钟使能寄存器（RCC_APB2ENR），该寄存器的结构、偏移地址和复位值如图 4-13 所示，部分位的解释说明如表 4-14 所示。本章只对该寄存器进行简单介绍，第 9 章将对 RCC 进行详细讲解。

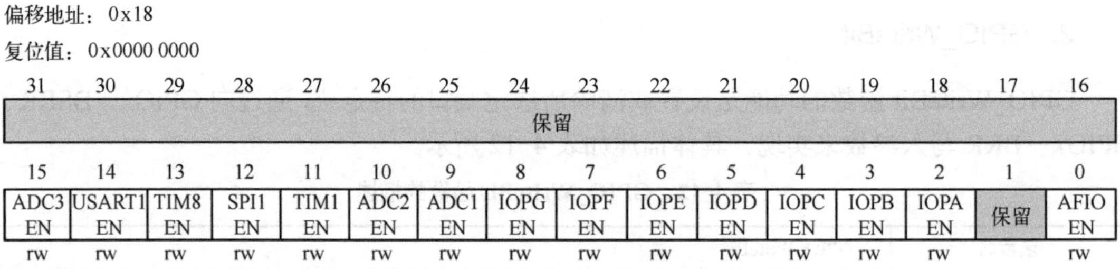

偏移地址：0x18

复位值：0x0000 0000

31	30	29	28	27	26	25	24	23	22	21	20	19	18	17	16
保留															

15	14	13	12	11	10	9	8	7	6	5	4	3	2	1	0
ADC3 EN	USART1 EN	TIM8 EN	SPI1 EN	TIM1 EN	ADC2 EN	ADC1 EN	IOPG EN	IOPF EN	IOPE EN	IOPD EN	IOPC EN	IOPB EN	IOPA EN	保留	AFIO EN
rw	rw	rw	rw	rw	rw	rw	rw	rw	rw	rw	rw	rw	rw		rw

图 4-13　RCC_APB2ENR 的结构、偏移地址和复位值

表 4-14　RCC_APB2ENR 部分位的解释说明

位 31:16	保留，始终读为 0
位 4	IOPCEN：I/O 端口 C 时钟使能（I/O port C clock enable）。 由软件置为 1 或清零。 0：I/O 端口 C 时钟关闭；1：I/O 端口 C 时钟开启
位 0	AFIOEN：辅助功能 I/O 时钟使能（Alternate function I/O clock enable）。 由软件置为 1 或清零。 0：辅助功能 I/O 时钟关闭；1：辅助功能 I/O 时钟开启

例如，通过寄存器操作的方式，使能PC端口，其他模块的时钟状态保持不变，代码如下：

```
u32 temp;
temp = RCC->APB2ENR;
temp = (temp & 0xFFFFFFEF) | 0x00000010;
RCC->APB2ENR = temp;
```

4.2.7　RCC 部分固件库函数

本实验涉及的RCC固件库函数包括RCC_APB2PeriphClockCmd。该函数在stm32f10x_rcc.h文件中声明，在stm32f10x_rcc.c文件中实现。

RCC_APB2PeriphClockCmd函数的功能是打开或关闭APB2上相应外设的时钟，通过向RCC→APB2ENR写入参数来实现。具体描述如表4-15所示。

表4-15　RCC_APB2PeriphClockCmd函数的描述

函数名	RCC_APB2PeriphClockCmd
函数原型	void RCC_APB2PeriphClockCmd(uint32_t RCC_APB2Periph, FunctionalState NewState)
功能描述	使能或除能APB2外设时钟
输入参数1	RCC_APB2Periph：门控APB2外设时钟
输入参数2	NewState：指定外设时钟的新状态 这个参数可以取ENABLE或DISABLE
输出参数	无
返回值	void

参数RCC_APB2Periph为被控的APB2外设时钟，可取值如表4-16所示，还可以使用"|"操作符使能多个APB2外设时钟，如RCC_APB2Periph_GPIOA | RCC_APB2Periph_GPIOC。

表4-16　参数RCC_APB2Periph的可取值

可 取 值	实 际 值	描　述
RCC_APB2Periph_AFIO	0x00000001	功能复用I/O时钟
RCC_APB2Periph_GPIOA	0x00000004	GPIOA时钟
RCC_APB2Periph_GPIOB	0x00000008	GPIOB时钟
RCC_APB2Periph_GPIOC	0x00000010	GPIOC时钟
RCC_APB2Periph_GPIOD	0x00000020	GPIOD时钟
RCC_APB2Periph_GPIOE	0x00000040	GPIOE时钟
RCC_APB2Periph_GPIOF	0x00000080	GPIOF时钟
RCC_APB2Periph_GPIOG	0x00000100	GPIOG时钟
RCC_APB2Periph_ADC1	0x00000200	ADC1时钟
RCC_APB2Periph_ADC2	0x00000400	ADC2时钟
RCC_APB2Periph_TIM1	0x00000800	TIM1时钟
RCC_APB2Periph_SPI1	0x00001000	SPI1时钟
RCC_APB2Periph_TIM8	0x00002000	TIM8时钟

续表

可 取 值	实 际 值	描 述
RCC_APB2Periph_USART1	0x00004000	USART1 时钟
RCC_APB2Periph_ADC3	0x00008000	ADC3 时钟

例如，同时使能 GPIOA、GPIOB 和 SPI1 时钟，代码如下：

```
RCC_APB2PeriphClockCmd(RCC_APB2Periph_GPIOA | RCC_APB2Periph_GPIOB |
RCC_APB2Periph_SPI1, ENABLE);
```

分别使能 GPIOA、GPIOB 和 SPI1 时钟，代码如下：

```
RCC_APB2PeriphClockCmd(RCC_APB2Periph_GPIOA, ENABLE);
RCC_APB2PeriphClockCmd(RCC_APB2Periph_GPIOB, ENABLE);
RCC_APB2PeriphClockCmd(RCC_APB2Periph_SPI1, ENABLE);
```

4.3 实 验 步 骤

步骤 1：复制并编译原始工程

首先，将“D:\STM32KeilTest\Material\03.GPIO 与流水灯实验”文件夹复制到“D:\STM32KeilTest\Product”文件夹中。然后，双击运行“D:\STM32KeilTest\Product\03.GPIO 与流水灯实验\Project”文件夹中的 STM32KeilPrj.uvprojx，单击工具栏中的按钮。当 Build Output 栏出现 FromELF: creating hex file...时，表示已经成功生成.hex 文件，出现 0 Error(s), 0 Warning(s)表示编译成功。最后，将.axf 文件下载到 STM32 的内部 Flash，打开串口助手，观察是否每秒输出一次 This is the first STM32F103 Project, by Zhangsan。本实验实现的是两个 LED 交替闪烁功能，因此，Material 提供的“03.GPIO 与流水灯实验”工程中的 LED 模块是空白的，STM32 核心板上不会出现两个 LED 交替闪烁的现象。如果串口正常输出字符串，表示原始工程是正确的，接着就可以进入下一步操作。

步骤 2：添加 LED 文件对

首先，将“D:\STM32KeilTest\Product\03.GPIO 与流水灯实验\App\LED”文件夹中的 LED.c 添加到 App 分组，具体操作可参见 2.3 节步骤 8。然后，将“D:\STM32KeilTest\Product\03.GPIO 与流水灯实验\App\LED”路径添加到 Include Paths 栏，具体操作可参见 2.3 节步骤 11。

步骤 3：完善 LED.h 文件

完成 LED 文件对添加之后，就可以在 LED.c 文件中添加包含 LED.h 头文件的代码了，如图 4-14 所示。具体做法：①在 Project 面板中，双击打开 LED.c 文件；②根据实际情况完善模块信息；③在 LED.c 文件的“包含头文件”区，添加代码#include "LED.h"；④单击按钮进行编译；⑤编译结束后，Build Output 栏出现 0 Error(s)，0 Warning(s)表示编译成功；⑥LED.c 目录下会出现 LED.h，表示成功包含 LED.h 头文件。建议每次进行代码更新或修改之后，都进行一次编译，这样可以及时定位到问题。

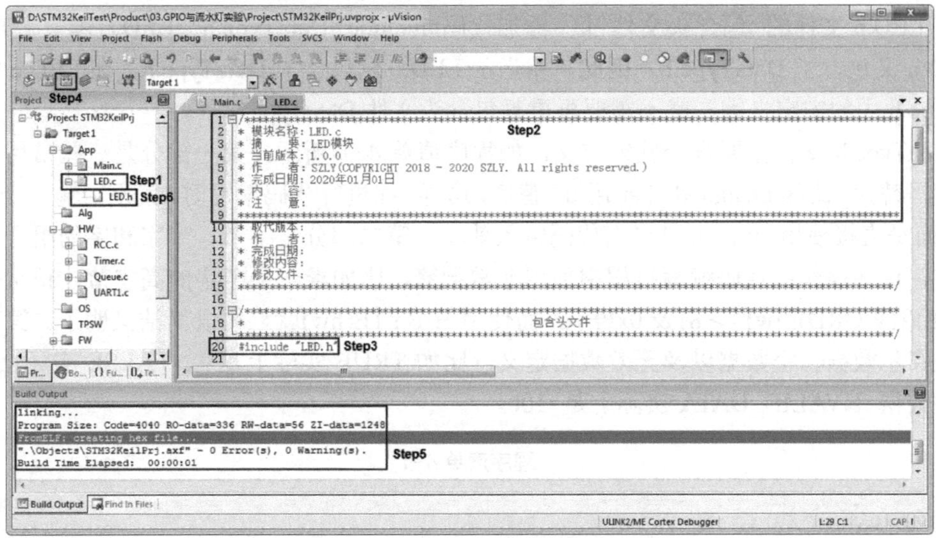

图 4-14　添加 LED 文件夹路径

完成在 LED.c 文件中添加代码#include "LED.h"之后，就可以添加防止重编译处理代码了，如图 4-15 所示。具体做法：①在 Project 面板中，展开 LED.c；②双击 LED.c 下的 LED.h；③根据实际情况完善模块信息；④在打开的 LED.h 文件中，添加防止重编译处理代码；⑤添加完防止重编译处理代码之后，单击工具栏中的按钮进行编译；⑥编译结束后，Build Output 栏出现 0 Error(s)，0 Warning(s)表示编译成功。注意，防止重编译预处理宏的命名格式是将头文件名改为大写，单词之间用下画线隔开，且首尾添加下画线，比如 LED.h 的防止重编译处理宏命名为_LED_H_，又如 KeyOne.h 的防止重编译处理宏命名为_KEY_ONE_H_。

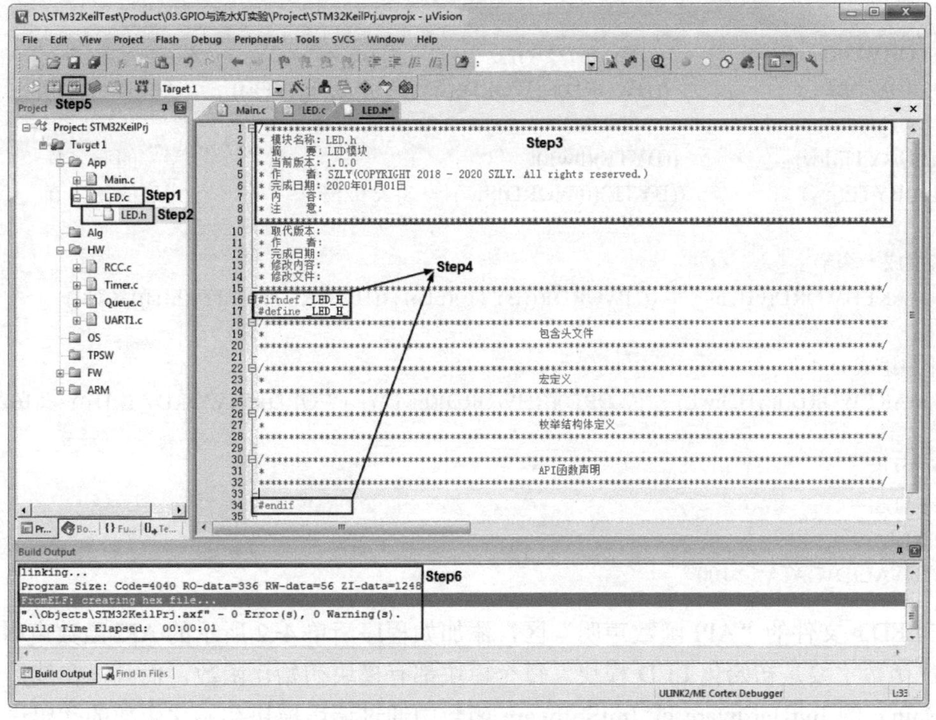

图 4-15　在 LED.h 文件中添加防止重编译处理代码

在 LED.h 文件的“包含头文件”区，添加代码#include "DataType.h"。LED.c 包含了 LED.h，而 LED.h 又包含了 DataType.h，因此，相当于 LED.c 也包含了 DataType.h，在 LED.c 中使用 DataType.h 中的宏定义等，就不需要再重复包含头文件 DataType.h 了。

DataType.h 文件主要是一些宏定义，如程序清单 4-1 所示。第一部分是一些常用数据类型的缩写替换，比如 unsigned char 用 u8 替换，这样，在进行代码编写时，就不用输入 unsigned char，而是直接使用 u8，可以提高代码输入效率。第二部分是字节、半字和字的组合以及拆分操作，这些操作在代码编写过程中使用非常频繁，比如求一个半字的高字节，正常操作是((BYTE)(((WORD)(hw) >> 8) & 0xFF))，而使用 HIBYTE(hw)就显得既简洁又明了。第三部分是一些布尔数据、空数据以及无效数据定义，比如 TRUE 实际上是 1，FALSE 实际上是 0，而无效数据 INVALID_DATA 实际上是-100。

程序清单 4-1

```
typedef signed char         i8;
typedef signed short        i16;
typedef signed int          i32;
typedef unsigned char       u8;
typedef unsigned short      u16;
typedef unsigned int        u32;

typedef int                 BOOL;
typedef unsigned char       BYTE;
typedef unsigned short      HWORD;   //2 字节组成一个半字
typedef unsigned int        WORD;    //4 字节组成一个字
typedef long                LONG;

#define LOHWORD(w)          ((HWORD)(w))                              //字的低半字
#define HIHWORD(w)          ((HWORD)(((WORD)(w) >> 16) & 0xFFFF))     //字的高半字

#define LOBYTE(hw)          ((BYTE)(hw) )                             //半字的低字节
#define HIBYTE(hw)          ((BYTE)(((WORD)(hw) >> 8) & 0xFF))        //半字的高字节

//2 字节组成一个半字
#define MAKEHWORD(bH, bL)     ((HWORD)(((BYTE)(bL)) | ((HWORD)((BYTE)(bH))) << 8))

//两个半字组成一个字
#define MAKEWORD(hwH, hwL)    ((WORD)(((HWORD)(hwL)) | ((WORD)((HWORD)(hwH))) << 16))

#define TRUE          1
#define FALSE         0
#define NULL          0
#define INVALID_DATA  -100
```

在 LED.h 文件的“API 函数声明”区，添加如程序清单 4-2 所示的 API 函数声明代码。InitLED 函数主要是初始化 LED 模块。每个模块都有模块初始化函数，而且，在使用前，要先在 Main.c 的 InitHardware 或 InitSoftware 函数中通过调用模块初始化函数的代码进行模块初始化，硬件相关的模块在 InitHardware 函数中初始化，软件相关的模块在 InitSoftware 函数中初始化。LEDFlicker 函数实现的是 STM32 核心板上的 LED1 和 LED2 的电平翻转。

程序清单 4-2

```
void  InitLED(void);            //初始化 LED 模块
void  LEDFlicker(u16 cnt);      //控制 LED 闪烁
```

步骤 4：完善 LED.c 文件

在 LED.c 文件的“包含头文件”区的最后，添加代码#include "stm32f10x_gpio.h"。stm32f10x_gpio.h 为 STM32 的 GPIO 的固件库头文件，LED 模块主要是对 GPIO 相关的寄存器进行操作，包含了 stm32f10x_gpio.h，就可以使用 GPIO 的固件库函数对 GPIO 相关的寄存器进行间接操作了。

stm32f10x_conf.h 中包含了各种固件库头文件，当然，也包含了 stm32f10x_gpio.h，因此，也可以在 LED.c 文件的“包含头文件”区的最后，添加代码#include "stm32f10x_conf.h"。

在 LED.c 文件的“内部函数声明”区，添加内部函数的声明代码，如程序清单 4-3 所示。本书规定，所有的内部函数都必须在“内部函数声明”区声明，且无论是内部函数的声明还是实现，都必须加 static 关键字，表示该函数只能在其所在文件的内部调用。

程序清单 4-3

```
static  void  ConfigLEDGPIO(void);  //配置 LED 的 GPIO
```

在 LED.c 文件的“内部函数实现”区，添加 ConfigLEDGPIO 函数的实现代码，如程序清单 4-4 所示。下面按照顺序对 ConfigLEDGPIO 函数中的语句进行解释说明。

（1）STM32 核心板的 LED1 和 LED2 分别与 STM32F103RCT6 芯片的 PC4 和 PC5 相连接，因此需要通过 RCC_APB2PeriphClockCmd 函数使能 GPIOC 时钟。该函数涉及 APB2ENR 的 IOPCEN，IOPCEN 用于使能 GPIOC 的时钟，可参见图 4-13 和表 4-14。

（2）通过 GPIO_Init 函数将 PC4 和 PC5 配置为推挽输出模式，并将两个 I/O 的最大输出速度配置为 50MHz。该函数涉及 GPIOx_CRL、GPIOx_BSRR 和 GPIOx_BRR。GPIOx_CRL 用于配置输入/输出模式及 I/O 的最大输出速度，可参见图 4-7、图 4-8、图 4-11、图 4-12，以及表 4-4、表 4-6、表 4-7。

（3）通过 GPIO_WriteBit 函数将 PC4 和 PC5 的默认电平分别设置为高电平和低电平。该函数也涉及 GPIOx_BSRR 和 GPIOx_BRR，通过 GPIOx_BSRR 设置高电平，通过 GPIOx_BRR 设置低电平。

程序清单 4-4

```
static  void  ConfigLEDGPIO(void)
{
  GPIO_InitTypeDef GPIO_InitStructure;  //GPIO_InitStructure 用于存放 GPIO 的参数

  //使能 RCC 相关时钟
  RCC_APB2PeriphClockCmd(RCC_APB2Periph_GPIOC, ENABLE); //使能 GPIOC 的时钟
```

```
  GPIO_InitStructure.GPIO_Pin      = GPIO_Pin_4;                 //设置引脚
  GPIO_InitStructure.GPIO_Speed = GPIO_Speed_50MHz;              //设置 I/O 输出速度
  GPIO_InitStructure.GPIO_Mode   = GPIO_Mode_Out_PP;             //设置模式
  GPIO_Init(GPIOC, &GPIO_InitStructure);                         //根据参数初始化 LED1 的 GPIO

  GPIO_WriteBit(GPIOC, GPIO_Pin_4, Bit_SET);                     //将 LED1 默认状态设置为点亮

  GPIO_InitStructure.GPIO_Pin      = GPIO_Pin_5;                 //设置引脚
  GPIO_InitStructure.GPIO_Speed = GPIO_Speed_50MHz;              //设置 I/O 输出速度
  GPIO_InitStructure.GPIO_Mode   = GPIO_Mode_Out_PP;             //设置模式
  GPIO_Init(GPIOC, &GPIO_InitStructure);                         //根据参数初始化 LED2 的 GPIO

  GPIO_WriteBit(GPIOC, GPIO_Pin_5, Bit_RESET);                   //将 LED2 默认状态设置为熄灭
}
```

在 LED.c 文件的“API 函数实现”区，添加 API 函数的实现代码，如程序清单 4-5 所示。LED.c 文件的 API 函数只有两个，分别是 InitLED 和 LEDFlicker 函数。InitLED 作为 LED 模块的初始化函数，调用 ConfigLEDGPIO 函数实现对 LED 模块的初始化。LEDFlicker 作为 LED 的闪烁函数，通过改变 GPIO 引脚电平实现 LED 的闪烁，其参数 cnt 用于控制闪烁的周期，比如该参数为 250，由于 LEDFlicker 函数每隔 2ms 被调用一次，因此 LED 每 500ms 点亮，500ms 熄灭。

程序清单 4-5

```
void InitLED(void)
{
  ConfigLEDGPIO();                   //配置 LED 的 GPIO
}

void LEDFlicker(u16 cnt)
{
  static u16 s_iCnt;                 //定义静态变量 s_iCnt 作为计数器

  s_iCnt++;                          //计数器的计数值加 1

  if(s_iCnt >= cnt)                  //计数器的计数值大于或等于 cnt
  {
    s_iCnt = 0;                      //重置计数器的计数值为 0

    //LED1 状态取反，实现 LED1 闪烁
    GPIO_WriteBit(GPIOC, GPIO_Pin_4, (BitAction)(1 - GPIO_ReadOutputDataBit(GPIOC, GPIO_Pin_4)));

    //LED2 状态取反，实现 LED2 闪烁
    GPIO_WriteBit(GPIOC, GPIO_Pin_5, (BitAction)(1 - GPIO_ReadOutputDataBit(GPIOC, GPIO_Pin_5)));
  }
}
```

步骤 5：完善 GPIO 与流水灯实验应用层

在 Project 面板中，双击打开 Main.c 文件，在 Main.c 文件的“包含头文件”区的最后，添加代码#include "LED.h"。这样就可以在 Main.c 文件中调用 LED 模块的宏定义和 API 函数等，实现对 LED 模块的操作。

在 Main.c 文件的 InitHardware 函数中，添加调用 InitLED 函数的代码，如程序清单 4-6 所示，这样就实现了对 LED 模块的初始化。

程序清单 4-6

```
static  void  InitHardware(void)
{
  SystemInit();                  //系统初始化
  InitRCC();                     //初始化 RCC 模块
  InitNVIC();                    //初始化 NVIC 模块
  InitUART1(115200);             //初始化 UART 模块
  InitTimer();                   //初始化 Timer 模块
  InitSysTick();                 //初始化 SysTick 模块
  InitLED();                     //初始化 LED 模块
}
```

在 Main.c 文件的 Proc2msTask 函数中，添加调用 LEDFlicker 函数的代码，如程序清单 4-7 所示，这样就可以实现 STM32 核心板上 LED1 和 LED2 每 500ms 交替闪烁一次的功能。注意，LEDFlicker 函数必须放置在 if 语句之内，才能保证该函数每 2ms 被调用一次。

程序清单 4-7

```
static  void  Proc2msTask(void)
{
  if(Get2msFlag())                 //判断 2ms 标志位状态
  {
    LEDFlicker(250);               //调用闪烁函数
    Clr2msFlag();                  //清除 2ms 标志位
  }
}
```

步骤 6：编译及下载验证

代码编写完成后，单击按钮进行编译。编译结束后，Build Output 栏中出现 0 Error(s)，0 Warning(s)，表示编译成功。然后，参见图 2-33，通过 Keil μVision5 软件将.axf 文件下载到 STM32 核心板。下载完成后，可以观察到 STM32 核心板上的 LED1 和 LED2 交替闪烁，表示实验成功。

本 章 任 务

基于 STM32 核心板，编写程序实现 LED 编码计数功能。假设 LED 熄灭为 0，点亮为 1，编写程序通过两个 LED 实现编码计数功能，初始状态的 LED1 和 LED2 均熄灭（00），第二状态的 LED1 熄灭、LED2 点亮（01），第三状态的 LED1 点亮、LED2 熄灭（10），第四状态为 LED1 点亮、LED2 点亮（11），按照“初始状态→第二状态→第三状态→第四状态→初始状态”循环执行，两个相邻状态之间的间隔为 1s。

本 章 习 题

1．简述 GPIO 都有哪些工作模式。
2．GPIO 都有哪些寄存器？CRL 和 CRH 的功能是什么？
3．计算 GPIOE→BRR 的绝对地址。
4．GPIO_Init 函数的作用是什么？该函数具体操作了哪些寄存器？
5．如何通过 RCC→APB2ENR 使能 GPIOA 端口时钟，且其他模块时钟状态不变？
6．如何通过固件库函数使能 GPIOD 端口时钟？

第 5 章　实验 4——GPIO 与独立按键输入

STM32 的 GPIO 既能作为输入使用，也能作为输出使用。第 4 章通过一个简单的 GPIO 与流水灯实验，讲解了 GPIO 的输出功能，本章将以一个简单的 GPIO 与独立按键输入实验为例，讲解 GPIO 的输入功能。

5.1　实 验 内 容

通过学习 STM32 核心板上的独立按键电路原理图、GPIO 功能框图、GPIO 部分寄存器、固件库函数，以及按键去抖原理，基于 STM32 核心板设计一个独立按键程序。每次按下一个按键，通过串口助手输出按键按下的信息，比如 KEY1 按下时，输出 KEY1 PUSH DOWN；按键松开时，输出按键松开的信息，比如 KEY2 松开时，输出 KEY2 RELEASE。在进行独立按键程序设计时，需要对按键的抖动进行处理，即每次按下时，只能输出一次按键按下信息，每次松开时，也只能输出一次按键松开信息。

5.2　实 验 原 理

5.2.1　独立按键电路原理图

独立按键输入实验涉及的硬件包括 3 个独立按键（KEY1、KEY2 和 KEY3），以及与独立按键串联的 10kΩ 限流电阻，与独立按键并联的 100nF 滤波电容，KEY1 连接到 STM32F103RCT6 芯片的 PC1，KEY2 连接到 PC2，KEY3 连接到 PA0。按键未按下时，输入芯片引脚上的电平为高电平，按键按下时，输入芯片引脚上的电平为低电平。独立按键硬件电路如图 5-1 所示。

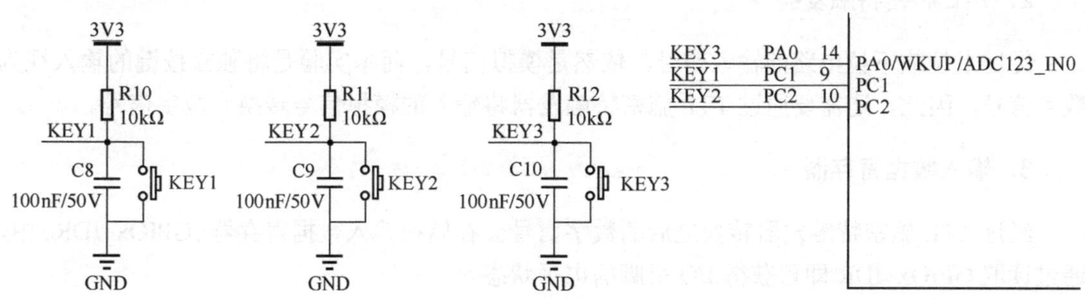

图 5-1　独立按键硬件电路

5.2.2　GPIO 功能框图

图 5-2 所示的 GPIO 功能框图是为了便于分析 GPIO 与独立按键输入实验。在本实验中，

3 个独立按键引脚对应的 GPIO 配置为上拉输入模式，因此，下面依次介绍 I/O 引脚与上下拉电阻、TTL 施密特触发器和输入数据寄存器。

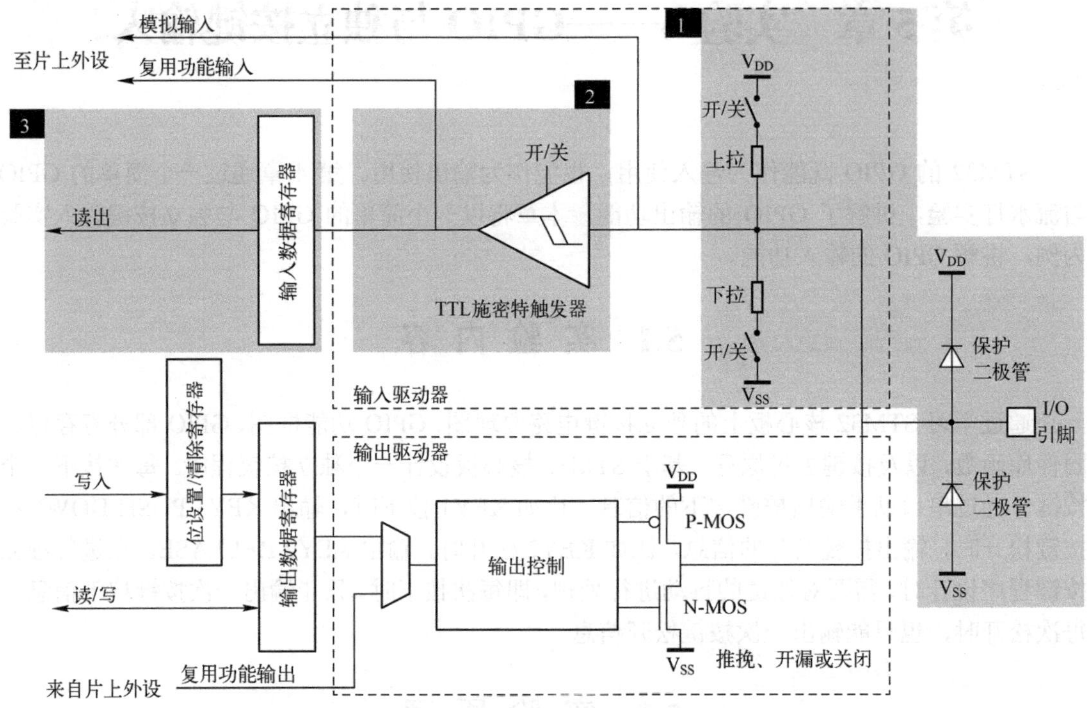

图 5-2　GPIO 功能框图（分析 GPIO 与独立按键输入实验）

1. I/O 引脚与上下拉电阻

独立按键与 STM32 芯片的 I/O 引脚相连接，通过第 4 章，我们已经知道与 I/O 引脚连接的保护二极管是为了防止芯片烧毁。I/O 引脚经过保护二极管之后，还可以配置为上拉或下拉输入模式，由于本实验中的独立按键在电路中是通过一个 10kΩ 电阻连接到 3.3V 电源的，因此，为了保持电路的一致性，内部也需要通过寄存器配置为上拉输入模式。

2. TTL 施密特触发器

经过上拉或下拉电路的输入信号，依然是模拟信号，而本实验是将独立按键的输入视为数字信号，因此，还需要通过 TTL 施密特触发器将输入的模拟信号转换为数字信号。

3. 输入数据寄存器

经过 TTL 施密特触发器转换之后的数字信号会存储在输入数据寄存器（GPIOx_IDR）中，通过读取 GPIOx_IDR 即可获得 I/O 引脚的电平状态。

5.2.3　GPIO 部分寄存器

第 4 章已经对 STM32 的 GPIO 进行了介绍，包括 GPIOx_CRL、GPIOx_CRH、GPIOx_ODR、GPIOx_BSRR 和 GPIOx_BRR，本节主要讲解 GPIOx_IDR。

端口输入数据寄存器（GPIOx_IDR）是一组 GPIO 端口的 16 个引脚的输入数据寄存器，因此只用了低 16 位。该寄存器为只读，从该寄存器读出的数据可以用于判断某组 GPIO 端口的电平状态。GPIOx_IDR 的结构、偏移地址和复位值，以及部分位的解释说明如图 5-3 和表 5-1 所示。GPIOx_IDR 也常常简称为 IDR。

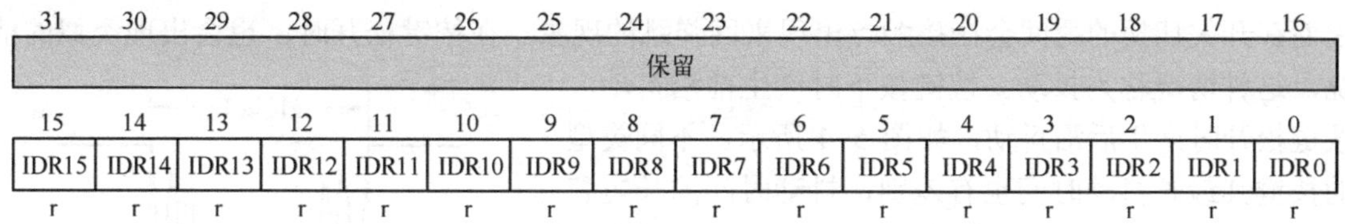

图 5-3　GPIOx_IDR 的结构、偏移地址和复位值

表 5-1　GPIOx_IDR 部分位的解释说明

位 31:16	保留，始终读为 0
位 15:0	IDRy：端口输入数据（y=0, …, 15）(Port input data)。 这些位为只读并只能以字（16 位）的形式读出。 读出的值为对应 I/O 口的状态

5.2.4　GPIO 部分固件库函数

第 4 章已经介绍了 GPIO 部分固件库函数，包括 GPIO_Init、GPIO_WriteBit、GPIO_ReadOutputDataBit，本实验还涉及 GPIO_ReadInputDataBit 函数，这个函数同样在 stm32f10x_gpio.h 文件中声明，在 stm32f10x_gpio.c 文件中实现。

GPIO_ReadInputDataBit 函数的功能是读取指定外设端口引脚的电平值，每次读取一位，高电平为 1，低电平为 0，通过读取 GPIOx→IDR 来实现。具体描述如表 5-2 所示。

表 5-2　GPIO_ReadInputDataBit 函数的描述

函数名	GPIO_ReadInputDataBit
函数原型	uint8_t GPIO_ReadInputDataBit(GPIO_TypeDef* GPIOx, uint16_t GPIO_Pin)
功能描述	读取指定端口引脚的输入值
输入参数 1	GPIOx：x 可以是 A、B、C、D 或 E，用于选择 GPIO 外设
输入参数 2	GPIO_Pin：待读取的引脚
输出参数	无
返回值	输入端口引脚值

例如，读取 PC1 的电平，代码如下：

```
u8 pc1Value;
pc1Value = GPIO_ReadInputDataBit(GPIOC, GPIO_Pin_1);
```

5.2.5 按键去抖原理

独立按键常常用作二值输入器件，STM32 核心板上有 3 个独立按键，且均为上拉模式，即按键未按下时，输入芯片引脚上的电平为高，按键按下时，输入芯片引脚上的电平为低。

市场上绝大多数按键都是机械式开关结构，而机械式开关的核心部件为弹性金属簧片，因而在开关切换的瞬间会在接触点出现来回弹跳的现象。在按键松开时，也会出现类似的情况，这种情况称为抖动。按键按下时产生前沿抖动，按键松开时产生后沿抖动，如图 5-4 所示。不同类型的按键其最长抖动时间也有差别，抖动时间的长短和按键的机械特性有关，一般为 5～10ms，而一般人按下按键持续的时间大于 100ms。

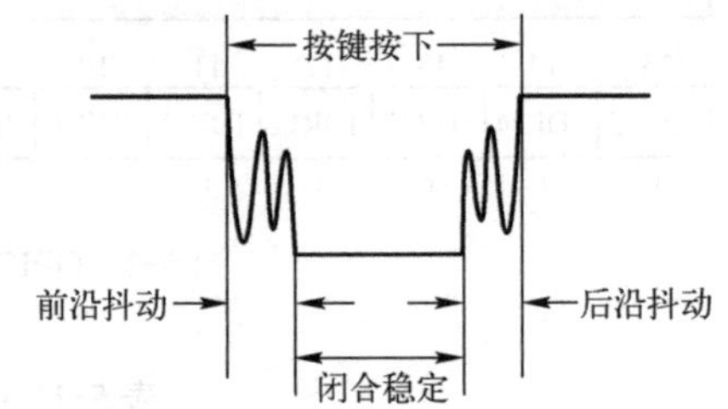

图 5-4　前沿抖动和后沿抖动

既然抖动时间为 5～10ms，而一般人按下按键持续的时间大于 100ms，我们就可以基于两个时间的差异，取一个中间值（如 80ms）作为界限，小于 80ms 的信号视为抖动脉冲，大于 80ms 的信号视为按键按下。

独立按键去抖原理图如图 5-5 所示，按键未按下时为高电平，按键按下时为低电平，因此，对于理想按键，按键按下时就可以立刻检测到低电平，按键松开时就可以立刻检测到高电平。但是，实际按键未按下时电平为高，按键一旦按下，就会产生前沿抖动，抖动持续时间为 5～10ms，接着，芯片引脚会检测到稳定的低电平；按键松开时，会产生后沿抖动，抖动持续时间依然为 5～10ms，接着，芯片引脚会检测到稳定的高电平。去抖实际上是每 10ms 检测一次连接到按键的引脚电平，连续检测到 8 次低电平，即低电平持续时间超过 80ms，表示识别到按键按下。同理，按键按下后，如果连续检测到 8 次高电平，即高电平持续时间超过 80ms，表示识别到按键松开。

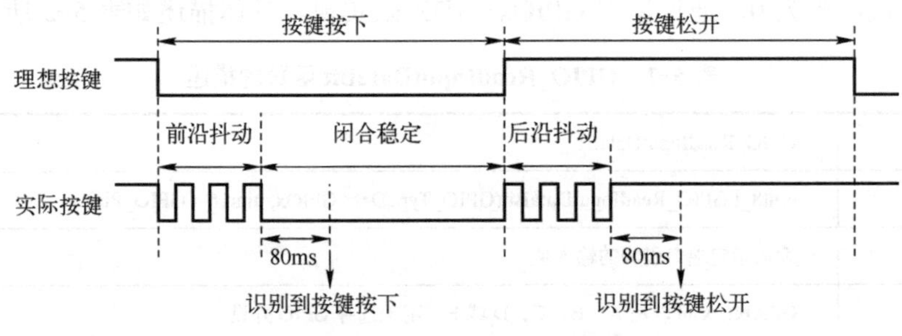

图 5-5　独立按键去抖原理图

独立按键去抖程序设计流程图如图 5-6 所示，先启动一个 10ms 定时器，然后每 10ms 读取一次按键值。如果连续 8 次检测到的电平均为按键按下电平（STM32 核心板的 3 个按键按下电平均为低电平），且按键按下标志为 TRUE，则将按键按下标志置为 FALSE，同时处理按键按下函数；如果按键按下标志为 FALSE，表示按键按下事件已经得到处理，则继续检查定时器是否产生 10ms 溢出。对于按键松开也一样，如果当前为按键按下状态，且连续 8 次检测到的电平均为按键松开电平（STM32 核心板的 3 个按键松开电平均为高电平），且按键松开标志为 FALSE，则将按键松开标志置为 TRUE，同时处理按键松开函数；如果按键松开标志为 TRUE，表示按键松开事件已经得到处理，则继续检查定时器是否产生 10ms 溢出。

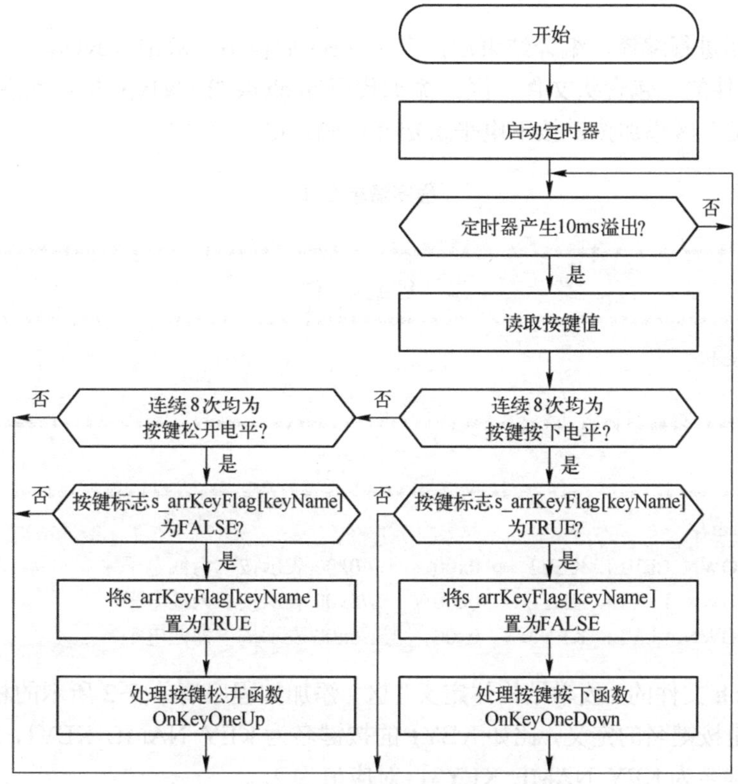

图 5-6　独立按键去抖程序设计流程图

5.3　实 验 步 骤

步骤 1：复制并编译原始工程

首先，将“D:\STM32KeilTest\Material\04.GPIO 与独立按键输入实验”文件夹复制到“D:\STM32KeilTest\Product”文件夹中。然后，双击运行“D:\STM32KeilTest\Product\04.GPIO 与独立按键输入实验\Project”文件夹中的 STM32KeilPrj.uvprojx，单击工具栏中的按钮。当 Build Output 栏出现 FromELF：creating hex file...时，表示已经成功生成.hex 文件，出现 0 Error(s), 0 Warning(s)表示编译成功。最后，将.axf 文件下载到 STM32 的内部 Flash，观察 STM32 核心板上的两个 LED 是否交替闪烁。如果两个 LED 交替闪烁，串口正常输出字符串，表示原始工程是正确的，接着就可以进入下一步操作了。

步骤 2：添加 KeyOne 和 ProcKeyOne 文件对

首先，将“D:\STM32KeilTest\Product\04.GPIO 与独立按键输入实验\App\KeyOne”文件夹中的 KeyOne.c 和 ProcKeyOne.c 添加到 App 分组，具体操作可参见 2.3 节步骤 8。然后，将“D:\STM32KeilTest\Product\04.GPIO 与独立按键输入实验\App\KeyOne”路径添加到 Include Paths 栏，具体操作可参见 2.3 节步骤 11。

步骤 3：完善 KeyOne.h 文件

单击按钮进行编译，编译结束后，在 Project 面板中，双击 KeyOne.c 下的 KeyOne.h。在 KeyOne.h 文件的“包含头文件”区，添加代码#include "DataType.h"；然后，在 KeyOne.h 文件的“宏定义”区添加按键按下电平宏定义代码，如程序清单 5-1 所示。

程序清单 5-1

```
/*********************************************************************************
*                                          包含头文件
*********************************************************************************/
#include "DataType.h"

/*********************************************************************************
*                                             宏定义
*********************************************************************************/
//各个按键按下的电平
#define   KEY_DOWN_LEVEL_KEY1      0x00       //0x00 表示按下为低电平
#define   KEY_DOWN_LEVEL_KEY2      0x00       //0x00 表示按下为低电平
#define   KEY_DOWN_LEVEL_KEY3      0x00       //0x00 表示按下为低电平
```

在 KeyOne.h 文件的“枚举结构体定义”区，添加如程序清单 5-2 所示的枚举定义代码。这些枚举主要是按键名的定义，比如 KEY1 的按键名为 KEY_NAME_KEY1，对应值为 0，又如 KEY3 的按键名为 KEY_NAME_KEY3，对应值为 2。

程序清单 5-2

```
typedef enum
{
  KEY_NAME_KEY1 = 0,                 //按键 1
  KEY_NAME_KEY2,                     //按键 2
  KEY_NAME_KEY3,                     //按键 3
  KEY_NAME_MAX
}EnumKeyOneName;
```

在 KeyOne.h 文件的“API 函数声明”区，添加如程序清单 5-3 所示的 API 函数声明代码。InitKeyOne 函数用于初始化 KeyOne 模块。ScanKeyOne 函数用于按键扫描，该函数建议每 10ms 调用一次，即每 10ms 读取一次按键电平。

程序清单 5-3

```
void  InitKeyOne(void);                                          //初始化 KeyOne 模块
void  ScanKeyOne(u8 keyName, void(*OnKeyOneUp)(void), void(*OnKeyOneDown)(void));
                                                                 //每 10ms 调用一次
```

步骤 4：完善 KeyOne.c 文件

在 KeyOne.c 文件的“包含头文件”区的最后，添加代码#include "stm32f10x_conf.h"。

在 KeyOne.c 文件的“宏定义”区，添加如程序清单 5-4 所示的宏定义代码。这些宏定义主要是定义读取 STM32 核心板上的 3 个按键电平状态。

程序清单 5-4

```
//KEY1 为读取 PC1 引脚电平
#define KEY1      (GPIO_ReadInputDataBit(GPIOC, GPIO_Pin_1))
//KEY2 为读取 PC2 引脚电平
#define KEY2      (GPIO_ReadInputDataBit(GPIOC, GPIO_Pin_2))
//KEY3 为读取 PA0 引脚电平
#define KEY3      (GPIO_ReadInputDataBit(GPIOA, GPIO_Pin_0))
```

在 KeyOne.c 文件的“内部变量”区，添加内部变量的定义代码，如程序清单 5-5 所示。

程序清单 5-5

```
//按键按下时的电压，0xFF 表示按下为高电平，0x00 表示按下为低电平
static  u8  s_arrKeyDownLevel[KEY_NAME_MAX];      //使用前要在 InitKeyOne 函数中进行初始化
```

在 KeyOne.c 文件的“内部函数声明”区，添加内部函数的声明代码，如程序清单 5-6 所示。

程序清单 5-6

```
static  void  ConfigKeyOneGPIO(void);                //配置按键的 GPIO
```

在 KeyOne.c 文件的“内部函数实现”区，添加 ConfigKeyOneGPIO 函数的实现代码，如程序清单 5-7 所示。下面按照顺序对 ConfigKeyOneGPIO 函数中的语句进行解释说明。

（1）STM32 核心板的 KEY1、KEY2 和 KEY3 分别与 STM32 微控制器的 PC1、PC2 和 PA0 相连接，因此需要通过 RCC_APB2PeriphClockCmd 函数使能 GPIOA 和 GPIOC 时钟。

（2）通过 GPIO_Init 函数将 PC1、PC2 和 PA0 配置为上拉输入模式。

程序清单 5-7

```
static  void  ConfigKeyOneGPIO(void)
{
  GPIO_InitTypeDef GPIO_InitStructure;  //GPIO_InitStructure 用于存放 GPIO 的参数

  //使能 RCC 相关时钟
  RCC_APB2PeriphClockCmd(RCC_APB2Periph_GPIOA, ENABLE); //使能 GPIOA 的时钟
  RCC_APB2PeriphClockCmd(RCC_APB2Periph_GPIOC, ENABLE); //使能 GPIOC 的时钟

  //配置 PC1
  GPIO_InitStructure.GPIO_Pin   = GPIO_Pin_1;              //设置引脚
  GPIO_InitStructure.GPIO_Mode  = GPIO_Mode_IPU;           //设置输入类型
  GPIO_Init(GPIOC, &GPIO_InitStructure);                   //根据参数初始化 GPIO

  //配置 PC2
  GPIO_InitStructure.GPIO_Pin   = GPIO_Pin_2;              //设置引脚
```

```
    GPIO_InitStructure.GPIO_Mode  = GPIO_Mode_IPU;              //设置输入类型
    GPIO_Init(GPIOC, &GPIO_InitStructure);                      //根据参数初始化 GPIO

    //配置 PA0
    GPIO_InitStructure.GPIO_Pin   = GPIO_Pin_0;                 //设置引脚
    GPIO_InitStructure.GPIO_Mode  = GPIO_Mode_IPU;              //设置输入类型
    GPIO_Init(GPIOA, &GPIO_InitStructure);                      //根据参数初始化 GPIO
}
```

在 KeyOne.c 文件的“API 函数实现”区，添加 API 函数的实现代码，如程序清单 5-8 所示。KeyOne.c 文件的 API 函数只有两个，分别是 InitKeyOne 和 ScanKeyOne。InitKeyOne 作为 KeyOne 模块的初始化函数，该函数调用 ConfigKeyOneGPIO 函数配置独立按键的 GPIO，然后，通过 s_iarrKeyDownLevel 数组设置按键按下时的电平（低电平）。ScanKeyOne 为按键扫描函数，每 10ms 调用一次。该函数有 3 个参数，分别为 keyName、OnKeyOneUp 和 OnKeyOneDown。其中，keyName 为按键名称，取值为 KeyOne.h 文件的枚举值；OnKeyOneUp 为按键松开的响应函数名，由于函数名也是指向函数的指针，因此 OnKeyOneUp 也为指向 OnKeyOneUp 函数的指针；OnKeyOneDown 为按键按下的响应函数名，也为指向 OnKeyOneDown 函数的指针。OnKeyOneUp 和 OnKeyOneDown 均为函数指针，因此(*OnKeyOneUp)()为按键松开的响应函数，(*OnKeyOneDown)()为按键按下的响应函数。读者可参见图 5-6 所示的流程图理解代码。

程序清单 5-8

```
void InitKeyOne(void)
{
  ConfigKeyOneGPIO();                                 //配置按键的 GPIO

  s_arrKeyDownLevel[KEY_NAME_KEY1] = KEY_DOWN_LEVEL_KEY1;
                                                      //按键 KEY1 按下时为低电平
  s_arrKeyDownLevel[KEY_NAME_KEY2] = KEY_DOWN_LEVEL_KEY2;
                                                      //按键 KEY2 按下时为低电平
  s_arrKeyDownLevel[KEY_NAME_KEY3] = KEY_DOWN_LEVEL_KEY3;
                                                      //按键 KEY3 按下时为低电平
}

void ScanKeyOne(u8 keyName, void(*OnKeyOneUp)(void), void(*OnKeyOneDown)(void))
{
  static  u8  s_arrKeyVal[KEY_NAME_MAX];
                                   //定义一个 u8 类型的数组，用于存放按键的数值
  static  u8  s_arrKeyFlag[KEY_NAME_MAX];
                                   //定义一个 u8 类型的数组，用于存放按键的标志位

  s_arrKeyVal[keyName] = s_arrKeyVal[keyName] << 1;     //左移一位

  switch (keyName)
  {
```

```
    case KEY_NAME_KEY1:
      s_arrKeyVal[keyName] = s_arrKeyVal[keyName] | KEY1; //按下/松开时，KEY1 为 0/1
      break;
    case KEY_NAME_KEY2:
      s_arrKeyVal[keyName] = s_arrKeyVal[keyName] | KEY2; //按下/松开时，KEY2 为 0/1
      break;
    case KEY_NAME_KEY3:
      s_arrKeyVal[keyName] = s_arrKeyVal[keyName] | KEY3; //按下/松开时，KEY3 为 0/1
      break;
    default:
      break;
  }

  //按键标志位的值为 TRUE 时，判断是否有按键有效按下
  if(s_arrKeyVal[keyName] == s_arrKeyDownLevel[keyName] && s_arrKeyFlag[keyName] == 
TRUE)
  {
    (*OnKeyOneDown)();                                    //执行按键按下的响应函数
    s_arrKeyFlag[keyName] = FALSE;
                        //表示按键处于按下状态，按键标志位的值更改为 FALSE
  }

  //按键标志位的值为 FALSE 时，判断是否有按键有效松开
  else if(s_arrKeyVal[keyName] == (u8)(~s_arrKeyDownLevel[keyName]) && s_arrKeyFlag
[keyName] == FALSE)
  {
    (*OnKeyOneUp)();                                      //执行按键松开的响应函数
    s_arrKeyFlag[keyName] = TRUE;
                        //表示按键处于松开状态，按键标志位的值更改为 TRUE
  }
}
```

步骤 5：完善 ProcKeyOne.h 文件

单击按钮进行编译，编译结束后，在 Project 面板中，双击 ProcKeyOne.c 下的 ProcKeyOne.h。在 ProcKeyOne.h 文件的“包含头文件”区，添加代码#include "DataType.h"。然后，在 ProcKeyOne.h 文件的“API 函数声明”区，添加如程序清单 5-9 所示的代码。InitProcKeyOne 函数主要是初始化 ProcKeyOne 模块，ProcKeyUpKeyx 函数主要处理按键松开事件，按键松开时会调用该函数，ProcKeyDownKeyx 函数主要处理按键按下事件。

程序清单 5-9

```
/*********************************************************************************
*                                   包含头文件
*********************************************************************************/
#include "DataType.h"
```

```
/*********************************************************************************
*                                    API 函数声明
*********************************************************************************/
void   InitProcKeyOne(void);            //初始化 ProcKeyOne 模块

void   ProcKeyDownKey1(void);           //处理按键按下的事件，即按键按下的响应函数
void   ProcKeyUpKey1(void);             //处理按键松开的事件，即按键松开的响应函数

void   ProcKeyDownKey2(void);           //处理按键按下的事件，即按键按下的响应函数
void   ProcKeyUpKey2(void);             //处理按键松开的事件，即按键松开的响应函数
void   ProcKeyDownKey3(void);           //处理按键按下的事件，即按键按下的响应函数
void   ProcKeyUpKey3(void);             //处理按键松开的事件，即按键松开的响应函数
```

步骤 6：完善 ProcKeyOne.c 文件

在 ProcKeyOne.c 文件的“包含头文件”区的最后，添加头文件的包含代码。ProcKeyOne 主要是处理按键按下和松开事件，这些事件是通过串口输出按键按下和松开的信息，需要调用串口相关的函数，因此，除了包含 ProcKeyOne.h，还需要包含 UART1.h，如程序清单 5-10 所示。

程序清单 5-10

```
#include "UART1.h"
```

在 ProcKeyOne.c 文件的“API 函数实现”区，添加 API 函数的实现代码，如程序清单 5-11 所示。ProcKeyOne.c 文件的 API 函数有 7 个，分为三类，分别是 ProcKeyOne 模块初始化函数 InitProcKeyOne、按键松开事件处理函数 ProcKeyUpKeyx、按键按下事件处理函数 ProKeyDownKeyx。注意，由于 3 个按键的按下和松开事件处理函数类似，因此在程序清单 5-11 中只列出了 KEY1 按键的按下和松开事件处理函数，KEY2、KEY3 的处理函数请读者自行添加。

程序清单 5-11

```
void InitProcKeyOne(void)
{

}

void   ProcKeyDownKey1(void)
{
  printf("KEY1 PUSH DOWN\r\n");          //打印按键状态
}

void   ProcKeyUpKey1(void)
{
  printf("KEY1 RELEASE\r\n");            //打印按键状态
}
```

步骤 7：完善 GPIO 与独立按键输入实验应用层

在 Project 面板中，双击打开 Main.c 文件，在 Main.c 文件的“包含头文件”区的最后，添加代码#include "KeyOne.h"和#include "ProcKeyOne.h"。这样就可以在 Main.c 文件中调用 KeyOne 和 ProcKeyOne 模块的宏定义和 API 函数等，实现对按键模块的操作。

在 Main.c 文件的 InitHardware 函数中，添加调用 InitKeyOne 和 InitProcKeyOne 函数的代码，如程序清单 5-12 所示，这样就实现了对按键模块的初始化。

程序清单 5-12

```
static  void  InitHardware(void)
{
  SystemInit();                    //系统初始化
  InitRCC();                       //初始化 RCC 模块
  InitNVIC();                      //初始化 NVIC 模块
  InitUART1(115200);               //初始化 UART 模块
  InitTimer();                     //初始化 Timer 模块
  InitLED();                       //初始化 LED 模块
  InitSysTick();                   //初始化 SysTick 模块
  InitKeyOne();                    //初始化 KeyOne 模块
  InitProcKeyOne();                //初始化 ProcKeyOne 模块
}
```

在 Main.c 文件的 Proc2msTask 函数中，添加调用 ScanKeyOne 函数的代码，如程序清单 5-13 所示。ScanKeyOne 函数需要每 10ms 调用一次，而 Proc2msTask 函数的 if 语句中的代码是每 2ms 执行一次，因此，需要通过设计一个计数器（变量 s_iCnt5）进行计数，从 1 计数到 5 的时候，即经过 5 个 2ms，执行一次 ScanKeyOne 函数，这样就实现了每 10ms 进行一次按键扫描。需要注意的是，s_iCnt5 必须定义为静态变量，需要加 static 关键字，如果不加 static 关键字，退出函数之后，s_iCnt5 分配的存储空间会自动释放。独立按键按下和松开时，会通过串口输出提示信息，不需要每秒输出一次 This is the first STM32F103 Project, by Zhangsan，因此，还需要注释掉 Proc1SecTask 函数中的 printf 语句。

程序清单 5-13

```
static  void  Proc2msTask(void)

{
  static i16 s_iCnt5 = 0;

  if(Get2msFlag())                      //判断 2ms 标志位状态
  {
    LEDFlicker(250);                    //调用闪烁函数

    if(s_iCnt5 >= 4)
    {
      ScanKeyOne(KEY_NAME_KEY1, ProcKeyUpKey1, ProcKeyDownKey1);
      ScanKeyOne(KEY_NAME_KEY2, ProcKeyUpKey2, ProcKeyDownKey2);
```

```
        ScanKeyOne(KEY_NAME_KEY3, ProcKeyUpKey3, ProcKeyDownKey3);

        s_iCnt5 = 0;
      }
      else
      {
        s_iCnt5++;
      }

      Clr2msFlag();                    //清除 2ms 标志位
    }
}
```

步骤 8：编译及下载验证

代码编写完成后，单击按钮进行编译。编译结束后，Build Output 栏中出现 0 Error(s)，0 Warning(s)，表示编译成功。然后，参见图 2-33，通过 Keil μVision5 软件将.axf 文件下载到 STM32 核心板。下载完成后，打开串口助手，依次按下 STM32 核心板上的 KEY1、KEY2、KEY3，可以看到串口助手中会输出如图 5-7 所示按键按下和松开提示信息，同时，STM32 核心板上的 LED1 和 LED2 交替闪烁，表示实验成功。

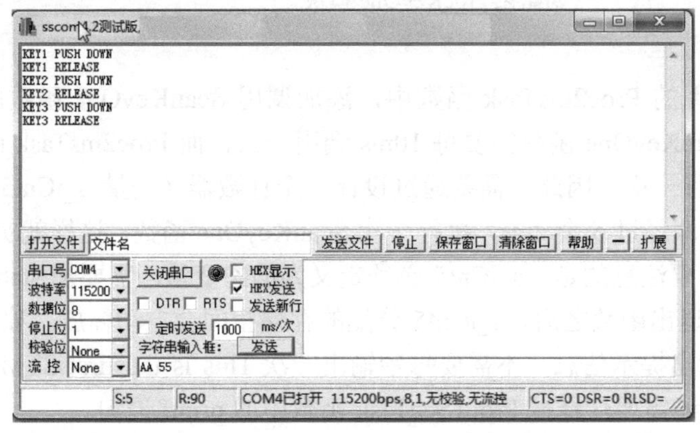

图 5-7　GPIO 与独立按键输入实验结果

本 章 任 务

基于 STM32 核心板，编写程序实现通过按键切换 LED 编码计数方向。假设 LED 熄灭为 0，点亮为 1，初始状态为 LED1 和 LED2 均熄灭（00），第二状态为 LED1 熄灭、LED2 点亮（01），第三状态为 LED1 点亮、LED2 熄灭（10），第四状态为 LED1 点亮、LED2 点亮（11）。按下 KEY1 按键，按照“初始状态→第二状态→第三状态→第四状态→初始状态”方向进行递增编码计数；按下 KEY3 按键，按照“初始状态→第四状态→第三状态→第二状态→初始状态”方向进行递减编码计数。无论是递增编码计数，还是递减编码计数，两个相邻状态之间的间隔均为 1s。

本 章 习 题

1．GPIO 的 IDR 的功能是什么？

2．计算 GPIOC→IDR 的绝对地址。

3．GPIO_ReadInputDataBit 函数的作用是什么？该函数具体操作了哪些寄存器？

4．如何通过寄存器操作读取 PC4 的电平？

5．如何通过固件库操作读取 PC4 的电平？

6．在函数内部定义一个变量，加 static 与不加 static 关键字有什么区别？

第 6 章　实验 5——串口通信

通用异步串行收发器（Universal Asynchronous Receiver/Transmitter，UART）是微控制器中最常见，也是使用最频繁的通信接口。本章将详细讲解 UART 功能框图、UART 寄存器和固件库、STM32 异常和中断、NVIC 寄存器和固件库，以及 UART1 模块驱动设计。最后，通过一个实例讲解串口驱动的设计和应用。

6.1　实 验 内 容

基于 STM32 核心板设计一个串口通信实验，每秒通过 printf 向计算机发送一句话（ASCII 格式），如 This is the first STM32F103 Project, by Zhangsan，在计算机上通过串口助手显示。另外，计算机上的串口助手向 STM32 核心板发送 1 字节数据（.hex 格式），STM32 核心板收到之后，进行加 1 处理再回发到计算机，通过串口助手显示出来。比如，计算机通过串口助手向 STM32 核心板发送 0x13，STM32 核心板收到之后，进行加 1 处理，向计算机发送 0x14。

6.2　实 验 原 理

6.2.1　UART 电路原理图

串口通信实验涉及的硬件包括一个 XH-6P 底座（编号为 J4）、两个 100Ω 限流电阻及一个 10kΩ 上拉电阻，STM32 核心板上的 USART1_TX 通过一个 100Ω 电阻连接到 STM32F103RCT6 芯片的 PA9，USART1_RX 通过一个 100Ω 电阻连接到芯片的 PA10。STM32 核心板通过 XH-6P 底座与通信-下载模块相连接，STM32 核心板的数据发送线 USART1_TX 与通信-下载模块的数据接收线相连，STM32 核心板的数据接收线 USART1_RX 与通信-下载模块的数据发送线相连。STM32 核心板的 GND 必须和通信-下载模块的 GND 相连接。通信-下载模块通过 XH-6P 底座向 STM32 提供 5V 电源，因此，只需要将 J4 的 5V、USART1_RX、USART1_ TX、GND 与通信-下载模块相连就可以实现两者之间的通信，NRST 和 BOOT0 主要是配合 USART1_RX 和 USART1_TX，在不手动重启 STM32 核心板的前提下，将程序下载到 STM32F103RCT6 芯片。串口硬件电路如图 6-1 所示。

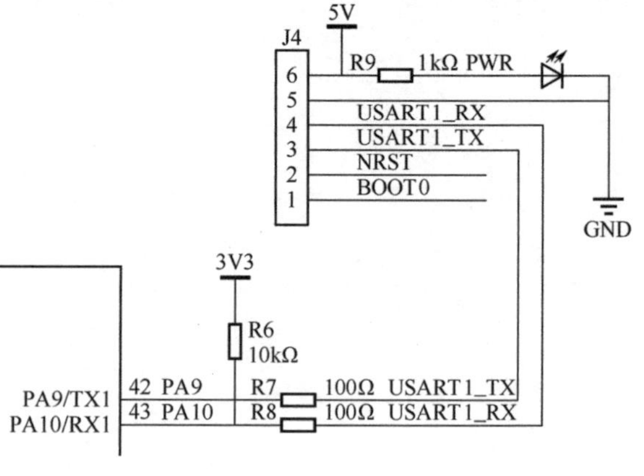

图 6-1　串口硬件电路

6.2.2　UART 通信协议

UART 只需要一根线就可以实现数据的通信，不像 SPI、I^2C 等同步传输方式，但 UART 的传输速度相对而言也比较慢。下面讲解 UART 通信协议及其通信原理。

1. UART 物理层

UART 是异步串行全双工通信，因此 UART 通信没有时钟线，而且有两根数据线可以实现双向同时传输。收发数据只能一位一位地在各自的数据线上传输，所以 UART 最多只有两根数据线，一根发送数据线，一根接收数据线。数据线是高低逻辑电平传输，因此还必须有参照的地线，最简单的 UART 接口由发送数据线 TXD、接收数据线 RXD 和 GND 共 3 根线组成。

UART 一般采用 TTL/CMOS 的逻辑电平标准表示数据，逻辑 1 用高电平表示，逻辑 0 用低电平表示。比如，在 TTL 电平标准中，逻辑 1 用 5V 表示，逻辑 0 用 0V 表示；在 CMOS 电平标准中，逻辑 1 的电平接近于电源电平，逻辑 0 的电平接近于 0V。

两个 UART 设备的连接非常简单，比如 UART 设备 A 和 UART 设备 B，只需要将 UART 设备 A 的发送数据线 TXD 与 UART 设备 B 的接收数据线 RXD 相连接，将 UART 设备 A 的接收数据线 RXD 与 UART 设备 B 的发送数据线 TXD 相连接，当然，两个 UART 设备必须共地，因此，还需要将两个设备的 GND 相连接，如图 6-2 所示。

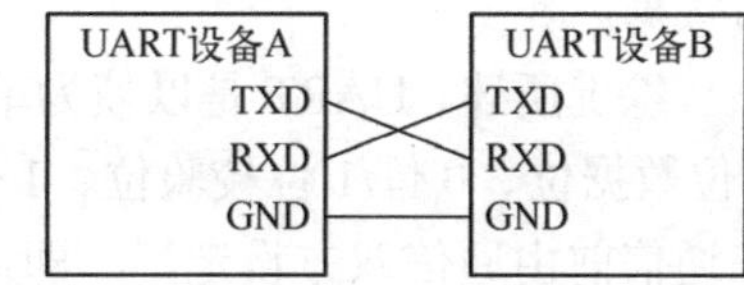

图 6-2　两个 UART 设备连接方式

2. UART 数据格式

UART 数据按照一定的格式打包成帧，微控制器或计算机在物理层上以帧为单位进行传输。UART 的一帧数据由起始位、数据位、校验位、停止位和空闲位组成，如图 6-3 所示。需要说明的是，一个完整的 UART 数据帧必须有起始位、数据位和停止位，但是不一定有校验位和空闲位。

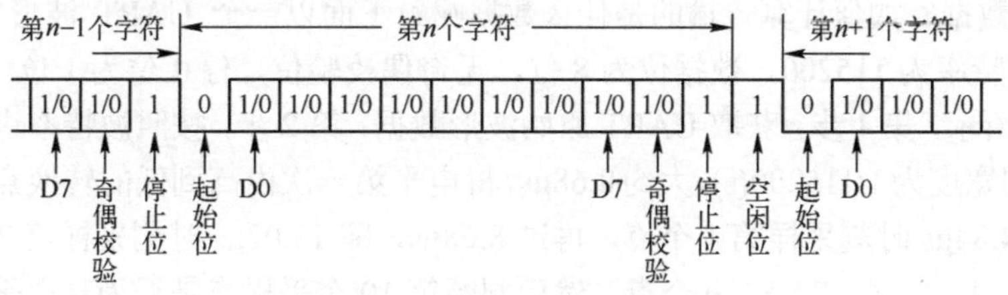

图 6-3　UART 数据帧格式

（1）起始位长度为 1 位，起始位的逻辑电平为低电平。由于 UART 空闲状态时的电平为高电平，因此，UART 在每一个数据帧的开始，需要先发出一个逻辑 0，表示传输开始。

（2）数据位长度通常为 8 位，也可以为 9 位，每个数据位的值可以为逻辑 0 也可以为逻辑 1，而且传输采用的是小端方式，即最低位（D0）在前，最高位（D7）在后。

（3）校验位不是必需项，因此可以将 UART 配置为没有校验位，即不对数据位进行校验，也可以将 UART 配置为带奇偶校验位。如果配置为带奇偶校验位，则校验位的长度为 1 位，校验位的值可以为逻辑 0 也可以为逻辑 1。在奇校验模式下，如果数据位中的逻辑 1 是奇数个，则校验位为 0；如果数据位中的逻辑 1 是偶数个，则校验位为 1。在偶校验模式下，如果数据位中的逻辑 1 是奇数个，则校验位为 1；如果数据位中的逻辑 1 是偶数个，则校验位为 0。

（4）停止位长度可以是 1 位、1.5 位或 2 位，但是，通常情况下停止位都是 1 位。停止位是一帧数据的结束标志，起始位是低电平，因此，停止位为高电平。

（5）空闲位是数据传输完毕后，线路上保持的逻辑 1 电平，也就是线路上当前没有数据传输。

3. UART 传输速率

UART 传输速率用比特率来表示。比特率是每秒传输的二进制位数，单位为 bps（bit per second）。波特率，即每秒传送码元的个数，单位为 baud。由于 UART 使用 NRZ（Non-Return to Zero，不归零）编码，因此 UART 的波特率和比特率是相同的。在实际应用中，常用的 UART 传输速率有 1200、2400、4800、9600、19200、38400、57600 和 115200。

如果数据位为 8 位，校验为奇校验，停止位为 1 位，波特率为 115200，计算每 2ms 最多可以发送多少字节数据。首先，通过计算可知一帧数据有 11 位（1 位起始位+8 位数据位+1 位校验位+1 位停止位），其次，波特率为 115200，即每秒传输 115200bit，那每 ms 可以传输 115.2bit，由于每帧数据有 11 位，因此每 ms 就可以传输 10 字节数据，2ms 就可以传输 20 字节数据。

综上所述，UART 是以帧为单位进行数据传输的。一个 UART 数据帧由 1 位起始位、5～9 位数据位、0 位/1 位校验位、1 位/1.5 位/2 位停止位组成。除了起始位外，其他三部分必须在通信前由通信双方设定好，即通信前必须确定数据位和停止位的位数，以及校验方式。当然，波特率也必须在通信前设定好。这就相当于两个人通过电话交谈之前，要先设定好交谈使用的语言，否则，一方使用英语、另外一方使用中文，就无法进行有效交流。

4. UART 通信实例

由于 UART 是异步串行通信，没有时钟线，只有数据线。那么拿到一个 UART 原始波形，如何确定一帧数据？如何计算传输的是什么数据呢？下面以一个 UART 波形为例进行讲解，假设 UART 波特率为 115200，数据位为 8 位，无奇偶校验位，停止位为 1 位。

如图 6-4 所示，第 1 步，获取 UART 原始波形数据；第 2 步，按照波特率进行中值采样，每一 bit 的时间宽度为 1/115200(s)，大约 8.68μs，将电平第一次由高到低的转换点作为基准点，即 0μs 时刻，4.34μs 时刻采样第 1 个点，再过 8.68μs，即 13.02μs 时刻采样第 2 个点，依次类推，采样第 3、4、5、6、7、8、9 个点，然后判断第 10 个采样点是否为高电平，如果为高电平，表示完成一帧数据的采样；第 3 步，确定起始位、数据位和停止位，采样的第 1 个点即为起始位，且起始位为低电平，采样的第 2 个点到第 9 个点为数据位，其中第 2 个点为数据最低位，第 9 个点为数据最高位，第 10 个点为停止位，且停止位为高电平。

6.2.3 UART 功能框图

图 6-5 所示是 UART 的功能框图，下面依次介绍 UART 的功能引脚、数据寄存器、控制器和波特率发生器。

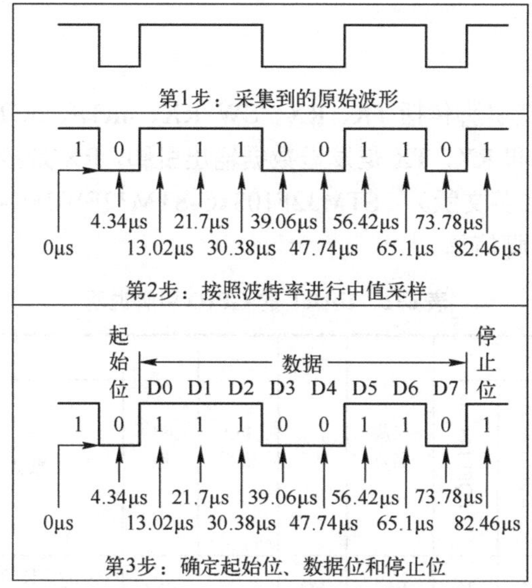

图 6-4　UART 通信实例时序图

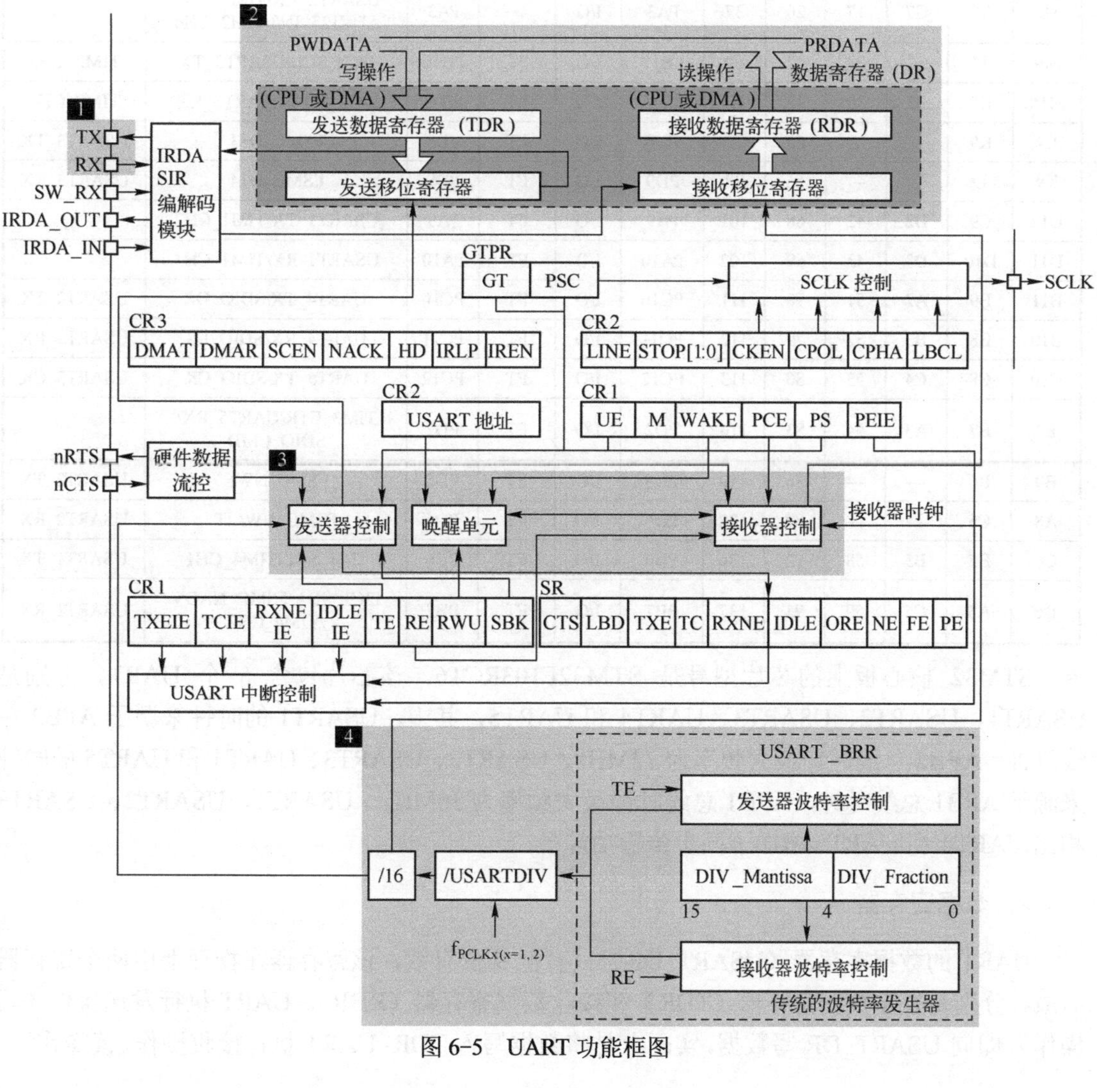

TX
RX
SW_RX
IRDA_OUT
IRDA_IN
IRDA SIR 编解码模块
PWDATA
写操作
(CPU 或 DMA)
PRDATA
读操作
数据寄存器 (DR)
(CPU 或 DMA)
发送数据寄存器 (TDR)
接收数据寄存器 (RDR)
发送移位寄存器
接收移位寄存器
GTPR
GT
PSC
SCLK 控制
SCLK
CR3
DMAT DMAR SCEN NACK HD IRLP IREN
CR2
LINE STOP[1:0] CKEN CPOL CPHA LBCL
CR2
USART 地址
CR1
UE M WAKE PCE PS PEIE
nRTS
nCTS
硬件数据流控
发送器控制
唤醒单元
接收器控制
接收器时钟
CR1
TXEIE TCIE RXNEIE IDLEIE TE RE RWU SBK
SR
CTS LBD TXE TC RXNE IDLE ORE NE FE PE
USART 中断控制
USART_BRR
TE
发送器波特率控制
/16
/USARTDIV
DIV_Mantissa
DIV_Fraction
15 4 0
$f_{PCLKx(x=1,2)}$
RE
接收器波特率控制
传统的波特率发生器

图 6-5　UART 功能框图

1．功能引脚

STM32 的 UART 功能引脚包括 TX、RX、SW_RX、nRTS、nCTS 和 SCLK。本书中涉及串口的实验仅用到了 TX 和 RX，TX 是发送数据输出引脚，RX 是接收数据输入引脚。表 6-1 取自《STM32 芯片手册（英文版）- STM32F103xC-STM32F103xD-STM32F103xE》，包含所有 UART 的 TX 和 RX 引脚信息。

表 6-1　UART 的 GPIO 引脚说明

引脚						引脚名称	类型	I/O 电平	主功能	可选的复用功能	
LFBGA144	LFBGA100	WLCSP64	LQFP64	LQFP100	LQFP144					默认复用功能	重映射功能
L2	J2	H8	16	25	36	PA2	I/O		PA2	USART2_TX/TIM5_CH3 ADC123_IN2/TIM2_CH3	
M2	K2	G7	17	26	37	PA3	I/O		PA3	USART2_RX/TIM5_CH4 ADC123_IN3/TIM2_CH4	
M9	J7	G3	29	47	69	PB10	I/O	FT	PB10	I2C2_SCL/USART3_TX	TIM2_CH3
M10	K7	F3	30	48	70	PB11	I/O	FT	PB11	I2C2_SDA/USART3_RX	TIM2_CH4
L9	K9	—	—	55	77	PD8	I/O	FT	PD8	FSMC_D13	USART3_TX
K9	J9	—	—	56	78	PD9	I/O	FT	PD9	FSMC_D14	USART3_RX
D12	C9	D2	42	68	101	PA9	I/O	FT	PA9	USART1_TX/TIM1_CH2	
D11	D10	D3	43	69	102	PA10	I/O	FT	PA10	USART1_RX/TIM1_CH3	
B11	B9	A2	51	78	111	PC10	I/O	FT	PC10	UART4_TX/SDIO_D2	USART3_TX
B10	B8	B3	52	79	112	PC11	I/O	FT	PC11	UART4_RX/SDIO_D3	USART3_RX
C10	C8	C4	53	80	113	PC12	I/O	FT	PC12	UART5_TX/SDIO_CK	USART3_CK
E9	B7	A3	54	83	116	PD2	I/O	FT	PD2	TIM3_ETR/UART5_RX/ SDIO_CMD	
B9	B6	—	—	86	119	PD5	I/O	FT	PD5	FSMC_NWE	USART2_TX
A8	C6	—	—	87	122	PD6	I/O	FT	PD6	FSMC_NWAIT	USART2_RX
C6	B5	B5	58	92	136	PB6	I/O	FT	PB6	I2C1_SCL/TIM4_CH1	USART1_TX
D6	A5	C5	59	93	137	PB7	I/O	FT	PB7	I2C1_SDA/FSMC_NADV /TIM4_CH2	USART1_RX

STM32 核心板上的芯片型号是 STM32F103RCT6，该芯片包含 5 个 UART，分别是 USART1、USART2、USART3、UART4 和 UART5，其中，USART1 的时钟来源于 APB2 总线时钟，APB2 总线时钟最大频率为 72MHz，USART2、USART3、UART4 和 UART5 的时钟来源于 APB1 总线时钟，APB1 总线时钟最大频率为 36MHz。USART1、USART2、USART3 相比 UART4 和 UART5 增加了同步传输功能。

2．数据寄存器

UART 的数据寄存器（USART_DR）只有低 9 位有效，该寄存器在物理上由两个寄存器组成，分别是发送数据寄存器（TDR）和接收数据寄存器（RDR）。UART 执行发送操作（写操作），即向 USART_DR 写数据，实际上是将数据写入 TDR；UART 执行接收操作（读操作），即读取 USART_DR 中的数据，实际上是读取 RDR 中的数据。

写数据到 TDR 之后，UART 控制器会将数据转移到发送移位寄存器，然后由发送移位寄存器一位一位地通过 TX 引脚发送出去。通过 RX 引脚接收到的数据，按照顺序保存在接收移位寄存器，然后 UART 控制器会将接收移位寄存器中的数据转移到 RDR。

3. 控制器

UART 的控制器包括发送器控制、接收器控制、唤醒单元、校验控制和中断控制等，这里重点介绍发送器控制和接收器控制。使用 UART 之前需要向 USART_CR1 的 UE 写入 1，使能 UART，通过向 USART_CR1 的 M 写入 0 或 1，可以将 UART 传输数据的长度设置为 8 位或 9 位，通过 USART_CR2 的 STOP[1:0]，可以将 UART 的停止位配置为 0.5 个、1 个、1.5 个或 2 个。

1）发送器控制

向 USART_CR1 的 TE 写入 1，即可启动数据发送，发送移位寄存器的数据会按照一帧数据格式（起始位+数据帧+可选的奇偶校验位+停止位）通过 TX 引脚一位一位输出，一帧数据的最后一位发送完成且 TXE 为 1 时，USART_SR 的 TC 将由硬件置为 1，表示数据传输完成，此时，如果 USART_CR1 的 TCIE 为 1，则产生中断。在发送过程中，除了发送完成（TC=1）可以产生中断，发送寄存器为空（TXE=1）也可以产生中断，即 TDR 中的数据被硬件转移到发送移位寄存器时，TXE 将被硬件置位，此时，如果 USART_CR1 的 TXEIE 为 1，则产生中断。

2）接收器控制

向 USART_CR1 的 RE 写入 1，即可启动数据接收，当 UART 控制器在 RX 引脚侦测到起始位时，就会按照配置的波特率，将 RX 引脚上读取到的高低电平（对应逻辑 1 或 0）依次存放在接收移位寄存器。当接收到一帧数据的最后一位，即停止位时，接收移位寄存器中的数据将会被转移到 USART_DR，USART_SR 的 RXNE 将由硬件置为 1，表示数据接收完成。此时，如果 USART_CR1 的 RXNEIE 为 1，则产生中断。

4. 波特率发生器

接收器和发送器的波特率由波特率发生器控制，用户只需要向波特率寄存器（USART_BRR）写入不同的值，就可以控制波特率发生器输出不同的波特率。USART_BRR 由整数部分 DIV_Mantissa[11:0]和小数部分 DIV_Fraction[3:0]组成，如图 6-6 所示。

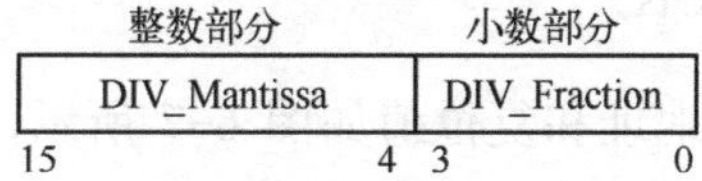

图 6-6　USART_BRR 整数部分和小数部分

DIV_Mantissa[11:0]是 UART 分频器除法因子（USARTDIV）的整数部分，DIV_Fraction[3:0]是 USARTDIV 的小数部分，接收器和发送器的波特率计算公式如下所示：

$$\text{UART 波特率} = f_{CK}/(16\times \text{USARTDIV})$$

公式中的 f_{CK} 是外设的时钟（PCLK1 用于 USART2、USART3、UART4、UART5，PCLK2 用于 USART1），USARTDIV 是一个无符号定点数，这 16 位的值设置在 USART_BRR。

写 USART_BRR 之后，波特率计数器会被波特率寄存器中的新值替换。因此，不能在通信进行中改变波特率寄存器的数值。由于 USART_BRR 取值范围的限制，一些常用的波特率与将 USART_BRR 的值代入公式得到的实际波特率并不都是严格相等的，误差计算如表 6-2 所示。

表 6-2　设置波特率时的误差计算

波 特 率		f_{CK} = 36MHz			f_{CK} = 72MHz		
序号	Kbps	实际	置于波特率寄存器中的值	误差	实际	置于波特率寄存器中的值	误差
1	2.4	2.400	937.5	0%	2.4	1875	0%
2	9.6	9.600	234.375	0%	9.6	468.75	0%
3	19.2	19.2	117.1875	0%	19.2	234.375	0%
4	57.6	57.6	39.0625	0%	57.6	78.125	0%
5	115.2	115.384	19.5	0.15%	115.2	39.0625	0%
6	230.4	230.769	9.75	0.16%	230.769	19.5	0.16%
7	460.8	461.538	4.875	0.16%	461.538	9.75	0.16%
8	921.6	923.076	2.4375	0.16%	923.076	4.875	0.16%
9	2250	2250	1	0%	2250	2	0%
10	4500	不可能	不可能	不可能	4500	1	0%

例如，如果 DIV_Mantissa=27，DIV_Fraction=12（USART_BRR=0x1BC），求 USARTDIV。

USARTDIV 的整数部分 = DIV_Mantissa=27，USARTDIV 的小数部分=12/16=0.75。

因此，USARTDIV=27.75。

再如，如果 USARTDIV=25.62，求 USART_BRR。

USARTDIV=25.62，那么，DIV_Mantissa=25=0x19，DIV_Fraction=16×0.62=9.92≈10=0x0A。

因此，USART_BRR=0x19A。

6.2.4　UART 部分寄存器

本实验涉及的 UART 寄存器包括状态寄存器（USART_SR）、数据寄存器（USART_DR）、波特率寄存器（USART_BRR）、控制寄存器 1（USART_CR1）、控制寄存器 2（USART_CR2）、控制寄存器 3（USART_CR3）、保护时间和预分频器寄存器（USART_GTPR）。

1．状态寄存器（USART_SR）

USART_SR 的结构、偏移地址和复位值如图 6-7 所示，对部分位的解释说明如表 6-3 所示。

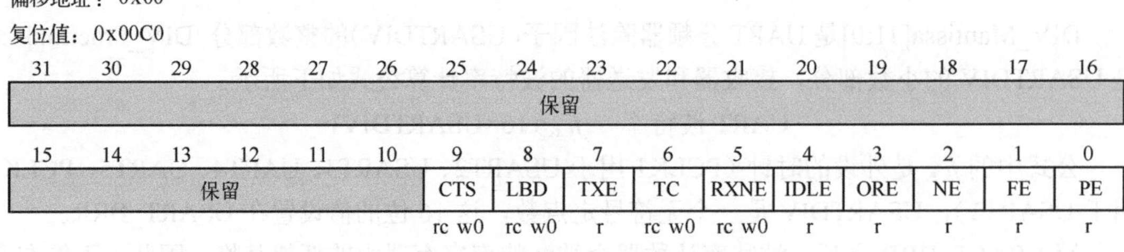

图 6-7　USART_SR 的结构、偏移地址和复位值

表 6-3　USART_SR 部分位的解释说明

位 7	TXE：发送数据寄存器空（Transmit data register empty）。 当 TDR 寄存器中的数据被硬件转移到移位寄存器的时候，该位被硬件置位。如果 USART_CR1 中的 TXEIE 为 1，则产生中断。对 USART_DR 的写操作，将该位清零。 0：数据还没有被转移到移位寄存器； 1：数据已经被转移到移位寄存器。 注意，单缓冲器传输中使用该位
位 6	TC：发送完成（Transmission complete）。 当包含数据的一帧发送完成后，并且 TXE=1 时，由硬件将该位置为 1。如果 USART_CR1 中的 TCIE 为 1，则产生中断。由软件序列清除该位（先读 USART_SR，然后写入 USART_DR）。TC 位也可以通过写入 0 来清除，只有在多缓存通信中才推荐这种清除程序。 0：发送还未完成； 1：发送完成
位 5	RXNE：读数据寄存器非空（Read data register not empty）。 当接收移位寄存器中的数据被转移到 USART_DR 中时，该位被硬件置位。如果 USART_CR1 中的 RXNEIE 为 1，则产生中断。对 USART_DR 的读操作可以将该位清零。RXNE 位也可以通过写入 0 来清除，只有在多缓存通信中才推荐这种清除程序。 0：数据没有收到； 1：收到数据，可以读出
位 3	ORE：过载错误（Overrun error）。 当 RXNE 仍然是 1 的时候，当前被接收在移位寄存器中的数据，需要传送至 RDR 时，硬件将该位置位。如果 USART_CR1 中的 RXNEIE 为 1，则产生中断。由软件序列将其清零（先读 USART_SR，再读 USART_DR）。 0：没有过载错误； 1：检测到过载错误。 注意，该位被置位时，RDR 中的值不会丢失，但是移位寄存器中的数据会被覆盖。如果设置了 EIE 位，在多缓冲器通信模式下，ORE 标志置位会产生中断

2．数据寄存器（USART_DR）

USART_DR 的结构、偏移地址和复位值如图 6-8 所示，对部分位的解释说明如表 6-4 所示。

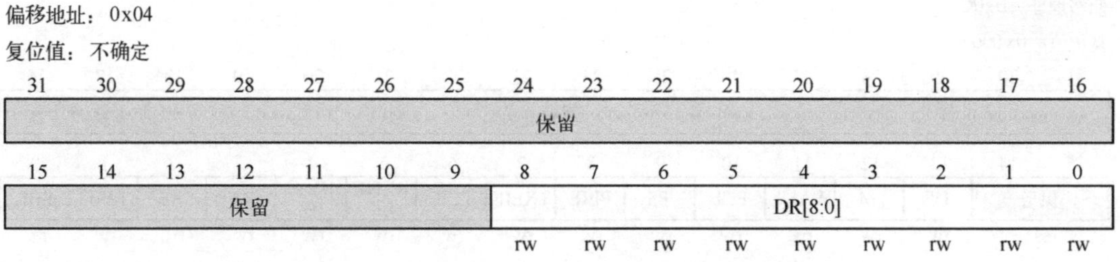

偏移地址：0x04

复位值：不确定

31	30	29	28	27	26	25	24	23	22	21	20	19	18	17	16
保留															

15	14	13	12	11	10	9	8	7	6	5	4	3	2	1	0
保留							DR[8:0]								
							rw	rw	rw	rw	rw	rw	rw	rw	rw

图 6-8　USART_DR 的结构、偏移地址和复位值

表 6-4　USART_DR 部分位的解释说明

位 31:9	保留，硬件强制为 0
位 8:0	DR[8:0]：数据值（Data value）。 包含了发送或接收的数据。由于它是由两个寄存器组成的，一个给发送用（TDR），一个给接收用（RDR），因此该寄存器兼具读和写的功能。 TDR 提供了内部总线和输出移位寄存器之间的并行接口。 RDR 提供了输入移位寄存器和内部总线之间的并行接口。 当使能校验位（USART_CR1 中 PCE 位被置位）进行发送时，写到 MSB 的值（根据数据的长度不同，MSB 是第 7 位或第 8 位）会被后来的校验位取代。 当使能校验位进行接收时，读到的 MSB 位是接收到的校验位

3．波特率寄存器（USART_BRR）

USART_BRR 的结构、偏移地址和复位值如图 6-9 所示，对部分位的解释说明如表 6-5 所示。

偏移地址：0x08

复位值：0x0000

31	30	29	28	27	26	25	24	23	22	21	20	19	18	17	16
保留															

15	14	13	12	11	10	9	8	7	6	5	4	3	2	1	0
DIV_Mantissa[11:0]												DIV_Fraction[3:0]			
rw	rw	rw	rw	rw	rw	rw	rw	rw	rw	rw	rw	rw	rw	rw	rw

图 6-9　USART_BRR 的结构、偏移地址和复位值

表 6-5　USART_BRR 部分位的解释说明

位 31:16	保留，硬件强制为 0
位 15:4	DIV_Mantissa[11:0]：USARTDIV 的整数部分。 这 12 位定义了 USART 分频器除法因子（USARTDIV）的整数部分
位 3:0	DIV_Fraction[3:0]：USARTDIV 的小数部分。 这 4 位定义了 USART 分频器除法因子（USARTDIV）的小数部分

4．控制寄存器 1（USART_CR1）

USART_CR1 的结构、偏移地址和复位值如图 6-10 所示，对部分位的解释说明如表 6-6 所示。

偏移地址：0x0C

复位值：0x0000

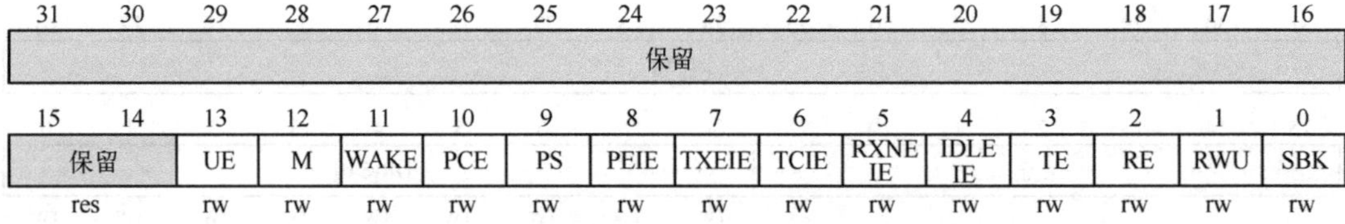

图 6-10　USART_CR1 的结构、偏移地址和复位值

表 6-6　USART_CR1 部分位的解释说明

位 13	UE：USART 使能（USART enable）。 当该位被清零，在当前字节传输完成后 USART 的分频器和输出停止工作，以减少功耗。该位由软件设置和清零。 0：USART 分频器和输出被禁止； 1：USART 模块使能
位 12	M：字长（Word length）。 该位定义了数据字的长度，由软件对其设置和清零。 0：一个起始位，8 个数据位，*n* 个停止位； 1：一个起始位，9 个数据位，*n* 个停止位。 注意，在数据传输过程中（发送或接收时），不能修改这个位

续表

位 10	PCE：检验控制使能（Parity control enable）。 用该位选择是否进行硬件校验控制（对于发送来说就是校验位的产生；对于接收来说就是校验位的检测）。当使能了该位，在发送数据的最高位（如果 M=1，最高位就是第 9 位；如果 M=0，最高位就是第 8 位）插入校验位；对接收到的数据检查其校验位。软件对它置为 1 或清零。一旦设置了该位，当前字节传输完成后，校验控制才生效。 0：禁止校验控制； 1：使能校验控制
位 9	PS：校验选择（Parity selection）。 当校验控制使能后，该位用来选择是采用偶校验还是奇校验。软件对它置为 1 或清零。当前字节传输完成后，该选择生效。 0：偶校验； 1：奇校验
位 7	TXEIE：发送缓冲区空中断使能（TXE interrupt enable）。 该位由软件设置或清除。 0：禁止产生中断； 1：当 USART_SR 中的 TXE 为 1 时，产生 USART 中断
位 6	TCIE：发送完成中断使能（Transmission complete interrupt enable）。 该位由软件设置或清除。 0：禁止产生中断； 1：当 USART_SR 中的 TC 为 1 时，产生 USART 中断
位 5	RXNEIE：接收缓冲区非空中断使能（RXNE interrupt enable）。 该位由软件设置或清除。 0：禁止产生中断； 1：当 USART_SR 中的 ORE 或 RXNE 为 1 时，产生 USART 中断
位 3	TE：发送使能（Transmitter enable）。 该位由软件设置或清除。 0：禁止发送； 1：使能发送。 注意：①在数据传输过程中，除了在智能卡模式下，如果 TE 位上有 0 脉冲（即设置为 0 之后再设置为 1），会在当前数据字传输完成后，发送一个“前导符”（空闲总线）；②当 TE 被设置后，在真正发送开始之前，有一比特时间的延迟
位 2	RE：接收使能（Receiver enable）。 该位由软件设置或清除。 0：禁止接收； 1：使能接收，并开始搜寻 RX 引脚上的起始位

5．控制寄存器 2（USART_CR2）

USART_CR2 的结构、偏移地址和复位值如图 6-11 所示，对部分位的解释说明如表 6-7 所示。

偏移地址：0x10

复位值：0x0000

31	30	29	28	27	26	25	24	23	22	21	20	19	18	17	16
保留															

15	14	13	12	11	10	9	8	7	6	5	4	3	2	1	0
保留	LINEN	STOP[1:0]		CLKEN	CPOL	CPHA	LBCL	保留	LBDIE	LBDL	保留	ADD[3:0]			
	rw	rw	rw	rw	rw	rw	rw		rw	rw		rw	rw	rw	rw

图 6-11　USART_CR2 的结构、偏移地址和复位值

表 6-7　USART_CR2 部分位的解释说明

位 13:12	STOP：停止位（STOP bits）。 这两位用来设置停止位的位数。 00：1 个停止位； 01：0.5 个停止位； 10：2 个停止位； 11：1.5 个停止位。 注意，UART4 和 UART5 不能用 0.5 停止位和 1.5 停止位

6. 控制寄存器 3（USART_CR3）

USART_CR3 的结构、偏移地址和复位值如图 6-12 所示，对部分位的解释说明如表 6-8 所示。

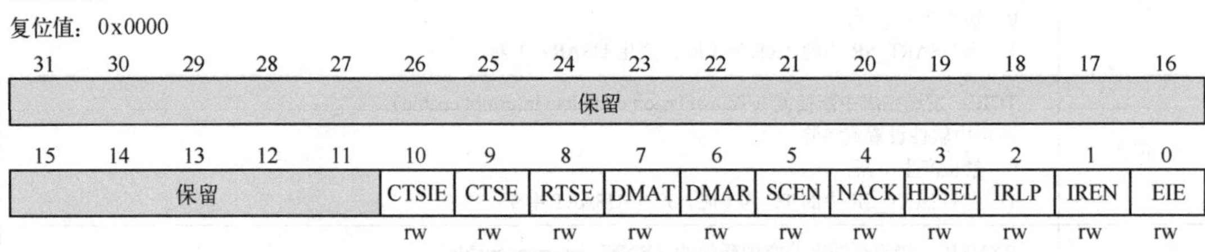

图 6-12　USART_CR3 的结构、偏移地址和复位值

表 6-8　USART_CR3 部分位的解释说明

位 9	CTSE：CTS 使能（CTS enable）。 0：禁止 CTS 硬件流控制； 1：CTS 模式使能，只有 nCTS 输入信号有效（拉成低电平）时才能发送数据。如果在数据传输的过程中，nCTS 信号变成无效，那么发完这个数据后，传输就停止下来。如果在 nCTS 为无效时往数据寄存器里写数据，则要等到 nCTS 有效时才会发送这个数据。 注意，UART4 和 UART5 上不存在这一位
位 8	RTSE：RTS 使能（RTS enable）。 0：禁止 RTS 硬件流控制； 1：RTS 中断使能，只有接收缓冲区内有空余的空间时才请求下一个数据。当前数据发送完成后，发送操作就需要暂停下来。如果可以接收数据了，将 nRTS 输出置为有效（拉至低电平）。 注意，UART4 和 UART5 上不存在这一位

6.2.5 UART 部分固件库函数

本实验涉及的 UART 固件库函数包括 USART_Init、USART_Cmd、USART_ITConfig、USART_SendData、USART_ReceiveData、USART_GetFlagStatus、USART_ClearFlag、USART_GetITStatus。这些函数在 stm32f10x_usart.h 文件中声明，在 stm32f10x_usart.c 文件中实现。

1. USART_Init

USART_Init 函数的功能是初始化 UART，包括选定指定的串口，设定串口的数据传输速率、数据位数、校验方式、停止位、流量控制方式等，通过向 USARTx→BRR、USARTx→CR1、USARTx→CR2 和 USARTx→CR3 写入参数实现。具体描述如表 6-9 所示。

表 6-9　USART_Init 函数的描述

函数名	USART_Init
函数原型	void USART_Init(USART_TypeDef* USARTx, USART_InitTypeDef* USART_InitStruct)
功能描述	根据 USART_InitStruct 中指定的参数初始化外设 USARTx 寄存器
输入参数 1	USARTx：x 可以是 1，2，3，4 或 5，来选择 USART 外设
输入参数 2	USART_InitStruct：指向结构 USART_InitTypeDef 的指针，包含了外设 USART 的配置信息
输出参数	无
返回值	void

USART_InitTypeDef 结构体定义在 stm32f10x_usart.h 文件中，内容如下：

```
typedefstruct
{
    u32 USART_BaudRate;
    u16 USART_WordLength;
    u16 USART_StopBits;
    u16 USART_Parity;
    u16 USART_HardwareFlowControl;
    u16 USART_Mode;
    u16 USART_Clock;
    u16 USART_CPOL;
    u16 USART_CPHA;
    u16 USART_LastBit;
} USART_InitTypeDef;
```

（1）参数 USART_BaudRate 用于设置 USART 传输的波特率，波特率计算公式如下所示：

```
IntegerDivider = ((APBClock) / (16 * (USART_InitStruct->USART_BaudRate)))
FractionalDivider = ((IntegerDivider - ((u32) IntegerDivider)) * 16) + 0.5
```

（2）参数 USART_WordLength 用于定义一帧数据中的数据位数，可取值如表 6-10 所示。

表 6-10　参数 USART_WordLength 的可取值

可 取 值	实 际 值	描　述
USART_WordLength_8b	0x0000	8 位数据
USART_WordLength_9b	0x1000	9 位数据

（3）参数 USART_StopBits 用于定义发送的停止位位数，可取值如表 6-11 所示。

表 6-11　参数 USART_StopBits 的可取值

可 取 值	实 际 值	描　述
USART_StopBits_1	0x0000	在帧结尾传输 1 个停止位
USART_StopBits_0.5	0x1000	在帧结尾传输 0.5 个停止位
USART_StopBits_2	0x2000	在帧结尾传输 2 个停止位
USART_StopBits_1.5	0x3000	在帧结尾传输 1.5 个停止位

（4）参数 USART_Parity 用于定义奇偶检验模式，可取值如表 6-12 所示。

表 6-12　参数 USART_Parity 的可取值

可 取 值	实 际 值	描 述
USART_Parity_No	0x0000	奇偶除能
USART_Parity_Even	0x0400	偶模式
USART_Parity_Odd	0x0600	奇模式

（5）参数 USART_HardwareFlowControl 用于使能或除能指定硬件流控制模式，可取值如表 6-13 所示。

表 6-13　参数 USART_HardwareFlowControl 的可取值

可 取 值	实 际 值	描 述
USART_HardwareFlowControl_None	0x0000	硬件流控制除能
USART_HardwareFlowControl_RTS	0x0100	发送请求 RTS 使能
USART_HardwareFlowControl_CTS	0x0200	清除发送 CTS 使能
USART_HardwareFlowControl_RTS_CTS	0x0300	RTS 和 CTS 使能

（6）参数 USART_Mode 用于指定使能或除能发送和接收模式，可取值如表 6-14 所示。

表 6-14　参数 USART_Mode 的可取值

可 取 值	实 际 值	描 述
USART_Mode_Tx	0x0008	发送使能
USART_Mode_Rx	0x0004	接收使能

例如，初始化 USART1，将其配置为 115200bps、8 位数据位、1 位停止位、无校验、无流控，且使能接收和发送，代码如下：

```
USART_InitTypeDef USART_InitStructure;                    //定义结构体

USART_InitStructure.USART_BaudRate= 115200;               //设置 USART 的波特率
USART_InitStructure.USART_WordLength = USART_WordLength_8b;
                                                          //设置 USART 的串口传输的字长
USART_InitStructure.USART_StopBits= USART_StopBits_1;         //设置 USART 的停止位
USART_InitStructure.USART_Parity= USART_Parity_No;            //设置 USART 的奇偶校验位
USART_InitStructure.USART_Mode= USART_Mode_Tx | USART_Mode_Rx;
                                                          //设置 USART 的模式
USART_InitStructure.USART_HardwareFlowControl = USART_HardwareFlowControl_None;
                                                          //设置 USART 的硬件流控制
USART_Init(USART1, &USART_InitStructure);
```

2. USART_Cmd

USART_Cmd 函数的功能是使能/除能 UART，通过向 USARTx→CR1 写入参数来实现。具体描述如表 6-15 所示。

表 6-15　USART_Cmd 函数的描述

函数名	USART_ Cmd
函数原型	void USART_Cmd(USART_TypeDef* USARTx, FunctionalState NewState)
功能描述	使能或除能 USART 外设
输入参数 1	USARTx：x 可以是 1，2，3，4 或 5，来选择 USART 外设
输入参数 2	NewState：外设 USARTx 的新状态，这个参数可以取 ENABLE 或 DISABLE
输出参数	无
返回值	void

例如，使能 USART1，代码如下：

```
USART_Cmd(USART1, ENABLE);
```

3．USART_ITConfig

USART_ITConfig 函数的功能是使能/除能 UART 中断，通过向 USARTx→CR3 写入参数来实现。具体描述如表 6-16 所示。

表 6-16　USART_ITConfig 函数的描述

函数名	USART_ITConfig
函数原型	void USART_ITConfig(USART_TypeDef* USARTx, uint16_t USART_IT, FunctionalState NewState)
功能描述	使能或除能指定的 USART 中断
输入参数 1	USARTx：x 可以是 1，2，3，4 或 5，来选择 USART 外设
输入参数 2	USART_IT：待使能或除能的 USART 中断源
输入参数 3	NewState：USARTx 中断的新状态，这个参数可以取 ENABLE 或 DISABLE
输出参数	无
返回值	void

参数 USART_IT 是待使能或除能的 USART 中断源，可取值如表 6-17 所示。

表 6-17　参数 USART_IT 的可取值

可 取 值	实 际 值	描　述
USART_IT_PE	0x0028	奇偶错误中断
USART_IT_TXE	0x0727	发送中断
USART_IT_TC	0x0626	传输完成中断
USART_IT_RXNE	0x0525	接收中断
USART_IT_IDLE	0x0424	空闲总线中断
USART_IT_LBD	0x0846	LIN 中断检测中断
USART_IT_CTS	0x096A	CTS 中断
USART_IT_ERR	0x0060	错误中断
USART_IT_ORE	0x0360	溢出错误中断

续表

可 取 值	实 际 值	描 述
USART_IT_NE	0x0260	噪声错误中断
USART_IT_FE	0x0160	帧错误中断

例如，使能 USART1 的接收中断，代码如下：

```
USART_ITConfig(USART1, USART_IT_RXNE, ENABLE);
```

4. USART_SendData

USART_SendData 函数的功能是发送数据，通过向 USARTx→DR 写入参数来实现。具体描述如表 6-18 所示。

表 6-18　USART_SendData 函数的描述

函数名	USART_SendData
函数原型	void USART_SendData(USART_TypeDef* USARTx, uint16_t Data)
功能描述	通过外设 USARTx 发送单个数据
输入参数 1	USARTx：x 可以是 1，2，3，4 或 5，来选择 USART 外设
输入参数 2	Data：待发送的数据
输出参数	无
返回值	void

例如，通过 USART1 发送一个字符 0x5A，代码如下：

```
USART_SendData(USART1, 0x5A);
```

5. USART_ReceiveData

USART_ReceiveData 函数的功能是读取接收到的数据，通过读取 USARTx→DR 来实现。具体描述如表 6-19 所示。

表 6-19　USART_ReceiveData 函数的描述

函数名	USART_ReceiveData
函数原型	uint16_t USART_ReceiveData(USART_TypeDef* USARTx)
功能描述	返回 USARTx 最近接收到的数据
输入参数	USARTx：x 可以是 1，2，3，4 或 5，来选择 USART 外设
输出参数	无
返回值	接收到的数据

例如，从 USART1 读取接收到的数据，代码如下：

```
u8 rxData;
rxData = USART_ReceiveData(USART1);
```

6. USART_GetFlagStatus

USART_GetFlagStatus 函数的功能是检查 UART 标志位设置与否，通过读取 USARTx→SR 来实现。具体描述如表 6-20 所示。

表 6-20　USART_GetFlagStatus 函数的描述

函数名	USART_GetFlagStatus
函数原型	FlagStatus USART_GetFlagStatus(USART_TypeDef* USARTx, uint16_t USART_FLAG)
功能描述	检查指定的 USART 标志位设置与否
输入参数 1	USARTx：x 可以是 1，2，3，4 或 5，来选择 USART 外设
输入参数 2	USART_FLAG：待检查的 USART 标志位
输出参数	无
返回值	USART_FLAG 的新状态（SET 或 RESET）

参数 USART_FLAG 为待检查的 USART 标志位，可取值如表 6-21 所示。

表 6-21　参数 USART_FLAG 的可取值

可 取 值	实 际 值	描　述
USART_FLAG_CTS	0x0200	CTS 标志位
USART_FLAG_LBD	0x0100	LIN 中断检测标志位
USART_FLAG_TXE	0x0080	发送数据寄存器空标志位
USART_FLAG_TC	0x0040	发送完成标志位
USART_FLAG_RXNE	0x0020	接收数据寄存器非空标志位
USART_FLAG_IDLE	0x0010	空闲总线标志位
USART_FLAG_ORE	0x0008	溢出错误标志位
USART_FLAG_NE	0x0004	噪声错误标志位
USART_FLAG_FE	0x0002	帧错误标志位
USART_FLAG_PE	0x0001	奇偶错误标志位

例如，检查 USART1 发送标志位，代码如下：

```
FlagStatus status;
status = USART_GetFlagStatus(USART1, USART_FLAG_TXE);
```

7. USART_ClearFlag

USART_ClearFlag 函数的功能是清除 UART 的待处理标志位，通过向 USARTx→SR 写入参数来实现。具体描述如表 6-22 所示。

表 6-22　USART_ClearFlag 函数的描述

函数名	USART_ClearFlag
函数原型	void USART_ClearFlag(USART_TypeDef* USARTx, uint16_t USART_FLAG)

续表

功能描述	清除 USARTx 的待处理标志位
输入参数 1	USARTx：x 可以是 1，2，3，4 或 5，来选择 USART 外设
输入参数 2	USART_FLAG：待清除的 USART 标志位
输出参数	无
返回值	void

例如，清除 USART1 的溢出错误标志位，代码如下：

```
USART_ClearFlag(USART1, USART_FLAG_ORE);
```

8．USART_GetITStatus

USART_GetITStatus 函数的功能是检查指定的 USART 中断发生与否，通过读取并判断 USARTx→CR1 和 USARTx→SR 来实现。具体描述如表 6-23 所示。

表 6-23　USART_GetITStatus 函数的描述

函数名	USART_GetITStatus
函数原型	ITStatus USART_GetITStatus(USART_TypeDef* USARTx, uint16_t USART_IT)
功能描述	检查指定的 USART 中断发生与否
输入参数 1	USARTx：x 可以是 1，2，3，4 或 5，来选择 USART 外设
输入参数 2	USART_IT：待检查的 USART 中断源
输出参数	无
返回值	USART_IT 的新状态

参数 USART_IT 为待检查的 USART 中断源，可取值如表 6-17 所示。

例如，检查 USART1 的溢出错误中断，代码如下：

```
ITStatus ErrorITStatus;
ErrorITStatus = USART_GetITStatus(USART1, USART_IT_ORE);
```

6.2.6　STM32 异常和中断

STM32 的内核是 Cortex-M3，由于 STM32 的异常和中断继承了 Cortex-M3 的异常响应系统，因此，要弄清楚 STM32 的异常和中断，首先，要弄清楚什么是中断和异常；其次，还要弄清楚什么是线程模式和处理模式；最后，更要弄清楚什么是 Cortex-M3 的异常和中断。

1．中断和异常

中断是主机与外设进行数据通信的重要机制，它负责处理处理器外部的异常事件；异常实质上也是一种中断，只不过它主要负责处理处理器内部事件。

2．线程模式和处理模式

处理器复位或异常退出时为线程模式（Thread Mode），出现中断或异常时会进入处理模式（Handler Mode），处理模式下所有代码为特权访问。

3. Cortex-M3 的异常和中断

Cortex-M3 在内核水平上搭载了一个异常响应系统，支持为数众多的系统异常和外部中断。其中，编号为 1～15 的对应系统异常，如表 6-24 所示，编号≥16 的对应外部中断，如表 6-25 所示。除了个别异常的优先级不能被修改，其他异常优先级都可以通过编程进行修改。

表 6-24　Cortex-M3 系统异常清单

编　号	类　型	优 先 级	简　介
0	N/A	N/A	没有异常在运行
1	复位	-3（最高）	复位
2	NMI	-2	不可屏蔽中断（来自外部 NMI 输入脚）
3	硬（hard）fault	-1	所有被除能的 fault，都将“上访”（escalation）成硬 fault。只要 FAULTMASK 没有置位，硬 fault 服务例程就被强制执行。fault 被除能的原因包括被禁用，或被 PRIMASK/BASEPRI 掩蔽，若 FAULTMASK 也置位，则硬 fault 也被除能，此时彻底“关中”
4	MemManage fault	可编程	存储器管理 fault，MPU 访问违例和访问非法位置均可引发。企图在“非执行区”取指也会引发此 fault
5	总线 fault	可编程	从总线系统收到了错误响应，原因可以是预取流产（abort）或数据流产,企图访问协处理器也会引发此 fault
6	用法（usage）fault	可编程	由于程序错误导致的异常，通常是使用了一条无效指令，或是非法的状态转换，例如尝试切换到 ARM 状态
7～10	保留	N/A	N/A
11	SVCall	可编程	执行系统服务调用指令（SVC）引发的异常
12	调试监视器	可编程	调试监视器（断点，数据观察点，或是外部调试请求）
13	保留	N/A	N/A
14	PendSV	可编程	为系统设备而设的“可悬挂请求”（pendable request）
15	SysTick	可编程	系统滴管定时器（也就是周期性溢出的时基定时器）

表 6-25　Cortex-M3 外部中断清单

编　号	类　型	优 先 级	简　介
16	IRQ #0	可编程	外部中断#0
17	IRQ #1	可编程	外部中断#1
⋮	⋮	⋮	⋮
255	IRQ #239	可编程	外部中断#239

4. STM32 的异常和中断

由于芯片设计厂商（如 ST 公司）可以修改 Cortex-M3 的硬件描述源代码，因此不同的芯片设计厂商可以根据产品定位对表 6-24 和表 6-25 进行调整。比如，STM32 大容量产品将编号从-15～-1 的向量定义为系统异常，将编号从 0～59 的向量定义为外部中断，如表 6-26 所示。其中，优先级为-15、-14 和-13 的系统异常，如复位（Reset）、不可屏蔽中断

(NMI)、硬件失效（HardFault），优先级是固定的，其他异常和中断的优先级可以通过编程修改。表 6-26 所示的 STM32 大容量产品向量表中的中断号在 stm32f10x.h 文件中定义，各中断号对应的中断服务函数名定义可以在启动文件 startup_stm32f10x_hd.s 中查找到。

表 6-26　STM32 大容量产品向量表

编　号	优 先 级	名　称	中 断 号	说　明	地　址
—	—	—	—	保留	0x0000_0000
-15	固定	Reset	—	复位	0x0000_0004
-14	固定	NMI	NonMaskableInt_IRQn	不可屏蔽中断 RCC 时钟安全系统（CSS）连接到 NMI 向量	0x0000_0008
-13	固定	硬件失效（HardFault）	HardFault_Handler	所有类型的失效	0x0000_000C
-12	可设置	存储管理（MemManage）	MemoryManagement_IRQn	存储器管理	0x0000_0010
-11	可设置	总线错误（BusFault）	BusFault_IRQn	预取指失败，存储器访问失败	0x0000_0014
-10	可设置	错误应用（UsageFault）	UsageFault_IRQn	未定义的指令或非法状态	0x0000_0018
—	—	—	—	保留	0x0000_001C ~0x0000_002B
-5	可设置	SVCall	SVCall_IRQn	通过 SWI 指令的系统服务调用	0x0000_002C
-4	可设置	调试监控（DebugMonitor）	DebugMonitor_IRQn	调试监控器	0x0000_0030
—	—	—	—	保留	0x0000_0034
-2	可设置	PendSV	PendSV_IRQn	可挂起的系统服务	0x0000_0038
-1	可设置	SysTick	SysTick_IRQn	系统嘀嗒定时器	0x0000_003C
0	可设置	WWDG	WWDG_IRQn	窗口定时器中断	0x0000_0040
1	可设置	PVD	PVD_IRQn	连到 EXTI 的电源电压检测（PVD）中断	0x0000_0044
2	可设置	TAMPER	TAMPER_IRQn	侵入检测中断	0x0000_0048
3	可设置	RTC	RTC_IRQn	实时时钟（RTC）全局中断	0x0000_004C
4	可设置	FLASH	FLASH_IRQn	闪存全局中断	0x0000_0050
5	可设置	RCC	RCC_IRQn	复位和时钟控制（RCC）中断	0x0000_0054
6	可设置	EXTI0	EXTI0_IRQn	EXTI 线 0 中断	0x0000_0058
7	可设置	EXTI1	EXTI1_IRQn	EXTI 线 1 中断	0x0000_005C
8	可设置	EXTI2	EXTI2_IRQn	EXTI 线 2 中断	0x0000_0060
9	可设置	EXTI3	EXTI3_IRQn	EXTI 线 3 中断	0x0000_0064
10	可设置	EXTI4	EXTI4_IRQn	EXTI 线 4 中断	0x0000_0068
11	可设置	DMA1 通道 1	DMA1_Channel1_IRQn	DMA1 通道 1 全局中断	0x0000_006C
12	可设置	DMA1 通道 2	DMA1_Channel2_IRQn	DMA1 通道 2 全局中断	0x0000_0070
13	可设置	DMA1 通道 3	DMA1_Channel3_IRQn	DMA1 通道 3 全局中断	0x0000_0074
14	可设置	DMA1 通道 4	DMA1_Channel4_IRQn	DMA1 通道 4 全局中断	0x0000_0078

续表

编 号	优先级	名 称	中断号	说 明	地 址
15	可设置	DMA1 通道 5	DMA1_Channel5_IRQn	DMA1 通道 5 全局中断	0x0000_007C
16	可设置	DMA1 通道 6	DMA1_Channel6_IRQn	DMA1 通道 6 全局中断	0x0000_0080
17	可设置	DMA1 通道 7	DMA1_Channel7_IRQn	DMA1 通道 7 全局中断	0x0000_0084
18	可设置	ADC1_2	ADC1_2_IRQn	ADC1 和 ADC2 全局中断	0x0000_0088
19	可设置	USB_HP_CAN_TX	USB_HP_CAN1_TX_IRQn	USB 高优先级或 CAN 发送中断	0x0000_008C
20	可设置	USB_LP_CAN_RX0	USB_LP_CAN1_RX0_IRQn	USB 低优先级或 CAN 接收 0 中断	0x0000_0090
21	可设置	CAN_RX1	CAN1_RX1_IRQn	CAN 接收 1 中断	0x0000_0094
22	可设置	CAN_SCE	CAN1_SCE_IRQn	CANSCE 中断	0x0000_0098
23	可设置	EXTI9_5	EXTI9_5_IRQn	EXTI 线[9:5]中断	0x0000_009C
24	可设置	TIM1_BRK	TIM1_BRK_IRQn	TIM1 刹车中断	0x0000_00A0
25	可设置	TIM1_UP	TIM1_UP_IRQn	TIM1 更新中断	0x0000_00A4
26	可设置	TIM1_TRG_COM	TIM1_TRG_COM_IRQn	TIM1 触发和通信中断	0x0000_00A8
27	可设置	TIM1_CC	TIM1_CC_IRQn	TIM1 捕获比较中断	0x0000_00AC
28	可设置	TIM2	TIM2_IRQn	TIM2 全局中断	0x0000_00B0
29	可设置	TIM3	TIM3_IRQn	TIM3 全局中断	0x0000_00B4
30	可设置	TIM4	TIM4_IRQn	TIM4 全局中断	0x0000_00B8
31	可设置	I2C1_EV	I2C1_EV_IRQn	I2C1 事件中断	0x0000_00BC
32	可设置	I2C1_ER	I2C1_ER_IRQn	I2C1 错误中断	0x0000_00C0
33	可设置	I2C2_EV	I2C2_EV_IRQn	I2C2 事件中断	0x0000_00C4
34	可设置	I2C2_ER	I2C2_ER_IRQn	I2C2 错误中断	0x0000_00C8
35	可设置	SPI1	SPI1_IRQn	SPI1 全局中断	0x0000_00CC
36	可设置	SPI2	SPI2_IRQn	SPI2 全局中断	0x0000_00D0
37	可设置	USART1	USART1_IRQn	USART1 全局中断	0x0000_00D4
38	可设置	USART2	USART2_IRQn	USART2 全局中断	0x0000_00D8
39	可设置	USART3	USART3_IRQn	USART3 全局中断	0x0000_00DC
40	可设置	EXTI15_10	EXTI15_10_IRQn	EXTI 线[15:10]中断	0x0000_00E0
41	可设置	RTCAlarm	RTCAlarm_IRQn	连到 EXTI 的 RTC 闹钟中断	0x0000_00E4
42	可设置	USB 唤醒	USBWakeUp_IRQn	连到 EXTI 的从 USB 待机唤醒中断	0x0000_00E8
43	可设置	TIM8_BRK	TIM8_BRK_IRQn	TIM8 刹车中断	0x0000_00EC
44	可设置	TIM8_UP	TIM8_UP_IRQn	TIM8 更新中断	0x0000_00F0
45	可设置	TIM8_TRG_COM	TIM8_TRG_COM_IRQn	TIM8 触发和通信中断	0x0000_00F4
46	可设置	TIM8_CC	TIM8_CC_IRQn	TIM8 捕获比较中断	0x0000_00F8
47	可设置	ADC3	ADC3_IRQn	ADC3 全局中断	0x0000_00FC
48	可设置	FSMC	FSMC_IRQn	FSMC 全局中断	0x0000_0100
49	可设置	SDIO	SDIO_IRQn	SDIO 全局中断	0x0000_0104

续表

编 号	优先级	名 称	中断号	说 明	地 址
50	可设置	TIM5	TIM5_IRQn	TIM5 全局中断	0x0000_0108
51	可设置	SPI3	SPI3_IRQn	SPI3 全局中断	0x0000_010C
52	可设置	UART4	UART4_IRQn	UART4 全局中断	0x0000_0110
53	可设置	UART5	UART5_IRQn	UART5 全局中断	0x0000_0114
54	可设置	TIM6	TIM6_IRQn	TIM6 全局中断	0x0000_0118
55	可设置	TIM7	TIM7_IRQn	TIM7 全局中断	0x0000_011C
56	可设置	DMA2 通道 1	DMA2_Channel1_IRQn	DMA2 通道 1 全局中断	0x0000_0120
57	可设置	DMA2 通道 2	DMA2_Channel2_IRQn	DMA2 通道 2 全局中断	0x0000_0124
58	可设置	DMA2 通道 3	DMA2_Channel3_IRQn	DMA2 通道 3 全局中断	0x0000_0128
59	可设置	DMA2 通道 45	DMA2_Channel4_5_IRQn	DMA2 通道 4 和 DMA2 通道 5 全局中断	0x0000_012C

6.2.7 NVIC 中断控制器

通过表 6-26 可以看到，STM32 的系统异常多达 10 个，而外部中断多达 60 个，那如何管理这么多的异常和中断呢？ARM 公司专门设计了一个功能强大的中断控制器 NVIC (Nested Vectored Interrupt Controller)。NVIC 与 CPU 紧密耦合，它还包含了若干系统控制寄存器。NVIC 采用向量中断的机制，在中断发生时，会自动取出对应的服务例程入口地址，并且直接调用，无须软件判定中断源，这样就可以大大缩短中断延时。

6.2.8 NVIC 部分寄存器

NVIC 是嵌套向量中断控制器，控制着整个微控制器中断相关的功能，NVIC 与内核紧密耦合，是内核中的一个外设。ARM 公司在设计 NVIC 的时候，给每个寄存器都预设了很多位，但是各个微控制器厂商在设计芯片时，会对 Cortex-M3 内核中的 NVIC 进行裁剪，把不需要的部分去掉，所以说 STM32 的 NVIC 是 Cortex-M3 的 NVIC 的一个子集。

STM32 的 NVIC 最常用的寄存器，包括中断的使能寄存器（ISER)、中断的除能寄存器（ICER)、中断的挂起寄存器（ISPR)、中断的挂起清除寄存器（ICPR)、优先级寄存器（IP）和活动状态寄存器（IABR)，下面对这些寄存器进行详解。

1. 中断的使能与除能寄存器（NVIC→ISER/NVIC→ICER）

中断的使能与除能分别使用各自的寄存器来控制，这与传统的、使用单一位的两个状态来表达使能与除能截然不同。Cortex-M3 中有 240 对使能位/除能位，每个中断拥有一对，这 240 个对子分布在 8 对 32 位寄存器中（最后一对只用了一半）。STM32 虽然没有 240 个中断，但是在固件库设计时，依然预留了 8 对 32 位寄存器（最后一对同样只用了一半），分别是 8 个 32 位中断使能寄存器（NVIC→ISER[0]～NVIC→ISER[7]）和 8 个 32 位中断除能寄存器

（NVIC→ICER[0]～NVIC→ICER[7]），如表 6-27 所示。

表 6-27　中断的使能与除能寄存器（NVIC→ISER/NVIC→ICER）

地　址	名　称	类　型	复 位 值	描　述
0xE000E100	NVIC→ISER[0]	R/W	0	设置外部中断#0～31 的使能（异常#16～47）。 bit0 用于外部中断#0（异常#16）； bit1 用于外部中断#1（异常#17）； … bit31 用于外部中断#31（异常#47）。 写 1 使能外部中断，写 0 无效。 读出值表示当前使能状态
0xE000E104	NVIC→ISER[1]	R/W	0	设置外部中断#32～63 的使能（异常#48～79）
…	…	…	…	…
0xE000E11C	NVIC→ISER[7]	R/W	0	设置外部中断#224～239 的使能（异常#240～255）
0xE000E180	NVIC→ICER[0]	R/W	0	清零外部中断#0～31 的使能（异常#16～47）。 bit0 用于外部中断#0（异常#16）； bit1 用于外部中断#1（异常#17）； … bit31 用于外部中断#31（异常#47）。 写 1 清除中断，写 0 无效。 读出值表示当前使能状态
0xE000E184	NVIC→ICER[1]	R/W	0	清零外部中断#32～63 的使能（异常#48～79）
…	…	…	…	…
0xE000E19C	NVIC→ICER[7]	R/W	0	清零外部中断#224～239 的使能（异常#240～255）

如果使能一个中断，需要写 1 到 NVIC→ISER 的对应位；如果除能一个中断，需要写 1 到 NVIC→ICER 的对应位。如果向 NVIC→ISER 或 NVIC→ICER 中写 0，则不会有任何效果，写 0 无效是个非常关键的设计理念，通过这种方式，使能/除能中断时只需要把当事位写成 1，其他的位可以全部为 0。再也不用像以前那样，害怕有些位被写入 0 而破坏其对应的中断设置（现在写 0 没有效果），从而实现每个中断都可以自顾自地设置而互不影响，用户只需单一地写指令，不再需要“读-改-写”三部曲。

基于 Cortex-M3 内核的微控制器并不是都有 240 个中断，因此，只有该微控制器实现的中断，其对应的寄存器相应位才有意义。STM32 的异常和中断向量表如表 6-26 所示。

2. 中断的挂起与清除寄存器（NVIC→ISPR/NVIC→ICPR）

如果中断发生时，正在处理同级或高优先级异常，或被掩蔽，则中断不能立即得到响应，此时中断被挂起。中断的挂起状态可以通过中断的挂起寄存器（ISPR）和清除寄存器（ICPR）来读取，还可以通过写 ISPR 来手工挂起中断。STM32 的固件库同样预留了 8 对 32 位寄存器，分别是 8 个 32 位中断的挂起寄存器（NVIC→ISPR[0]～NVIC→ISPR[7]）和 8 个 32 位中断的清除寄存器（NVIC→ICPR[0]～NVIC→ICPR[7]），如表 6-28 所示。

表 6-28　中断的挂起与清除寄存器（NVIC→ISPR/NVIC→ICPR）

地　址	名　称	类　型	复 位 值	描　述
0xE000E200	NVIC→ISPR[0]	R/W	0	设置外部中断#0～31 的挂起（异常#16～47）。 bit0 用于外部中断#0（异常#16）； bit1 用于外部中断#1（异常#17）； … bit31 用于外部中断#31（异常#47）。 写 1 挂起外部中断，写 0 无效。
0xE000E200	NVIC→ISPR[0]	R/W	0	读出值表示当前挂起状态
0xE000E204	NVIC→ISPR[1]	R/W	0	设置外部中断#32～63 的挂起（异常#48～79）
…	…	…	…	…
0xE000E21C	NVIC→ISPR[7]	R/W	0	设置外部中断#224～239 的挂起（异常#240～255）
0xE000E280	NVIC→ICPR[0]	R/W	0	清零外部中断#0～31 的挂起（异常#16～47）。 bit0 用于外部中断#0（异常#16）； bit1 用于外部中断#1（异常#17）； … bit31 用于外部中断#31（异常#47）。 写 1 清零外部中断挂起，写 0 无效。 读出值表示当前挂起状态
0xE000E284	NVIC→ICPR[1]	R/W	0	清零外部中断#32～63 的挂起（异常#48～79）
…	…	…	…	…
0xE000E29C	NVIC→ICPR[7]	R/W	0	清零外部中断#224～239 的挂起（异常#240～255）

3. 中断优先级寄存器（NVIC→IP）

每个外部中断都有一个对应的优先级寄存器，每个优先级寄存器占用 8 位，但是 Cortex-M3 在最粗线条的情况下，只使用最高 4 位。4 个相邻的优先级寄存器拼成一个 32 位寄存器。如前所述，根据优先级组的设置，优先级可以被分为高、低两个位段，分别是抢占优先级和子优先级。优先级寄存器都可以按字节访问，当然也可以按半字/字来访问。STM32 的固件库预留了 240 个 8 位中断优先级寄存器（NVIC→IP[0]～NVIC→IP[239]），如表 6-29 所示。

表 6-29　中断优先级寄存器（NVIC→IP）

地　址	名　称	类　型	复 位 值	描　述
0xE000E400	NVIC→IP[0]	R/W	0（8 位）	外部中断 0#的优先级
0xE000E401	NVIC→IP[1]	R/W	0（8 位）	外部中断 1#的优先级
…	…	…	…	…
0xE000E4EF	NVIC→IP[239]	R/W	0（8 位）	外部中断 239#的优先级

STM32 固件库中的中断优先级寄存器 NVIC→IP[0]～NVIC→IP[239]与 240 个中断一一对应，每个中断的中断优先级寄存器 NVIC→IP[x]都由高 4 位和低 4 位组成，高 4 位用于设置优先级，低 4 位未使用，如表 6-30 所示。

表 6-30　NVIC_IP[x]高 4 位和低 4 位示意图

用于设置优先级				未　使　用			
bit7	bit6	bit5	bit4	bit3	bit2	bit1	bit0

为了解释抢占优先级和子优先级，举一个简单的例子。假设一个科技公司设有 1 个总经理、1 个部门经理，以及 1 个项目组长，同时，又设有 3 个副总经理、3 个部门副经理、3 个项目副组长，如图 6-13 所示。总经理的权力高于部门经理，部门经理的权力高于项目组长，正职之间的权重相当于抢占优先级。尽管副职对外是平等的，但是实际上 1 号副职权力要略高于 2 号副职，2 号副职权力要略高于 3 号副职，副职之间的权重相当于子优先级。

项目组长正在给项目组成员开会（项目组长的中断服务函数），总经理可以打断他们开会，向项目组长分配任务（总经理的中断服务函数）。但是，如果 2 号部门副经理正在给部门成员开会（2 号部门副经理的中断服务函数），即使 1 号部门副经理权重高，1 号部门副经理也不能打断他们开会，必须等到会议结束（2 号部门副经理的中断服务函数执行完毕）才能向其交代任务（1 号部门副经理的中断服务函数）。

正职	副职
总经理	1号副总经理
	2号副总经理
	3号副总经理
部门经理	1号部门副经理
	2号部门副经理
	3号部门副经理
项目组长	1号项目副组长
	2号项目副组长
	3号项目副组长

图 6-13　科技公司职位示意图

如表 6-31 所示，用于设置优先级的高 4 位又可以根据优先级分组情况分为 5 类：①优先级分组为 NVIC_PriorityGroup_4 时，NVIC→IP[x]的 bit7～bit4 全部 4 位用于设置抢占优先级，这种情况下，只有 0～15 级抢占优先级分级；②优先级分组为 NVIC_PriorityGroup_3 时，NVIC→IP[x]的 bit7～bit5 共 3 位用于设置抢占优先级，NVIC_IP[x]的 bit4 用于设置子优先级，这种情况下，共有 0～7 级抢占优先级分级，0～1 级子优先级分级；③优先级分组为 NVIC_PriorityGroup_2 时，NVIC→IP[x]的 bit7～bit6 共 2 位用于设置抢占优先级，NVIC→IP[x]的 bit5～bit4 共 2 位用于设置子优先级，这种情况下，共有 0～3 级抢占优先级分级，0～3 级子优先级分级；④优先级分组为 NVIC_PriorityGroup_1 时，NVIC→IP[x]的 bit7 用于设置抢占优先级，NVIC→IP[x]的 bit6～bit4 共 3 位用于设置子优先级，这种情况下，共有 0～1 级抢占优先级分级，0～7 级子优先级分级；⑤优先级分组为 NVIC→PriorityGroup_0 时，NVIC→IP[x]的 bit7～bit4 全部 4 位用于设置子优先级，这种情况下，只有 0～15 级子优先级分级。

表 6-31　优先级分组

优先级分组	bit7	bit6	bit5	bit4	分组（抢占优先级位、子优先级）	抢占优先级	子优先级
NVIC_PriorityGroup_4	bit7	bit6	bit5	bit4	抢占优先级：bit7～bit4	0～15	无
NVIC_PriorityGroup_3	bit7	bit6	bit5	bit4	抢占优先级：bit7～bit5；子优先级：bit4	0～7	0～1
NVIC_PriorityGroup_2	bit7	bit6	bit5	bit4	抢占优先级：bit7～bit6；子优先级：bit5～bit4	0～3	0～3
NVIC_PriorityGroup_1	bit7	bit6	bit5	bit4	抢占优先级：bit7；子优先级：bit6～bit4	0～1	0～7
NVIC_PriorityGroup_0	bit7	bit6	bit5	bit4	子优先级：bit7～bit4	无	0～15

4．活动状态寄存器（NVIC→IABR）

每个外部中断都有一个活动状态位。在处理器执行了其中断服务函数的第 1 条指令后，它的活动位就被置为 1，并且直到中断服务函数返回时才由硬件清零。由于支持嵌套，允许高优先级异常抢占某个中断。然而，哪怕中断被抢占，其活动状态也依然为 1。活动状态寄存器的定义，与前面讲的使能/除能和挂起/清除寄存器相同，只是不再成对出现。它们也能按字/半字/字节访问，但它们是只读的。STM32 的固件库预留了 8 个 32 位中断活动状态寄存器（NVIC→IABR[0]～NVIC→IABR[7]），如表 6-32 所示。

表 6-32　中断活动状态寄存器（NVIC→IABR）

地　址	名　称	类　型	复 位 值	描　述
0xE000E300	NVIC→IABR[0]	R0	0	外部中断#0～31 的活动状态（异常#16～47）。 bit0 用于外部中断#0（异常#16）; bit1 用于外部中断#1（异常#17）; … bit31 用于外部中断#31（异常#47）
0xE000E304	NVIC→IABR[1]	R0	0	外部中断#32～63 的活动状态（异常#48～79）
…	…	…	…	…
0xE000E31C	NVIC→IABR[7]	R0	0	外部中断#224～239 的活动状态（异常#240～255）

6.2.9　NVIC 部分固件库函数

本实验涉及的 NVIC 固件库函数包括 NVIC_Init、NVIC_PriorityGroupConfig、NVIC_ClearPendingIRQ。前两个函数在 misc.h 文件中声明，在 misc.c 文件中实现，第三个函数在 core_cm3.h 文件中以内联函数形式声明和实现。

1．NVIC_Init

NVIC_Init 函数的功能是初始化 NVIC，包括使能或除能指定的 IRQ 通道，设置成员 NVIC_IRQChannel 中的抢占优先级和子优先级，通过向 NVIC→IP、NVIC→ISER 和 NVIC→ICER 写入参数来实现。具体描述如表 6-33 所示。

表 6-33　NVIC_Init 函数的描述

函数名	NVIC_Init
函数原型	void NVIC_Init(NVIC_InitTypeDef* NVIC_InitStruct)
功能描述	根据 NVIC_InitStruct 中指定的参数初始化外设 NVIC 寄存器
输入参数	NVIC_InitStruct：指向结构 NVIC_InitTypeDef 的指针，包含了外设 GPIO 的配置信息
输出参数	无
返回值	void

NVIC_InitTypeDef 结构体定义在 misc.h 文件中，内容如下：

```
typedef struct
{
```

```
    u8 NVIC_IRQChannel;
    u8 NVIC_IRQChannelPreemptionPriority;
    u8 NVIC_IRQChannelSubPriority;
    FunctionalState NVIC_IRQChannelCmd;
}NVIC_InitTypeDef;
```

（1）参数 NVIC_IRQChannel 用于使能或除能指定的 IRQ 通道，可取值如表 6-34 所示。

表 6-34　参数 NVIC_IRQChannel 的可取值

可 取 值	描　述	可 取 值	描　述
WWDG_IRQChannel	窗口看门狗中断	CAN_SCE_IRQChannel	CAN SCE 中断
PVD_IRQChannel	PVD 通过 EXTI 探测中断	EXTI9_5_IRQChannel	外部中断线 9-5 中断
TAMPER_IRQChannel	篡改中断	TIM1_BRK_IRQChannel	TIM1 暂停中断
RTC_IRQChannel	RTC 全局中断	TIM1_UP_IRQChannel	TIM1 刷新中断
FlashItf_IRQChannel	FLASH 全局中断	TIM1_TRG_COM_IRQChannel	TIM1 触发和通信中断
RCC_IRQChannel	RCC 全局中断	TIM1_CC_IRQChannel	TIM1 捕获比较中断
EXTI0_IRQChannel	外部中断线 0 中断	TIM2_IRQChannel	TIM2 全局中断
EXTI1_IRQChannel	外部中断线 1 中断	TIM3_IRQChannel	TIM3 全局中断
EXTI2_IRQChannel	外部中断线 2 中断	TIM4_IRQChannel	TIM4 全局中断
EXTI3_IRQChannel	外部中断线 3 中断	I2C1_EV_IRQChannel	I2C1 事件中断
EXTI4_IRQChannel	外部中断线 4 中断	I2C1_ER_IRQChannel	I2C1 错误中断
DMAChannel1_IRQChannel	DMA 通道 1 中断	I2C2_EV_IRQChannel	I2C2 事件中断
DMAChannel2_IRQChannel	DMA 通道 2 中断	I2C2_ER_IRQChannel	I2C2 错误中断
DMAChannel3_IRQChannel	DMA 通道 3 中断	SPI1_IRQChannel	SPI1 全局中断
DMAChannel4_IRQChannel	DMA 通道 4 中断	SPI2_IRQChannel	SPI2 全局中断
DMAChannel5_IRQChannel	DMA 通道 5 中断	USART1_IRQChannel	USART1 全局中断
DMAChannel6_IRQChannel	DMA 通道 6 中断	USART2_IRQChannel	USART2 全局中断
DMAChannel7_IRQChannel	DMA 通道 7 中断	USART3_IRQChannel	USART3 全局中断
ADC_IRQChannel	ADC 全局中断	EXTI15_10_IRQChannel	外部中断线 15-10 中断
USB_HP_CANTX_IRQChannel	USB 高优先级或 CAN 发送中断	RTCAlarm_IRQChannel	RTC 闹钟通过 EXTI 线中断
USB_LP_CAN_RX0_IRQChannel	USB 低优先级或 CAN 接收 0 中断	USBWakeUp_IRQChannel	USB 通过 EXTI 线从悬挂唤醒中断
CAN_RX1_IRQChannel	CAN 接收 1 中断		

（2）参数 NVIC_IRQChannelPreemptionPriority 用于设置成员 NVIC_IRQChannel 的抢占优先级，可取值如表 6-35 所示。

（3）参数 NVIC_IRQChannelSubPriority 用于设置成员 NVIC_IRQChannel 的子优先级，可取值如表 6-35 所示。

表 6-35　抢占优先级和子优先级在各个优先级分组下的可取值

优先级分组	抢占优先级可取值	子优先级可取值
NVIC_PriorityGroup_0	0	0～15
NVIC_PriorityGroup_1	0～1	0～7
NVIC_PriorityGroup_2	0～3	0～3
NVIC_PriorityGroup_3	0～7	0～1
NVIC_PriorityGroup_4	0～15	0

如果优先级分组是 NVIC_PriorityGroup_0，则参数 NVIC_IRQChannelPreemptionPriority 对中断通道的设置不产生影响；如果优先级分组是 NVIC_PriorityGroup_4，则参数 NVIC_IRQChannelSubPriority 对中断通道的设置不产生影响。

（4）参数 NVIC_IRQChannelCmd 用于使能或除能指定成员 NVIC_IRQChannel 中定义的 IRQ 通道，可取值为 ENABLE 或 DISABLE。

例如，初始化 USART1 的 NVIC，将 USART1 中断的抢占优先级和子优先级均设置为 1，并使能 USART1 的中断，代码如下：

```
NVIC_InitTypeDef   NVIC_InitStructure;
                                  //定义结构体 NVIC_InitStructure，用来配置 USART1 的 NVIC
//配置 USART1 的 NVIC
  NVIC_InitStructure.NVIC_IRQChannel = USART1_IRQn;            //开启 USART1 的中断
  NVIC_InitStructure.NVIC_IRQChannelPreemptionPriority = 1;    //抢占优先级，屏蔽即默认值
  NVIC_InitStructure.NVIC_IRQChannelSubPriority = 1;           //子优先级，屏蔽即默认值
  NVIC_InitStructure.NVIC_IRQChannelCmd = ENABLE;              //IRQ 通道使能
  NVIC_Init(&NVIC_InitStructure);                       //根据参数初始化 USART1 的 NVIC 寄存器
```

2．NVIC_PriorityGroupConfig

NVIC_PriorityGroupConfig 函数的功能是设置优先级分组位长度，通过向 SCB→AIRCR 写入参数来实现。具体描述如表 6-36 所示。

表 6-36　NVIC_PriorityGroupConfig 函数的描述

函数名	NVIC_PriorityGroupConfig
函数原型	void NVIC_PriorityGroupConfig(uint32_t NVIC_PriorityGroup)
功能描述	设置优先级分组：抢占优先级和子优先级
输入参数	NVIC_PriorityGroup：优先级分组位长度
输出参数	无
返回值	void

参数 NVIC_PriorityGroup 用于设置优先级分组位长度，可取值如表 6-37 所示。

表 6-37　参数 NVIC_PriorityGroup 的可取值

可 取 值	描　　述
NVIC_PriorityGroup_0	抢占优先级 0 位，子优先级 4 位
NVIC_PriorityGroup_1	抢占优先级 1 位，子优先级 3 位
NVIC_PriorityGroup_2	抢占优先级 2 位，子优先级 2 位
NVIC_PriorityGroup_3	抢占优先级 3 位，子优先级 1 位
NVIC_PriorityGroup_4	抢占优先级 4 位，子优先级 0 位

例如，将 NVIC 抢占优先级设置为 2 位，子优先级也设置为 2 位，代码如下：

```
NVIC_PriorityGroupConfig(NVIC_PriorityGroup_2); //设置 NVIC 中断分组 2，2 位抢占优先级，2
位子优先级
```

3. NVIC_ClearPendingIRQ

NVIC_ClearPendingIRQ 函数的功能是清除中断的挂起，通过向 NVIC→ICPR 写入参数来实现。具体描述如表 6-38 所示。

表 6-38　NVIC_ClearPendingIRQ 函数的描述

函数名	NVIC_ClearPendingIRQ
函数原型	void NVIC_ClearPendingIRQ(IRQn_Type IRQn)
功能描述	清除指定的 IRQ 通道中断的挂起
输入参数	IRQn：待清除的 IRQ 通道
输出参数	无
返回值	void

参数 IRQn 是待清除的 IRQ 通道，可取值如表 6-34 所示。

例如，清除 USART1 中断的挂起，代码如下：

```
NVIC_ClearPendingIRQ(USART1_IRQn);  //清除 USART1 中断的挂起
```

6.2.10　UART1 模块驱动设计

UART1 模块驱动设计是本实验的核心，下面按照队列与循环队列、循环队列 Queue 模块函数、UART1 数据接收和数据发送路径，以及 printf 实现过程的顺序对 UART1 模块进行讲解。

1. 队列与循环队列

队列是一种先入先出（First In First Out，FIFO）的线性表，它只允许在表的一端插入元素，在另一端取出元素。这和我们日常生活中的排队是一致的，最早进入队列的元素最早离开。在队列中，允许插入的一端叫作队尾（rear），允许取出的一端叫作队头（front）。

有时为了方便，将顺序队列臆造为一个环状的空间，称为循环队列。为了让读者对循环队列有一个比较形象的认识，我们举一个简单的例子，假设指针变量 pQue 指向一个队列，该队列为结构体变量，队列的容量为 8，如图 6-14 所示：（a）起初，队列为空，队头 pQue→front 和队尾 pQue→rear 均指向地址 0，队列中的元素数量为 0；（b）插入 J0、J1、...、J5 这 6 个元素后，队头 pQue→front 依然指向地址 0，队尾 pQue→rear 指向地址 6，队列中的元素数量为 6；（c）取出 J0、J1、J2、J3 这 4 个元素后，队头 pQue→front 指向地址 4，队尾 pQue→rear 指向地址 6，队列中的元素数量为 2；（d）继续插入 J6、J7、...、J11 这 6 个元素后，队头 pQue→front 指向地址 4，队尾 pQue→rear 也指向地址 4，队列中的元素数量为 8，此时队列为满。

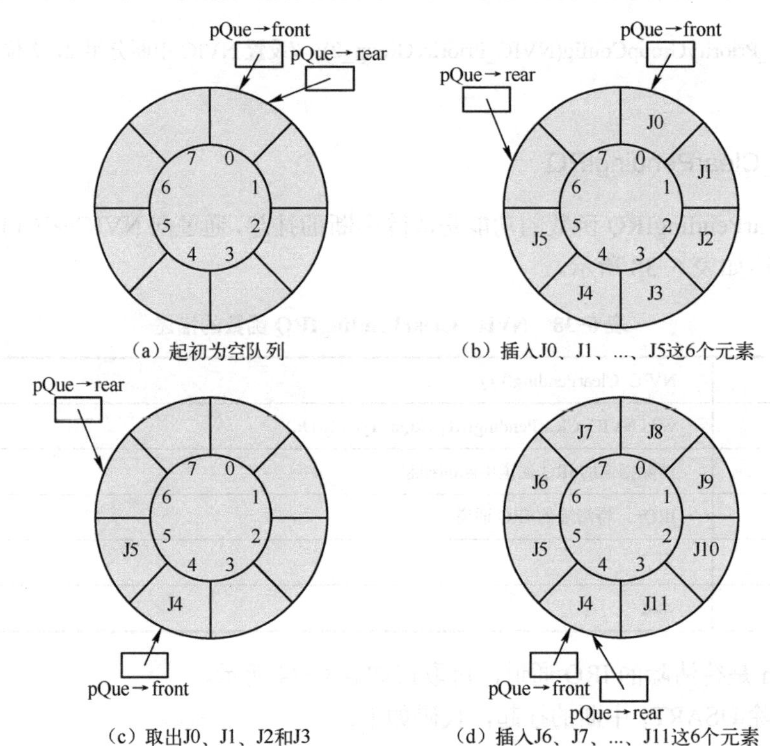

图 6-14　循环队列操作

2. 循环队列 Queue 模块函数

串口通信实验会使用到 Queue 模块，该模块有 6 个 API 函数，分别是 InitQueue、ClearQueue、QueueEmpty、QueueLength、EnQueue 和 DeQueue，下面对这 6 个 API 函数进行讲解。

1）InitQueue

InitQueue 函数的功能是初始化 Queue 模块，具体描述如表 6-39 所示。该函数将 pQue→front、pQue→rear、pQue→elemNum 赋值为 0，将参数 len 赋值给 pQue→bufLen，将参数 pBuf 赋值给 pQue→pBuffer，最后，将指针变量 pQue→pBuffer 指向的元素全部赋初值 0。

表 6-39　InitQueue 函数的描述

函数名	InitQueue
函数原型	void InitQueue(StructCirQue* pQue, DATA_TYPE* pBuf, i16 len)
功能描述	初始化 Queue
输入参数	pQue：结构体指针，即指向队列结构体的地址，pBuf—队列的元素存储区地址，len—队列的容量
输出参数	pQue：结构体指针，即指向队列结构体的地址
返回值	void

StructCirQue 结构体定义在 Queue.h 文件中，内容如下：

```
typedef struct
{
  i16        front;             //头指针，队非空时指向队头元素
  i16        rear;              //尾指针，队非空时指向队尾元素的下一个位置
  i16        bufLen;            //队列的总容量
  i16        elemNum;           //当前队列中元素的数量
  DATA_TYPE *pBuffer;
}StructCirQue;
```

2）ClearQueue

ClearQueue 函数的功能是清除队列，具体描述如表 6-40 所示。该函数将 pQue→front、pQue→rear、pQue→elemNum 赋值为 0。

表 6-40　ClearQueue 函数的描述

函数名	ClearQueue
函数原型	void ClearQueue(StructCirQue* pQue)
功能描述	清除队列
输入参数	pQue：结构体指针，即指向队列结构体的地址
输出参数	pQue：结构体指针，即指向队列结构体的地址
返回值	void

3）QueueEmpty

QueueEmpty 函数的功能是判断队列是否为空，具体描述如表 6-41 所示。如果 pQue→elemNum 为 0，表示队列为空，pQue→elemNum 不为 0，表示队列不为空。

表 6-41　QueueEmpty 函数的描述

函数名	QueueEmpty
函数原型	u8 QueueEmpty(StructCirQue* pQue)
功能描述	判断队列是否为空
输入参数	pQue：结构体指针，即指向队列结构体的地址
输出参数	pQue：结构体指针，即指向队列结构体的地址
返回值	返回队列是否为空，1—空，0—非空

4）QueueLength

QueueLength 函数的功能是判断队列是否为空，具体描述如表 6-42 所示。该函数的返回值为 pQue→elemNum，即队列中元素的个数。

表 6-42　QueueLength 函数的描述

函数名	QueueLength
函数原型	i16 QueueLength(StructCirQue* pQue)
功能描述	判断队列是否为空
输入参数	pQue：结构体指针，即指向队列结构体的地址
输出参数	pQue：结构体指针，即指向队列结构体的地址
返回值	队列中元素的个数

5）EnQueue

EnQueue 函数的功能是插入 len 个元素（存放在起始地址为 pInput 的存储区中）到队列，具体描述如表 6-43 所示。每次插入一个元素，pQue→rear 自增，当 pQue→rear 的值大于或等于数据缓冲区的长度 pQue→bufLen 时，pQue→rear 赋值为 0。需要注意的是，当数据缓冲区中的元素数量加上新写入的元素数量超过缓冲区的长度时，缓冲区只能接收缓冲区中已有的元素数量加上新写入的元素数量，再减去缓冲区的容量，即 EnQueue 函数对于超出的元素采取不理睬的态度。

表 6-43　EnQueue 函数的描述

函数名	EnQueue
函数原型	i16 EnQueue(StructCirQue* pQue, DATA_TYPE* pInput, i16 len)
功能描述	插入 len 个元素（存放在起始地址为 pInput 的存储区中）到队列
输入参数	pQue：结构体指针，即指向队列结构体的地址，pInput—待入队数组的地址，len—期望入队元素的数量
输出参数	pQue：结构体指针，即指向队列结构体的地址
返回值	成功入队的元素的数量

6）DeQueue

DeQueue 函数的功能是从队列中取出 len 个元素，放入起始地址为 pOutput 的存储区，具体描述如表 6-44 所示。每次取出一个元素，pQue→front 自增，当 pQue→front 的值大于或等于数据缓冲区的长度 pQue→bufLen 时，pQue→front 赋值为 0。需要注意的是，从队列中提取元素的前提是队列中需要至少有一个元素，当期望取出的元素数量 len 小于或等于队列中元素的数量时，可以按期望取出 len 个元素，否则，只能取出队列中已有的所有元素。

表 6-44　DeQueue 函数的描述

函数名	DeQueue
函数原型	i16 DeQueue(StructCirQue* pQue, DATA_TYPE* pOutput, i16 len)
功能描述	从队列中取出 len 个元素，放入起始地址为 pOutput 的存储区
输入参数	pQue：结构体指针，即指向队列结构体的地址，pOutput—出队元素存放的数组的地址，len—预期出队元素的数量
输出参数	pQue：结构体指针，即指向队列结构体的地址，pOutput—出队元素存放的数组的地址
返回值	成功出队的元素的数量

3. UART1 数据接收和数据发送路径

本实验中的 UART1 模块包含串口发送缓冲区和串口接收缓冲区，这两个缓冲区均为结构体，UART1 的数据接收和发送过程如图 6-15 所示。数据发送过程（写串口）分为三步：①调用 WriteUART1 函数将待发送的数据通过 EnQueue 函数写入发送缓冲区，同时开启中断使能；②当发送数据寄存器为空时，会产生中断，在 UART 模块的 USART1_IRQ Handler 中断服务函数中，通过 UART 的 ReadSendBuf 函数调用 DeQueue 函数取出发送缓冲区中的数据，再通过 USART_SendData 函数将待发送的数据写入发送数据寄存器（TDR）；③STM32 的硬件会将 TDR 中的数据写入发送移位寄存器，然后按位将发送移位寄存器中的数据通过 TX 端口发送出去。数据接收过程（读串口）正好与写串口过程相反，但也分为三步：①STM32 的接收移位寄存器在接收到一帧数据时，会由硬件将接收移位寄存器的数据发送到接收数据寄存器（RDR），同时产生中断；②在 UART 模块的 USART1_ IRQHandler 中断服务函数中，通过 USART_ReceiveData 函数读取 RDR，并通过 UART 的 WriteReceiveBuf 函数调用 EnQueue 函数将接收到的数据写入接收缓冲区；③调用 UART 的 ReadUART1 函数读取接收到的数据。

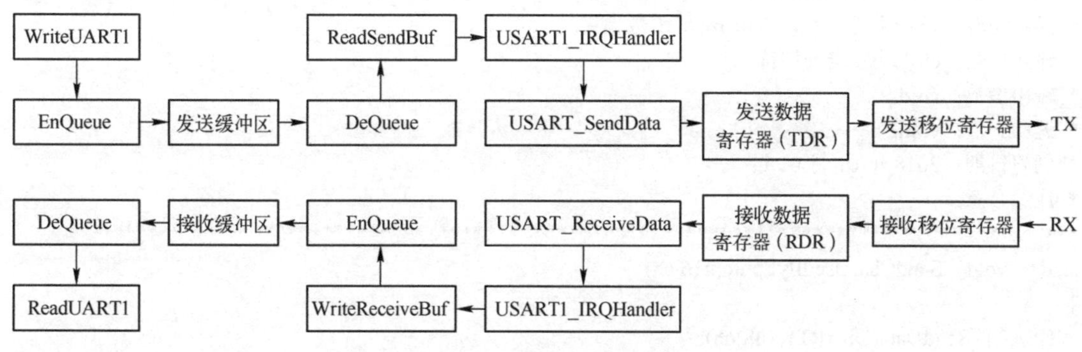

图 6-15　UART1 数据接收和数据发送路径

4. printf 实现过程

UART 在微控制器领域，除了用于数据传输，还可以作为调试工具，对微控制器系统进行调试。读者在学习 C 语言的时候都使用过标准库函数 printf，在控制台输出各种调试信息。STM32 微控制器的集成开发环境，如 Keil、IAR 等也同样支持标准库函数，本书基于 Keil 集成开发环境，“实验 1——F103 基准工程”中已经涉及 printf，并且 printf 输出的内容通过 UART1 发送到计算机上的串口助手显示。

那 printf 如何通过 UART1 输出信息呢？原来，fputc 是 printf 的底层函数，因此，我们只需要对 fputc 进行改写即可。在 UART1.c 文件中，fputc 调用 SendCharUsedByFputc 函数，如程序清单 6-1 所示。

程序清单 6-1

```
/*********************************************************************************************
* 函数名称：fputc
* 函数功能：重定向函数
* 输入参数：ch，f
```

```
* 输出参数：void
* 返 回 值：int
* 创建日期：2018 年 01 月 01 日
* 注    意：
*********************************************************************************/
int fputc(int ch, FILE* f)
{
  SendCharUsedByFputc((u8) ch);  //发送字符函数，专由 fputc 函数调用

  return ch;                     //返回 ch
}
```

而 SendCharUsedByFputc 又进一步调用 USART_SendData 函数，该函数通过向 USART1_DR 写数据，实现基于 UART1 的信息输出，如程序清单 6-2 所示。

程序清单 6-2

```
/*********************************************************************************
* 函数名称：SendCharUsedByFputc
* 函数功能：发送字符函数，专由 fputc 函数调用
* 输入参数：ch，待发送的字符
* 输出参数：void
* 返 回 值：void
* 创建日期：2018 年 01 月 01 日
* 注    意：
*********************************************************************************/
static  void  SendCharUsedByFputc(u16 ch)
{
  USART_SendData(USART1, (u8)ch);

  //等待发送完毕
  while(USART_GetFlagStatus(USART1, USART_FLAG_TC) == RESET)
  {

  }
}
```

完成了 fputc 函数的实现之后，还需要在 Keil 集成开发环境中，勾选 Options for Target→Target→Use MicroLIB，这样就相当于启用了微库（MicroLIB）。因此，我们不但要重写 fputc，还要启用微库，才能使用 printf 输出调试信息。

6.3 实 验 步 骤

步骤 1：复制并编译原始工程

首先，将“D:\STM32KeilTest\Material\05.串口通信实验”文件夹复制到“D:\STM32Keil

Test\Product”文件夹中。然后，双击运行“D:\STM32KeilTest\Product\05.串口通信实验\ Project”文件夹中的 STM32KeilPrj.uvprojx，单击工具栏中的图标。当 Build Output 栏出现 FromELF: creating hex file...时，表示已经成功生成.hex 文件，出现 0 Error(s), 0 Warning(s)表示编译成功。最后，将.axf 文件下载到 STM32 的内部 Flash，观察 STM32 核心板上的两个 LED 是否交替闪烁。由于本实验实现的是串口通信功能，因此，Material 提供的“05.串口通信实验”工程中 UART1 模块中的 UART1 文件对是空白的，读者也就无法通过计算机上的串口助手软件查看串口输出的信息，不过，UART1 模块中的 Queue 文件对是完整的。如果两个 LED 交替闪烁，表示原始工程是正确的，接着就可以进入下一步操作。

步骤 2：添加 UART1 和 Queue 文件对

首先，将“D:\STM32KeilTest\Product\05.串口通信实验\HW\UART1”文件夹中的 UART1.c 和 Queue.c 添加到 HW 分组，具体操作可参见 2.3 节步骤 8。然后，将“D:\STM32KeilTest\Product\05.串口通信实验\HW\UART1”路径添加到 Include Paths 栏，具体操作可参见 2.3 节步骤 11。

步骤 3：完善 UART1.h 文件

单击按钮进行编译，编译结束后，在 Project 面板中，双击 UART1.c 下的 UART1.h。在 UART1.h 文件的“包含头文件”区，添加代码#include <stdio.h>和#include "DataType.h"。然后，在 UART1.h 文件的“宏定义”区添加缓冲区大小宏定义代码，如程序清单 6-3 所示。

程序清单 6-3

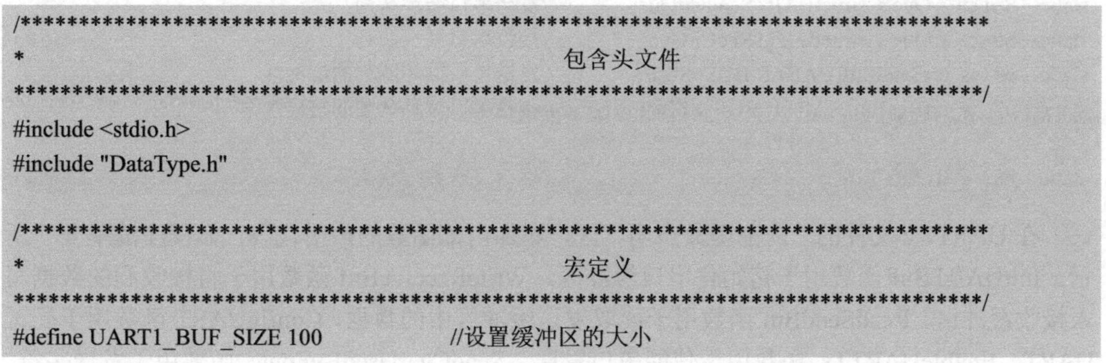

```
/*********************************************************************************************
*                                              包含头文件
*********************************************************************************************/
#include <stdio.h>
#include "DataType.h"

/*********************************************************************************************
*                                              宏定义
*********************************************************************************************/
#define UART1_BUF_SIZE 100                //设置缓冲区的大小
```

在 UART1.h 文件的“API 函数声明”区，添加如程序清单 6-4 所示的 API 函数声明代码。InitUART1 函数用于初始化 UART1 模块，WriteUART1 函数的功能是写串口，可以写若干字节，ReadUART1 函数的功能是读串口，可以读若干字节。

程序清单 6-4

```
void   InitUART1(u32 bound);              //初始化 UART1 模块
u8     WriteUART1(u8 *pBuf, u8 len);      //写串口，返回写入数据的个数
u8     ReadUART1(u8 *pBuf, u8 len);       //读串口，返回读到数据的个数
```

步骤 4：完善 UART1.c 文件

在 UART1.c 文件的“包含头文件”区的最后，添加代码#include "stm32f10x_conf.h"和#include "Queue.h"。

在 UART1.c 文件的“枚举结构体定义”区，添加如程序清单 6-5 所示的枚举定义代码。枚举 EnumUARTState 中的 UART_STATE_OFF 表示串口关闭，对应的值为 0，UART_STATE_ON 表示串口打开，对应的值为 1。

程序清单 6-5

```
//串口发送状态
typedef enum
{
  UART_STATE_OFF,                //串口未发送数据
  UART_STATE_ON,                 //串口正在发送数据
  UART_STATE_MAX
}EnumUARTState;
```

在 UART1.c 文件的“内部变量”区，添加内部变量的定义代码，如程序清单 6-6 所示。s_structUARTSendCirQue 是串口发送缓冲区，s_structUARTRecCirQue 是串口接收缓冲区，s_arrSendBuf 是发送缓冲区的数组，s_arrRecBuf 是接收缓冲区的数组，s_iUARTTxSts 是串口发送状态位，s_iUARTTxSts 为 1 表示串口正在发送数据，为 0 表示串口发送数据完成。

程序清单 6-6

```
static  StructCirQue s_structUARTSendCirQue;          //发送串口循环队列
static  StructCirQue s_structUARTRecCirQue;           //接收串口循环队列
static  u8   s_arrSendBuf[UART1_BUF_SIZE];            //发送串口循环队列的缓冲区
static  u8   s_arrRecBuf[UART1_BUF_SIZE];             //接收串口循环队列的缓冲区

static  u8   s_iUARTTxSts;                            //串口发送数据状态
```

在 UART1.c 文件的“内部函数声明”区，添加内部函数的声明代码，如程序清单 6-7 所示。InitUARTBuf 函数用于初始化串口缓冲区，WriteReceiveBuf 函数用于将接收到的数据写入接收缓冲区，ReadSendBuf 函数用于读取发送缓冲区中的数据，ConfigUART 函数用于配置 UART，EnableUARTTx 函数用于使能串口发送，SendCharUsedByFputc 函数用于发送字符，该函数专门由 fputc 函数调用。

程序清单 6-7

```
static  void   InitUARTBuf(void);           //初始化串口缓冲区，包括发送缓冲区和接收缓冲区
static  u8     WriteReceiveBuf(u8 d);       //将接收到的数据写入接收缓冲区
static  u8     ReadSendBuf(u8 *p);          //读取发送缓冲区中的数据

static  void   ConfigUART(u32 bound);       //配置串口相关的参数，包括 GPIO、RCC、USART 和 NVIC
static  void   EnableUARTTx(void);          //使能串口发送，在 WriteUARTx 中调用，每次发送数据之
```

```
                                          //后需要调用
static  void  SendCharUsedByFputc(u16 ch);     //发送字符函数，专由 fputc 函数调用
```

在 UART1.c 文件的“内部函数实现”区，添加 InitUARTBuf 函数的实现代码，如程序清单 6-8 所示。在 InitUARTBuf 函数中，主要是对发送缓冲区 s_structUARTSendCirQue 和接收缓冲区 s_structUARTRecCirQue 进行初始化，将发送缓冲区中的 s_arrSendBuf 数组和接收缓冲区中的 s_arrRecBuf 数组全部清零，同时，将两个缓冲区的容量均配置为宏定义 UART1_BUF_SIZE。

程序清单 6-8

```
static  void  InitUARTBuf(void)
{
  i16 i;

  for(i = 0; i < UART1_BUF_SIZE; i++)
  {
    s_arrSendBuf[i] = 0;
    s_arrRecBuf[i] = 0;
  }

  InitQueue(&s_structUARTSendCirQue, s_arrSendBuf, UART1_BUF_SIZE);
  InitQueue(&s_structUARTRecCirQue, s_arrRecBuf, UART1_BUF_SIZE);
}
```

在 UART1.c 文件的“内部函数实现”区，在 InitUARTBuf 函数实现区的后面添加 WriteReceiveBuf 和 ReadSendBuf 函数的实现代码，如程序清单 6-9 所示。WriteReceiveBuf 函数调用 EnQueue 函数，将数据写入接收缓冲区 s_structUARTRecCirQue，ReadSendBuf 函数调用 DeQueue 函数，读取发送缓冲区 s_structUARTSendCirQue 中的数据。

程序清单 6-9

```
static  u8  WriteReceiveBuf(u8 d)
{
  u8 ok = 0;          //写入数据成功标志，0—不成功，1—成功

  ok = EnQueue(&s_structUARTRecCirQue, &d, 1);

  return ok;          //返回写入数据成功标志，0—不成功，1—成功
}

static  u8  ReadSendBuf(u8 *p)
{
  u8 ok = 0;          //读取数据成功标志，0—不成功，1—成功

  ok = DeQueue(&s_structUARTSendCirQue, p, 1);

  return ok;          //返回读取数据成功标志，0—不成功，1—成功
}
```

在 UART1.c 文件的“内部函数实现”区，在 ReadSendBuf 函数实现区的后面添加 ConfigUART 函数的实现代码，如程序清单 6-10 所示。下面按照顺序对 ConfigUART 函数中的语句进行解释说明。

（1）UART1 通过 PA9 引脚发送数据，通过 PA10 引脚接收数据，因此，需要通过 RCC_APB2PeriphClockCmd 函数使能 USART1 和 GPIOA 的时钟。

（2）PA9 引脚是 UART1 的发送端，PA10 引脚是 UART1 的接收端，因此，需要通过 GPIO_Init 函数将 PA9 配置为复用推挽输出模式，将 PA10 配置为浮空输入模式，然后，将 I/O 的最大输出速度配置为 50MHz。

（3）通过 USART_StructInit 函数向 USART_InitStruct 的成员变量赋初值，将 USART_BaudRate 赋值为 9600，USART_WordLength 赋值为 USART_WordLength_8b，USART_StopBits 赋值为 USART_StopBits_1，USART_Parity 赋值为 USART_Parity_No，USART_Mode 赋值为 USART_Mode_Rx | USART_Mode_Tx，USART_HardwareFlowControl 赋值为 USART_HardwareFlowControl_None。

（4）通过 USART_Init 函数配置 USART1，该函数不但涉及 USART_CR1 的 M、PCE、PS、TE 和 RE，以及 USART_CR2 的 STOP[1:0]和 USART_CR3 的 CTSE、RTSE，还涉及 USART_BRR。M 用于设置 UART 传输数据的长度，PCE 用于使能或除能校验控制，PS 用于选择采用偶校验还是奇校验，TE 是发送使能，RE 是接收使能，可参见图 6-10 和表 6-6。本实验中，UART 传输数据的长度为 8，除能校验控制，同时使能发送和接收。STOP[1:0]用于设置停止位，可参见图 6-11 和表 6-7，本实验的停止位为 1 位。CTSE 用于除能或使能 CTS 引脚流控制，RTSE 用于除能或使能 RTS 数据流控制，可参见图 6-12 和表 6-8，本实验同时除能了 CTS 和 RTS 数据流控制。USART_BRR 用于设置 UART 的波特率，可参见图 6-9 和表 6-5，本实验的波特率为 115200。

（5）通过 NVIC_Init 函数使能 USART1 的中断，同时设置抢占优先级为 1，子优先级为 1。该函数涉及中断使能寄存器（NVIC→ISER[x]）和中断优先级寄存器（NVIC→IP[x]），由于 STM32 大容量产品的 USART1_IRQn 中断号是 37（该中断号可以在文件 stm32f10x.h 中查找到，也可参见表 6-26），因此，NVIC_Init 函数实际上是通过向 NVIC→ISER[1]的 bit5 写入 1 使能 USART1 中断，并将抢占优先级和子优先级写入 NVIC→IP[37]，可参见表 6-27 和表 6-29。在本实验的 NVIC 模块中，ConfigNVIC 函数调用 NVIC_PriorityGroupConfig 函数，由于 NVIC_PriorityGroupConfig 函数的参数是 NVIC_PriorityGroup_2，选择第 2 组，即最高 2 位（NVIC→IP[37]的 bit7～bit6）用于存放抢占优先级，最低 2 位（NVIC→IP[37]的 bit5～bit4）用于存放子优先级，因此，执行完 NVIC_Init 函数之后，NVIC→IP[37]为 0x50。

（6）通过 USART_ITConfig 函数使能接收缓冲区非空中断，实际上是向 USART_CR1 的 RXNEIE 写入 1；此外，USART_ITConfig 函数还使能了发送缓冲区空中断，即向 USART_CR1 的 TXEIE 写入 1，可参见图 6-10 和表 6-6。

（7）通过 USART_Cmd 函数使能 USART1，该函数涉及 USART_CR1 的 UE，可参见图 6-10 和表 6-6。

程序清单 6-10

```
static  void  ConfigUART(u32 bound)
```

```
{
  GPIO_InitTypeDef   GPIO_InitStructure;         //GPIO_InitStructure 用于存放 GPIO 的参数
  USART_InitTypeDef USART_InitStructure;      //USART_InitStructure 用于存放 USART 的参数
  NVIC_InitTypeDef   NVIC_InitStructure;         //NVIC_InitStructure 用于存放 NVIC 的参数

  //使能 RCC 相关时钟
  RCC_APB2PeriphClockCmd(RCC_APB2Periph_USART1, ENABLE);      //使能 USART1 的时钟
  RCC_APB2PeriphClockCmd(RCC_APB2Periph_GPIOA, ENABLE);        //使能 GPIOA 的时钟

  //配置 TX 的 GPIO
  GPIO_InitStructure.GPIO_Pin     = GPIO_Pin_9;                //设置 TX 的引脚
  GPIO_InitStructure.GPIO_Mode   = GPIO_Mode_AF_PP;         //设置 TX 的模式
  GPIO_InitStructure.GPIO_Speed = GPIO_Speed_50MHz;                //设置 TX 的 I/O 口输出速度
  GPIO_Init(GPIOA, &GPIO_InitStructure);                      //根据参数初始化 TX 的 GPIO

  //配置 RX 的 GPIO
  GPIO_InitStructure.GPIO_Pin     = GPIO_Pin_10;               //设置 RX 的引脚
  GPIO_InitStructure.GPIO_Mode = GPIO_Mode_IN_FLOATING;  //设置 RX 的模式
  GPIO_Init(GPIOA, &GPIO_InitStructure);                      //根据参数初始化 RX 的 GPIO

  //配置 USART 的参数
  USART_StructInit(&USART_InitStructure);                     //初始化 USART_InitStructure
  USART_InitStructure.USART_BaudRate     = bound;           //设置波特率
  USART_InitStructure.USART_WordLength = USART_WordLength_8b;      //设置数据字长度
  USART_InitStructure.USART_StopBits     = USART_StopBits_1;           //设置停止位
  USART_InitStructure.USART_Parity        = USART_Parity_No;            //设置奇偶校验位
  USART_InitStructure.USART_Mode           = USART_Mode_Rx | USART_Mode_Tx;
                                                                          //设置模式
  USART_InitStructure.USART_HardwareFlowControl = USART_HardwareFlowControl_None;
                                                              //设置硬件流控制模式
  USART_Init(USART1, &USART_InitStructure);                   //根据参数初始化 USART1

  //配置 NVIC
  NVIC_InitStructure.NVIC_IRQChannel = USART1_IRQn;        //中断通道号
  NVIC_InitStructure.NVIC_IRQChannelPreemptionPriority = 1;  //设置抢占优先级
  NVIC_InitStructure.NVIC_IRQChannelSubPriority = 1;         //设置子优先级
  NVIC_InitStructure.NVIC_IRQChannelCmd = ENABLE;           //使能中断
  NVIC_Init(&NVIC_InitStructure);                            //根据参数初始化 NVIC

  //使能 USART1 及其中断
  USART_ITConfig(USART1, USART_IT_RXNE, ENABLE);      //使能接收缓冲区非空中断
  USART_ITConfig(USART1, USART_IT_TXE,   ENABLE);      //使能发送缓冲区空中断
  USART_Cmd(USART1, ENABLE);                             //使能 USART1

  s_iUARTTxSts = UART_STATE_OFF;                   //串口发送数据状态设置为未发送数据
}
```

在 UART1.c 文件的“内部函数实现”区，在 ConfigUART 函数实现区的后面添加

EnableUARTTx 函数的实现代码，如程序清单 6-11 所示。EnableUARTTx 函数实际上是将 s_iUARTTxSts 变量赋值为 UART_STATE_ON，并调用 USART_ITConfig 函数使能发送缓冲区空中断，该函数在 WriteUART1 中调用，即每次发送数据之后，调用该函数使能发送缓冲区空中断。

程序清单 6-11

```
static  void  EnableUARTTx(void)
{
  s_iUARTTxSts = UART_STATE_ON;            //串口发送数据状态设置为正在发送数据

  USART_ITConfig(USART1, USART_IT_TXE, ENABLE);        //使能发送中断
}
```

在 UART1.c 文件的“内部函数实现”区，在 EnableUARTTx 函数实现区的后面添加 SendCharUsedByFputc 函数的实现代码，如程序清单 6-12 所示。fputc 是 printf 的底层函数，fputc 调用 SendCharUsedByFputc 函数，而 SendCharUsedByFputc 又调用 USART_SendData 函数，因此，printf 实际上是通过向 USART_DR（物理上是 TDR）写入数据实现基于串口的信息输出，while 语句是为了等待发送完毕再退出 SendCharUsedByFputc 函数。由于 printf 会占用主线程，因此，只建议通过 printf 输出调试信息。

程序清单 6-12

```
static  void  SendCharUsedByFputc(u16 ch)
{
  USART_SendData(USART1, (u8)ch);

  //等待发送完毕
  while(USART_GetFlagStatus(USART1, USART_FLAG_TC) == RESET)
  {

  }
}
```

在 UART1.c 文件的“内部函数实现”区，在 SendCharUsedByFputc 函数实现区的后面添加 USART1_IRQHandler 中断服务函数的实现代码，如程序清单 6-13 所示。下面按照顺序对 USART1_IRQHandler 函数中的语句进行解释说明。

（1）在 UART1.c 的 ConfigUART 函数中使能了发送缓冲区空中断和接收缓冲区非空中断，因此，当 USART1 的接收缓冲区非空，或发送缓冲区空时，硬件会执行 USART1_IRQHandler 函数。

（2）无论是通过 USART_GetITStatus 函数获取 USART1 接收缓冲区非空中断标志（USART_IT_RXNE），还是通过 USART_GetITStatus 函数获取 USART1 发送数据寄存器空中断标志（USART_IT_TXE），都建议通过 NVIC_ClearPendingIRQ 函数向中断挂起清除寄存器 NVIC→ICPR[x]对应位写入 1 清除中断挂起。由于 STM32 大容量产品的 USART1_IRQn 中断号是 37（该中断号可以在文件 stm32f10x.h 中查找到，也可参见表 6-26），该中断对应

NVIC→ICPR[1]的 bit5，因此向该位写入 1 即可实现 USART1 中断挂起清除，NVIC→ICPR 可参见表 6-28。

（3）通过 USART_GetITStatus 函数获取 USART1 接收缓冲区非空中断标志，该函数涉及 USART_CR1 的 RXNEIE 和 USART_SR 的 RXNE。当 USART1 的接收移位寄存器中的数据被转移到 USART_DR（物理上是 RDR）时，RXNE 被硬件置位，读取 USART_DR 可以将该位清零，也可以通过向 RXNE 写入 0 来清除，可参见图 6-7 和表 6-3。本实验是通过 USART_ReceiveData 函数读取 USART1 的 USART_DR，再通过 WriteReceiveBuf 函数将读取到的数据写入接收缓冲区。

（4）当 USART_SR 的 RXNE 仍然是 1 时，在接收移位寄存器中的数据需要传送至 RDR 时，硬件会将 USART_SR 的 ORE 置为 1，当 ORE 为 1 时，RDR 中的数据不会丢失，但是接收移位寄存器中的数据会被覆盖。为了避免数据被覆盖，还需要通过 USART_GetFlagStatus 函数获取溢出错误标志（USART_FLAG_ORE），然后，再通过 USART_ClearFlag 函数清除 ORE，最后，通过 USART_ReceiveData 函数读取 RDR。

（5）通过 USART_GetITStatus 函数获取 USART1 发送数据寄存器空中断标志（USART_IT_TXE），该函数涉及 USART_CR1 的 TXEIE 和 USART_SR 的 TXE。当 USART1 的 USART_DR（物理上是 TDR）中的数据被硬件转移到发送移位寄存器时，TXE 被硬件置位，向 USART_DR 写数据可以将该位清零，可参见图 6-7 和表 6-3。本实验是通过 ReadSendBuf 函数读取发送缓冲区中的数据，然后再通过 USART_SendData 函数将发送缓冲区中的数据写入 USART_DR。

（6）通过 QueueEmpty 函数判断发送缓冲区是否为空，如果为空，需要通过向 s_iUARTTxSts 标志写入 UART_STATE_OFF（实际上是 0），将 UART 发送状态标志位设置为关闭，同时通过 USART_ITConfig 函数关闭串口发送中断，实际上是向 USART_CR1 的 TXEIE 写入 0，可参见图 6-10 和表 6-6。

程序清单 6-13

```
void USART1_IRQHandler(void)
{
  u8  uData = 0;

  if(USART_GetITStatus(USART1, USART_IT_RXNE) != RESET)  //接收缓冲区非空中断
  {
    NVIC_ClearPendingIRQ(USART1_IRQn);          //清除 USART1 中断挂起
    uData = USART_ReceiveData(USART1);          //将 USART1 接收到的数据保存到 uData

    WriteReceiveBuf(uData);                     //将接收到的数据写入接收缓冲区
  }

  if(USART_GetFlagStatus(USART1, USART_FLAG_ORE) == SET)  //溢出错误标志为 1
  {
    USART_ClearFlag(USART1, USART_FLAG_ORE);              //清除溢出错误标志
    USART_ReceiveData(USART1);                            //读取 USART_DR
  }
```

```
  if(USART_GetITStatus(USART1, USART_IT_TXE)!= RESET)          //发送缓冲区空中断
  {
    USART_ClearITPendingBit(USART1, USART_IT_TXE);             //清除发送中断标志
    NVIC_ClearPendingIRQ(USART1_IRQn);                         //清除 USART1 中断挂起

    ReadSendBuf(&uData);                                       //读取发送缓冲区的数据到 uData

    USART_SendData(USART1, uData);                             //将 uData 写入 USART_DR

    if(QueueEmpty(&s_structUARTSendCirQue))                    //当发送缓冲区为空时
    {
      s_iUARTTxSts = UART_STATE_OFF;                //串口发送数据状态设置为未发送数据
      USART_ITConfig(USART1, USART_IT_TXE, DISABLE); //关闭串口发送缓冲区空中断
    }
  }
}
```

在 UART1.c 文件的“API 函数实现”区，添加 InitUART1 函数的实现代码，如程序清单 6-14 所示。InitUARTBuf 函数用于初始化串口缓冲区，包括发送缓冲区和接收缓冲区。ConfigUART 函数用于配置 UART 的参数，包括 GPIO、RCC、UART 的常规参数和 NVIC。

程序清单 6-14

```
void InitUART1(u32 bound)
{
  InitUARTBuf();          //初始化串口缓冲区，包括发送缓冲区和接收缓冲区

  ConfigUART(bound);    //配置串口相关参数，包括 GPIO、RCC、USART 和 NVIC
}
```

在 UART1.c 文件的“API 函数实现”区，在 InitUART1 函数实现区的后面添加 WriteUART1 和 ReadUART1 函数的实现代码，如程序清单 6-15 所示。WriteUART1 函数将存放在 pBuf 中的待发送数据通过 EnQueue 函数写入发送缓冲区 s_structUARTSendCirQue，同时通过 EnableUARTTx 函数开启中断使能。ReadUART1 函数将存放在接收缓冲区 s_structUARTRecCirQue 的数据通过 DeQueue 函数读出，并存放于 pBuf 指向的存储空间。

程序清单 6-15

```
u8   WriteUART1(u8 *pBuf, u8 len)
{
  u8 wLen = 0;                              //实际写入数据的个数

  wLen = EnQueue(&s_structUARTSendCirQue, pBuf, len);

  if(wLen < UART1_BUF_SIZE)
  {
    if(s_iUARTTxSts == UART_STATE_OFF)
```

```
    {
      EnableUARTTx();
    }
  }

  return wLen;                              //返回实际写入数据的个数
}

u8  ReadUART1(u8 *pBuf, u8 len)
{
  u8 rLen = 0;                              //实际读取数据的长度

  rLen = DeQueue(&s_structUARTRecCirQue, pBuf, len);

  return rLen;                              //返回实际读取数据的长度
}
```

在 UART1.c 文件的“API 函数实现”区，在 ReadUART1 函数实现区的后面添加 fputc 函数的实现代码，如程序清单 6-16 所示。

程序清单 6-16

```
int fputc(int ch, FILE* f)
{
  SendCharUsedByFputc((u8) ch);             //发送字符函数，专由 fputc 函数调用

  return ch;                                //返回 ch
}
```

步骤 5：完善串口通信实验应用层

在 Project 面板中，双击打开 Main.c 文件，在 Main.c 文件的“包含头文件”区的最后，添加代码#include "UART1.h"。这样就可以在 Main.c 文件中调用 UART1 模块的宏定义和 API 函数，实现对 UART1 模块的操作。

在 Main.c 文件的 InitHardware 函数中，添加调用 InitUART1 函数的代码，如程序清单 6-17 所示，这样就实现了对 UART1 模块的初始化。

程序清单 6-17

```
static  void  InitHardware(void)
{
  SystemInit();                     //系统初始化
  InitRCC();                        //初始化 RCC 模块
  InitNVIC();                       //初始化 NVIC 模块
  InitTimer();                      //初始化 Timer 模块
  InitLED();                        //初始化 LED 模块
  InitSysTick();                    //初始化 SysTick 模块
```

```
  InitUART1(115200);                    //初始化 UART1 模块
}
```

在 Main.c 文件的 Proc2msTask 函数中，添加调用 ReadUART1 和 WriteUART1 函数的代码，如程序清单 6-18 所示。STM32 每 2ms 通过 ReadUART1 函数读取 UART1 接收缓冲区 s_structUARTRecCirQue 的数据，然后对接收到的数据进行加 1 操作，之后，又通过 WriteUART1 函数将经过加 1 操作的数据发送出去。这样做是为了通过计算机上的串口助手验证 ReadUART1 和 WriteUART1 两个函数，比如，当通过计算机上的串口助手向 STM32 核心板发送 0x15 时，STM32 核心板收到 0x15 之后会向计算机回发 0x16。

程序清单 6-18

```
static   void   Proc2msTask(void)
{
  u8 recData;

  if(Get2msFlag())                          //判断 2ms 标志位状态
  {
    LEDFlicker(250);                        //调用闪烁函数
    while(ReadUART1(&recData, 1))
    {
      recData++;

      WriteUART1(&recData, 1);
    }

    Clr2msFlag();                           //清除 2ms 标志位
  }
}
```

在 Main.c 文件的 Proc1SecTask 函数中，添加调用 printf 函数的代码，如程序清单 6-19 所示。STM32 核心板每秒通过 printf 输出一次 This is the first STM32F103 Project, by Zhangsan，这些信息会通过计算机上的串口助手显示出来，这样做是为了验证 printf。

程序清单 6-19

```
static   void   Proc1SecTask(void)
{
  if(Get1SecFlag())                         //判断 1s 标志位状态
  {
    printf("This is the first STM32F103 Project, by Zhangsan\r\n");

    Clr1SecFlag();                          //清除 1s 标志位
  }
}
```

步骤 6：编译及下载验证

代码编写完成后，单击按钮进行编译。编译结束后，Build Output 栏中出现 0 Error(s),

0 Warning(s)，表示编译成功。然后，参见图 2-33，通过 Keil μVision5 软件将.axf 文件下载到 STM32 核心板。下载完成后，打开串口助手，可以看到串口助手中输出如图 6-16 所示信息，同时，STM32 核心板上的 LED1 和 LED2 交替闪烁，表示串口模块的 printf 函数功能验证成功。

```
This is the first STM32F103 Project, by Zhangsan
This is the first STM32F103 Project, by Zhangsan
This is the first STM32F103 Project, by Zhangsan
This is the first STM32F103 Project, by Zhangsan
This is the first STM32F103 Project, by Zhangsan
This is the first STM32F103 Project, by Zhangsan
This is the first STM32F103 Project, by Zhangsan
This is the first STM32F103 Project, by Zhangsan
This is the first STM32F103 Project, by Zhangsan
This is the first STM32F103 Project, by Zhangsan
This is the first STM32F103 Project, by Zhangsan
This is the first STM32F103 Project, by Zhangsan
This is the first STM32F103 Project, by Zhangsan
```

图 6-16　串口通信实验结果 1

为了验证串口模块的 WriteUART1 和 ReadUART1，在代码的 Proc1SecTask 函数中，注释掉 printf 语句，然后对整个工程进行编译，最后通过 Keil μVision5 软件将.axf 文件下载到 STM32 核心板。下载完成后，打开串口助手，勾选“HEX 显示”和“HEX 发送”项，在“字符串输入框”输入一个数据，如 15，单击“发送”按钮，可以看到串口助手中输出 16，如图 6-17 所示。同时，可以看到 STM32 核心板上的 LED1 和 LED2 交替闪烁，表示串口模块的 WriteUART1 和 ReadUART1 函数功能验证成功。

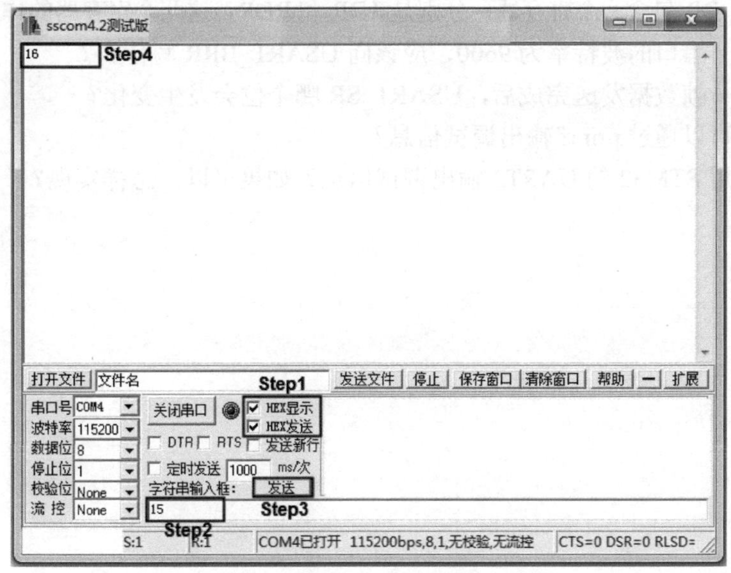

图 6-17　串口通信实验结果 2

本 章 任 务

在“05.串口通信实验”工程基础上增加以下功能：①添加 UART2 模块，UART2 模块的波特率配置为 9600，数据长度、停止位、奇偶校验位等均与 UART1 相同，且 API 函数分别为 InitUART2、WriteUART2 和 ReadUART2，UART2 模块中不需要实现 SendCharUsedByFputc 和 fputc 函数；②在 Main 模块中的 Proc2msTask 函数中，将 UART2 读取到的内容（通过 ReadUART2 函数）发送到 UART1（通过 WriteUART1 函数），将 UART1 读取到的内容（通过 ReadUART1 函数）发送到 UART2（通过 WriteUART2 函数）；③STM32 核心板的 USART2_TX（PA2）通过杜邦线连接到 USART2_RX（PA3）；④将 STM32 核心板的 UART1 通过通信-下载模块以及 Mini-USB 线与计算机相连接；⑤通过计算机上的串口助手工具发送数据，查看是否能够正常接收到发送的数据。UART1 和 UART2 通信硬件连接图如图 6-18 所示。

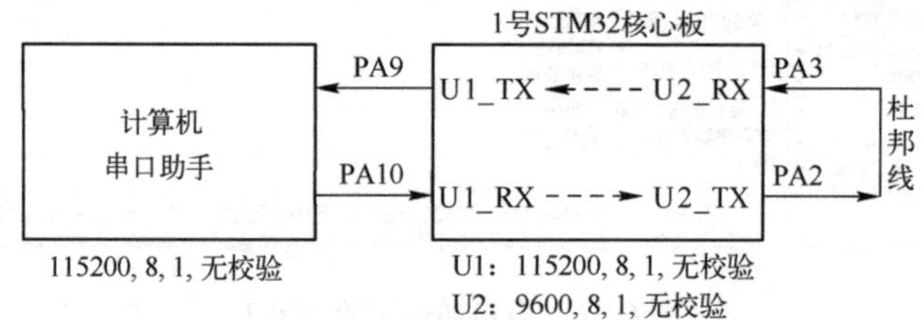

图 6-18　UART1 和 UART2 通信硬件连接图

本 章 习 题

1．如何通过 USART_CR1 设置串口的奇偶校验位？如何通过 USART_CR1 使能串口？
2．如何通过 USART_CR2 设置串口的停止位？
3．USART_DR 包含两个寄存器，分别是 TDR 和 RDR，这两个寄存器的作用分别是什么？
4．如果某一串口的波特率为 9600，应该向 USART_BRR 写什么？
5．串口的一帧数据发送完成后，USART_SR 哪个位会发生变化？
6．为什么可以通过 printf 输出调试信息？
7．能否使用 STM32 的 UART2 输出调试信息？如果可以，怎样实现？

第 7 章　实验 6——定时器

STM32 的定时器系统非常强大，除了 TIM6 和 TIM7 两个基本定时器、TIM2～TIM5 四个通用定时器，还有 TIM1 和 TIM8 两个高级定时器。本章将对 STM32 定时器系统中的通用定时器（TIM2～TIM5）进行详细讲解，包括通用定时器功能框图、通用定时器部分寄存器和固件库函数、RCC 部分寄存器和固件库函数，最后通过一个定时器实例讲解 Timer 模块驱动设计过程和使用方法，包括定时器的配置、定时器中断服务函数的设计、2ms 和 1s 标志产生与清除，以及 2ms 和 1s 任务的创建。

7.1　实 验 内 容

基于 STM32 核心板设计一个定时器实验，功能包括：①将 TIM2 和 TIM5 均配置为每 1ms 进入一次中断服务函数；②在 TIM2 的中断服务函数中，2ms 标志位置为 1；③在 TIM5 的中断服务函数中，1s 标志位置为 1；④在 Main 模块中基于 2ms 和 1s 标志，分别创建 2ms 任务和 1s 任务；⑤在 2ms 任务中调用 LED 模块的 LEDFlicker 函数，实现 STM32 核心板上 LED1 和 LED2 交替闪烁；⑥在 1s 任务中调用 UART 模块的 printf，每秒输出一次 This is the first STM32F103 Project, by Zhangsan。

7.2　实 验 原 理

7.2.1　通用定时器功能框图

STM32 的基本定时器（TIM6 和 TIM7）的功能最简单，其次是通用定时器（TIM2～TIM5），最复杂的是高级定时器（TIM1 和 TIM8）。本书只使用通用定时器，因此，我们以通用定时器为例进行讲解，另外，本实验涉及定时器计数功能，后续章节将涉及输入捕获和 PWM 输出功能，所以，下面对这三个功能一并进行讲解。图 7-1 所示是通用定时器功能框图，下面依次介绍定时器时钟源、触发控制器、时基单元、输入通道、输入滤波器和边沿检测器、捕获通道、预分频器、捕获/比较寄存器、输出控制和输出引脚。

1．定时器时钟源

通用定时器的时钟源包括来自 RCC 的内部时钟（CK_INT）、外部输入脚 TIx、外部触发输入 TIMx_ETR 和内部触发输入 ITRx。本书中的实验只用到了内部时钟 CK_INT，TIM2～TIM7 的时钟均由 APB1 时钟提供，而所有实验的 APB1 预分频器的分频系数为 2，APB1 时钟频率为 36MHz，因此，TIM2～TIM7 时钟频率为 72MHz。关于 STM32 的时钟系统将会在第 9 章深入讲解，这里，只要知道 TIM2～TIM7 时钟频率为 72MHz 即可。

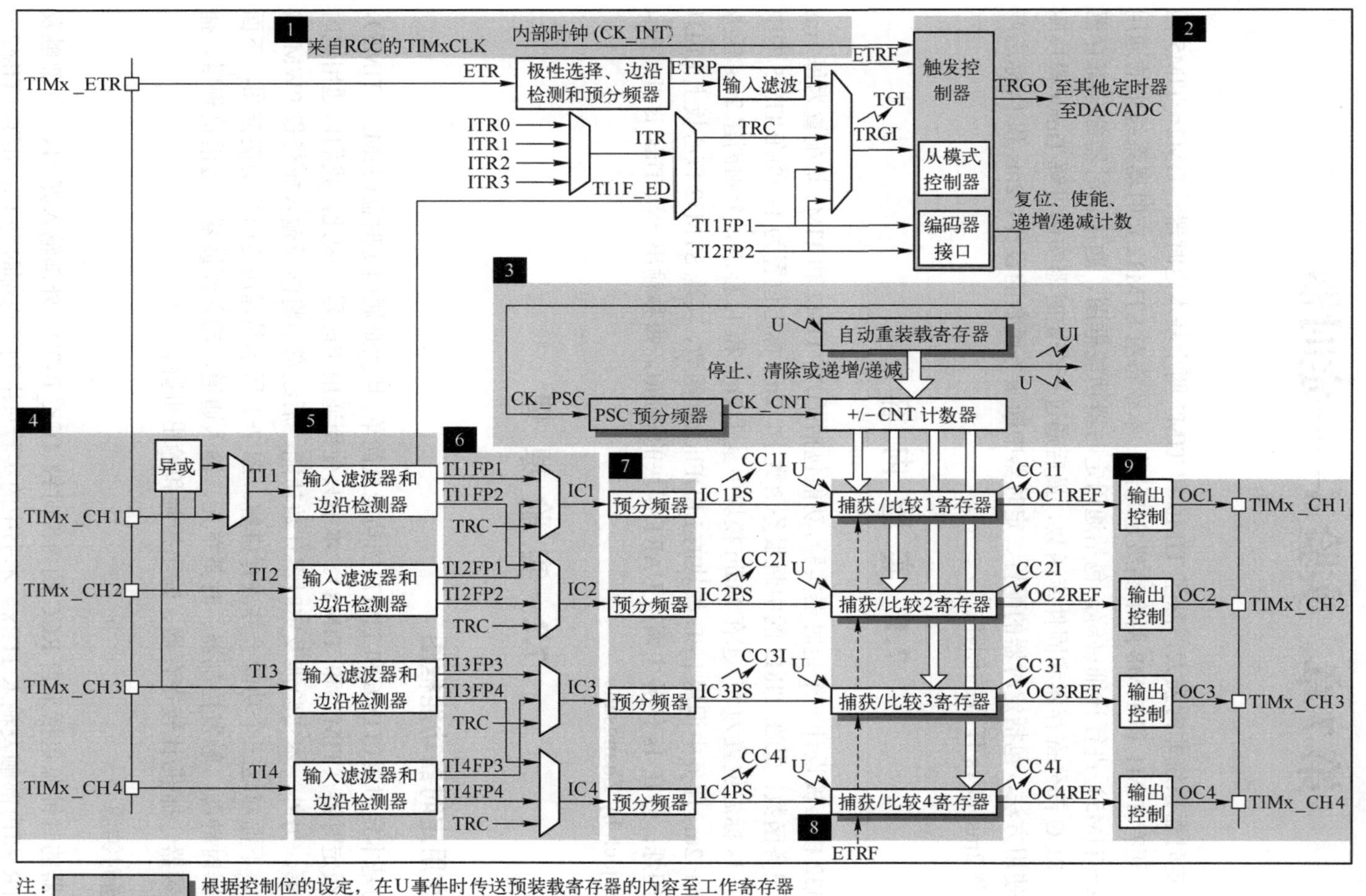

图 7-1　通用定时器功能框图

2. 触发控制器

触发控制器的基本功能包括复位和使能定时器，以及设置定时器的计数方式（递增/递减计数），此外，还可以通过触发控制器将通用定时器设置为其他定时器或 DAC/ADC 的触发源。

3. 时基单元

时基单元对触发控制器输出的 CK_PSC 时钟进行预分频得到 CK_CNT 时钟，然后 CNT 计数器对经过分频之后的 CK_CNT 时钟进行计数，当 CNT 计数器的计数值与自动重装载寄存器的值相等时，产生事件。时基单元包括 3 个寄存器，分别是计数器寄存器（TIMx_CNT）、预分频器寄存器（TIMx_PSC）和自动重装载寄存器（TIMx_ARR）。

TIMx_PSC 有影子寄存器，向 TIMx_PSC 写入新值，定时器不会马上将该新值更新到影子寄存器，而是要等到更新事件产生时才会将该值更新到影子寄存器，这时候，分频后的 CK_CNT 时钟才会发生改变。

TIMx_ARR 也有影子寄存器，但是可以通过 TIMx_CR1 的 ARPE 将影子寄存器设置为有效或无效。如果 ARPE 设置为 1，则影子寄存器有效，这种情况下，要等到更新事件产生时才把写入 TIMx_ARR 中的新值更新到影子寄存器；如果 ARPE 设置为 0，则影子寄存器无效，向 TIMx_ARR 写入新值之后，TIMx_ARR 立即更新。

通过前面的分析，可以得知定时器事件产生时间是由 TIMx_PSC 和 TIMx_ARR 两个寄存器决定的。计算分为两步：①根据 $f_{CK_CNT}= f_{CK_PSC}/(TIMx_PSC+1)$公式，计算 CK_CNT 时钟频率；②根据“定时器事件产生时间$=(1/f_{CK_CNT})\times(TIMx_ARR+1)$”公式，计算定时器事件产生时间。

假设 TIM5 的时钟频率f_{CK_PSC}是 72MHz，对 TIM5 进行初始化配置时，向 TIMx_PSC 写入 71，TIMx_ARR 写入 999，计算定时器事件产生时间。

我们也分为两步进行计算：①计算 CK_CNT 时钟频率 $f_{CK\_CNT}= f_{CK\_PSC}/(TIMx\_PSC+1)= 72MHz/(71+1)=1MHz$，因此，CK_CNT 的时钟周期就等于 1μs；②CNT 计数器的计数值与自动重装载寄存器的值相等时，产生事件，TIMx_ARR 等于 999，因此，定时器事件产生时间$=(1/f_{CK_CNT})\times(TIMx_ARR+1)=1\mu s\times1000=1ms$。

4. 输入通道

通用定时器的输入通道有 4 个，分别是 TI1、TI2、TI3 和 TI4。TI2、TI3 和 TI4 这 3 个通道分别对应于 TIMx_CH2、TIMx_CH3 和 TIMx_CH4 引脚，TI1 通道可以将 TIMx_CH1 引脚作为其信号源，也可以将 TIMx_CH1、TIMx_CH2 和 TIMx_CH3 引脚的异或结果作为其信号源。定时器对这 4 个通道对应引脚输入信号的上升沿或下降沿进行捕获。

5. 输入滤波器和边沿检测器

输入滤波器首先对输入信号 TIx 进行滤波处理，输入滤波器的参数由 TIMx_CR1 的

CKD[1:0]和 TIMx_CCMRx 的 ICxF[3:0]决定。其中，输入滤波器使用的采样频率 f_{DTS} 可以与 CK_INT 时钟频率 f_{CK_INT} 相等，也可以是 f_{CK_INT} 的 2 分频或 4 分频，这个由 CKD[1:0]决定。

边沿检测器实际上是一个事件计数器，该计数器对输入信号的边沿事件进行检测，当检测到 *N* 个事件后会产生一个输出的跳变，这个 *N* 由 ICxF[3:0]决定。边沿检测器对输入信号的上升沿还是下降沿进行捕获，由 TIMx_CCER 的 CCxP 决定，当 CCxP 为 0 时，捕获发生在 TIx 的上升沿，当 CCxP 为 1 时，捕获发生在 TIx 的下降沿。

6．捕获通道

通用定时器有 4 个捕获通道，分别是 IC1、IC2、IC3 和 IC4。捕获通道 ICx 用来捕获输入通道 TIx 通过输入滤波器和边沿检测器输出的信号 TIxFPx 或 TRC，每个捕获输入通道 TIx 经过输入滤波器和边沿检测器输出的信号 TIxFPx 可以同时作为两个捕获通道的输入。每个捕获通道是选择 TI1FP1、TI1FP2、TI2FP1、TI2FP2、TI3FP3、TI3FP4、TI4FP3 或 TI4FP4 作为输入，还是选择 TRC 作为输入，由 TIMx_CCMRx 的 CCxS[1:0]决定。

7．预分频器

如果 ICx 直接输入捕获/比较寄存器（TIMx_CCRx），那就只能连续捕获每一个边沿，而无法实现边沿的间隔捕获，比如每 4 个边沿捕获一次。ST 公司在设计通用定时器和高级定时器时，增加了一个预分频器，ICx 经过预分频器之后才会输入 TIMx_CCRx，这样，就不仅可以实现边沿的连续捕获，还可以实现边沿的间隔捕获。多少个边沿捕获一次，由捕获/比较模式寄存器（TIMx_CCMRx）的 ICxPSC[1:0]决定，如果希望连续捕获每一个事件，将 ICxPSC[1:0]配置为 00 即可，如果希望每 4 个事件触发一次捕获，将 ICxPSC[1:0]配置为 10 即可。

8．捕获/比较寄存器

捕获/比较寄存器（TIMx_CCRx）既是捕获输入的寄存器，又是比较输出的寄存器。TIMx_CCRx 有预装载寄存器，可以通过 TIMx_CCMRx 的 OCxPE 决定开启或禁止 TIMx_CCRx 的预装载功能。将 OCxPE 设置为 1，开启预装载寄存器，这种情况下，写该寄存器要等到更新事件产生时才将 TIMx_CCRx 预装载寄存器的值传送至影子寄存器，读取该寄存器实际上是读取 TIMx_CCRx 预装载寄存器的值。将 OCxPE 设置为 0，禁止预装载寄存器，这种情况下，只有一个寄存器，不存在预装载寄存器和影子寄存器的概念，因此，读该寄存器实际上就是读取 TIMx_CCRx 中的值，写该寄存器实际上就是写 TIMx_CCRx。

TIMx_CCER 的 CCxE 决定禁止或使能输入捕获/输出比较功能。在 CCx 通道配置为输入的情况下，当 CCxE 为 0 时，禁止捕获，当 CCxE 为 1 时，使能捕获。在 CCx 通道配置为输出的情况下，当 CCxE 为 0 时，OCx 禁止输出，当 CCxE 为 1 时，OCx 信号输出到对应的输出引脚。下面分别对输入捕获和输出比较的工作流程进行说明。

1）输入捕获

预分频器的输出是 ICxPS，该信号作为捕获输入的输入信号，当第 1 次捕获到边沿事件时，计数器 CNT 的值会被锁存到 TIMx_CCRx，同时，TIMx_SR 的中断标志 CCxIF 会被置为 1，如果 TIMx_DIER 的 CCxIE 为 1，则产生 CCxI 中断。CCxIF 可以由软件清零，也可以通过读取 TIMx_CCRx 清零。当第 2 次捕获到边沿事件（CCxIF 依然为 1）时，TIMx_SR 的重复捕获标志 CCxOF 会被置为 1，与 CCxIF 不同的是，CCxOF 只能由软件清零。

2）输出比较

输出比较有 8 种模式，分别是冻结、匹配时设置输出为有效电平、匹配时设置输出为无效电平、翻转、强制为无效电平、强制为有效电平、PWM 模式 1 和 PWM 模式 2，通过 TIMx_CCMR1 的 OCxM 选择输出比较模式，可参见图 14-5 和表 14-1。

第 14 章是 PWM 输出实验，因此，这里只介绍 PWM 模式 1 和 PWM 模式 2。当输出比较配置为 PWM 模式 1，在向上计数时，一旦 TIMx_CNT<TIMx_CCRx 时输出的参考信号 OCxREF 为有效电平，否则为无效电平；在向下计数时，一旦 TIMx_CNT>TIMx_CCRx 时输出的参考信号 OCxREF 为无效电平，否则为有效电平。当输出比较配置为 PWM 模式 2，在向上计数时，一旦 TIMx_CNT<TIMx_CCRx 时输出的参考信号 OCxREF 为无效电平，否则为有效电平；在向下计数时，一旦 TIMx_CNT>TIMx_CCRx 时输出的参考信号 OCxREF 为有效电平，否则为无效电平。当 TIMx_CCER 的 CCxP 为 0 时，OCxREF 高电平有效，当 CCxP 为 1 时，OCxREF 低电平有效。

9．输出控制和输出引脚

参考信号 OCxREF 经过输出控制之后会产生 OCx 信号，该信号最终通过通用定时器的外部引脚输出，外部引脚包括 TIMx_CH1、TIMx_CH2、TIMx_CH3 和 TIMx_CH4。

7.2.2　通用定时器部分寄存器

本实验涉及的通用定时器寄存器包括控制寄存器 1（TIMx_CR1）、控制寄存器 2（TIMx_CR2）、DMA/中断使能寄存器（TIMx_DIER）、状态寄存器（TIMx_SR）、事件产生寄存器（TIMx_EGR）、计数器（TIMx_CNT）、预分频器（TIMx_PSC）和自动重装载寄存器（TIMx_ARR）。

1．控制寄存器 1（TIMx_CR1）

TIMx_CR1 的结构、偏移地址和复位值如图 7-2 所示，对部分位的解释说明如表 7-1 所示。

偏移地址：0x00
复位值：0x0000

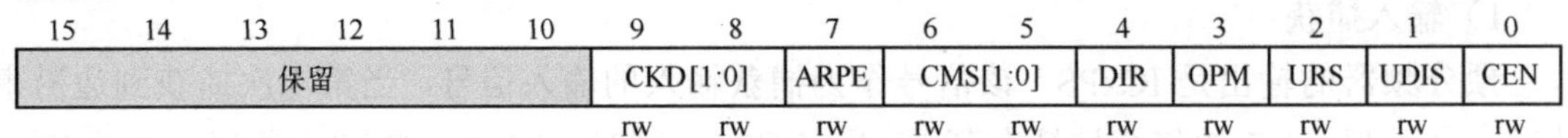

图 7-2　TIMx_CR1 的结构、偏移地址和复位值

表 7-1　TIMx_CR1 部分位的解释说明

位 9:8	CKD[1:0]：时钟分频系数（Clock division）。 定义在定时器时钟（CK_INT）频率与数字滤波器（ETR，TIx）使用的采样频率之间的分频比例。 00：$t_{DTS}=t_{CK\_INT}$； 01：$t_{DTS}=2\times t_{CK\_INT}$； 10：$t_{DTS}=4\times t_{CK\_INT}$； 11：保留
位 7	ARPE：自动重装载预装载允许位（Auto-reload preload enable）。 0：TIMx_ARR 没有缓冲； 1：TIMx_ARR 被装入缓冲器
位 6:5	CMS[1:0]：选择中央对齐模式（Center-aligned mode selection）。 00：边沿对齐模式，计数器依据方向位（DIR）递增或递减计数。 01：中央对齐模式 1，计数器交替地递增和递减计数。配置为输出的通道（TIMx_CCMRx 中 CCxS=00）的输出比较中断标志位，只在计数器递减计数时被设置。 10：中央对齐模式 2，计数器交替地递增和递减计数。配置为输出的通道（TIMx_CCMRx 中 CCxS=00）的输出比较中断标志位，只在计数器递增计数时被设置。 11：中央对齐模式 3，计数器交替地递增和递减计数。配置为输出的通道（TIMx_CCMRx 中 CCxS=00）的输出比较中断标志位，在计数器递增和递减计数时均被设置。 注意，在计数器开启时（CEN=1），不允许从边沿对齐模式转换到中央对齐模式
位 4	DIR：方向（Direction）。 0：计数器递增计数； 1：计数器递减计数。 注意，当定时器配置为中心对齐模式或编码器模式时，该位为只读状态
位 0	CEN：使能计数器。 0：除能计数器； 1：使能计数器。 注意，在软件设置了 CEN 位后，外部时钟、门控模式和编码器模式才能工作。触发模式可以自动地通过硬件设置 CEN 位。 在单脉冲模式下，当发生更新事件时，CEN 被自动清除

2. 控制寄存器 2（TIMx_CR2）

TIMx_CR2 的结构、偏移地址和复位值如图 7-3 所示，对部分位的解释说明如表 7-2 所示。

偏移地址：0x04
复位值：0x0000

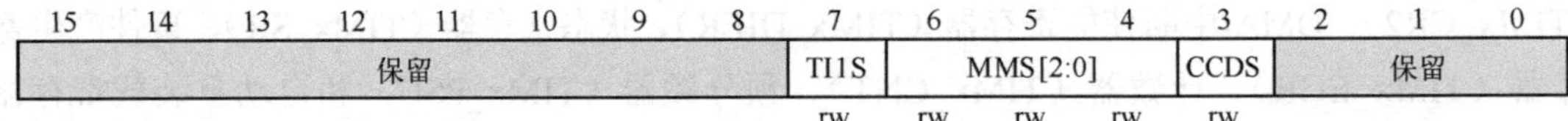

图 7-3　TIMx_CR2 的结构、偏移地址和复位值

表 7-2　TIMx_CR2 部分位的解释说明

位 6:4	MMS[2:0]：主模式选择（Master mode selection）。 这 3 位用于选择在主模式下送到从定时器的同步信息（TRGO）。可能的组合如下： 000：复位—TIMx_EGR 的 UG 位被用于作为触发输出（TRGO）。如果是触发输入产生的复位（从模式控制器处于复位模式），则 TRGO 上的信号相对实际的复位会有一个延迟。 001：使能—计数器使能信号 CNT_EN 被用于作为触发输出（TRGO）。有时需要在同一时间启动多个定时器或控制在一段时间内使能从定时器。计数器使能信号是通过 CEN 控制位和门控模式下的触发输入信号的逻辑或产生的。当计数器使能信号受控于触发输入时，TRGO 上会有一个延迟，除非选择了主/从模式（见 TIMx_SMCR 中 MSM 位的描述）。

续表

位 6:4	010：更新—更新事件被选为触发输出（TRGO）。例如，一个主定时器的时钟可以被用作一个从定时器的预分频器。 011：比较脉冲—在发生一次捕获或一次比较成功后，当要设置 CC1IF 标志时（即使它已经为高），触发输出送出一个正脉冲（TRGO）。 100：比较—OC1REF 信号被用于作为触发输出（TRGO）。 101：比较—OC2REF 信号被用于作为触发输出（TRGO）。 110：比较—OC3REF 信号被用于作为触发输出（TRGO）。 111：比较—OC4REF 信号被用于作为触发输出（TRGO）

3．DMA/中断使能寄存器（TIMx_DIER）

TIMx_DIER 的结构、偏移地址和复位值如图 7-4 所示，对部分位的解释说明如表 7-3 所示。

偏移地址：0x0C

复位值：0x0000

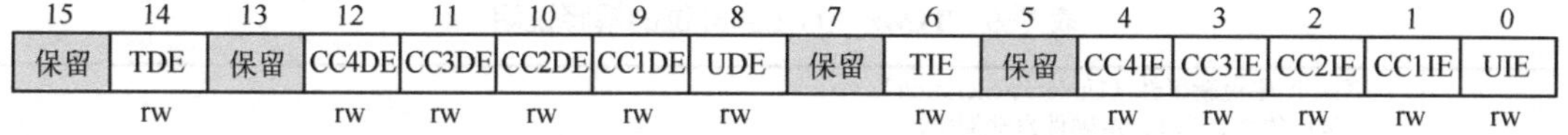

图 7-4　TIMx_DIER 的结构、偏移地址和复位值

表 7-3　TIMx_DIER 部分位的解释说明

位 1	CC1IE：允许捕获/比较 1 中断（Capture/Compare 1 interrupt enable）。 0：禁止捕获/比较 1 中断； 1：允许捕获/比较 1 中断
位 0	UIE：更新中断使能（Update interrupt enable）。 0：除能更新中断； 1：使能更新中断

4．状态寄存器（TIMx_SR）

TIMx_SR 的结构、偏移地址和复位值如图 7-5 所示，对部分位的解释说明如表 7-4 所示。

偏移地址：0x10

复位值：0x0000

图 7-5　TIMx_SR 的结构、偏移地址和复位值

表 7-4　TIMx_SR 部分位的解释说明

位 1	CC1IF：捕获/比较 1 中断标志（Capture/Compare 1 interrupt flag）。 如果通道 CC1 配置为输出模式： 当计数器值与比较值匹配时该位由硬件置为 1，但在中心对称模式下除外（参见 TIMx_CR1 的 CMS 位）。它由软件清零。 0：无匹配发生；1：TIMx_CNT 的值与 TIMx_CCR1 的值匹配。 如果通道 CC1 配置为输入模式： 当捕获事件发生时该位由硬件置为 1，它由软件清零或通过读 TIMx_CCR1 清零。 0：无输入捕获产生；1：计数器值已被捕获（复制）至 TIMx_CCR1（在 IC1 上检测到与所选极性相同的边沿）
位 0	UIF：更新中断标志（Update interrupt flag）。 当产生更新事件时该位由硬件置为 1，由软件清零。 0：无更新事件产生；1：更新中断等待响应。 当寄存器被更新时该位由硬件置为 1： 若 TIMx_CR1 的 UDIS=0、URS=0，当 TIMx_EGR 的 UG=1 时产生更新事件（软件对计数器 CNT 重新初始化）； 若 TIMx_CR1 的 UDIS=0、URS=0，当计数器 CNT 被触发事件重新初始化时产生更新事件

5. 事件产生寄存器（TIMx_EGR）

TIMx_EGR 的结构、偏移地址和复位值如图 7-6 所示，对部分位的解释说明如表 7-5 所示。

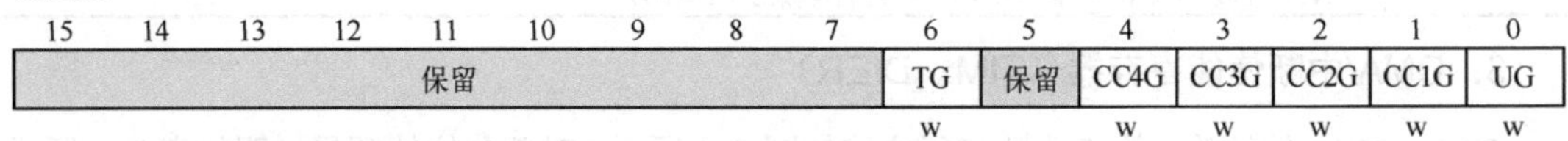

图 7-6　TIMx_EGR 的结构、偏移地址和复位值

表 7-5　TIMx_EGR 部分位的解释说明

位 0	UG：产生更新事件（Update generation）。 该位由软件置为 1，由硬件自动清零。 0：无动作； 1：重新初始化计数器，并产生一个更新事件。注意，预分频器的计数器也被清零（但是预分频系数不变）。若在中心对称模式下或 DIR=0（递增计数），则计数器被清零；若 DIR=1（递减计数），则计数器取 TIMx_ARR 的值

6. 计数器（TIMx_CNT）

TIMx_CNT 的结构、偏移地址和复位值如图 7-7 所示，对部分位的解释说明如表 7-6 所示。

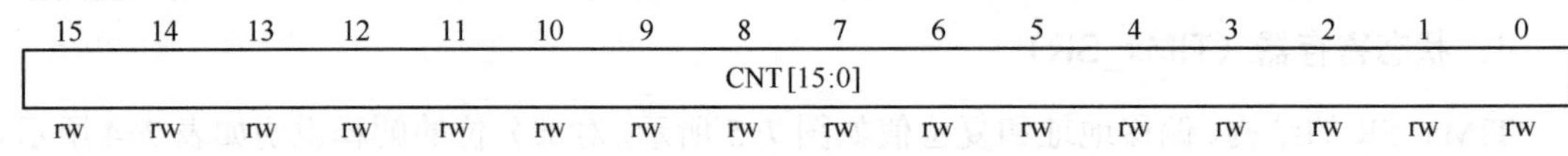

图 7-7　TIMx_CNT 的结构、偏移地址和复位值

表 7-6　TIMx_CNT 部分位的解释说明

位 15:0	CNT[15:0]：计数器的值（Counter value）

7. 预分频器（TIMx_PSC）

TIMx_PSC 的结构、偏移地址和复位值如图 7-8 所示，对部分位的解释说明如表 7-7 所示。

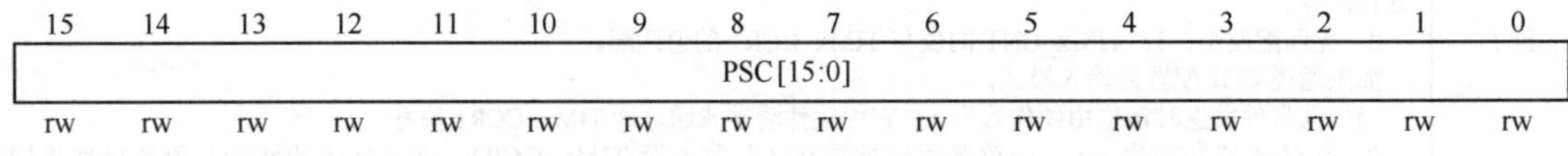

图 7-8　TIMx_PSC 的结构、偏移地址和复位值

表 7-7　TIMx_PSC 部分位的解释说明

位 15:0	PSC[15:0]：预分频器的值（Prescaler value）。 计数器的时钟频率 CK_CNT 等于 f_{CK_PSC}/(PSC[15:0]+1)。 PSC 包含了当更新事件产生时装入当前预分频器寄存器的值

8. 自动重装载寄存器（TIMx_ARR）

TIMx_ARR 的结构、偏移地址和复位值如图 7-9 所示，对部分位的解释说明如表 7-8 所示。

偏移地址：0x2C

复位值：0x0000

15	14	13	12	11	10	9	8	7	6	5	4	3	2	1	0
ARR[15:0]															
rw	rw	rw	rw	rw	rw	rw	rw	rw	rw	rw	rw	rw	rw	rw	rw

图 7-9 TIMx_ARR 的结构、偏移地址和复位值

表 7-8 TIMx_ARR 部分位的解释说明

位 15:0	ARR[15:0]：自动重装载的值（Auto reload value）。 ARR 包含了将要传送至实际的自动重装载寄存器的数值。 当自动重装载的值为空时，计数器不工作

7.2.3 通用定时器部分固件库函数

本实验涉及的通用定时器固件库函数包括 TIM_TimeBaseInit、TIM_Cmd、TIM_ITConfig、TIM_ClearITPendingBit、TIM_GetITStatus、TIM_SelectOutputTrigger。这些函数在 stm32f10x_tim.h 文件中声明，在 stm32f10x_tim.c 文件中实现。

1. TIM_TimeBaseInit

TIM_TimeBaseInit 函数的功能是根据结构体 TIM_TimeBaseInitStruct 的值配置通用定时器，通过向 TIMx→CR1、TIMx→ARR、TIMx→PSC 和 TIMx→EGR 写入参数来实现。具体描述如表 7-9 所示。

表 7-9 TIM_TimeBaseInit 函数的描述

函数名	TIM_TimeBaseInit
函数原型	void TIM_TimeBaseInit(TIM_TypeDef* TIMx, TIM_TimeBaseInitTypeDef* TIM_TimeBaseInitStruct)
功能描述	根据 TIM_TimeBaseInitStruct 中指定的参数初始化 TIMx 的时间基数单位
输入参数 1	TIMx：x 可以是 1，2，3，4，5，6，7 或 8，来选择 TIM 外设
输入参数 2	TIM_TimeBaseInitStruct：指向结构体 TIM_TimeBaseInitTypeDef 的指针，包含了 TIMx 时间基数单位的配置信息
输出参数	无
返回值	void
先决条件	无

2. TIM_Cmd

TIM_Cmd 函数的功能是使能或除能某一定时器，通过向 TIMx→CR1 写入参数来实现。具体描述如表 7-10 所示。

表 7-10　TIM_Cmd 函数的描述

函数名	TIM_Cmd
函数原型	void TIM_Cmd(TIM_TypeDef* TIMx, FunctionalState NewState)
功能描述	使能或除能 TIMx 外设
输入参数 1	TIMx：x 可以是 1，2，3，4，5，6，7 或 8，来选择 TIM 外设
输入参数 2	NewState：定时器新的状态，可以是 ENABLE 或 DISABLE
输出参数	无
返回值	void

3．TIM_ITConfig

TIM_ITConfig 函数的功能是开启或关闭定时器中断，通过向 TIMx→DIER 写入参数来实现。具体描述如表 7-11 所示。

表 7-11　TIM_ITConfig 函数的描述

函数名	TIM_ITConfig
函数原型	void TIM_ITConfig(TIM_TypeDef* TIMx, uint16_t TIM_IT, FunctionalState NewState)
功能描述	使能或除能指定的 TIM 中断
输入参数 1	TIMx：x 可以是 1，2，3，4，5，6，7 或 8，来选择 TIM 外设
输入参数 2	TIM_IT：待使能或除能的 TIM 中断源
输入参数 3	NewState：TIMx 中断的新状态，可以取 ENABLE 或 DISABLE
输出参数	无
返回值	void

4．TIM_ClearITPendingBit

TIM_ClearITPendingBit 函数的功能是清除定时器中断待处理位，当检测到中断时该位会由硬件置为 1，完成中断任务之后由软件将该位清零，通过向 TIMx→SR 写入参数来实现。具体描述如表 7-12 所示。

表 7-12　TIM_ClearITPendingBit 函数的描述

函数名	TIM_ClearITPendingBit
函数原型	void TIM_ClearITPendingBit(TIM_TypeDef* TIMx, uint16_t TIM_IT)
功能描述	清除 TIMx 的中断待处理位
输入参数 1	TIMx：x 可以是 1，2，3，4，5，6，7 或 8，来选择 TIM 外设
输入参数 2	TIM_IT：待检查的 TIM 中断待处理位
输出参数	无
返回值	void

5．TIM_GetITStatus

TIM_GetITStatus 函数的功能是检查中断是否发生，通过读取 TIMx→SR 和 TIMx→DIER 来实现。具体描述如表 7-13 所示。

表 7-13　TIM_GetITStatus 函数的描述

函数名	TIM_GetITStatus
函数原型	ITStatus TIM_GetITStatus(TIM_TypeDef* TIMx, uint16_t TIM_IT)
功能描述	检查指定的 TIM 中断发生与否
输入参数 1	TIMx：x 可以是 1，2，3，4，5，6，7 或 8，来选择 TIM 外设
输入参数 2	TIM_IT：待检查的 TIM 中断源
输出参数	无
返回值	TIM_IT 的新状态

6．TIM_SelectOutputTrigger

TIM_SelectOutputTrigger 函数的功能是选择 TIMx 触发输出模式，通过向 TIMx→CR2 写入参数来实现。具体描述如表 7-14 所示。

表 7-14　TIM_SelectOutputTrigger 函数的描述

函数名	TIM_SelectOutputTrigger
函数原形	void TIM_SelectOutputTrigger(TIM_TypeDef* TIMx, uint16_t TIM_TRGOSource)
功能描述	选择 TIMx 触发输出模式
输入参数 1	TIMx：x 可以是 1，2，3，4，5，6，7 或 8，来选择 TIM 外设
输入参数 2	TIM_TRGOSource：触发输出模式
输出参数	无
返回值	void

参数 TIM_TRGOSource 用于选择 TIM 触发输出源，可取值如表 7-15 所示。

表 7-15　参数 TIM_TRGOSource 的可取值

可 取 值	实 际 值	功 能 描 述
TIM_TRGOSource_Reset	0x0000	使用 TIM_EGR 的 UG 位作为触发输出（TRGO）
TIM_TRGOSource_Enable	0x0010	使用计数器使能 CEN 作为触发输出（TRGO）
TIM_TRGOSource_Update	0x0020	使用更新事件作为触发输出（TRGO）
TIM_TRGOSource_OC1	0x0030	一旦捕获或比较匹配发生，当标志位 CC1F 被设置时触发输出发送一个肯定脉冲（TRGO）
TIM_TRGOSource_OC1Ref	0x0040	使用 OC1REF 作为触发输出（TRGO）
TIM_TRGOSource_OC2Ref	0x0050	使用 OC2REF 作为触发输出（TRGO）
TIM_TRGOSource_OC3Ref	0x0060	使用 OC3REF 作为触发输出（TRGO）
TIM_TRGOSource_OC4Ref	0x0070	使用 OC4REF 作为触发输出（TRGO）

例如，选择更新事件作为 TIM6 的输出触发模式，代码如下：

```
TIM_SelectOutputTrigger(TIM6, TIM_TRGOSource_Update);
```

7.2.4　RCC 部分寄存器

本实验涉及的 RCC 寄存器只有 APB1 外设时钟使能寄存器（RCC_APB1ENR），RCC_APB1ENR 的结构、偏移地址和复位值如图 7-10 所示，对部分位的解释说明如表 7-16 所示。

偏移地址：0x1C

复位值：0x0000 0000

31	30	29	28	27	26	25	24	23	22	21	20	19	18	17	16
保留		DAC EN	PWR EN	BKP EN	保留	CAN EN	保留	USB EN	I2C2 EN	I2C1 EN	UART5 EN	UART4 EN	USART3 EN	USART2 EN	保留
		rw	rw	rw		rw		rw	rw	rw	rw	rw	rw	rw	

15	14	13	12	11	10	9	8	7	6	5	4	3	2	1	0
SPI3 EN	SPI2 EN	保留		WWDG EN	保留					TIM7 EN	TIM6 EN	TIM5 EN	TIM4 EN	TIM3 EN	TIM2 EN
rw	rw			rw						rw	rw	rw	rw	rw	rw

图 7-10　RCC_APB1ENR 的结构、偏移地址和复位值

表 7-16　RCC_APB1ENR 部分位的解释说明

位 3	TIM5EN：定时器 5 时钟使能（Timer 5 clock enable）。 由软件置为 1 或清零。 0：定时器 5 时钟关闭； 1：定时器 5 时钟开启
位 0	TIM2EN：定时器 2 时钟使能（Timer 2 clock enable）。 由软件置为 1 或清零。 0：定时器 2 时钟关闭； 1：定时器 2 时钟开启

7.2.5　RCC 部分固件库函数

本实验涉及的 RCC 固件库函数只有 RCC_APB1PeriphClockCmd，该函数的功能是打开或关闭 APB1 上相应外设的时钟，通过向 RCC→APB1ENR 写入参数来实现。具体描述如表 7-17 所示。

表 7-17　RCC_APB1PeriphClockCmd 函数的描述

函数名	RCC_APB1PeriphClockCmd
函数原型	void RCC_APB1PeriphClockCmd(uint32_t RCC_APB1Periph，FunctionalState NewState)
功能描述	使能或除能 APB1 外设时钟
输入参数 1	RCC_APB1Periph：门控 APB1 外设时钟
输入参数 2	NewState：指定外设时钟的新状态，可以取 ENABLE 或 DISABLE
输出参数	无
返回值	void

7.3　实 验 步 骤

步骤 1：复制并编译原始工程

首先，将“D:\STM32KeilTest\Material\06.定时器实验”文件夹复制到“D:\STM32KeilTest\Product”文件夹中。然后，双击运行“D:\STM32KeilTest\Product\06.定时器实验\Project”文件夹中的 STM32KeilPrj.uvprojx，单击工具栏中的按钮，当 Build Output 栏出现 FromELF: creating hex file...表示已经成功生成.hex 文件，出现 0 Error(s), 0 Warning(s)表示编译成功。由于本实验实现的是定时器功能，因此，Material 提供的“06.定时器实验”工程中 Timer 模块中的 Timer 文件对是空白的，而 Main.c 文件的 Proc2msTask 和 Proc1SecTask 函数均依赖于 Timer 模块，因此，也就无法通过计算机上的串口助手软件查看串口输出的信息，STM32 核

心板上的两个 LED 也无法正常闪烁。不过，只要编译成功，接着就可以进入下一步操作。

步骤 2：添加 Timer 文件对

首先，将“D:\STM32KeilTest\Product\06.定时器实验\HW\Timer”文件夹中的 Timer.c 添加到 HW 分组，具体操作可参见 2.3 节步骤 8。然后，将“D:\STM32KeilTest\Product\06.定时器实验\HW\Timer”路径添加到 Include Paths 栏，具体操作可参见 2.3 节步骤 11。

步骤 3：完善 Timer.h 文件

单击按钮进行编译，编译结束后，在 Project 面板中，双击 Timer.c 下的 Timer.h。在 Timer.h 文件的“包含头文件”区，添加代码#include "DataType.h"。

在 Timer.h 文件的“API 函数声明”区，添加如程序清单 7-1 所示的 API 函数声明代码。InitTimer 函数主要是初始化 Timer 模块；Get2msFlag 和 Clr2msFlag 函数的功能是获取和清除 2ms 标志，Main.c 中的 Proc2msTask 就是调用这两个函数，实现 2ms 任务功能；Get1SecFlag 和 Clr1SecFlag 函数的功能是获取和清除 1s 标志，Main.c 中的 Proc1SecTask 就是调用这两个函数，实现 1s 任务功能。

程序清单 7-1

```
void  InitTimer(void);          //初始化 Timer 模块

u8    Get2msFlag(void);         //获取 2ms 标志位的值
void  Clr2msFlag(void);         //清除 2ms 标志位

u8    Get1SecFlag(void);        //获取 1s 标志位的值
void  Clr1SecFlag(void);        //清除 1s 标志位
```

步骤 4：完善 Timer.c 文件

在 Timer.c 文件的“包含头文件”区的最后，添加代码#include "stm32f10x_conf.h"。

在 Timer.c 文件的“内部变量”区，添加内部变量的定义代码，如程序清单 7-2 所示。s_i2msFlag 是 2ms 标志位，s_i1secFlag 是 1s 标志位，这两个变量在定义时还要初始化为 FALSE。

程序清单 7-2

```
static  u8  s_i2msFlag = FALSE;     //将 2ms 标志位的值设置为 FALSE
static  u8  s_i1secFlag = FALSE;    //将 1s 标志位的值设置为 FALSE
```

在 Timer.c 文件的“内部函数声明”区，添加内部函数的声明代码，如程序清单 7-3 所示。ConfigTimer2 函数用于配置 TIM2，ConfigTimer5 函数用于配置 TIM5。

程序清单 7-3

```
static  void  ConfigTimer2(u16 arr, u16 psc);  //配置 TIM2
static  void  ConfigTimer5(u16 arr, u16 psc);  //配置 TIM5
```

在 Timer.c 文件的"内部函数实现"区，添加 ConfigTimer2 和 ConfigTimer5 函数的实现代码，如程序清单 7-4 所示。由于这两个函数的功能类似，下面按照顺序仅对 ConfigTimer2 函数中的语句进行解释说明。

（1）在使用 TIM2 之前，需要通过 RCC_APB1PeriphClockCmd 函数使能 TIM2 的时钟。

（2）通过 TIM_TimeBaseInit 函数对 TIM2 进行配置，该函数涉及 TIM2_CR1 的 DIR、CMS[1:0]、CKD[1:0]，TIM2_ARR，TIM2_PSC，以及 TIM2_EGR 的 UG。DIR 用于设置计数器计数方向，CMS[1:0]用于选择中央对齐模式，CKD[1:0]用于设置时钟分频系数，可参见图 7-2 和表 7-1，本实验中，TIM2 设置为边沿对齐模式，计数器递增计数。TIM2_ARR 和 TIM2_PSC 用于设置计数器的自动重装载值和预分频器的值，可参见图 7-8 和图 7-9，以及表 7-7 和表 7-8，本实验中，这两个值通过 ConfigTimer2 函数的参数 arr 和 psc 来决定。UG 用于产生更新事件，可参见图 7-6 和表 7-5，本实验中将该值设置为 1，用于重新初始化计数器，并产生一个更新事件。

（3）通过 TIM_ITConfig 函数使能 TIM2 的更新中断，该函数涉及 TIM2_DIER 的 UIE。UIE 用于禁止和允许更新中断，可参见图 7-4 和表 7-3。

（4）通过 NVIC_Init 函数使能 TIM2 的中断，同时设置抢占优先级为 0，子优先级为 3。

（5）通过 TIM_Cmd 函数使能 TIM2，该函数涉及 TIM2_CR1 的 CEN，可参见图 7-2 和表 7-1。

程序清单 7-4

```
static void ConfigTimer2(u16 arr, u16 psc)
{
  TIM_TimeBaseInitTypeDef TIM_TimeBaseStructure;//TIM_TimeBaseStructure 用于存放定时器的参数
  NVIC_InitTypeDef NVIC_InitStructure;                //NVIC_InitStructure 用于存放 NVIC 的参数

  //使能 RCC 相关时钟
  RCC_APB1PeriphClockCmd(RCC_APB1Periph_TIM2, ENABLE);  //使能 TIM2 的时钟

  //配置 TIM2
  TIM_TimeBaseStructure.TIM_Period = arr;                      //设置自动重装载值
  TIM_TimeBaseStructure.TIM_Prescaler = psc;                   //设置预分频器值
  TIM_TimeBaseStructure.TIM_ClockDivision = TIM_CKD_DIV1;      //设置时钟分割：tDTS = tCK_INT
  TIM_TimeBaseStructure.TIM_CounterMode = TIM_CounterMode_Up; //设置递增计数模式
  TIM_TimeBaseInit(TIM2, &TIM_TimeBaseStructure);              //根据参数初始化定时器

  TIM_ITConfig(TIM2, TIM_IT_Update, ENABLE);                   //使能定时器的更新中断

  //配置 NVIC
  NVIC_InitStructure.NVIC_IRQChannel = TIM2_IRQn;                  //中断通道号
  NVIC_InitStructure.NVIC_IRQChannelPreemptionPriority = 0;        //设置抢占优先级
  NVIC_InitStructure.NVIC_IRQChannelSubPriority = 3;               //设置子优先级
  NVIC_InitStructure.NVIC_IRQChannelCmd = ENABLE;                  //使能中断
  NVIC_Init(&NVIC_InitStructure);                                  //根据参数初始化 NVIC

  TIM_Cmd(TIM2, ENABLE);                                           //使能定时器
```

```
}

static  void ConfigTimer5(u16 arr,u16 psc)
{
  TIM_TimeBaseInitTypeDef TIM_TimeBaseStructure;//TIM_TimeBaseStructure 用于存放定时器的参数
  NVIC_InitTypeDef NVIC_InitStructure;          //NVIC_InitStructure 用于存放 NVIC 的参数

  //使能 RCC 相关时钟
  RCC_APB1PeriphClockCmd(RCC_APB1Periph_TIM5, ENABLE);   //使能 TIM5 的时钟

  //配置 TIM5
  TIM_TimeBaseStructure.TIM_Period = arr;                        //设置自动重装载值
  TIM_TimeBaseStructure.TIM_Prescaler = psc;                     //设置预分频器值
  TIM_TimeBaseStructure.TIM_ClockDivision = TIM_CKD_DIV1;        //设置时钟分割：tDTS = tCK_INT
  TIM_TimeBaseStructure.TIM_CounterMode   = TIM_CounterMode_Up; //设置递增计数模式
  TIM_TimeBaseInit(TIM5, &TIM_TimeBaseStructure);                //根据参数初始化定时器

  TIM_ITConfig(TIM5,TIM_IT_Update,ENABLE);                       //使能定时器的更新中断

  //配置 NVIC
  NVIC_InitStructure.NVIC_IRQChannel = TIM5_IRQn;                //中断通道号
  NVIC_InitStructure.NVIC_IRQChannelPreemptionPriority = 0;      //设置抢占优先级
  NVIC_InitStructure.NVIC_IRQChannelSubPriority = 3;             //设置子优先级
  NVIC_InitStructure.NVIC_IRQChannelCmd = ENABLE;                //使能中断
  NVIC_Init(&NVIC_InitStructure);                                //根据参数初始化 NVIC

  TIM_Cmd(TIM5, ENABLE);                                         //使能定时器
}
```

在 Timer.c 文件的“内部函数实现”区，在 ConfigTimer5 函数实现区的后面添加 TIM2_IRQHandler 和 TIM5_IRQHandler 中断服务函数的实现代码，如程序清单 7-5 所示。由于这两个中断服务函数的功能类似，下面按照顺序仅对 TIM2_IRQHandler 函数中的语句进行解释说明。

（1）Timer.c 的 ConfigTimer2 函数中使能了 TIM2 的更新中断，因此，当 TIM2 递增计数产生溢出时，会执行 TIM2_IRQHandler 函数。

（2）通过 TIM_GetITStatus 函数获取 TIM2 更新中断标志，该函数涉及 TIM2_DIER 的 UIE 和 TIM2_SR 的 UIF，可参见图 7-4、图 7-5、表 7-3 和表 7-4。本实验中，UIE 为 1，表示使能更新中断，当 TIM2 递增计数产生溢出时，UIF 由硬件置为 1，并产生更新中断，执行 TIM2_IRQHandler 函数。因此，在 TIM2_IRQHandler 函数中还需要通过 TIM_ClearITPendingBit 函数将 UIF 清零。

（3）变量 s_i2msFlag 是 2ms 标志位，然而，TIM2_IRQHandler 函数是 1ms 执行一次，因此，还需要一个计数器（s_iCnt2），TIM2_IRQHandler 函数执行一次，s_iCnt2 就执行一次加 1 操作，当 s_iCnt2 等于 2 时，将 s_i2msFlag 置为 1，并将 s_iCnt2 清零。

程序清单 7-5

```
void TIM2_IRQHandler(void)
{
  static   u16 s_iCnt2 = 0;                                  //定义一个静态变量 s_iCnt2 作为 2ms 计数器

  if(TIM_GetITStatus(TIM2, TIM_IT_Update) == SET)        //判断定时器更新中断是否发生
  {
    TIM_ClearITPendingBit(TIM2, TIM_FLAG_Update);    //清除定时器更新中断标志
  }

  s_iCnt2++;                    //2ms 计数器的计数值加 1

  if(s_iCnt2 >= 2)              //2ms 计数器的计数值大于或等于 2
  {
    s_iCnt2 = 0;                //重置 2ms 计数器的计数值为 0
    s_i2msFlag = TRUE;  //将 2ms 标志位的值设置为 TRUE
  }
}

void TIM5_IRQHandler(void)
{
  static   i16 s_iCnt1000 = 0;                         //定义一个静态变量 s_iCnt1000 作为 1s 计数器

  if (TIM_GetITStatus(TIM5, TIM_IT_Update) == SET)       //判断定时器更新中断是否发生
  {
    TIM_ClearITPendingBit(TIM5, TIM_FLAG_Update);    //清除定时器更新中断标志
  }

  s_iCnt1000++;                          //1000ms 计数器的计数值加 1

  if(s_iCnt1000 >= 1000)                 //1000ms 计数器的计数值大于或等于 1000
  {
    s_iCnt1000 = 0;                      //重置 1000ms 计数器的计数值为 0
    s_i1secFlag = TRUE;                  //将 1s 标志位的值设置为 TRUE
  }
}
```

在 Timer.c 文件的“API 函数实现”区，添加 API 函数的实现代码，如程序清单 7-6 所示。Timer.c 文件的 API 函数有 5 个，下面按照顺序对这 5 个函数中的语句进行解释说明。

（1）InitTimer 函数调用 ConfigTimer2 和 ConfigTimer5 对 TIM2 和 TIM5 进行初始化，由于 TIM2～TIM7 的时钟源均为 APB1 时钟，APB1 时钟频率为 36MHz，而 APB1 预分频器的分频系数为 2，因此 TIM2～TIM7 的时钟频率就是 APB1 时钟频率的 2 倍，即 72MHz，可参见 9.2.1 节。ConfigTimer2 和 ConfigTimer5 函数的参数 arr 和 psc 分别是 999 和 71，因此，TIM2 和 TIM5 每 1ms 产生一次更新事件，计算过程可参见 7.2.1 节。

（2）Get2msFlag 函数用于获取 s_i2msFlag 的值，Get1SecFlag 函数用于获取 s_i1SecFlag

的值。

（3）Clr2msFlag 函数用于将 s_i2msFlag 的值清零，Clr1SecFlag 函数用于将 s_i1SecFlag 的值清零。

程序清单 7-6

```
void InitTimer(void)
{
  ConfigTimer2(999, 71);   //72MHz/(71+1)=1MHz，由 0 计数到 999 为 1ms
  ConfigTimer5(999, 71);   //72MHz/(71+1)=1MHz，由 0 计数到 999 为 1ms
}

u8  Get2msFlag(void)
{
  return(s_i2msFlag);       //返回 2ms 标志位的值
}

void  Clr2msFlag(void)
{
  s_i2msFlag = FALSE;   //将 2ms 标志位的值设置为 FALSE
}

u8  Get1SecFlag(void)
{
  return(s_i1secFlag);       //返回 1s 标志位的值
}

void  Clr1SecFlag(void)
{
  s_i1secFlag = FALSE;   //将 1s 标志位的值设置为 FALSE
}
```

步骤 5：完善定时器实验应用层

在 Project 面板中，双击打开 Main.c 文件，在 Main.c 文件的“包含头文件”区的最后，添加代码#include "Timer.h"。这样就可以在 Main.c 文件中调用 Timer 模块的 API 函数等，实现对 Timer 模块的操作。

在 Main.c 文件的 InitHardware 函数中，添加调用 InitTimer 函数的代码，如程序清单 7-7 所示，这样就实现了对 Timer 模块的初始化。

程序清单 7-7

```
static  void  InitHardware(void)
{
  SystemInit();              //系统初始化
  InitRCC();                 //初始化 RCC 模块
  InitNVIC();                //初始化 NVIC 模块
```

```
  InitUART1(115200);       //初始化 UART 模块
  InitLED();               //初始化 LED 模块
  InitSysTick();           //初始化 SysTick 模块
  InitTimer();             //初始化 Timer 模块
}
```

在 Main.c 文件的 Proc2msTask 函数中，添加调用 Get2msFlag 和 Clr2msFlag 函数的代码，如程序清单 7-8 所示。Proc2msTask 是在主函数的 while 语句中调用的，因此当 Get2msFlag 函数返回 1，即检测到 Timer 模块的 TIM2 计数到 2ms（TIM2 计数到 2ms 时，2ms 标志会被置为 1）时，if 语句中的代码才会执行，花括号的最后要通过 Clr2msFlag 函数清除 2ms 标志，这样，if 语句中的代码才会每 2ms 执行一次。在这里，还需要将调用 LEDFlicker 函数的代码添加到 if 语句中，该函数每 2ms 执行一次，参数为 250，因此，两个 LED 每 500ms 翻转一次，即两个 LED 交替闪烁。

程序清单 7-8

```
static  void  Proc2msTask(void)
{
  if(Get2msFlag())          //判断 2ms 标志状态
  {
    LEDFlicker(250);        //调用闪烁函数
    Clr2msFlag();           //清除 2ms 标志
  }
}
```

在 Main.c 文件的 Proc1SecTask 函数中，添加调用 Get1SecFlag 和 Clr1SecFlag 函数的代码，如程序清单 7-9 所示。Proc1SecTask 也在主函数的 while 语句中调用，因此当 Get1SecFlag 函数返回 1，即检测到 Timer 模块的 TIM5 计数到 1s（TIM5 计数到 1s 时，1s 标志会被置为 1）时，if 语句中的代码才会执行，花括号的最后要通过 Clr1SecFlag 函数清除 1s 标志，这样，if 语句中的代码才会每秒执行一次。在这里，还需要将调用 printf 函数的代码添加到 if 语句中，printf 函数每秒执行一次，即每秒通过串口输出 printf 中的字符串。

程序清单 7-9

```
static  void  Proc1SecTask(void)
{
  if(Get1SecFlag())  //判断 1s 标志状态
  {
    printf("This is the first STM32F103 Project, by Zhangsan\r\n");

    Clr1SecFlag();  //清除 1s 标志
  }
}
```

步骤 6：编译及下载验证

代码编写完成后，单击按钮进行编译。编译结束后，Build Output 栏中出现 0 Error(s),

0 Warning(s)，表示编译成功。然后，参见图 2-33，通过 Keil μVision5 软件将.axf 文件下载到 STM32 核心板。下载完成后，打开串口助手，可以看到串口助手中输出如图 7-11 所示信息，同时，STM32 核心板上的两个 LED 交替闪烁，表示实验成功。

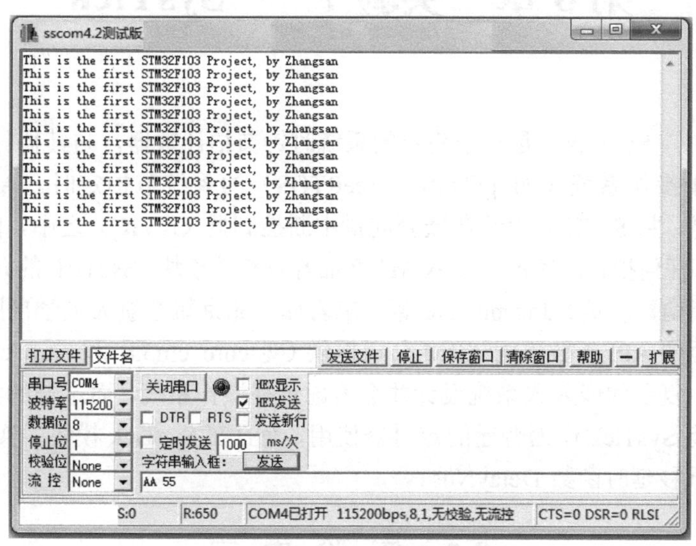

图 7-11　定时器实验结果

本 章 任 务

基于“04.GPIO 与独立按键输入实验”工程，将 TIM4 配置成每 10ms 进入一次中断服务函数，并在 TIM4 中断服务函数中产生 10ms 标志位，在 Main 模块中基于 10ms 标志，创建 10ms 任务函数 Proc10msTask，将 ScanKeyOne 函数放在 Proc10msTask 函数中调用，验证独立按键是否能够正常工作。

本 章 习 题

1．如何通过 TIMx_CR1 设置时钟分频系数、计数器计数方向？
2．如何通过 TIMx_CR1 使能定时器？
3．如何通过 TIMx_DIER 使能或除能更新中断？
4．如果某通用计数器设置为递增计数，当产生溢出时，TIMx_SR 哪个位会发生变化？
5．如何通过 TIMx_SR 读取更新中断标志？
6．TIMx_CNT、TIMx_PSC 和 TIMx_ARR 的作用分别是什么？

第 8 章　实验 7——SysTick

系统节拍时钟（SysTick）是一个简单的系统时钟节拍计数器，与其他计数/定时器不同，SysTick 主要用于操作系统（如 μC/OS、FreeRTOS）的系统节拍定时。ARM 公司在设计 Cortex-M3 内核时，将 SysTick 设计在嵌套向量中断控制器（NVIC）之中，因此，SysTick 是内核的一个模块，任何授权厂家的 Cortex-M3 产品都具有该模块。SysTick 的介绍可参见《ARM Cortex-M3 权威指南》[（英）Joseph Yiu 著，宋岩译，北京航空航天大学出版社出版]，而操作 SysTick 寄存器的 API 函数也由 ARM 公司提供（见 core_cm3.h 和 core_cm3.c），便于代码移植。一般而言，复杂的嵌入式系统设计才会考虑选择操作系统，而本书的实验都比较基础，因此，我们直接将 SysTick 作为普通的定时器使用，而且在 SysTick 模块中实现了毫秒延时函数 DelayNms 和微秒延时函数 DelayNus。

8.1　实 验 内 容

学习 SysTick 功能框图及相关寄存器和固件库函数。基于 STM32 核心板设计一个 SysTick 实验，内容包括：①新增 SysTick 模块，该模块应包括 3 个 API 函数，分别是初始化 SysTick 模块函数 InitSysTick、微秒延时函数 DelayNus 和毫秒延时函数 DelayNms；②在 InitSysTick 函数中可以调用 SysTick_Config 函数对 SysTick 的中断间隔进行调整；③微秒延时函数 DelayNus 和毫秒延时函数 DelayNms，至少有一个需要通过 SysTick_Handler 中断服务函数实现；④在 Main 模块中调用 InitSysTick 函数对 SysTick 模块进行初始化，调用 DelayNms 函数和 DelayNus 函数控制 LED1 和 LED2 交替闪烁，验证两个函数是否正确。

8.2　实 验 原 理

8.2.1　SysTick 功能框图

如图 8-1 所示是 SysTick 功能框图，下面依次介绍 SysTick 时钟、当前计数值寄存器和重装载数值寄存器。

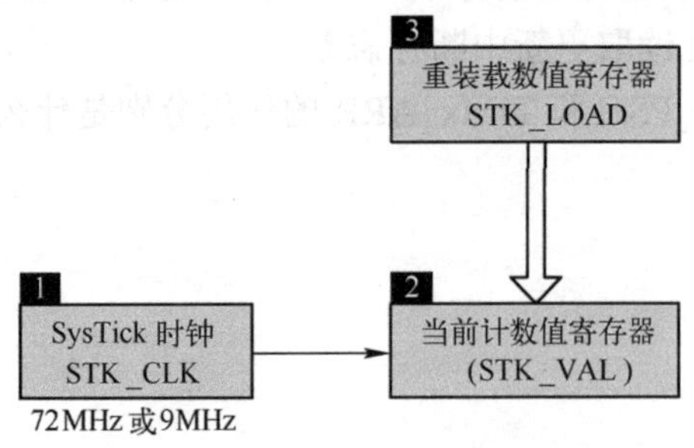

图 8-1　SysTick 功能框图

1. SysTick 时钟

AHB 时钟或经过 8 分频的 AHB 时钟作为 Cortex 系统时钟，该时钟同时也是 SysTick 的时钟源。由于本书中所有实验的 AHB 时钟频率均配置为 72MHz，因此，最终的 SysTick 时钟频率同样也是 72MHz，或 72MHz 的 8 分频，即 9MHz，本书中所有实验的 Cortex 系统时钟频率为 72MHz，同样，SysTick 时钟频率也为 72MHz。

2. 当前计数值寄存器

SysTick 时钟（STK_CLK）作为 SysTick 计数器的时钟输入，SysTick 计数器是一个 24 位的递减计数器，对 SysTick 时钟进行计数，每次计数的时间为 1/STK_CLK，计数值保存于当前计数值寄存器（STK_VAL）。对于本实验而言，由于 STK_CLK 的频率为 72MHz，因此，SysTick 计数器每次计数时间为 1/72μs。当 STK_VAL 计数至 0 时，STK_CTRL 的 COUNTFLAG 会被置为 1，如果 STK_CTRL 的 TICKINT 为 1，则产生 SysTick 异常请求；相反，如果 STK_CTRL 的 TICKINT 为 0，则不产生 SysTick 异常请求。

3. 重装载数值寄存器

SysTick 计数器对 STK_CLK 时钟进行递减计数，那么到底从哪个值开始计数到 0 呢？答案是重装载值 STK_LOAD，当 SysTick 计数器计数到 0 时，由硬件自动将 STK_LOAD 中的值加载到 STK_VAL，重新启动递减计数。本实验的 STK_LOAD 是 72000000/1000，因此，产生 SysTick 异常请求间隔为(1/72μs)×(72000000/1000)=1000μs，即 1ms 产生一次 SysTick 异常请求。

8.2.2 SysTick 实验流程图分析

图 8-2 是 SysTick 模块初始化与中断服务函数流程图。首先，通过 InitSysTick 函数初始化 SysTick，包括更新 SysTick 重装载数值寄存器、清除 SysTick 计数器、选择 AHB 时钟作为 SysTick 时钟、使能异常请求，并使能 SysTick，这些操作都是在 SysTick_Config 函数中完成的。其次，判断 SysTick 计数器是否计数到 0，如果不为 0，继续判断 SysTick 计数器是否计数到 0，如果计数到 0，则产生 SysTick 异常请求，并执行 SysTick_Handler 中断服务函数。SysTick_Handler 函数主要是判断 s_iTimDelayCnt 是否为 0，如果为 0 则退出 SysTick_Handler 函数，否则，s_iTimDelayCnt 执行递减操作。

图 8-3 是 DelayNms 函数流程图。首先，DelayNms 函数将参数 nms 赋值给 s_iTimDelayCnt，s_iTimDelayCnt 是 SysTick 模块的内部变量，该变量在 SysTick_Handler 中断服务函数中执行递减操作（在 SysTick 实验中，s_iTimDelayCnt 每 1ms 执行一次减 1 操作）。其次，判断 s_iTimDelayCnt 是否为 0，如果为 0，则退出 DelayNms 函数，否则，继续判断 s_iTimDelayCnt 是否为 0。这样，s_iTimDelayCnt 就从 nms 递减到 0，如果 nms 为 5，就可以实现 5ms 延时。

图 8-4 是 DelayNus 函数流程图。微秒级的延时与毫秒级的延时实现不同，微秒级的延时是通过一个 while 循环语句内嵌一个 for 循环语句和一个 s_iTimCnt 变量递减语句实现的，for 循环语句和 s_iTimCnt 变量递减语句执行时间大约是 1μs。参数 nus 一开始就赋值给 s_iTimCnt 变量，然后在 while 表达式中判断 s_iTimCnt 变量是否为 0，如果不为 0，则执行 for 循环语句和 s_iTimCnt 变量递减语句；否则，退出 DelayNus 函数。for 循环语句执行完之后，s_iTimCnt 变量执行一次减 1 操作，接着继续判断 s_iTimCnt 是否为 0。如果 nus 为 5，则可以实现 5μs 延时。DelayNus 函数实现的微秒级延时误差要稍微大一些，DelayNms 函数实现的毫秒级延时误差要小一些。

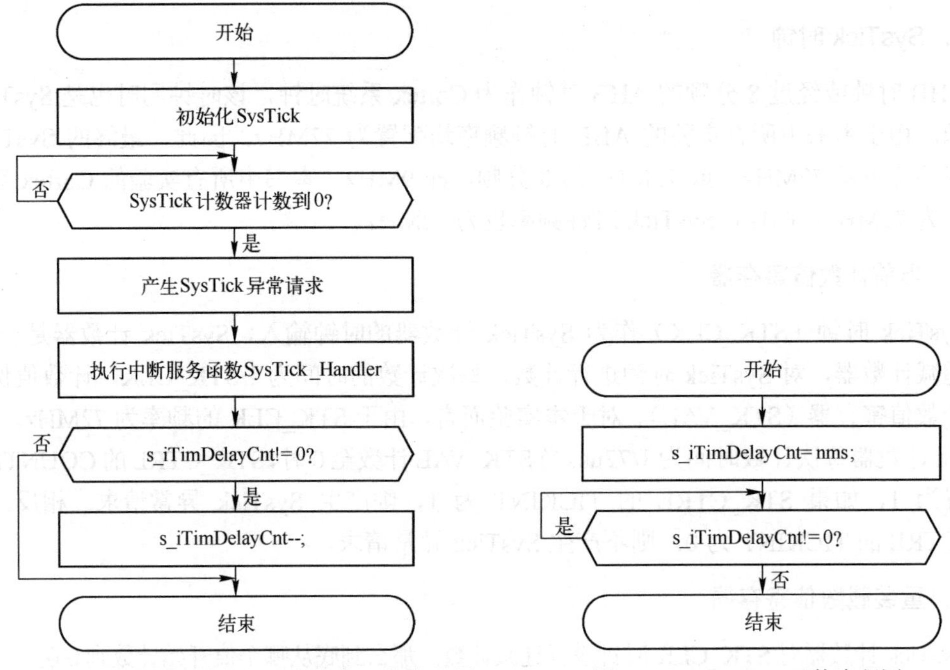

图 8-2　SysTick 模块初始化与中断服务函数流程图

图 8-3　DelayNms 函数流程图

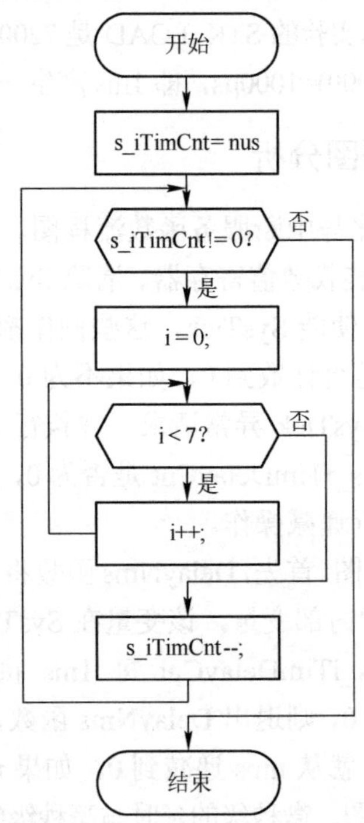

图 8-4　DelayNus 函数流程图

8.2.3　SysTick 部分寄存器

本实验涉及 4 个 SysTick 寄存器，分别是 SysTick 控制及状态寄存器（STK_CTRL）、重装载数值寄存器（STK_LOAD）、当前计数值寄存器（STK_VAL）和校准数值寄存器（STK_CALIB）。

1. 控制及状态寄存器（STK_CTRL）

STK_CTRL 的结构、偏移地址和复位值如图 8-5 所示，部分位的解释说明如表 8-1 所示。

地址：0xE000 E010
复位值：0x0000 0000

31	30	29	28	27	26	25	24	23	22	21	20	19	18	17	16
保留															COUNTFLAG
															r

15	14	13	12	11	10	9	8	7	6	5	4	3	2	1	0
保留													CLKSOURCE	TICKINT	ENABLE
													rw	rw	rw

图 8-5　STK_CTRL 的结构、偏移地址和复位值

表 8-1　STK_CTRL 部分位的解释说明

位 16	COUNTFLAG：计数标志。 如果在上次读取本寄存器后，SysTick 已经计到了 0，则该位为 1。如果读取该位，该位将自动清零
位 2	CLKSOURCE：时钟源选择。 0：外部时钟源（STCLK），即 AHB 时钟的 8 分频； 1：内核时钟（FCLK），即 AHB 时钟。 注意，本书所有实验的 SysTick 时钟默认为 AHB 时钟，即 SysTick 时钟频率为 72MHz
位 1	TICKINT：中断使能。 1：开启中断，SysTick 倒数计数到 0 时产生 SysTick 异常请求； 0：关闭中断，SysTick 倒数计数到 0 时不产生 SysTick 异常请求
位 0	ENABLE：SysTick 使能。 1：使能 SysTick； 0：除能 SysTick

2. 重装载数值寄存器（STK_LOAD）

STK_LOAD 的结构、偏移地址和复位值如图 8-6 所示，对部分位的解释说明如表 8-2 所示。

地址：0xE000 E014
复位值：0x0000 0000

31	30	29	28	27	26	25	24	23	22	21	20	19	18	17	16
保留								RELOAD[23:16]							
								rw	rw	rw	rw	rw	rw	rw	rw

15	14	13	12	11	10	9	8	7	6	5	4	3	2	1	0
RELOAD[15:0]															
rw	rw	rw	rw	rw	rw	rw	rw	rw	rw	rw	rw	rw	rw	rw	rw

图 8-6　STK_LOAD 的结构、偏移地址和复位值

表 8-2　STK_LOAD 部分位的解释说明

位 23:0	RELOAD[23:0]：重装载值。 当倒数计数至 0 时，将被重装载的值

3. 当前计数值寄存器（STK_VAL）

STK_VAL 的结构、偏移地址和复位值如图 8-7 所示，对部分位的解释说明如表 8-3 所示。

地址：0xE000 E018

复位值：0x0000 0000

31	30	29	28	27	26	25	24	23	22	21	20	19	18	17	16
保留								CURRENT[23:16]							
								rwc	rwc	rwc	rwc	rwc	rwc	rwc	rwc

15	14	13	12	11	10	9	8	7	6	5	4	3	2	1	0
CURRENT[15:0]															
rwc	rwc	rwc	rwc	rwc	rwc	rwc	rwc	rwc	rwc	rwc	rwc	rwc	rwc	rwc	rwc

图 8-7　STK_VAL 的结构、偏移地址和复位值

表 8-3　STK_VAL 部分位的解释说明

位 23:0	CURRENT[23:0]：当前计数值。 读取时返回当前倒计数的值，写它则使之清零，同时还会清除 STK_CTRL 中的 COUNTFLAG

4．校准数值寄存器（STK_CALIB）

STK_CALIB 的结构、偏移地址和复位值如图 8-8 所示，部分位的解释说明如表 8-4 所示。

地址：0xE000 E01C

复位值：0x0000 0000

31	30	29	28	27	26	25	24	23	22	21	20	19	18	17	16
NOREF	SKEW	保留						TENMS[23:16]							
r	r							rw	rw	rw	rw	rw	rw	rw	rw

15	14	13	12	11	10	9	8	7	6	5	4	3	2	1	0
TENMS[15:0]															
rw	rw	rw	rw	rw	rw	rw	rw	rw	rw	rw	rw	rw	rw	rw	rw

图 8-8　STK_CALIB 的结构、偏移地址和复位值

表 8-4　STK_CALIB 部分位的解释说明

位 31	NOREF：NOREF 标志。 1：没有外部参考时钟（STCLK 不可用）； 0：外部参考时钟可用
位 30	SKEW：SKEW 标志。 1：校准值不是准确的 10ms； 0：校准值准确
位 23:0	TENMS[23:0]：10ms 校准值。 在 10ms 的间隔中倒计数的格数。芯片设计者通过 Cortex-M3 的输入信号提供该数值，若读出为 0，则表示校准值不可用

8.2.4　SysTick 部分固件库函数

本实验涉及的 SysTick 固件库函数只有 SysTick_Config，用于设置 SysTick 并使能中断。该函数在 core_cm3.h 文件中以内联函数形式声明和实现。

SysTick_Config 函数的功能是设置 SysTick 并使能中断，通过写 SysTick→LOAD 设置自动重载入计数值和 SysTick 中断的优先级，将 SysTick→VAL 的值设为 0，向 SysTick→CTRL 写入参数启动计数，并打开 SysTick 中断，SysTick 时钟默认使用系统时钟。该函数的描述如表 8-5 所示。注意，当设置的计数值不符合要求时，例如设置值超过 24 位（SysTick 计数器

是 24 位），则返回 1。

表 8-5　SysTick_Config 函数的描述

函数名	SysTick_Config
函数原型	int32_t SysTick_Config(uint32_t ticks)
功能描述	设置 SysTick 并使能中断
输入参数	ticks：时钟次数
输出参数	无
返回值	1：重装载值错误；0：功能执行成功

例如，配置系统滴答定时器 1ms 中断一次，代码如下：

```
SysTick_Config(SystemCoreClock / 1000); // SystemCoreClock = SYSCLK_FREQ_72MHz =72000000
//72000 代表计数从 71999 开始到 0；定时器递减 1 个值需要时间为 1/SystemCoreClock 秒
//所以计算为（72000000 / 1000）*（1/72MHz）=1/1000=（1ms）
```

8.3　实 验 步 骤

步骤 1：复制并编译原始工程

首先，将“D:\STM32KeilTest\Material\07.SysTick 实验”文件夹复制到“D:\STM32KeilTest\Product”文件夹中。然后，双击运行“D:\STM32KeilTest\Product\07.SysTick 实验\Project”文件夹中的 STM32KeilPrj.uvprojx，单击工具栏中的按钮。当 Build Output 栏出现 FromELF: creating hex file...时，表示已经成功生成.hex 文件，出现 0 Error(s), 0 Warning(s)表示编译成功。最后，将.axf 文件下载到 STM32 的内部 Flash，观察 STM32 核心板上的两个 LED 是否交替闪烁。如果两个 LED 交替闪烁，串口正常输出字符串，表示原始工程是正确的，接着就可以进入下一步操作。

步骤 2：添加 SysTick 文件对

首先，将“D:\STM32KeilTest\Product\07.SysTick 实验\ARM\SysTick”文件夹中的 SysTick.c 添加到 ARM 分组，具体操作可参见 2.3 节步骤 8。然后，将“D:\STM32KeilTest\Product\07.SysTick 实验\ARM\SysTick”路径添加到 Include Paths 栏，具体操作可参见 2.3 节步骤 11。

步骤 3：完善 SysTick.h 文件

单击按钮进行编译，编译结束后，在 Project 面板中，双击 SysTick.c 下的 SysTick.h，在 SysTick.h 文件的“包含头文件”区，添加代码#include "DataType.h"和#include "stm32f10x.h"。

在 SysTick.h 文件的“API 函数声明”区，添加如程序清单 8-1 所示的 API 函数声明代码。InitSysTick 函数主要是初始化 SysTick 模块。DelayNus 函数的功能是微秒延时，而 DelayNms 函数的功能是毫秒延时。DelayNus 和 DelayNms 函数均使用了关键字__IO，__IO 定义在 core_cm3.h 文件中，stm32f10x.h 文件包含了 core_cm3.h 文件，因此，SysTick.h 包含了 stm32f10x.h 文件，就相当于包含了 core_cm3.h 文件。

程序清单 8-1

```
void  InitSysTick(void);            //初始化 SysTick 模块
void  DelayNus(__IO u32 nus);       //微秒级延时函数
void  DelayNms(__IO u32 nms);       //毫秒级延时函数
```

步骤 4：完善 SysTick.c 文件

SysTick 模块涉及的 SysTick_Config 函数在 core_cm3.h 文件中声明，因此，原则上需要包含 core_cm3.h。但是，SysTick.c 包含了 SysTick.h，而 SysTick.h 包含了 stm32f10x.h，stm32f10x.h 又包含了 core_cm3.h，既然 SysTick.c 已经包含了 SysTick.h，因此，就不需要在 SysTick.c 中再次包含 stm32f10x.h 或 core_cm3.h 了。尽管不需要在 SysTick.c 文件中添加其他头文件，但还是建议读者参见图 4-14 中的 Step2 完善 SysTick.c 的模块信息。

在 SysTick.c 文件的“内部变量”区，添加内部变量定义的代码，如程序清单 8-2 所示。s_iTimDelayCnt 是延时计数器，该变量每毫秒执行一次减 1 操作，初值由 DelayNms 函数的参数 nms 赋予。__IO 等效于 volatile，在变量前添加 volatile，编译器就不会对该变量的代码进行优化了。

程序清单 8-2

```
static  __IO  u32 s_iTimDelayCnt = 0;     //延时计数器 s_iTimDelayCnt 的初始值为 0
```

在 SysTick.c 文件的“内部函数声明”区，添加 TimDelayDec 函数的声明代码，如程序清单 8-3 所示。

程序清单 8-3

```
static  void TimDelayDec(void);           //延时计数
```

在 SysTick.c 文件的“内部函数实现”区，添加 TimDelayDec 和 SysTick_Handler 函数的实现代码，如程序清单 8-4 所示。本实验中，SysTick_Handler 函数每秒执行一次，该函数调用了 TimDelayDec 函数，当延时计数器 s_iTimDelayCnt 不为 0 时，每执行一次 TimDelayDec 函数，s_iTimDelayCnt 执行一次减 1 操作。

程序清单 8-4

```
static  void TimDelayDec(void)
{
  if(s_iTimDelayCnt != 0)         //延时计数器的数值不为 0
  {
    s_iTimDelayCnt--;             //延时计数器的数值减 1
  }
}

void  SysTick_Handler(void)
{
  TimDelayDec();                  //延时计数函数
}
```

在 SysTick.c 文件的“API 函数实现”区，添加 API 函数的实现代码，如程序清单 8-5 所示。SysTick.c 文件有 3 个 API 函数，下面按照顺序对这 3 个函数中的语句进行解释说明。

（1）InitSysTick 函数调用 SysTick_Config 函数初始化 SysTick 模块，本实验中，SysTick 的时钟为 72MHz，因此 SystemCoreClock 为 72000000，SysTick_Config 函数的参数就为 72000，表示 STK_LOAD 为 72000。通过计算可以得出，产生 SysTick 异常请求的间隔为（1/72μs）× 72000=1000μs，即 1ms 产生一次 SysTick 异常请求。SysTick_Config 函数的返回值表示是否出现错误，返回值为 0 表示没有错误，为 1 表示出现错误，程序进入死循环。

（2）DelayNms 函数的参数 nms 表示以毫秒为单位的延时数，nms 赋值给延时计数器 s_iTimDelayCnt，该值在 SysTick_Handler 中断服务函数中执行一次减 1 操作，当 s_iTimDelayCnt 减到 0 时跳出 DelayNms 函数的 while 循环。DelayNms 函数的具体执行过程可参见 8.2.2 节。

（3）DelayNus 函数通过一个 while 循环语句内嵌一个 for 循环语句实现微秒级延时，for 循环体中的语句执行 7 次之后，大约是 1μs。DelayNus 函数的具体执行过程同样参见 8.2.2 节。

程序清单 8-5

```
void InitSysTick( void )
{
  if (SysTick_Config(SystemCoreClock / 1000)) //配置系统滴答定时器 1ms 中断一次
  {
    while(1)                     //在错误发生的情况下，进入死循环
    {

    }
  }
}

void   DelayNms(__IO u32 nms)
{
  s_iTimDelayCnt = nms;          //将延时计数器 s_iTimDelayCnt 的数值赋为 nms

  while(s_iTimDelayCnt != 0)     //延时计数器的数值为 0 时，表示延时了 nms，跳出 while 语句
  {

  }
}

void   DelayNus(__IO u32 nus)
{
  u32 s_iTimCnt = nus;           //定义一个变量 s_iTimCnt 作为延时计数器，赋值为 nus
  u16 i;                         //定义一个变量作为循环计数器

  while(s_iTimCnt != 0)          //延时计数器 s_iTimCnt 的值不为 0
  {
    for(i = 0; i < 7; i++)       //空循环，产生延时功能
```

```
    {
    }

    s_iTimCnt--;                  //成功延时 1μs，变量 s_iTimCnt 减 1
  }
}
```

步骤 5：完善 SysTick 实验应用层

在 Project 面板中，双击打开 Main.c 文件，在 Main.c 文件的“包含头文件”区的最后，添加代码#include "SysTick.h"。这样就可以在 Main.c 文件中调用 SysTick 模块的 API 函数等，实现对 SysTick 模块的操作。

在 Main.c 文件的 InitHardware 函数中，添加调用 InitSysTick 函数的代码，如程序清单 8-6 所示，这样就实现了对 SysTick 模块的初始化。

程序清单 8-6

```
static  void  InitHardware(void)
{
  SystemInit();             //系统初始化
  InitRCC();                //初始化 RCC 模块
  InitNVIC();               //初始化 NVIC 模块
  InitUART1(115200);        //初始化 UART 模块
  InitTimer();              //初始化 Timer 模块
  InitLED();                //初始化 LED 模块
  InitSysTick();            //初始化 SysTick 模块
}
```

在 Main.c 文件的 main 函数中，注释掉 Proc2msTask 和 Proc1SecTask 这两个函数，并添加如程序清单 8-7 所示代码，这样就实现了两个 LED 交替闪烁功能。

程序清单 8-7

```
int main(void)
{
  InitSoftware();     //初始化软件相关函数
  InitHardware();     //初始化硬件相关函数

  printf("Init System has been finished.\r\n" );                //打印系统状态

  while(1)
  {
    //Proc2msTask();        //2ms 处理任务
    //Proc1SecTask();       //1s 处理任务
    GPIO_WriteBit(GPIOC, GPIO_Pin_4, Bit_SET);         //LED1 点亮
    GPIO_WriteBit(GPIOC, GPIO_Pin_5, Bit_RESET);       //LED2 熄灭
    DelayNms(1000);
```

```
    GPIO_WriteBit(GPIOC, GPIO_Pin_4, Bit_RESET);        //LED1 熄灭
    GPIO_WriteBit(GPIOC, GPIO_Pin_5, Bit_SET);          //LED2 点亮
    DelayNus(1000000);
  }
}
```

步骤 6：编译及下载验证

代码编写完成后，单击按钮进行编译。编译结束后，Build Output 栏中出现 0 Error(s)，0 Warning(s)，表示编译成功。然后，参见图 2-33，通过 Keil μVision5 软件将.axf 文件下载到 STM32 核心板。下载完成后，可以观察到核心板上两个 LED 交替闪烁，表示实验成功。

本 章 任 务

基于 STM32 核心板，通过修改 SysTick 模块的 InitSysTick 函数，将系统节拍时钟 SysTick 配置为 0.25ms 中断一次，此时，SysTick 模块中的 DelayNms 函数将不再以 1ms 为最小延时单位，而是以 0.25ms 为最小延时单位。尝试修改 DelayNms 函数，使得该函数在系统节拍时钟 SysTick 配置为 0.25ms 中断一次的情况下，依然以 1ms 为最小延时单位进行延时，即 DelayNms(1)代表 1ms 延时，DelayNms(5)代表 5ms 延时，并在 Main 模块中调用 DelayNms 函数，控制 LED1 和 LED2 每 500ms 交替闪烁，验证 DelayNms 函数是否修改正确。

本 章 习 题

1．简述 DelayNus 函数产生延时的原理。
2．DelayNus 函数的时间计算精度受什么因素影响？
3．STM32 芯片中的通用定时器与 SysTick 定时器有什么区别？
4．如何通过寄存器将 SysTick 时钟频率由 72MHz 更改为 9MHz？

第 9 章　实验 8——RCC

STM32 微控制器为了满足各种低功耗应用场景，设计了一个功能完善而复杂的时钟系统。普通的微控制器一般只要配置好外设（如 GPIO、UART 等）相关寄存器就可以正常工作，但是，STM32 微控制器还需要同时配置好复位和时钟控制器 RCC，并开启相应外设时钟。本章主要讲解时钟部分，尤其是时钟树，理解了时钟树，STM32 所有时钟来龙去脉就非常清晰了。本章将对时钟源和时钟树，以及 RCC 的相关寄存器和固件库函数进行详细讲解，并编写 RCC 模块驱动，最终在应用层调用 RCC 的初始化函数，验证 STM32 整个系统是否能够正常工作。

9.1　实验内容

通过学习 STM32 的时钟源和时钟树，以及 RCC 的相关寄存器和固件库函数，编写 RCC 驱动，该驱动包括一个用于初始化 RCC 模块的 API 函数 InitRCC，以及一个用于配置 RCC 的内部静态函数 ConfigRCC。通过 ConfigRCC 函数，将 HSE 时钟（频率为 8MHz）的 9 倍频作为 SYSCLK 时钟源，同时，将 AHB 总线时钟 HCLK 频率配置为 72MHz，将 APB1 总线时钟 PCLK1 和 APB2 总线时钟 PCLK2 频率分别配置为 36MHz 和 72MHz。最后，在 Main.c 文件中调用 InitRCC 函数，验证 STM32 整个系统是否能够正常工作。

9.2　实验原理

9.2.1　RCC 功能框图

对于传统的微控制器（如 51 系列微控制器），系统时钟频率基本都是固定的，实现一个延时程序，可以直接使用 for 循环语句或 while 语句。然而，对于 STM32 系列微控制器则不可行，因为，STM32 系统比较复杂，时钟系统相对于传统的微控制器也更加多样化，系统时钟有多个时钟源，每个外设又有不同的时钟分频系数，如果不熟悉时钟系统，就无法确定当前的时钟频率，做不到精确的延时。

复位和时钟控制模块（简称 RCC）是 STM32 的核心单元，每个实验都会涉及 RCC。当然，本书中所有的实验，都要先对 RCC 进行初始化配置，然后再对具体的外设进行时钟使能。因此，如果不熟悉 RCC，就无法理解 STM32 微控制器。

RCC 功能框图如图 9-1 所示，本书中的所有实验均涉及 RCC，下面依次介绍高速外部时钟 HSE、锁相环时钟选择器和倍频器、系统时钟 SYSCLK 选择器、AHB 预分频器、APB1 和 APB2 预分频器、定时器倍频器、ADC 预分频器和 Cortex 系统时钟分频器。

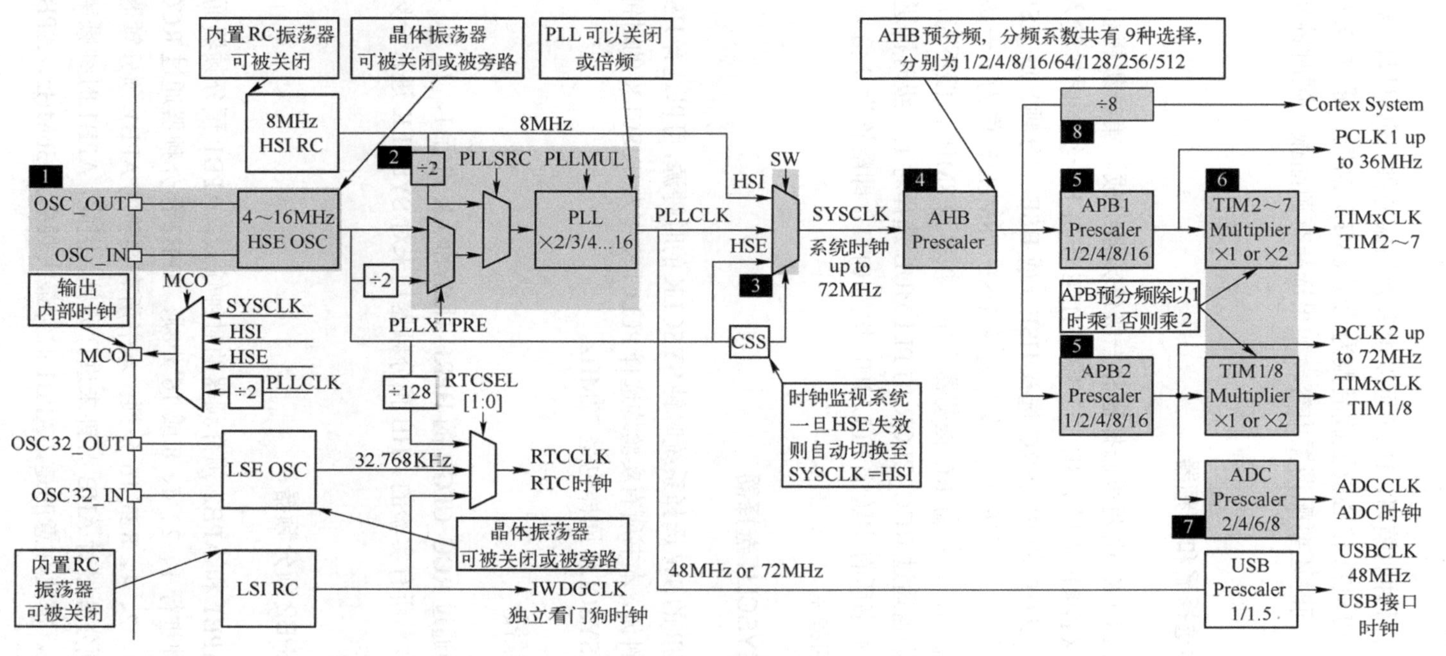
内置RC振荡器
可被关闭
晶体振荡器
可被关闭或被旁路
PLL可以关闭
或倍频
AHB预分频，分频系数共有9种选择，
分别为1/2/4/8/16/64/128/256/512
8MHz
HSI RC
8MHz
1
OSC_OUT
OSC_IN
4～16MHz
HSE OSC
2
÷2
PLLSRC
PLLMUL
PLL
×2/3/4...16
PLLCLK
HSI
HSE
SW
3
SYSCLK
系统时钟
up to
72MHz
4
AHB
Prescaler
÷8
8
Cortex System
5
APB1
Prescaler
1/2/4/8/16
6
TIM2～7
Multiplier
×1 or ×2
PCLK1 up
to 36MHz
TIMxCLK
TIM2～7
APB预分频除以1
时乘1否则乘2
5
APB2
Prescaler
1/2/4/8/16
TIM1/8
Multiplier
×1 or ×2
PCLK2 up
to 72MHz
TIMxCLK
TIM1/8
ADC
Prescaler
2/4/6/8
7
ADCCLK
ADC时钟
USB
Prescaler
1/1.5
USBCLK
48MHz
USB接口
时钟
48MHz or 72MHz
输出
内部时钟
MCO
MCO
SYSCLK
HSI
HSE
÷2
PLLCLK
÷2
PLLXTPRE
CSS
时钟监视系统
一旦HSE失效
则自动切换至
SYSCLK=HSI
÷128
RTCSEL
[1:0]
OSC32_OUT
OSC32_IN
LSE OSC
32.768KHz
RTCCLK
RTC时钟
晶体振荡器
可被关闭或被旁路
内置RC
振荡器
可被关闭
LSI RC
IWDGCLK
独立看门狗时钟

图 9-1　RCC 功能框图

1. 高速外部时钟 HSE

HSE 是高速外部时钟的缩写，HSE 可以由有源晶振提供，也可以由无源晶振提供，频率范围为 4～16MHz。STM32 核心板板载晶振为无源 8MHz 晶振，通过 OSC_IN 和 OSC_OUT 两个引脚接入芯片，同时还要配谐振电容。如果选择有源晶振，则时钟从 OSC_IN 接入，OSC_OUT 悬空。

2. 锁相环时钟选择器和倍频器

锁相环时钟 PLLCLK 由两级选择器和一级倍频器组成。第一级锁相环时钟选择器通过 RCC_CFGR 的 PLLXTPRE 选择 HSE 二分频或 HSE 作为下一级的时钟输入，第二级锁相环时钟选择器通过 RCC_CFGR 的 PLLSRC 选择 HSE（或 HSE 二分频）或 HSI 二分频（4MHz）作为下一级的时钟输入。本书所有实验均选择 HSE（8MHz）作为下一级的时钟输入。HSI 是内部高速时钟的缩写，由内部 RC 振荡器产生，频率为 8MHz，但不稳定。

锁相环时钟倍频器通过 RCC_CFGR 的 PLLMUL 选择对上一级时钟进行 2、3、4、…、16 倍频输出，由于本书所有实验中 PLLMUL 均为 0111，即配置为 9 倍频，因此，此处输出时钟（PLLCLK）的频率为 72MHz。

3. 系统时钟 SYSCLK 选择器

通过 RCC_CFGR 的 SW 选择系统时钟 SYSCLK 的时钟源，可以选择 HSI、HSE 或 PLLCLK 作为 SYSCLK 的时钟源。本书所有实验均选择 PLLCLK 作为 SYSCLK 的时钟源，由于 PLLCLK 是 72MHz，因此，SYSCLK 同样也是 72MHz。

4. AHB 预分频器

AHB 预分频器通过 RCC_CFGR 的 HPRE 对 SYSCLK 进行 1、2、4、8、16、64、128、256 或 512 分频，本书所有实验的 AHB 预分频器均未对 SYSCLK 进行分频，即 AHB 时钟依然为 72MHz。

5. APB1 和 APB2 预分频器

AHB 时钟是 APB1 和 APB2 预分频器的时钟输入，APB1 预分频器通过 RCC_CFGR 的 PPRE1 对 AHB 时钟进行 1、2、4、8 或 16 分频，APB2 预分频器通过 RCC_CFGR 的 PPRE2 对 AHB 时钟进行 1、2、4、8 或 16 分频。本书所有实验的 APB1 预分频器均对 AHB 时钟进行 2 分频，APB2 预分频器对 AHB 时钟未进行分频，因此，APB1 时钟频率为 36MHz，APB2 时钟频率为 72MHz。需要注意的是，APB1 时钟最大频率为 36MHz，APB2 时钟最大频率为 72MHz。

6. 定时器倍频器

STM32 有 8 个定时器，其中 TIM2～7 时钟由 APB1 时钟提供，TIM1 和 TIM8 时钟由 APB2

时钟提供。当 APBx 预分频器的分频系数为 1 时，定时器的时钟频率与 APBx 时钟频率相等；否则，当 APBx 预分频器的分频系数不为 1 时，定时器的时钟频率是 APBx 时钟频率的 2 倍。本书所有实验的 APB1 预分频器的分频系数均为 2，APB2 预分频器的分频系数为 1，而且，APB1 时钟频率为 36MHz，APB2 时钟频率为 72MHz，因此，TIM2～7 的时钟频率为 72MHz，TIM1 和 TIM8 的时钟频率同样为 72MHz。

7．ADC 预分频器

STM32 微控制器的 ADC 时钟由 APB2 时钟提供，ADC 预分频器通过 RCC_CFGR 的 ADCPRE 对 APB2 时钟进行 2、4、6 或 8 分频，由于 APB2 时钟是 72MHz，而本书最后两个实验（DAC 实验和 ADC 实验）的 ADC 预分频器的分频因子为 6，因此，最终的 ADC 时钟为 72MHz/6=12MHz。

8．Cortex 系统时钟分频器

AHB 时钟或 AHB 时钟经过 8 分频，作为 Cortex 系统时钟。本书中的 SysTick 实验使用的即为 Cortex 系统时钟，AHB 时钟频率为 72MHz，因此，SysTick 时钟频率同样是 72MHz，或是 9MHz。本书所有实验的 Cortex 系统时钟频率均默认为 72MHz，因此，SysTick 时钟频率也为 72MHz。

提示：关于 RCC 参数的配置，读者可参见本书配套实验的 RCC.h 和 RCC.c 文件。

9.2.2 RCC 部分寄存器

本实验涉及的 RCC 寄存器包括时钟控制寄存器（RCC_CR）、时钟配置寄存器（RCC_CFGR）和时钟中断寄存器（RCC_CIR）。

1．时钟控制寄存器（RCC_CR）

RCC_CR 的结构、偏移地址和复位值如图 9-2 所示，对部分位的解释说明如表 9-1 所示。

偏移地址：0x00
复位值：0x0000 XX83，X 代表未定义
访问：无等待状态，按照字、半字和字节访问

31	30	29	28	27	26	25	24	23	22	21	20	19	18	17	16
保留						PLL RDY	PLLON	保留				CSS ON	HSE BYP	HSE RDY	HSE ON
						r	rw					rw	rw	r	rw

15	14	13	12	11	10	9	8	7	6	5	4	3	2	1	0
HSICAL[7:0]								HSITRIM[4:0]					保留	HSI RDY	HSION
r	r	r	r	r	r	r	r	rw	rw	rw	rw	rw		r	rw

图 9-2　RCC_CR 的结构、偏移地址和复位值

表 9-1　RCC_CR 部分位的解释说明

位 25	PLLRDY：PLL 时钟就绪标志（PLL clock ready flag）。 PLL 锁定后由硬件置为 1。 0：PLL 未锁定； 1：PLL 锁定
位 24	PLLON：PLL 使能（PLL enable）。 由软件置为 1 或清零。 当进入待机和停止模式时，该位由硬件清零。当 PLL 时钟被用作或将要作为系统时钟时，该位不能被清零。 0：PLL 除能； 1：PLL 使能
位 19	CSSON：时钟安全系统使能（Clock security system enable）。 由软件置为 1 或清零，以使能时钟监测器。 0：时钟监测器关闭； 1：如果外部 4～16MHz 振荡器就绪，时钟监测器开启
位 18	HSEBYP：外部高速时钟旁路（External high-speed clock bypass）。 在调试模式下由软件置为 1 或清零来旁路外部晶体振荡器。只有在外部 4～16MHz 振荡器关闭的情况下，才能写入该位。 0：外部 4～16MHz 振荡器没有旁路； 1：外部 4～16MHz 振荡器被旁路
位 17	HSERDY：外部高速时钟就绪标志（External high-speed clock ready flag）。 由硬件置为 1 来指示外部 4～16MHz 振荡器已经稳定。在 HSEON 位清零后，该位需要 6 个外部 4～25MHz 振荡器周期清零。 0：外部 4～16MHz 振荡器没有就绪； 1：外部 4～16MHz 振荡器就绪
位 16	HSEON：外部高速时钟使能（External high-speed clock enable）。 由软件置为 1 或清零。 当进入待机或停止模式时，该位由硬件清零，关闭 4～16MHz 外部振荡器。当外部 4～16MHz 振荡器被用作或被选择将要作为系统时钟时，该位不能被清零。 0：HSE 振荡器关闭； 1：HSE 振荡器开启
位 0	HSION：内部高速时钟使能（Internal high-speed clock enable）。 由软件置为 1 或清零。 当从待机和停止模式返回或用作系统时钟的外部 4～16MHz 振荡器发生故障时，该位由硬件置为 1 来启动内部 8MHz 的 RC 振荡器。当内部 8MHz 振荡器被直接或间接地用作或被选择将要作为系统时钟时，该位不能被清零。 0：内部 8MHz 振荡器关闭； 1：内部 8MHz 振荡器开启

2．时钟配置寄存器（RCC_CFGR）

RCC_CFGR 的结构、偏移地址和复位值如图 9-3 所示，对部分位的解释说明如表 9-2 所示。

偏移地址：0x04

复位值：0x0000 0000

访问：0～2个等待周期，按照字、半字和字节访问。只有当访问发生在时钟切换时，才会插入1或2个等待周期

31	30	29	28	27	26	25	24	23	22	21	20	19	18	17	16
保留					MCO[2:0]			保留	USB PRE	PLLMUL[3:0]				PLL XTPRE	PLL SRC
					rw	rw	rw		rw	rw	rw	rw	rw	rw	rw

15	14	13	12	11	10	9	8	7	6	5	4	3	2	1	0
ADCPRE[1:0]		PPRE2[2:0]			PPRE1[2:0]			HPRE[3:0]				SWS[1:0]		SW[1:0]	
rw	rw	rw	rw	rw	rw	rw	rw	rw	rw	rw	rw	r	r	rw	rw

图 9-3　RCC_CFGR 的结构、偏移地址和复位值

表 9-2　RCC_CFGR 部分位的解释说明

位 21:18	PLLMUL[3:0]：PLL 倍频系数（PLL multiplication factor）。 由软件设置来确定 PLL 倍频系数。只有在 PLL 关闭的情况下才可被写入。 注意，PLL 的输出频率不能超过 72MHz。 0000：PLL 2 倍频输出；1000：PLL 10 倍频输出； 0001：PLL 3 倍频输出；1001：PLL 11 倍频输出； 0010：PLL 4 倍频输出；1010：PLL 12 倍频输出； 0011：PLL 5 倍频输出；1011：PLL 13 倍频输出； 0100：PLL 6 倍频输出；1100：PLL 14 倍频输出； 0101：PLL 7 倍频输出；1101：PLL 15 倍频输出； 0110：PLL 8 倍频输出；1110：PLL 16 倍频输出； 0111：PLL 9 倍频输出；1111：PLL 16 倍频输出
位 17	PLLXTPRE：HSE 分频器作为 PLL 输入（HSE divider for PLL entry）。 由软件置为 1 或清零来分频 HSE 后作为 PLL 输入时钟。只有在关闭 PLL 时才能写入此位。 0：HSE 不分频； 1：HSE 2 分频
位 16	PLLSRC：PLL 输入时钟源（PLL entry clock source）。 由软件置为 1 或清零来选择 PLL 输入时钟源。只有在关闭 PLL 时才能写入此位。 0：HSI 振荡器时钟经 2 分频后作为 PLL 输入时钟； 1：HSE 时钟作为 PLL 输入时钟
位 13:11	PPRE2[2:0]：高速 APB 预分频（APB2）[APB high-speed prescaler（APB2）]。 由软件置为 1 或清零来控制高速 APB2 时钟（PCLK2）的预分频系数。 0xx：HCLK 不分频； 100：HCLK 2 分频； 101：HCLK 4 分频； 110：HCLK 8 分频； 111：HCLK 16 分频
位 10:8	PPRE1[2:0]：低速 APB 预分频（APB1）[APB low-speed prescaler（APB1）]。 由软件置为 1 或清零来控制低速 APB1 时钟（PCLK1）的预分频系数。 注意，软件必须保证 APB1 时钟频率不超过 36MHz。 0xx：HCLK 不分频； 100：HCLK 2 分频； 101：HCLK 4 分频； 110：HCLK 8 分频； 111：HCLK 16 分频
位 7:4	HPRE[3:0]：AHB 预分频（AHB Prescaler）。 由软件置为 1 或清零来控制 AHB 时钟的预分频系数。 0xxx：SYSCLK 不分频； 1000：SYSCLK 2 分频；　1100：SYSCLK 64 分频； 1001：SYSCLK 4 分频；　1101：SYSCLK 128 分频； 1010：SYSCLK 8 分频；　1110：SYSCLK 256 分频； 1011：SYSCLK 16 分频；1111：SYSCLK 512 分频。 注意，当 AHB 时钟的预分频系数大于 1 时，必须开启预取缓冲器
位 1:0	SW[1:0]：系统时钟切换（System clock switch）。 由软件置为 1 或清零来选择系统时钟源。 在从停止或待机模式中返回，或者直接或间接作为系统时钟的 HSE 出现故障时，由硬件强制选择 HSI 作为系统时钟（如果时钟安全系统已经启动）。 00：HSI 作为系统时钟； 01：HSE 作为系统时钟； 10：PLL 输出作为系统时钟； 11：不可用

3．时钟中断寄存器（RCC_CIR）

RCC_CIR 的结构、偏移地址和复位值如图 9-4 所示，对部分位的解释说明如表 9-3 所示。

偏移地址：0x08

复位值：0x0000 XX00

访问：无等待状态，按照字、半字和字节访问

31	30	29	28	27	26	25	24	23	22	21	20	19	18	17	16
保留								CSSC	保留		PLL RDYC	HSE RDYC	HSI RDYC	LSE RDYC	LSI RDYC
								w			w	w	w	w	w

15	14	13	12	11	10	9	8	7	6	5	4	3	2	1	0
保留			PLL RDYIE	HSE RDYIE	HSI RDYIE	LSE RDYIE	LSI RDYIE	CSSF	保留		PLL RDYF	HSE RDYF	HSI RDYF	LSE RDYF	LSI RDYF
			rw	rw	rw	rw	rw	r			r	r	r	r	r

图 9-4　RCC_CIR 的结构、偏移地址和复位值

表 9-3　RCC_CIR 部分位的解释说明

位 23	CSSC：清除时钟安全系统中断（Clock security system interrupt clear）。 由软件置为 1 来清除 CSSF 安全系统中断标志位 CSSF。 0：无作用； 1：清除 CSSF 安全系统中断标志位
位 20	PLLRDYC：清除 PLL 就绪中断（PLL ready interrupt clear）。 由软件置为 1 来清除 PLL 就绪中断标志位 PLLRDYF。 0：无作用； 1：清除 PLL 就绪中断标志位 PLLRDYF
位 19	HSERDYC：清除 HSE 就绪中断（HSE ready interrupt clear）。 由软件置为 1 来清除 HSE 就绪中断标志位 HSERDYF。 0：无作用； 1：清除 HSE 就绪中断标志位 HSERDYF
位 18	HSIRDYC：清除 HSI 就绪中断（HSI ready interrupt clear）。 由软件置为 1 来清除 HSI 就绪中断标志位 HSIRDYF。 0：无作用； 1：清除 HSI 就绪中断标志位 HSIRDYF
位 17	LSERDYC：清除 LSE 就绪中断（LSE ready interrupt clear）。 由软件置为 1 来清除 LSE 就绪中断标志位 LSERDYF。 0：无作用； 1：清除 LSE 就绪中断标志位 LSERDYF
位 16	LSIRDYC：清除 LSI 就绪中断（LSI ready interrupt clear）。 由软件置为 1 来清除 LSI 就绪中断标志位 LSIRDYF。 0：无作用； 1：清除 LSI 就绪中断标志位 LSIRDYF

9.2.3　RCC 部分固件库函数

本实验涉及的 RCC 固件库函数包括 RCC_DeInit、RCC_HSEConfig、RCC_WaitForHSEStartUp、RCC_HCLKConfig、RCC_PCLK1Config、RCC_PCLK2Config、RCC_PLLCmd、RCC_GetFlagStatus、RCC_SYSCLKConfig、RCC_GetSYSCLKSource。这些函数在 stm32f10x_rcc.h 文件中声明，在 stm32f10x_rcc.c 文件中实现。

1．RCC_DeInit

RCC_DeInit 函数的功能是将外设 RCC 寄存器重设为默认值，通过向 RCC→CR、RCC→CFGR 和 RCC→CIR 写入参数来实现。具体描述如表 9-4 所示。

表 9-4　RCC_DeInit 函数的描述

函数名	RCC_DeInit
函数原型	void RCC_DeInit(void)
功能描述	将外设 RCC 寄存器重设为默认值
输入参数	无
输出参数	无
返回值	void

例如，设置 RCC 寄存器为初始状态，代码如下：

```
RCC_DeInit();
```

2．RCC_HSEConfig

RCC_HSEConfig 函数的功能是设置外部高速晶振（HSE），通过向 RCC→CR 写入参数来实现。具体描述如表 9-5 所示。

表 9-5　RCC_HSEConfig 函数的描述

函数名	RCC_HSEConfig
函数原型	void RCC_HSEConfig(uint32_t RCC_HSE)
功能描述	设置外部高速晶振（HSE）
输入参数	RCC_HSE：HSE 的新状态
输出参数	无
返回值	void

参数 RCC_HSE 为 HSE 的新状态，可取值如表 9-6 所示。

表 9-6　参数 RCC_HSE 的可取值

可取值	实际值	描述
RCC_HSE_OFF	0x00000000	HSE 晶振 OFF
RCC_HSE_ON	0x00010000	HSE 晶振 ON
RCC_HSE_Bypass	0x00040000	HSE 晶振被外部时钟旁路

例如，使能 HSE，代码如下：

```
RCC_HSEConfig(RCC_HSE_ON);
```

3．RCC_WaitForHSEStartUp

RCC_WaitForHSEStartUp 函数的功能是等待 HSE 起振，通过读取并判断 RCC→CR、RCC→BDCR 或 RCC→CSR 来实现。具体描述如表 9-7 所示。

表 9-7　RCC_WaitForHSEStartUp 函数的描述

函数名	RCC_WaitForHSEStartUp
函数原型	ErrorStatus RCC_WaitForHSEStartUp(void)
功能描述	等待 HSE 起振，该函数将等待直到 HSE 就绪，或在超时的情况下退出
输入参数	无
输出参数	无
返回值	一个 ErrorStatus 枚举值： SUCCESS：HSE 晶振稳定且就绪； ERROR：HSE 晶振未就绪

例如，等待 HSE 起振，代码如下：

```
 ErrorStatus HSEStartUpStatus;
//使能 HSE
RCC_HSEConfig(RCC_HSE_ON);
//等待直到 HSE 起振或超时退出
HSEStartUpStatus = RCC_WaitForHSEStartUp();
if(HSEStartUpStatus == SUCCESS)
{
  //此处加入 PLL 和系统时钟的定义
}
else
{
  //此处加入超时错误处理
}
```

4．RCC_HCLKConfig

RCC_HCLKConfig 函数的功能是设置 AHB 时钟（HCLK），通过向 RCC→CFGR 写入参数来实现。具体描述如表 9-8 所示。

表 9-8　RCC_HCLKConfig 函数的描述

函数名	RCC_HCLKConfig
函数原形	void RCC_HCLKConfig(uint32_t RCC_HCLK)
功能描述	设置 AHB 时钟（HCLK）
输入参数	RCC_HCLK：定义 HCLK，该时钟源自系统时钟（SYSCLK）
输出参数	无
返回值	void

参数 RCC_HCLK 用来设置 AHB 时钟，可取值如表 9-9 所示。

表 9-9　参数 RCC_HCLK 的可取值

可　取　值	真　实　值	描　　述
RCC_SYSCLK_Div1	0x00000000	AHB 时钟=系统时钟
RCC_SYSCLK_Div2	0x00000080	AHB 时钟=系统时钟/2
RCC_SYSCLK_Div4	0x00000090	AHB 时钟=系统时钟/4
RCC_SYSCLK_Div8	0x000000A0	AHB 时钟=系统时钟/8
RCC_SYSCLK_Div16	0x000000B0	AHB 时钟=系统时钟/16
RCC_SYSCLK_Div64	0x000000C0	AHB 时钟=系统时钟/64
RCC_SYSCLK_Div128	0x000000D0	AHB 时钟=系统时钟/128
RCC_SYSCLK_Div256	0x000000E0	AHB 时钟=系统时钟/256
RCC_SYSCLK_Div512	0x000000F0	AHB 时钟=系统时钟/512

例如，设定 AHB 时钟为系统时钟，代码如下：

```
RCC_HCLKConfig(RCC_SYSCLK_Div1);
```

5．RCC_PCLK1Config

RCC_PCLK1Config 函数的功能是设置低速 APB 时钟（即 APB1 时钟或 PCLK1），通过向 RCC→CFGR 写入参数来实现。具体描述如表 9-10 所示。

表 9-10　RCC_PCLK1Config 函数的描述

函数名	RCC_PCLK1Config
函数原形	void RCC_PCLK1Config(uint32_t RCC_PCLK1)
功能描述	设置低速 APB 时钟（PCLK1）
输入参数	RCC_PCLK1：定义 PCLK1，该时钟源自 AHB 时钟（HCLK）
输出参数	无
返回值	void

参数 RCC_PCLK1 用来设置低速 APB 时钟，可取值如表 9-11 所示。

表 9-11　参数 RCC_PCLK1 的可取值

可 取 值	实 际 值	描 述
RCC_HCLK_Div1	0x00000000	APB1 时钟=HCLK
RCC_HCLK_Div2	0x00000400	APB1 时钟=HCLK/2
RCC_HCLK_Div4	0x00000500	APB1 时钟=HCLK/4
RCC_HCLK_Div8	0x00000600	APB1 时钟=HCLK/8
RCC_HCLK_Div16	0x00000700	APB1 时钟=HCLK/16

例如，设定 APB1 时钟为系统时钟的 1/2，代码如下：

```
RCC_PCLK1Config(RCC_HCLK_Div2);
```

6. RCC_PCLK2Config

RCC_PCLK2Config 函数的功能是设置高速 APB 时钟（即 APB2 时钟或 PCLK2），通过向 RCC→CFGR 写入参数来实现。具体描述如表 9-12 所示。

表 9-12　RCC_PCLK2Config 函数的描述

函数名	RCC_PCLK2Config
函数原形	void RCC_PCLK2Config(uint32_t RCC_PCLK2)
功能描述	设置高速 APB 时钟（PCLK2）
输入参数	RCC_PCLK2：定义 PCLK2，该时钟源自 AHB 时钟（HCLK）
输出参数	无
返回值	void

参数 RCC_PCLK2 用来设置高速 APB 时钟，可取值如表 9-13 所示。

表 9-13　参数 RCC_PCLK2 的可取值

可 取 值	实 际 值	描 述
RCC_HCLK_Div1	0x00000000	APB2 时钟=HCLK
RCC_HCLK_Div2	0x00000400	APB2 时钟=HCLK/2
RCC_HCLK_Div4	0x00000500	APB2 时钟=HCLK/4
RCC_HCLK_Div8	0x00000600	APB2 时钟=HCLK/8
RCC_HCLK_Div16	0x00000700	APB2 时钟=HCLK/16

例如，设定 PCLK2 = HCLK，代码如下：

```
RCC_PCLK2Config(RCC_HCLK_Div1);
```

7. RCC_PLLCmd

RCC_PLLCmd 函数的功能是使能或除能 PLL，通过读取 RCC→CR 来实现。具体描述如表 9-14 所示。

表 9-14　RCC_PLLCmd 函数的描述

函数名	RCC_PLLCmd
函数原形	void RCC_PLLCmd(FunctionalState NewState)
功能描述	使能或除能 PLL
输入参数	NewState：PLL 新状态，可以取 ENABLE 或 DISABLE
输出参数	无
返回值	void

例如，使能 PLL，代码如下：

```
RCC_PLLCmd(ENABLE);
```

8．RCC_GetFlagStatus

RCC_GetFlagStatus 函数的功能是获取指定的 RCC 标志位状态，通过读取 RCC→CR、RCC→BDCR 或 RCC→CSR 来实现。具体描述如表 9-15 所示。

表 9-15　RCC_GetFlagStatus 函数的描述

函数名	RCC_GetFlagStatus
函数原形	FlagStatus RCC_GetFlagStatus(uint8_t RCC_FLAG)
功能描述	检查指定的 RCC 标志位设置与否
输入参数	RCC_FLAG：待检查的 RCC 标志位
输出参数	无
返回值	RCC_FLAG 的新状态（SET 或 RESET）

参数 RCC_FLAG 用来指定待获取的 RCC 标志位，可取值如表 9-16 所示。

表 9-16　参数 RCC_FLAG 的可取值

可　取　值	实　际　值	描　　述
RCC_FLAG_HSIRDY	0x21	HSI 晶振就绪
RCC_FLAG_HSERDY	0x31	HSE 晶振就绪
RCC_FLAG_PLLRDY	0x39	PLL 就绪
RCC_FLAG_LSERDY	0x41	LSE 晶振就绪
RCC_FLAG_LSIRDY	0x61	LSI 晶振就绪
RCC_FLAG_PINRST	0x7A	引脚复位
RCC_FLAG_PORRST	0x7B	POR/PDR 复位
RCC_FLAG_SFTRST	0x7C	软件复位
RCC_FLAG_IWDGRST	0x7D	IWDG 复位
RCC_FLAG_WWDGRST	0x7E	WWDG 复位
RCC_FLAG_LPWRRST	0x7F	低功耗复位

例如，检查 PLL 时钟是否准备就绪，代码如下：

```
FlagStatus Status;
Status = RCC_GetFlagStatus(RCC_FLAG_PLLRDY);
if(Status == RESET)
{
...
}
else
{
...
};
```

9. RCC_SYSCLKConfig

RCC_SYSCLKConfig 函数的功能是设置系统时钟（SYSCLK），通过向 RCC→CFGR 写入参数来实现。具体描述如表 9-17 所示。

表 9-17　RCC_SYSCLKConfig 函数的描述

函数名	RCC_SYSCLKConfig
函数原形	void RCC_SYSCLKConfig(uint32_t RCC_SYSCLKSource)
功能描述	设置系统时钟（SYSCLK）
输入参数	RCC_SYSCLKSource：用作系统时钟的时钟源
输出参数	无
返回值	void

参数 RCC_SYSCLKSource 为用作系统时钟的时钟源，可取值如表 9-18 所示。

表 9-18　参数 RCC_SYSCLKSource 的可取值

可　取　值	实　际　值	描　　述
RCC_SYSCLKSource_HSI	0x00000000	选择 HSI 作为系统时钟
RCC_SYSCLKSource_HSE	0x00000001	选择 HSE 作为系统时钟
RCC_SYSCLKSource_PLLCLK	0x00000002	选择 PLL 作为系统时钟

例如，选择 PLL 时钟作为系统时钟源，代码如下：

```
RCC_SYSCLKConfig(RCC_SYSCLKSource_PLLCLK);
```

10. RCC_GetSYSCLKSource

RCC_GetSYSCLKSource 函数的功能是返回用作系统时钟的时钟源，通过读取 RCC→CFGR 来实现。具体描述如表 9-19 所示。

表 9-19　RCC_GetSYSCLKSource 函数的描述

函数名	RCC_GetSYSCLKSource
函数原形	uint8_t RCC_GetSYSCLKSource(void)
功能描述	返回用作系统时钟的时钟源
输入参数	无
输出参数	无
返回值	用作系统时钟的时钟源： 0x00：HSI 作为系统时钟； 0x04：HSE 作为系统时钟； 0x08：PLL 作为系统时钟

例如，检测 HSE 是否为系统时钟，代码如下：

```
if(RCC_GetSYSCLKSource() != 0x04)
{
}
else
{
}
```

9.2.4　Flash 部分寄存器

STM32 的内部 Flash 总共有 8 个寄存器，本实验仅涉及闪存访问控制寄存器(FLASH_ACR)。FLASH_ACR 的结构、偏移地址和复位值如图 9-5 所示，对部分位的解释说明如表 9-20

所示。

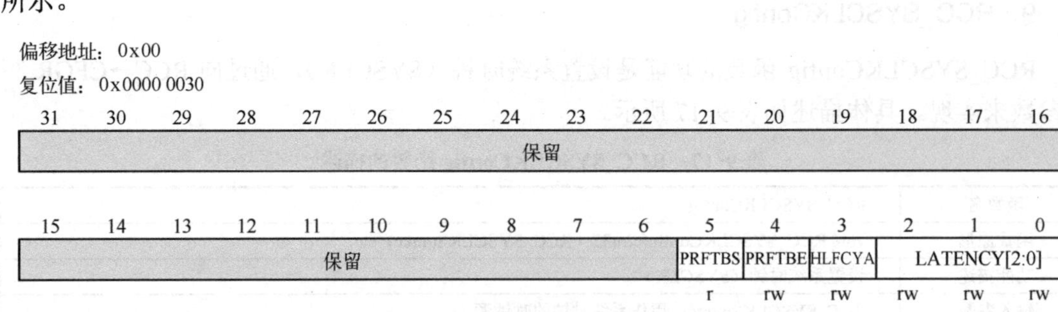

图 9-5　FLASH_ACR 的结构、偏移地址和复位值

表 9-20　FLASH_ACR 部分位的解释说明

位 31:16	必须保持为清除状态（0）
位 5	PRFTBS：预读取缓冲区状态。 该位指示预读取缓冲区的状态。 0：预读取缓冲区关闭； 1：预读取缓冲区开启
位 4	PRFTBE：预读取缓冲区使能。 0：关闭预读取缓冲区； 1：启用预读取缓冲区
位 3	HLFCYA：闪存半周期访问使能。 0：禁止半周期访问； 1：启用半周期访问
位 2:0	LATENCY[2:0]：时延。 这些位表示 SYSCLK（系统时钟）周期与闪存访问时间的比例。 000：零等待状态，当 0<SYSCLK≤24MHz； 001：一个等待状态，当 24MHz<SYSCLK≤48MHz； 010：两个等待状态，当 48MHz<SYSCLK≤72MHz

9.2.5　Flash 部分固件库函数

本实验涉及的 Flash 固件库函数包括 FLASH_PrefetchBufferCmd、FLASH_SetLatency，这两个函数在 stm32f10x_flash.h 文件中声明，在 stm32f10x_flash.c 文件中实现。

1．FLASH_PrefetchBufferCmd

FLASH_PrefetchBufferCmd 函数的功能是使能或除能预取指缓存，通过向 FLASH→ACR 写入参数来实现。具体描述如表 9-21 所示。

表 9-21　FLASH_PrefetchBufferCmd 函数的描述

函数名	FLASH_PrefetchBufferCmd
函数原型	void FLASH_PrefetchBufferCmd(uint32_t FLASH_PrefetchBuffer)
功能描述	使能或除能预取指缓存
输入参数	FLASH_PrefetchBuffer：预取指缓存状态
输出参数	无
返回值	void

参数 FLASH_PrefetchBuffer 用来选择 FLASH 预取指缓存的模式，可取值如表 9-22 所示。

表 9-22　参数 FLASH_PrefetchBuffer 的可取值

可　取　值	实　际　值	描　　述
FLASH_PrefetchBuffer_Enable	0x00000010	预取指缓存使能
FLASH_PrefetchBuffer_Disable	0x00000000	预取指缓存除能

例如，使能预取指缓存，代码如下：

```
FLASH_PrefetchBufferCmd(FLASH_PrefetchBuffer_Enable);
```

2. FLASH_SetLatency

FLASH_SetLatency 函数的功能是设置代码延时值，通过向 FLASH→ACR 写入参数来实现。具体描述如表 9-23 所示。

表 9-23　FLASH_SetLatency 函数的描述

函数名	FLASH_SetLatency
函数原型	void FLASH_SetLatency(uint32_t FLASH_Latency)
功能描述	设置代码延时值
输入参数	FLASH_Latency：指定 FLASH_Latency 的值
输出参数	无
返回值	Void

参数 FLASH_Latency 用来设置 FLASH 存储器延时时钟周期数，可取值如表 9-24 所示。

表 9-24　参数 FLASH_Latency 的可取值

可　取　值	实　际　值	描　　述
FLASH_Latency_0	0x00000000	0 延时周期
FLASH_Latency_1	0x00000001	1 个延时周期
FLASH_Latency_2	0x00000002	2 个延时周期

例如，配置延时周期，设定为 2 个延时周期，代码如下：

```
FLASH_SetLatency(FLASH_Latency_2);
```

9.3 实验步骤

步骤 1：复制并编译原始工程

首先，将“D:\STM32KeilTest\Material\08.RCC 实验”文件夹复制到“D:\STM32KeilTest\Product”文件夹中。然后，双击运行“D:\STM32KeilTest\Product\08.RCC 实验\Project”文件夹中的 STM32KeilPrj.uvprojx，单击工具栏中的按钮。当 Build Output 栏出现 FromELF: creating hex file...时，表示已经成功生成.hex 文件，出现 0 Error(s), 0 Warning(s)表示编译成功。最后，将.axf 文件下载到 STM32 的内部 Flash，观察 STM32 核心板上的两个 LED 是否交替闪烁。如果两个 LED 交替闪烁，串口正常输出字符串，表示原始工程是正确的，接着就可以进入下一步操作。

步骤 2：添加 RCC 文件对

首先，将“D:\STM32KeilTest\Product\08.RCC 实验\HW\RCC”文件夹中的 RCC.c 添加到 HW 分组，具体操作可参见 2.3 节步骤 8。然后，将“D:\STM32KeilTest\Product\08.RCC 实验\HW\RCC”路径添加到 Include Paths 栏，具体操作可参见 2.3 节步骤 11。

步骤 3：完善 RCC.h 文件

单击按钮进行编译，编译结束后，在 Project 面板中，双击 RCC.c 下的 RCC.h。在 RCC.h 文件的“包含头文件”区，添加代码#include "DataType.h"。

在 RCC.h 文件的“API 函数声明”区，添加如程序清单 9-1 所示的 API 函数声明代码。InitRCC 函数主要是初始化 RCC 时钟控制器模块。

程序清单 9-1

```
void InitRCC(void);      //初始化 RCC 模块
```

步骤 4：完善 RCC.c 文件

在 RCC.c 文件的“包含头文件”区的最后，添加代码#include "stm32f10x_conf.h"。

在 RCC.c 文件的“内部函数声明”区，添加 ConfigRCC 函数的声明代码，如程序清单 9-2 所示，ConfigRCC 函数用于配置 RCC。

程序清单 9-2

```
static  void  ConfigRCC(void);  //配置 RCC
```

在 RCC.c 文件的“内部函数实现”区，添加 ConfigRCC 函数的实现代码，如程序清单 9-3 所示。下面按照顺序对 ConfigRCC 函数中的语句进行解释说明。

（1）通过 RCC_DeInit 函数将 RCC 部分寄存器重设为默认值，这些寄存器包括 RCC_CR、RCC_CFGR、RCC_CIR 和 RCC_CFGR2。

（2）通过 RCC_HSEConfig 函数使能外部高速晶振。该函数涉及 RCC_CR 的 HSEON，HSEON 为 0 除能外部高速晶振，HSEON 为 1 使能外部高速晶振，可参见图 9-2 和表 9-1。

（3）通过 RCC_WaitForHSEStartUp 函数判断外部高速时钟是否就绪，返回值赋给 HSEStartUpStatus。该函数涉及 RCC_CR 的 HSERDY，HSERDY 为 1 表示外部高速时钟准备就绪，HSEStartUpStatus 为 SUCCESS；HSERDY 为 0 表示外部高速时钟未就绪，HSEStartUpStatus 为 ERROR，可参见图 9-2 和表 9-1。

（4）通过 FLASH_PrefetchBufferCmd 函数启用 Flash 预读取缓冲区，这样可以加速内部 Flash 的读取。该函数涉及 FLASH_ACR 的 PRFTBE，PRFTBE 为 0 关闭 Flash 预读取缓冲区，PRFTBE 为 1 启用 Flash 预读取缓冲区，可参见图 9-5 和表 9-20。

（5）通过 FLASH_SetLatency 函数将时延设置为两个等待状态。该函数涉及 FLASH_ACR 的 LATENCY[2:0]，系统时钟 SYSCLK 时钟频率在 0～24MHz 时，LATENCY[2:0]取值为 000（零等待状态）；时钟频率在 24～48MHz 时，取值为 001（一个等待状态）；时钟频率在 48～

72MHz 时，取值为 010（两个等待状态），可参见图 9-5 和表 9-20。

（6）通过 RCC_HCLKConfig 函数将高速 AHB 时钟的预分频系数设置为 1。该函数涉及 RCC_CFGR 的 HPRE[3:0]，AHB 时钟是系统时钟 SYSCLK 时钟进行 1、2、4、8、16、64、128、256 或 512 分频的结果，HPRE[3:0]控制 AHB 时钟的预分频系数，可参见图 9-3 和表 9-2。本实验的 HPRE[3:0]为 0000，即 AHB 时钟与 SYSCLK 时钟频率相等，SYSCLK 时钟频率为 72MHz，因此，AHB 时钟频率同样也为 72MHz。

（7）通过 RCC_PCLK2Config 函数将高速 APB2 时钟的预分频系数设置为 1。该函数涉及 RCC_CFGR 的 PPRE2[2:0]，APB2 时钟是 AHB 时钟进行 1、2、4、8 或 16 分频的结果，PPRE2[2:0] 控制 APB2 时钟的预分频系数，可参见图 9-3 和表 9-2。本实验的 PPRE2[2:0]为 000，即 APB2 时钟与 AHB 时钟频率相等，AHB 时钟频率为 72MHz，因此，APB2 时钟频率同样也为 72MHz。

（8）通过 RCC_PCLK1Config 函数将高速 APB1 时钟的预分频系数设置为 2。该函数涉及 RCC_CFGR 的 PPRE1[2:0]，APB1 时钟是 AHB 时钟进行 1、2、4、8 或 16 分频的结果，PPRE1[2:0] 控制 APB1 时钟的预分频系数，可参见图 9-3 和表 9-2。本实验的 PPRE1[2:0]为 100，即 APB1 时钟是 AHB 时钟的 2 分频，由于 AHB 时钟频率为 72MHz，因此，APB1 时钟频率为 36MHz。

（9）通过 RCC_PLLConfig 函数设置 PLL 时钟源及倍频系数。该函数涉及 RCC_CFGR 的 PLLMUL[3:0]、PLLXTPRE 和 PLLSRC，PLLMUL[3:0]用于控制 PLL 时钟倍频系数，PLLSRC 和 PLLXTPRE 用于选择 HSI 时钟 2 分频、HSE 时钟或 HSE 时钟 2 分频作为 PLL 时钟，可参见图 9-3 和表 9-2。本实验的 PLLSRC 为 1，PLLXTPRE 为 0，PLLMUL 为 0111，因此，频率为 8MHz 的 HSE 时钟经过 9 倍频后作为 PLL 时钟，即 PLL 时钟为 72MHz。

（10）通过 RCC_PLLCmd 函数使能 PLL 时钟。该函数涉及 RCC_CR 的 PLLON，PLLON 用于除能或使能 PLL 时钟，可参见图 9-2 和表 9-1。

（11）通过 RCC_GetFlagStatus 函数判断 PLL 时钟是否就绪。该函数涉及 RCC_CR 的 PLLRDY，PLLRDY 用于指示 PLL 时钟是否就绪，可参见图 9-2 和表 9-1。

（12）通过 RCC_SYSCLKConfig 函数将 PLL 选作 SYSCLK 的时钟源。该函数涉及 RCC_CFGR 的 SW[1:0]，SW[1:0]用于选择 HSI、HSE 或 PLL 作为 SYSCLK 的时钟源，可参见图 9-3 和表 9-2。

程序清单 9-3

```
static void ConfigRCC(void)
{
  ErrorStatus HSEStartUpStatus;  //定义枚举变量 HSEStartUpStatus，用来标志外部高速晶振的状态

  RCC_DeInit();                                    //将外设 RCC 寄存器重设为默认值

  RCC_HSEConfig(RCC_HSE_ON);                       //使能外部高速晶振

  HSEStartUpStatus = RCC_WaitForHSEStartUp();      //等待外部高速晶振稳定

  if(HSEStartUpStatus == SUCCESS)                  //外部高速晶振成功稳定
  {
    FLASH_PrefetchBufferCmd(FLASH_PrefetchBuffer_Enable); //使能 Flash 预读取缓冲区
```

```
    FLASH_SetLatency(FLASH_Latency_2);           //设置代码延时值，FLASH_Latency_2，2 延时周期

    RCC_HCLKConfig(RCC_SYSCLK_Div1);     //设置高速 AHB 时钟（HCLK），RCC_SYSCLK_Div1，HCLK = 
SYSCLK

    RCC_PCLK2Config(RCC_HCLK_Div1);      //设置高速 APB2 时钟（PCLK2），RCC_HCLK_Div1，PCLK2 = 
HCLK

    RCC_PCLK1Config(RCC_HCLK_Div2);      //设置低速 APB1 时钟（PCLK1），RCC_HCLK_Div2，PCLK1 = 
HCLK/2

    //RCC_ADCCLKConfig(RCC_PCLK2_Div4);  //设置 ADC 时钟（ADCCLK），RCC_PCLK2_Div4，ADCCLK = 
PCLK2/4

    RCC_PLLConfig(RCC_PLLSource_HSE_Div1, RCC_PLLMul_9);//设置 PLL 时钟源及倍频系数，PLLCLK 
= 8MHz*9 = 72MHz

    RCC_PLLCmd(ENABLE);                  //使能 PLL

    while(RCC_GetFlagStatus(RCC_FLAG_PLLRDY) == RESET)  //等待锁相环输出稳定
    {

    }

    //设置 HSI/HSE/PLL 为系统时钟
    //RCC_SYSCLKSource_HSI
    //RCC_SYSCLKSource_HSE
    //RCC_SYSCLKSource_PLLCLK
    RCC_SYSCLKConfig(RCC_SYSCLKSource_PLLCLK);                  //将锁相环输出设置为系统时钟

    //等待 HSI/HSE/PLL 成功用于系统时钟的时钟源
    //0x00-HSI 作为系统时钟
    //0x04-HSE 作为系统时钟
    //0x08-PLL 作为系统时钟
    while(RCC_GetSYSCLKSource() != 0x08)                   //等待 PLL 成功用于系统时钟的时钟源
    {

    }
  }
}
```

在 RCC.c 文件的“API 函数实现”区，添加 InitRCC 函数的实现代码，如程序清单 9-4 所示，InitRCC 函数调用 ConfigRCC 函数实现对 RCC 模块的初始化。

程序清单 9-4

```
void InitRCC(void)
{
```

```
  ConfigRCC();  //配置 RCC
}
```

步骤 5：完善 RCC 实验应用层

在 Project 面板中，双击打开 Main.c 文件，在 Main.c 文件的“包含头文件”区的最后，添加代码#include "RCC.h"。这样就可以在 Main.c 文件中调用 RCC 模块的 API 函数等，实现对 RCC 模块的操作。

在 Main.c 文件的 InitHardware 函数中，添加调用 InitRCC 函数的代码，如程序清单 9-5 所示，这样就实现了对 RCC 模块的初始化。

程序清单 9-5

```
static  void  InitHardware(void)
{
  SystemInit();           //系统初始化
  InitNVIC();             //初始化 NVIC 模块
  InitUART1(115200);      //初始化 UART 模块
  InitTimer();            //初始化 Timer 模块
  InitLED();              //初始化 LED 模块
  InitSysTick();          //初始化 SysTick 模块
  InitRCC();              //初始化 RCC 模块
}
```

步骤 6：编译及下载验证

代码编写完成后，单击按钮进行编译。编译结束后，Build Output 栏中出现 0 Error(s), 0 Warning(s)，表示编译成功。然后，参见图 2-33，通过 Keil μVision5 软件将.axf 文件下载到 STM32 核心板。下载完成后，STM32 核心板上的两个 LED 交替闪烁，串口正常输出字符串，表示实验成功。

本 章 任 务

基于 STM32 核心板，对 RCC 时钟重新进行配置，将 PCLK2 时钟配置为 36MHz、PCLK1 时钟配置为 18MHz，对比修改前后的 LED 闪烁间隔以及串口助手输出字符串间隔，并分析产生变化的原因。

本 章 习 题

1．什么是有源晶振，什么是无源晶振？
2．简述 RCC 模块中的各个时钟源及其配置方法。
3．简述 RCC_DeInit 函数功能。
4．在 RCC_GetSYSCLKSource 函数中通过直接操作寄存器完成相同的功能。
5．本实验为什么要通过 FLASH_SetLatency 函数将时延设置为两个等待状态？

第 10 章　实验 9——外部中断

通过 GPIO 与独立按键输入实验一章的学习，大家已经能够熟练将 STM32 的 GPIO 作为输入使用，而本章将基于外部中断/事件控制器 EXTI，通过 GPIO 检测输入脉冲，产生中断，打断原来的代码执行流程，进入中断服务函数中进行处理，处理完后再返回中断之前的代码中执行，从而实现和 GPIO 与独立按键输入实验一章类似的功能。

10.1　实 验 内 容

通过学习 EXTI 功能框图、EXTI 的相关寄存器和固件库函数，以及 AFIO 的相关寄存器和固件库函数，基于 EXTI，通过 STM32 核心板上的 KEY1、KEY2 和 KEY3，控制 LED1 和 LED2 的亮灭，KEY1 用于控制 LED1 的状态翻转，KEY2 用于控制 LED2 的状态翻转，KEY3 用于控制 LED1 和 LED2 的状态同时翻转。

10.2　实 验 原 理

10.2.1　EXTI 功能框图

EXTI 管理了 20 个中断/事件线，每个中断/事件线都对应一个边沿检测电路，可以对输入线的上升沿、下降沿或上升/下降沿进行检测，每个中断/事件线可以通过寄存器进行单独的配置，既可以产生中断触发，也可以产生事件触发。如图 10-1 所示是 EXTI 的功能框图，下面依次介绍 EXTI 输入线、边沿检测电路、软件中断、中断请求挂起、中断输出与事件输出。

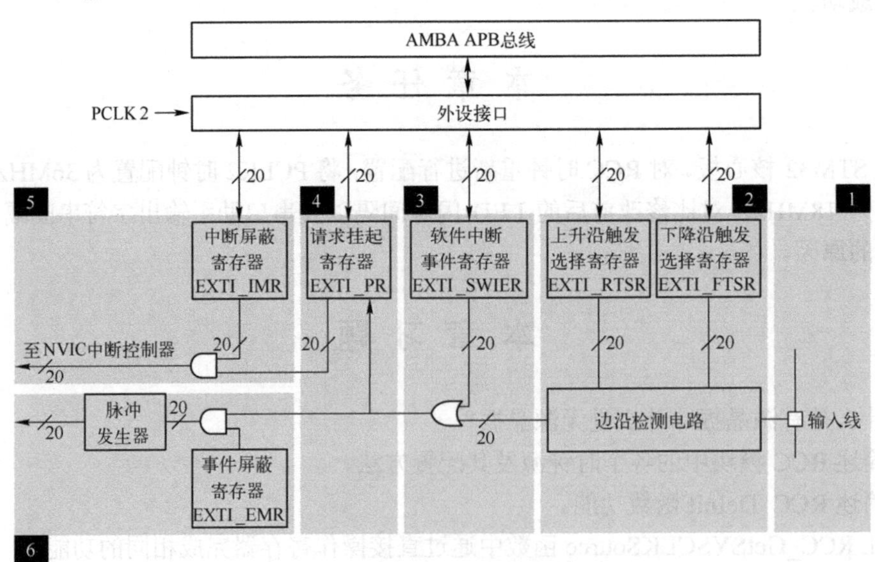

图 10-1　EXTI 功能框图

1. EXTI 输入线

STM32 的 EXTI 输入线有 20 个，即 EXTI0～EXTI19，图 10-1 中很多信号线上都打了一个斜杠并标注了 20 字样，表 10-1 是 EXTI 所有输入线的输入源列表。其中，EXTI0～EXTI15 用于 GPIO，每个 GPIO 都可以作为 EXTI 的输入源，EXTI16 与 PVD 输出相连接，EXTI17 与 RTC 闹钟事件相连接，EXTI18 与 USB 唤醒事件相连接，EXTI19 与以太网唤醒事件相连接。EXTI19 只适用于互联型产品，该输入线与以太网唤醒事件相连接，而 STM32 核心板上的 STM32F103RCT6 芯片属于大容量产品，因此 EXTI 输入线只有 19 个，即 EXTI0～EXTI18。

表 10-1　EXTI 输入线的输入源

中断/事件线	输 入 源
EXTI0	PA0/PB0/PC0/PD0/PE0/PF0/PG0
EXTI1	PA1/PB1/PC1/PD1/PE1/PF1/PG1
EXTI2	PA2/PB2/PC2/PD2/PE2/PF2/PG2
EXTI3	PA3/PB3/PC3/PD3/PE3/PF3/PG3
EXTI4	PA4/PB4/PC4/PD4/PE4/PF4/PG4
EXTI5	PA5/PB5/PC5/PD5/PE5/PF5/PG5
EXTI6	PA6/PB6/PC6/PD6/PE6/PF6/PG6
EXTI7	PA7/PB7/PC7/PD7/PE7/PF7/PG7
EXTI8	PA8/PB8/PC8/PD8/PE8/PF8/PG8
EXTI9	PA9/PB9/PC9/PD9/PE9/PF9/PG9
EXTI10	PA10/PB10/PC10/PD10/PE10/PF10/PG10
EXTI11	PA11/PB11/PC11/PD11/PE11/PF11/PG11
EXTI12	PA12/PB12/PC12/PD12/PE12/PF12/PG12
EXTI13	PA13/PB13/PC13/PD13/PE13/PF13/PG13
EXTI14	PA14/PB14/PC14/PD14/PE14/PF14/PG14
EXTI15	PA15/PB15/PC15/PD15/PE15/PF15/PG15
EXTI16	PVD 输出
EXTI17	RTC 闹钟事件
EXTI18	USB 唤醒事件
EXTI19	以太网唤醒事件（只适用于互联型产品）

2. 边沿检测电路

通过配置上升沿触发选择寄存器（EXTI_RTSR）和下降沿触发选择寄存器（EXTI_FTSR），可以实现输入信号的上升沿检测、下降沿检测或上升/下降沿同时检测。EXTI_RTSR 的低 20 位分别对应一个 EXTI 输入线，比如 TR0 对应 EXTI0 输入线，当 TR0 配置为 1 时，允许 EXTI0 输入线的上升沿触发。同样，EXTI_FTSR 的低 20 位也分别对应一个 EXTI 输入线，比如 TR1 对应 EXTI1 输入线，当 TR1 配置为 1 时，允许 EXTI1 输入线的下降沿触发。

3. 软件中断

软件中断事件寄存器（EXTI_SWIER）的输出和边沿检测电路的输出通过或运算输出

到下一级，因此，无论 EXTI_SWIER 输出高电平，还是边沿检测电路输出高电平，下一级都会输出高电平。可能大家会有疑惑，明明是通过 EXTI 输入线产生触发源，为什么又要使用软件中断触发？实际上这种设计方法让 STM32 应用变得更加灵活，比如，默认情况下，通过 PC4 的上升沿脉冲触发 A/D 转换，但是，在某种特定场合，又需要人为触发 A/D 转换，这时就可以借助 EXTI_SWIER，只需要向该寄存器的 SWIER4 写入 1 即可触发 A/D 转换。

4. 中断请求挂起

当某 EXTI 输入线上检测到已经配置好的边沿事件时，请求挂起寄存器（EXTI_PR）的对应位将被置为 1。向该位写 1 可以清除它，也可以通过改变边沿检测的极性进行清除。

5. 中断输出

EXTI 的最后一个环节是输出，可以中断输出，也可以事件输出。先简单解释一下中断和事件，中断和事件的产生源可以相同，两者的目的都是为了执行某一具体任务，比如启动 A/D 转换或触发 DMA 数据传输。中断需要 CPU 参与，当产生中断时，会执行对应的中断服务函数，具体的任务在中断服务函数中执行；事件是靠脉冲发生器产生一个脉冲，该脉冲直接通过硬件执行具体的任务，不需要 CPU 参与。因为事件触发提供了一个完全由硬件自动完成而不需要 CPU 参与的方式，所以使用事件触发诸如 A/D 转换或 DMA 数据传输任务，不需要软件参与，降低了 CPU 的负荷，节省了中断资源，提高了响应速度。但是，中断正是因为有 CPU 参与，才可以对某一具体任务进行调整，比如 A/D 采样通道需要从第 1 通道切换到第 7 通道，就必须在中断服务函数中切换。

请求挂起寄存器（EXTI_PR）的输出与中断屏蔽寄存器（EXTI_IMR）的输出经过与运算输出到 NVIC 中断控制器。因此，如果需要屏蔽某 EXTI 输入线上的中断，可以向 EXTI_IMR 的对应位写入 0；如果需要开放某 EXTI 输入线上的中断，可以向 EXTI_IMR 的对应位写入 1。

6. 事件输出

软件中断事件寄存器（EXTI_SWIER）的输出和边沿检测电路的输出经过或运算的输出，与事件屏蔽寄存器（EXTI_EMR）的输出再经过与运算的输出，进一步触发脉冲发生器，输出脉冲信号作为事件输出。因此，如果需要屏蔽某 EXTI 输入线上的事件，可以向 EXTI_EMR 的对应位写入 0；如果需要开放某 EXTI 输入线上的事件，可以向 EXTI_EMR 的对应位写入 1。

10.2.2 EXTI 部分寄存器

本实验涉及的 EXTI 寄存器包括中断屏蔽寄存器（EXTI_IMR）、事件屏蔽寄存器（EXTI_EMR）、上升沿触发选择寄存器（EXTI_RTSR）、下降沿触发选择寄存器（EXTI_FTSR）、软件中断事件寄存器（EXTI_SWIER）、请求挂起寄存器（EXTI_PR）。

1. 中断屏蔽寄存器（EXTI_IMR）

EXTI_IMR 的结构、偏移地址和复位值如图 10-2 所示，对部分位的解释说明如表 10-2 所示。

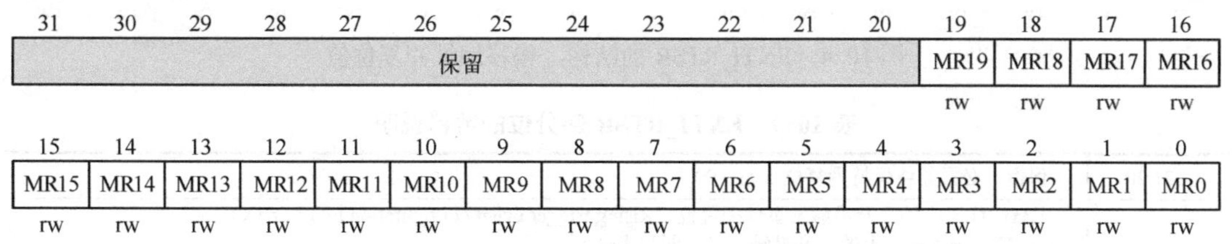

图 10-2　EXTI_IMR 的结构、偏移地址和复位值

表 10-2　EXTI_IMR 部分位的解释说明

位 31:20	保留，必须始终保持为复位状态（0）
位 19:0	MRx：线 x 上的中断屏蔽（Interrupt Mask on line x）。 0：屏蔽来自线 x 上的中断请求； 1：开放来自线 x 上的中断请求。 注意，位 19 只适用于互联型产品，对于其他产品为保留位

2. 事件屏蔽寄存器（EXTI_EMR）

EXTI_EMR 的结构、偏移地址和复位值如图 10-3 所示，对部分位的解释说明如表 10-3 所示。

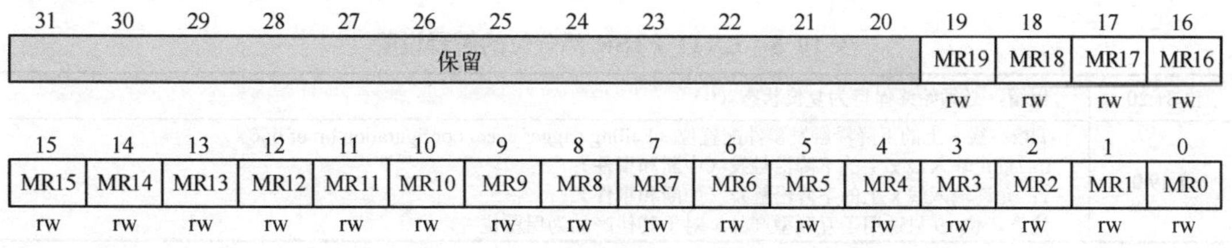

图 10-3　EXTI_EMR 的结构、偏移地址和复位值

表 10-3　EXTI_EMR 部分位的解释说明

位 31:20	保留，必须始终保持为复位状态（0）
位 19:0	MRx：线 x 上的事件屏蔽（Event Mask on line x）。 0：屏蔽来自线 x 上的事件请求； 1：开放来自线 x 上的事件请求。 注意，位 19 只适用于互联型产品，对于其他产品为保留位

3. 上升沿触发选择寄存器（EXTI_RTSR）

EXTI_RTSR 的结构、偏移地址和复位值如图 10-4 所示，对部分位的解释说明如表 10-4 所示。

偏移地址：0x08

复位值：0x0000 0000

31	30	29	28	27	26	25	24	23	22	21	20	19	18	17	16
保留												TR19	TR18	TR17	TR16
												rw	rw	rw	rw

15	14	13	12	11	10	9	8	7	6	5	4	3	2	1	0
TR15	TR14	TR13	TR12	TR11	TR10	TR9	TR8	TR7	TR6	TR5	TR4	TR3	TR2	TR1	TR0
rw	rw	rw	rw	rw	rw	rw	rw	rw	rw	rw	rw	rw	rw	rw	rw

图 10-4　EXTI_RTSR 的结构、偏移地址和复位值

表 10-4　EXTI_RTSR 部分位的解释说明

位 31:20	保留，必须始终保持为复位状态（0）
位 19:0	TRx：线 x 上的上升沿触发事件配置位（Rising trigger event configuration bit of line x）。 0：禁止输入线 x 上的上升沿触发（中断和事件）； 1：允许输入线 x 上的上升沿触发（中断和事件）。 注意，位 19 只适用于互联型产品，对于其他产品为保留位

4．下降沿触发选择寄存器（EXTI_FTSR）

EXTI_FTSR 的结构、偏移地址和复位值如图 10-5 所示，对部分位的解释说明如表 10-5 所示。

偏移地址：0x0C

复位值：0x0000 0000

31	30	29	28	27	26	25	24	23	22	21	20	19	18	17	16
保留												TR19	TR18	TR17	TR16
												rw	rw	rw	rw

15	14	13	12	11	10	9	8	7	6	5	4	3	2	1	0
TR15	TR14	TR13	TR12	TR11	TR10	TR9	TR8	TR7	TR6	TR5	TR4	TR3	TR2	TR1	TR0
rw	rw	rw	rw	rw	rw	rw	rw	rw	rw	rw	rw	rw	rw	rw	rw

图 10-5　EXTI_FTSR 的结构、偏移地址和复位值

表 10-5　EXTI_FTSR 部分位的解释说明

位 31:20	保留，必须始终保持为复位状态（0）
位 19:0	TRx：线 x 上的下降沿触发事件配置位（Falling trigger event configuration bit of line x）。 0：禁止输入线 x 上的下降沿触发（中断和事件）； 1：允许输入线 x 上的下降沿触发（中断和事件）。 注意，位 19 只适用于互联型产品，对于其他产品为保留位

5．软件中断事件寄存器（EXTI_SWIER）

EXTI_SWIER 的结构、偏移地址和复位值如图 10-6 所示，对部分位的解释说明如表 10-6 所示。

偏移地址：0x10

复位值：0x0000 0000

31	30	29	28	27	26	25	24	23	22	21	20	19	18	17	16
保留												SWIER 19	SWIER 18	SWIER 17	SWIER 16
												rw	rw	rw	rw

15	14	13	12	11	10	9	8	7	6	5	4	3	2	1	0
SWIER 15	SWIER 14	SWIER 13	SWIER 12	SWIER 11	SWIER 10	SWIER 9	SWIER 8	SWIER 7	SWIER 6	SWIER 5	SWIER 4	SWIER 3	SWIER 2	SWIER 1	SWIER 0
rw	rw	rw	rw	rw	rw	rw	rw	rw	rw	rw	rw	rw	rw	rw	rw

图 10-6　EXTI_SWIER 的结构、偏移地址和复位值

表 10-6　EXTI_SWIER 部分位的解释说明

位 31:20	保留，必须始终保持为复位状态（0）
位 19:0	SWIERx：线 x 上的软件中断（Software interrupt on line x）。 当该位为 0 时，写 1 将设置 EXTI_PR 中相应的挂起位。如果在 EXTI_IMR 和 EXTI_EMR 中允许产生该中断，则此时将产生一个中断。 注意，通过清除 EXTI_PR 的对应位（写入 1），可以清除该位为 0；位 19 只适用于互联型产品，对于其他产品为保留位

6．请求挂起寄存器（EXTI_PR）

EXTI_PR 的结构、偏移地址和复位值如图 10-7 所示，对部分位的解释说明如表 10-7 所示。

偏移地址：0x14

复位值：0xXXXX XXXX

31	30	29	28	27	26	25	24	23	22	21	20	19	18	17	16
保留												PR19	PR18	PR17	PR16
												rc w1	rc w1	rc w1	rc w1

15	14	13	12	11	10	9	8	7	6	5	4	3	2	1	0
PR15	PR14	PR13	PR12	PR11	PR10	PR9	PR8	PR7	PR6	PR5	PR4	PR3	PR2	PR1	PR0
rc w1	rc w1	rc w1	rc w1	rc w1	rc w1	rc w1	rc w1	rc w1	rc w1	rc w1	rc w1	rc w1	rc w1	rc w1	rc w1

图 10-7　EXTI_PR 的结构、偏移地址和复位值

表 10-7　EXTI_PR 部分位的解释说明

位 31:20	保留，必须始终保持为复位状态（0）
位 19:0	PRx：挂起位（Pending bit）。 0：没有发生触发请求； 1：发生了选择的触发请求。 当在外部中断线上发生了选择的边沿事件时，该位被置为 1。在该位中写入 1 可以清除它，也可以通过改变边沿检测的极性清除。 注意，位 19 只适用于互联型产品，对于其他产品为保留位

10.2.3　EXTI 部分固件库函数

本实验涉及的 EXTI 固件库函数包括 EXTI_Init、EXTI_GetITStatus、EXTI_ClearITPendingBit。这些函数在 stm32f10x_exti.h 文件中声明，在 stm32f10x_exti.c 文件中实现。

1．EXTI_Init

EXTI_Init 函数的功能是根据 EXTI_InitStruct 中指定的参数初始化 EXTI 相关寄存器，通过向 EXTI→IMR、EXTI→EMR、EXTI→RTSR、EXTI→FTSR 写入参数来实现。具体描述如表 10-8 所示。

表 10-8　EXTI_Init 函数的描述

函数名	EXTI_Init
函数原型	void EXTI_Init(EXTI_InitTypeDef* EXTI_InitStruct)
功能描述	根据 EXTI_InitStruct 中指定的参数初始化外设 EXTI 寄存器
输入参数	EXTI_InitStruct：指向结构体 EXTI_InitTypeDef 的指针，包含了外设 EXTI 的配置信息
输出参数	无
返回值	void

EXTI_InitTypeDef 结构体定义在 stm32f10x_exti.h 文件中，内容如下：

```
typedefstruct
{
u32 EXTI_Line;
EXTIMode_TypeDef EXTI_Mode;
EXTIrigger_TypeDef EXTI_Trigger;
FunctionalState EXTI_LineCmd;
}EXTI_InitTypeDef;
```

参数 EXTI_Line 用于选择待使能或除能的外部线路，可取值如表 10-9 所示。

表 10-9　参数 EXTI_Line 的可取值

可 取 值	实 际 值	描 述
EXTI_Line0	0x00001	外部中断线 0
EXTI_Line1	0x00002	外部中断线 1
EXTI_Line2	0x00004	外部中断线 2
EXTI_Line3	0x00008	外部中断线 3
EXTI_Line4	0x00010	外部中断线 4
EXTI_Line5	0x00020	外部中断线 5
EXTI_Line6	0x00040	外部中断线 6
EXTI_Line7	0x00080	外部中断线 7
EXTI_Line8	0x00100	外部中断线 8
EXTI_Line9	0x00200	外部中断线 9
EXTI_Line10	0x00400	外部中断线 10
EXTI_Line11	0x00800	外部中断线 11
EXTI_Line12	0x01000	外部中断线 12
EXTI_Line13	0x02000	外部中断线 13
EXTI_Line14	0x04000	外部中断线 14
EXTI_Line15	0x08000	外部中断线 15
EXTI_Line16	0x10000	外部中断线 16
EXTI_Line17	0x20000	外部中断线 17
EXTI_Line18	0x40000	外部中断线 18

参数 EXTI_Mode 用于设置被使能线路的模式，可取值如表 10-10 所示。

表 10-10　参数 EXTI_Mode 的可取值

可 取 值	实 际 值	描 述
EXTI_Mode_Event	0x04	设置 EXTI 线路为事件请求
EXTI_Mode_Interrupt	0x00	设置 EXTI 线路为中断请求

参数 EXTI_Trigger 用于设置被使能线路的触发边沿，可取值如表 10-11 所示。

表 10-11　参数 EXTI_Trigger 的可取值

可 取 值	实 际 值	描 述
EXTI_Trigger_Falling	0x0C	设置输入线路下降沿为中断请求
EXTI_Trigger_Rising	0x08	设置输入线路上升沿为中断请求
EXTI_Trigger_Rising_Falling	0x10	设置输入线路上升沿和下降沿为中断请求

参数 EXTI_LineCmd 用于定义选中线路的新状态，可取值为 ENABLE 或 DISABLE。例如，使能外部中断线 12 和 14 在下降沿触发中断，代码如下：

```
EXTI_InitTypeDef EXTI_InitStructure;
EXTI_InitStructure.EXTI_Line = EXTI_Line12 | EXTI_Line14;
EXTI_InitStructure.EXTI_Mode = EXTI_Mode_Interrupt;
EXTI_InitStructure.EXTI_Trigger = EXTI_Trigger_Falling;
EXTI_InitStructure.EXTI_LineCmd = ENABLE;
EXTI_Init(&EXTI_InitStructure);
```

2．EXTI_GetITStatus

EXTI_GetITStatus 函数的功能是检查指定的 EXTI 线路触发请求发生与否，通过读取并判断 EXTI→IMR、EXTI→PR 来实现。具体描述如表 10-12 所示。

表 10-12　EXTI_GetITStatus 函数的描述

函数名	EXTI_GetITStatus
函数原形	ITStatus EXTI_GetITStatus(uint32_t EXTI_Line)
功能描述	检查指定的 EXTI 线路触发请求发生与否
输入参数	EXTI_Line：待检查 EXTI 线路的挂起位
输出参数	无
返回值	EXTI_Line 的新状态（SET 或 RESET）

例如，检查外部中断线 8 是否触发中断，代码如下：

```
ITStatus EXTIStatus;
EXTIStatus = EXTI_GetITStatus(EXTI_Line8);
```

3．EXTI_ClearITPendingBit

EXTI_ClearITPendingBit 函数的功能是清除 EXTI 线路挂起位，通过向 EXTI→PR 写入参数来实现。具体描述如表 10-13 所示。

表 10-13　EXTI_ClearITPendingBit 函数的描述

函数名	EXTI_ClearITPendingBit
函数原形	void EXTI_ClearITPendingBit(uint32_t EXTI_Line)
功能描述	清除 EXTI 线路挂起位
输入参数	EXTI_Line：待清除的 EXTI 线路挂起位
输出参数	无
返回值	void

例如，清除 EXTI 线路 2 的挂起位，代码如下：

```
EXTI_ClearITpendingBit(EXTI_Line2);
```

10.2.4　AFIO 部分寄存器

本实验涉及的 AFIO 寄存器包括复用重映射和调试 I/O 配置寄存器（AFIO_MAPR）、AFIO 的外部中断配置寄存器 1（AFIO_EXTICR1）、外部中断配置寄存器 2（AFIO_EXTICR2）、外部中断配置寄存器 3（AFIO_EXTICR3）和外部中断配置寄存器 4（AFIO_EXTICR4）。

1. 复用重映射和调试 I/O 配置寄存器（AFIO_MAPR）

AFIO_MAPR 的结构、偏移地址和复位值如图 10-8 所示，对部分位的解释说明如表 10-14 所示。

偏移地址：0x04

复位值：0x0000 0000

31	30	29	28	27	26	25	24	23	22	21	20	19	18	17	16
保留					SWJ_CFG[2:0]			保留			ADC2_ETRGREG_REMAP	ADC2_ETRGINJ_REMAP	ADC1_ETRGREG_REMAP	ADC1_ETRGINJ_REMAP	TIM5CH4_IREMAP
					w	w	w				rw	rw	rw	rw	rw

15	14	13	12	11	10	9	8	7	6	5	4	3	2	1	0
PD01_REMAP	CAN_REMAP[1:0]		TIM4_REMAP	TIM3_REMAP[1:0]		TIM2_REMAP[1:0]		TIM1_REMAP[1:0]		USART3_REMAP[1:0]		USART2_REMAP	USART1_REMAP	I2C1_REMAP	SPI1_REMAP
rw	rw	rw	rw	rw	rw	rw	rw	rw	rw	rw	rw	rw	rw	rw	rw

图 10-8　AFIO_MAPR 的结构、偏移地址和复位值

表 10-14　AFIO_MAPR 部分位的解释说明

位	说明
位 11:10	TIM3_REMAP[1:0]：定时器 3 的重映射（TIM3 remapping）。 这些位可由软件置为 1 或置 0，控制定时器 3 的通道 1～4 在 GPIO 端口的映射。 00：没有重映射（CH1/PA6，CH2/PA7，CH3/PB0，CH4/PB1）； 01：未用组合； 10：部分映射（CH1/PB4，CH2/PB5，CH3/PB0，CH4/PB1）； 11：完全映射（CH1/PC6，CH2/PC7，CH3/PC8，CH4/PC9）。 注意，重映射不影响在 PD2 上的 TIM3_ETR

2. 外部中断配置寄存器 1（AFIO_EXTICR1）

AFIO_EXTICR1 的结构、偏移地址和复位值如图 10-9 所示，对部分位的解释说明如表 10-15 所示。

偏移地址：0x08

复位值：0x0000 0000

31	30	29	28	27	26	25	24	23	22	21	20	19	18	17	16
保留															

15	14	13	12	11	10	9	8	7	6	5	4	3	2	1	0
EXTI3[3:0]				EXTI2[3:0]				EXTI1[3:0]				EXTI0[3:0]			
rw	rw	rw	rw	rw	rw	rw	rw	rw	rw	rw	rw	rw	rw	rw	rw

图 10-9　AFIO_EXTICR1 的结构、偏移地址和复位值

表 10-15　AFIO_EXTICR1 部分位的解释说明

位	说明
位 31:16	保留
位 15:0	EXTIx[3:0]：EXTIx 配置（x=0，…，3）（EXTI x configuration）。 这些位可由软件读/写，用于选择 EXTIx 外部中断的输入源。 0000：PA[x]引脚；0011：PD[x]引脚；0101：PF[x]引脚； 0001：PB[x]引脚；0100：PE[x]引脚；0110：PG[x]引脚； 0010：PC[x]引脚

3．外部中断配置寄存器 2（AFIO_EXTICR2）

AFIO_EXTICR2 的结构、偏移地址和复位值如图 10-10 所示，对部分位的解释说明如表 10-16 所示。

偏移地址：0x0C
复位值：0x0000 0000

31	30	29	28	27	26	25	24	23	22	21	20	19	18	17	16
保留															

15	14	13	12	11	10	9	8	7	6	5	4	3	2	1	0
EXTI7[3:0]				EXTI6[3:0]				EXTI5[3:0]				EXTI4[3:0]			
rw	rw	rw	rw	rw	rw	rw	rw	rw	rw	rw	rw	rw	rw	rw	rw

图 10-10　AFIO_EXTICR2 的结构、偏移地址和复位值

表 10-16　AFIO_EXTICR2 部分位的解释说明

位 31:16	保留
位 15:0	EXTIx[3:0]：EXTIx 配置（x=4, …, 7）(EXTI x configuration)。 这些位可由软件读/写，用于选择 EXTIx 外部中断的输入源。 0000：PA[x]引脚；0011：PD[x]引脚；0101：PF[x]引脚； 0001：PB[x]引脚；0100：PE[x]引脚；0110：PG[x]引脚； 0010：PC[x]引脚

4．外部中断配置寄存器 3（AFIO_EXTICR3）

AFIO_EXTICR3 的结构、偏移地址和复位值如图 10-11 所示，对部分位的解释说明如表 10-17 所示。

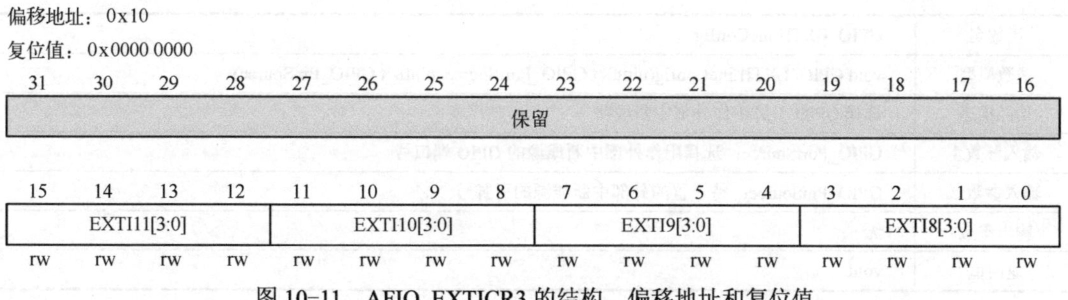

图 10-11　AFIO_EXTICR3 的结构、偏移地址和复位值

表 10-17　AFIO_EXTICR3 部分位的解释说明

位 31:16	保留
位 15:0	EXTIx[3:0]：EXTIx 配置（x=8, …, 11）(EXTI x configuration)。 这些位可由软件读/写，用于选择 EXTIx 外部中断的输入源。 0000：PA[x]引脚；0011：PD[x]引脚；0101：PF[x]引脚； 0001：PB[x]引脚；0100：PE[x]引脚；0110：PG[x]引脚； 0010：PC[x]引脚

5．外部中断配置寄存器 4（AFIO_EXTICR4）

AFIO_EXTICR4 的结构、偏移地址和复位值如图 10-12 所示，对部分位的解释说明如表 10-18 所示。

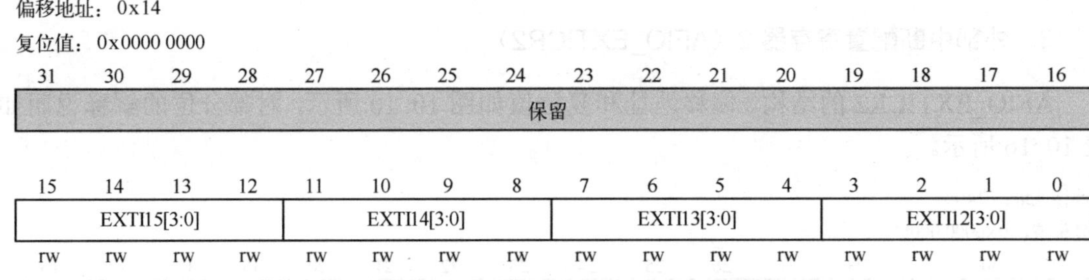

图 10-12　AFIO_EXTICR4 的结构、偏移地址和复位值

表 10-18　AFIO_EXTICR4 部分位的解释说明

位 31:16	保留
位 15:0	EXTIx[3:0]：EXTIx 配置（x=12, …, 15）（EXTI x configuration）。 这些位可由软件读/写，用于选择 EXTIx 外部中断的输入源。 0000：PA[x]引脚；0011：PD[x]引脚；0101：PF[x]引脚； 0001：PB[x]引脚；0100：PE[x]引脚；0110：PG[x]引脚； 0010：PC[x]引脚

10.2.5　AFIO 部分固件库函数

本实验涉及的 AFIO 固件库函数只有 GPIO_EXTILineConfig。该函数在 stm32f10x_gpio.h 文件中声明，在 stm32f10x_gpio.c 文件中实现。

GPIO_EXTILineConfig 函数的功能是根据 GPIO_PortSource 和 GPIO_PinSource 的值，配置 AFIO→EXTICR[x]（x=1, …, 4），从而选择 GPIO 某一引脚用作外部中断线路。具体描述如表 10-19 所示。

表 10-19　GPIO_EXTILineConfig 函数的描述

函数名	GPIO_EXTILineConfig
函数原型	void GPIO_EXTILineConfig(uint8_t GPIO_PortSource, uint8_t GPIO_PinSource)
功能描述	选择 GPIO 引脚用作外部中断线路
输入参数 1	GPIO_PortSource：选择用作外部中断线源的 GPIO 端口号
输入参数 2	GPIO_PinSource：待设置的外部中断线源的引脚号
输出参数	无
返回值	void

参数 GPIO_PortSource 用于选择用作事件输出的 GPIO 端口，可取值如表 10-20 所示。

表 10-20　参数 GPIO_PortSource 的可取值

可 取 值	实 际 值	描　述
GPIO_PortSourceGPIOA	0x00	选择 GPIOA
GPIO_PortSourceGPIOB	0x01	选择 GPIOB
GPIO_PortSourceGPIOC	0x02	选择 GPIOC
GPIO_PortSourceGPIOD	0x03	选择 GPIOD
GPIO_PortSourceGPIOE	0x04	选择 GPIOE
GPIO_PortSourceGPIOF	0x05	选择 GPIOF
GPIO_PortSourceGPIOG	0x06	选择 GPIOG

参数 GPIO_PinSource 用于选择用作事件输出的 GPIO 端口引脚，可取值如表 10-21 所示。

表 10-21　参数 GPIO_PinSource 的可取值

可取值	实际值	描述
GPIO_PinSource0	0x00	选择第 0 个引脚
GPIO_PinSource1	0x01	选择第 1 个引脚
GPIO_PinSource2	0x02	选择第 2 个引脚
GPIO_PinSource3	0x03	选择第 3 个引脚
GPIO_PinSource4	0x04	选择第 4 个引脚
GPIO_PinSource5	0x05	选择第 5 个引脚
GPIO_PinSource6	0x06	选择第 6 个引脚
GPIO_PinSource7	0x07	选择第 7 个引脚
GPIO_PinSource8	0x08	选择第 8 个引脚
GPIO_PinSource9	0x09	选择第 9 个引脚
GPIO_PinSource10	0x0A	选择第 10 个引脚
GPIO_PinSource11	0x0B	选择第 11 个引脚
GPIO_PinSource12	0x0C	选择第 12 个引脚
GPIO_PinSource13	0x0D	选择第 13 个引脚
GPIO_PinSource14	0x0E	选择第 14 个引脚
GPIO_PinSource15	0x0F	选择第 15 个引脚

例如，选择 PB8 作为外部中断线路，代码如下：

```
GPIO_EXTILineConfig(GPIO_PortSourceGPIOB, GPIO_PinSource8);
```

10.3 实验步骤

步骤 1：复制并编译原始工程

首先，将“D:\STM32KeilTest\Material\09.外部中断实验”文件夹复制到“D:\STM32KeilTest\Product”文件夹中。然后，双击运行“D:\STM32KeilTest\Product\09.外部中断实验\Project”文件夹中的 STM32KeilPrj.uvprojx，单击工具栏中的按钮。当 Build Output 栏出现 FromELF: creating hex file...时，表示已经成功生成.hex 文件，出现 0 Error(s), 0 Warning(s)表示编译成功。最后，将.axf 文件下载到 STM32 的内部 Flash，观察 STM32 核心板上的两个 LED 是否交替闪烁。如果两个 LED 交替闪烁，串口正常输出字符串，表示原始工程是正确的，接着就可以进入下一步操作。

步骤 2：添加 EXTI 文件对

首先，将“D:\STM32KeilTest\Product\09.外部中断实验\HW\EXTI”文件夹中的 EXTI.c 添加到 HW 分组，具体操作可参见 2.3 节步骤 8。然后，将“D:\STM32KeilTest\Product\09.外部中断实验\HW\EXTI”路径添加到 Include Paths 栏，具体操作可参见 2.3 节步骤 11。

步骤 3：完善 EXTI.h 文件

单击按钮进行编译，编译结束后，在 Project 面板中，双击 EXTI.c 下的 EXTI.h。在 EXTI.h 文件的“包含头文件”区，添加代码#include "DataType.h"。

在 EXTI.h 文件的“API 函数声明”区，添加如程序清单 10-1 所示的 API 函数声明代码，InitEXTI 函数主要是初始化 EXTI 模块。

程序清单 10-1

```
void   InitEXTI(void);          //初始化 EXTI 模块
```

步骤 4：完善 EXTI.c 文件

在 EXTI.c 文件的“包含头文件”区的最后，添加代码#include "stm32f10x_conf.h"。

在 EXTI.c 文件的“内部函数声明”区，添加 ConfigEXTIGPIO 和 ConfigEXTI 函数的声明代码，如程序清单 10-2 所示。ConfigEXTIGPIO 函数用于配置按键的 GPIO，ConfigEXTI 函数用于配置 EXTI。

程序清单 10-2

```
static void ConfigEXTIGPIO(void);    //配置 EXTI 的 GPIO
static void ConfigEXTI(void);        //配置 EXTI
```

在 EXTI.c 文件的“内部函数实现”区，添加 ConfigEXTIGPIO 函数的实现代码，如程序清单 10-3 所示。下面按照顺序对 ConfigEXTIGPIO 函数中的语句进行解释说明。

（1）本实验是基于 PC1（KEY1）、PC2（KEY2）和 PA0（KEY3）的，因此，需要通过 RCC_APB2PeriphClockCmd 函数使能 GPIOA 和 GPIOC 时钟。

（2）通过 GPIO_Init 函数将 PC1、PC2 和 PA0 配置为上拉输入模式。

程序清单 10-3

```
static void ConfigEXTIGPIO(void)
{
  GPIO_InitTypeDef GPIO_InitStructure;  //GPIO_InitStructure 用于存放 GPIO 的参数

  //使能 RCC 相关时钟
  RCC_APB2PeriphClockCmd(RCC_APB2Periph_GPIOC, ENABLE); //使能 GPIOC 的时钟
  RCC_APB2PeriphClockCmd(RCC_APB2Periph_GPIOA, ENABLE); //使能 GPIOA 的时钟

  //配置 PC1
  GPIO_InitStructure.GPIO_Pin    = GPIO_Pin_1;            //设置引脚
  GPIO_InitStructure.GPIO_Mode   = GPIO_Mode_IPU;         //设置输入类型
  GPIO_Init(GPIOC, &GPIO_InitStructure);                  //根据参数初始化 GPIO

  //配置 PC2
  GPIO_InitStructure.GPIO_Pin    = GPIO_Pin_2;            //设置引脚
  GPIO_InitStructure.GPIO_Mode   = GPIO_Mode_IPU;         //设置输入类型
```

```
  GPIO_Init(GPIOC, &GPIO_InitStructure);                      //根据参数初始化 GPIO

  //配置 PA0
  GPIO_InitStructure.GPIO_Pin    = GPIO_Pin_0;                //设置引脚
  GPIO_InitStructure.GPIO_Mode   = GPIO_Mode_IPU;             //设置输入类型
  GPIO_Init(GPIOA, &GPIO_InitStructure);                      //根据参数初始化 GPIO
}
```

在 EXTI.c 文件的“内部函数实现”区，在 ConfigEXTIGPIO 函数实现区的后面添加 ConfigEXTI 函数的实现代码，如程序清单 10-4 所示。下面按照顺序对 ConfigEXTI 函数中的语句进行解释说明。

（1）EXTI 与 AFIO 有关的寄存器包括 AFIO_EXTICR1、AFIO_EXTICR2、AFIO_EXTICR3 和 AFIO_EXTICR4，这些寄存器用于选择 EXTIx 外部中断的输入源，因此，需要通过 RCC_APB2PeriphClockCmd 函数使能 AFIO 时钟。该函数涉及 RCC_APB2ENR 的 AFIOEN，AFIOEN 为 1 时使能 AFIO 时钟，AFIOEN 为 0 时除能 AFIO 时钟，可参见图 4-13 和表 4-14。

（2）PC1、PC2 和 PA0 类似，这里以 PC1 为例进行解释。GPIO_EXTILineConfig 函数用于将 PC1 设置为 EXTI1 的输入源。该函数涉及 AFIO_EXTICR1 的 EXTI0[3:0]，可参见图 10-9 和表 10-15。

（3）EXTI_Init 函数用于初始化中断线参数。该函数涉及 EXTI_IMR 的 MRx、EXTI_EMR 的 MRx，以及 EXTI_RTSR 的 TRx 和 EXTI_FTSR 的 TRx。EXTI_IMR 的 MRx 为 0 屏蔽来自 EXTIx 的中断请求，为 1 开放来自 EXTIx 的中断请求；EXTI_EMR 的 MRx 为 0 屏蔽来自 EXTIx 的事件请求，为 1 开放来自 EXTIx 的事件请求；EXTI_RTSR 的 TRx 为 0 禁止 EXTIx 上的上升沿触发，为 1 允许 EXTIx 上的上升沿触发；EXTI_FTSR 的 TRx 为 0 禁止 EXTIx 上的下降沿触发，为 1 允许 EXTIx 上的下降沿触发，可参见图 10-2～图 10-5、表 10-2～表 10-5。本实验中，均开放来自 EXTI0、EXTI1 和 EXTI2 的中断请求，并允许上升沿触发。

（4）通过 NVIC_Init 函数使能 EXTI0、EXTI1 和 EXTI2 的中断，同时设置这 3 个中断的抢占优先级为 2，子优先级为 2。

程序清单 10-4

```
static void ConfigEXTI(void)
{
  EXTI_InitTypeDef EXTI_InitStructure;        //EXTI_InitStructure 用于存放 EXTI 的参数
  NVIC_InitTypeDef NVIC_InitStructure;        //NVIC_InitStructure 用于存放 NVIC 的参数

  //使能 RCC 相关时钟
  RCC_APB2PeriphClockCmd(RCC_APB2Periph_AFIO, ENABLE);    //使能 AFIO 的时钟

  //配置 PC1 的 EXTI 和 NVIC
  GPIO_EXTILineConfig(GPIO_PortSourceGPIOC, GPIO_PinSource1);//选择引脚作为中断线
  EXTI_InitStructure.EXTI_Line = EXTI_Line1;                 //选择中断线
  EXTI_InitStructure.EXTI_Mode = EXTI_Mode_Interrupt;        //开放中断请求
  EXTI_InitStructure.EXTI_Trigger = EXTI_Trigger_Rising;     //设置为上升沿触发
  EXTI_InitStructure.EXTI_LineCmd = ENABLE;                  //使能中断线
  EXTI_Init(&EXTI_InitStructure);                            //根据参数初始化 EXTI
```

```
    NVIC_InitStructure.NVIC_IRQChannel = EXTI1_IRQn;                    //中断通道号
    NVIC_InitStructure.NVIC_IRQChannelPreemptionPriority = 2;           //设置抢占优先级
    NVIC_InitStructure.NVIC_IRQChannelSubPriority = 2;                  //设置子优先级
    NVIC_InitStructure.NVIC_IRQChannelCmd = ENABLE;                     //使能中断
    NVIC_Init(&NVIC_InitStructure);                                     //根据参数初始化 NVIC

    //配置 PC2 的 EXTI 和 NVIC
    GPIO_EXTILineConfig(GPIO_PortSourceGPIOC, GPIO_PinSource2);//选择引脚作为中断线
    EXTI_InitStructure.EXTI_Line = EXTI_Line2;                          //选择中断线
    EXTI_InitStructure.EXTI_Mode = EXTI_Mode_Interrupt;                 //开放中断请求
    EXTI_InitStructure.EXTI_Trigger = EXTI_Trigger_Rising;              //设置为上升沿触发
    EXTI_InitStructure.EXTI_LineCmd = ENABLE;                           //使能中断线
    EXTI_Init(&EXTI_InitStructure);                                     //根据参数初始化 EXTI

    NVIC_InitStructure.NVIC_IRQChannel = EXTI2_IRQn;                    //中断通道号
    NVIC_InitStructure.NVIC_IRQChannelPreemptionPriority = 2;           //设置抢占优先级
    NVIC_InitStructure.NVIC_IRQChannelSubPriority = 2;                  //设置子优先级
    NVIC_InitStructure.NVIC_IRQChannelCmd = ENABLE;                     //使能中断
    NVIC_Init(&NVIC_InitStructure);                                     //根据参数初始化 NVIC

    //配置 PA0 的 EXTI 和 NVIC
    GPIO_EXTILineConfig(GPIO_PortSourceGPIOA, GPIO_PinSource0);         //选择引脚作为中断线
    EXTI_InitStructure.EXTI_Line = EXTI_Line0;                          //选择中断线
    EXTI_InitStructure.EXTI_Mode = EXTI_Mode_Interrupt;                 //开放中断请求
    EXTI_InitStructure.EXTI_Trigger = EXTI_Trigger_Rising;              //设置为上升沿触发
    EXTI_InitStructure.EXTI_LineCmd = ENABLE;                           //使能中断线
    EXTI_Init(&EXTI_InitStructure);                                     //根据参数初始化 EXTI

    NVIC_InitStructure.NVIC_IRQChannel = EXTI0_IRQn;                    //中断通道号
    NVIC_InitStructure.NVIC_IRQChannelPreemptionPriority = 2;           //设置抢占优先级
    NVIC_InitStructure.NVIC_IRQChannelSubPriority = 2;                  //设置子优先级
    NVIC_InitStructure.NVIC_IRQChannelCmd = ENABLE;                     //使能中断
    NVIC_Init(&NVIC_InitStructure);                                     //根据参数初始化 NVIC
}
```

在 EXTI.c 文件的“内部函数实现”区，在 ConfigEXTI 函数实现区的后面添加 EXTI0_IRQHandler、EXTI1_IRQHandler 和 EXTI2_IRQHandler 中断服务函数的实现代码，如程序清单 10-5 所示。由于这 3 个中断服务函数的功能类似，下面仅对 EXTI0_IRQHandler 函数中的语句按照顺序进行解释说明。

（1）通过 EXTI_GetITStatus 函数获取中断标志，该函数涉及 EXTI_IMR 的 MRx 和 EXTI_PR 的 PRx，可参见图 10-2、图 10-7、表 10-2 和表 10-7。本实验中，EXTI_IMR 的 MRx 为 1，表示开放来自 EXTIx 的事件请求，当 EXTIx 发生了选择的边沿事件时，PRx 由硬件置为 1，并产生中断，执行 EXTIx_IRQHandler 函数。因此，在 EXTIx_IRQHandler 函数中还需要通过 EXTI_ClearITPendingBit 函数清除中断标志位，即向 PRx 写入 1 清除 PRx。

（2）在 EXTI0_IRQHandler 函数中，通过 GPIO_WriteBit 函数对 LED1（PC4）和 LED2

（PC5）同时执行取反操作；在 EXTI1_IRQHandler 函数中，通过 GPIO_WriteBit 函数对 LED1（PC4）执行取反操作；在 EXTI2_IRQHandler 函数中，通过 GPIO_WriteBit 函数对 LED2（PC5）执行取反操作。

程序清单 10-5

```
void EXTI0_IRQHandler(void)
{
  if(EXTI_GetITStatus(EXTI_Line0) != RESET)          //判断中断是否发生
  {
    //LED1 状态取反
    GPIO_WriteBit(GPIOC, GPIO_Pin_4, (BitAction)(1 - GPIO_ReadOutputDataBit(GPIOC, GPIO_Pin_4)));
    //LED2 状态取反
    GPIO_WriteBit(GPIOC, GPIO_Pin_5, (BitAction)(1 - GPIO_ReadOutputDataBit(GPIOC, GPIO_Pin_5)));
    EXTI_ClearITPendingBit(EXTI_Line0);              //清除 Line0 上的中断标志位
  }
}

void EXTI1_IRQHandler(void)
{
  if(EXTI_GetITStatus(EXTI_Line1) != RESET)          //判断中断是否发生
  {
    //LED1 状态取反
    GPIO_WriteBit(GPIOC, GPIO_Pin_4, (BitAction)(1 - GPIO_ReadOutputDataBit(GPIOC, GPIO_Pin_4)));
    EXTI_ClearITPendingBit(EXTI_Line1);              //清除 Line1 上的中断标志位
  }
}

void EXTI2_IRQHandler(void)
{
  if(EXTI_GetITStatus(EXTI_Line2) != RESET)          //判断中断是否发生
  {
    //LED2 状态取反
    GPIO_WriteBit(GPIOC, GPIO_Pin_5, (BitAction)(1 - GPIO_ReadOutputDataBit(GPIOC, GPIO_Pin_5)));
    EXTI_ClearITPendingBit(EXTI_Line2);              //清除 Line2 上的中断标志位
  }
}
```

在 EXTI.c 文件的“API 函数实现”区，添加 API 函数的实现代码，如程序清单 10-6 所示，InitEXTI 函数调用 ConfigEXTIGPIO 和 ConfigEXTI 函数初始化 EXTI 模块。

程序清单 10-6

```
void  InitEXTI(void)
{
  ConfigEXTIGPIO();      //配置 EXTI 的 GPIO
  ConfigEXTI();          //配置 EXTI
}
```

步骤 5：完善外部中断实验应用层

在 Project 面板中，双击打开 Main.c 文件，在 Main.c 文件的“包含头文件”区的最后，添加代码#include "EXTI.h"。这样就可以在 Main.c 文件中调用 EXTI 模块的 API 函数等。

在 Main.c 文件的 InitHardware 函数中，添加调用 InitEXTI 函数的代码，如程序清单 10-7 所示，这样就实现了对 EXTI 模块的初始化。

程序清单 10-7

```
static  void  InitHardware(void)
{
  SystemInit();              //系统初始化
  InitRCC();                 //初始化 RCC 模块
  InitNVIC();                //初始化 NVIC 模块
  InitUART1(115200);         //初始化 UART 模块
  InitTimer();               //初始化 Timer 模块
  InitLED();                 //初始化 LED 模块
  InitSysTick();             //初始化 SysTick 模块
  InitEXTI();                //初始化 EXTI 模块
}
```

本实验是通过外部中断控制 STM32 核心板上两个 LED 的状态的，因此还需要注释掉 Proc2msTask 函数中的 LEDFlicker，如程序清单 10-8 所示。

程序清单 10-8

```
static  void  Proc2msTask(void)
{
  if(Get2msFlag())           //判断 2ms 标志位状态
  {
    //LEDFlicker(250);       //调用闪烁函数
    Clr2msFlag();            //清除 2ms 标志位
  }
}
```

步骤 6：编译及下载验证

代码编写完成后，单击按钮进行编译。编译结束后，Build Output 栏中出现 0 Error(s)，0 Warning(s)，表示编译成功。然后，参见图 2-33，通过 Keil μVision5 软件将.axf 文件下载到 STM32 核心板。下载完成后，按下 KEY1 按键，LED1 状态会发生翻转，按下 KEY2 按键，LED2 状态会发生翻转，按下 KEY3 按键，LED1 和 LED2 状态会同时发生翻转。

本 章 任 务

基于 STM32 核心板，编写程序通过按键中断实现 LED 编码计数功能。假设 LED 熄灭为 0，点亮为 1，初始状态为 LED1 和 LED2 均熄灭（00），第二状态为 LED1 熄灭、LED2 点亮

（01），第三状态为 LED1 点亮、LED2 熄灭（10），第四状态为 LED1 点亮、LED2 点亮（11）。按下 KEY1 按键，状态递增，直至 11；按下 KEY2 按键，状态复位到 00；按下 KEY3 按键，状态递减，直至 00。

本章习题

1．简述什么是外部输入中断。

2．简述外部中断服务函数中断标志位的作用，说明应该在什么时候清除中断标志位，如果不清除中断标志位会有什么后果。

3．在本实验中，假设有一个全局 int 型变量 g_iCnt，该变量在 TIM2 中断服务函数中执行乘 9 操作，而在 KEY3 按键按下的中断服务函数中对 g_iCnt 执行加 5 操作。若某一时刻两个中断恰巧同时发生，且此时全局变量 g_iCnt 的值为 20，则两个中断都结束后，全局变量 g_iCnt 的值应该是多少？

第 11 章　实验 10——OLED 显示

STM32 核心板上的显示器件包括前面讲过的 LED，还包括 OLED。本实验将对 OLED 显示原理及 SSD1306 芯片工作原理进行详细讲解，并编写基于 SSD1306 芯片控制的 OLED 模块驱动，最终在应用层调用 API 函数验证 OLED 驱动是否能够正常工作。

11.1　实 验 内 容

通过学习 STM32 核心板上的 OLED 模块原理图、OLED 显示原理及 SSD1306 工作原理，基于 STM32 核心板，编写 OLED 驱动。该驱动包括 8 个 API 函数，分别是初始化 OLED 显示模块函数 InitOLED、开启 OLED 显示函数 OLEDDisplayOn、关闭 OLED 显示函数 OLEDDisplayOff、更新 GRAM 函数 OLEDRefreshGRAM、清屏函数 OLEDClear、显示数字函数 OLEDShowNum、指定位置显示字符函数 OLEDShowChar、显示字符串函数 OLEDShowString，并在 Main.c 文件中调用这些函数验证 OLED 驱动是否正确。

11.2　实 验 原 理

11.2.1　OLED 显示模块

OLED，即有机发光二极管（Organic Light-Emitting Diode），又称为有机电激光显示（Organic Electroluminescence Display，OELD）。OLED 由于同时具备自发光、不需背光源、对比度高、厚度薄、视角广、反应速度快、可用于挠曲性面板、使用温度范围广、构造及制程较简单等优异特性，被广泛应用于各种产品中。OLED 显示技术具有自发光的特性，采用非常薄的有机材料涂层和玻璃基板，当有电流通过时，有机材料就会发光。OLED 显示屏幕可视角度大，节省电能。另外，LCD 需要背光源，而 OLED 不需要，因此，同样的显示，OLED 效果要比 LCD 更好一些。

STM32 核心板上使用的 OLED 显示模块是一款集 SSD1306 驱动芯片、0.96 英寸 128×64 分辨率显示屏及驱动电路为一体的集成显示屏，可以通过 SPI 接口控制 OLED 显示屏。OLED 显示模块显示效果如图 11-1 所示。

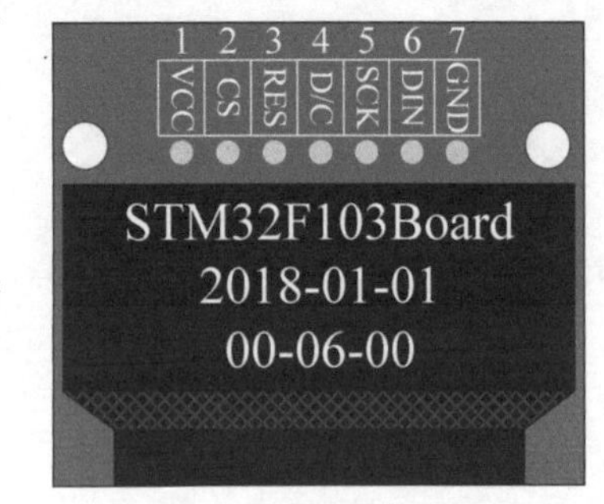

图 11-1　OLED 显示模块显示效果

OLED 显示模块引脚说明如表 11-1 所示。

表 11-1　OLED 显示模块引脚说明

序　号	名　称	说　明
1	VCC	电源（3.3V）
2	CS（OLED_CS）	片选信号，低电平有效，连接 STM32 核心板的 PB12
3	RES（OLED_RES）	复位引脚，低电平有效，连接 STM32 核心板的 PB14
4	D/C（OLED_DC）	数据/命令控制，DC=1，传输数据，DC=0，传输命令。连接 STM32 核心板的 PC3
5	SCK（OLED_SCK）	时钟线，连接 STM32 核心板的 PB13
6	DIN（OLED_DIN）	数据线，连接 STM32 核心板的 PB15
7	GND	接地

OLED 显示屏接口电路原理图如图 11-2 所示，将 OLED 显示模块插在 STM32 核心板上的 OLED 显示屏接口（J7），即可通过 STM32 核心板控制 OLED 显示屏。

OLED 显示模块支持的 SPI 通信模式需要 4 根信号线和 1 根复位控制线，分别是 OLED 片选信号 CS、数据/命令控制信号 D/C、串行时钟线 SCK、串行数据线 DIN，以及复位引脚 RES。因此，只能往 STM32 核心板上的 OLED 显示模块写数据而不能读数据，在 SPI 通信模式下，每个数据长度均为 8 位，在 SCK 的上升沿，数据从 DIN 移入 SSD1306，并且是高位在前，D/C 线用作数据/命令控制。SPI 通信模式下，写操作时序图如图 11-3 所示。

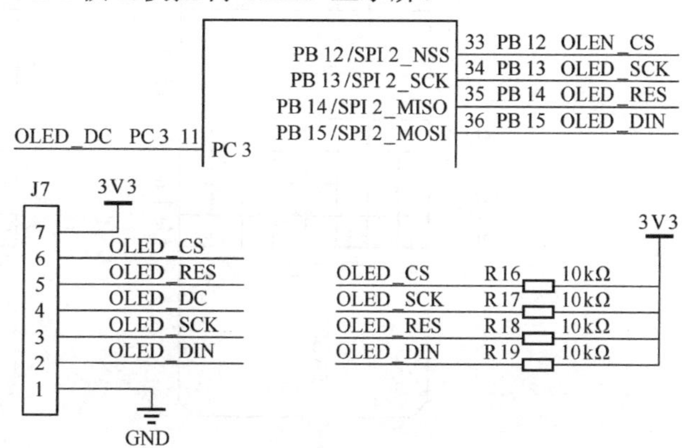

图 11-2　OLED 显示屏接口电路原理图

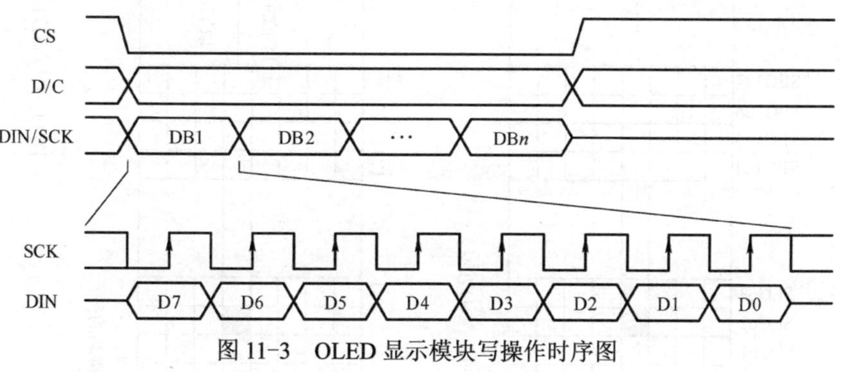

图 11-3　OLED 显示模块写操作时序图

11.2.2　SSD1306 的显存

SSD1306 的显存大小总共为 128×64=8192bit，SSD1306 将这些显存分为 8 页，其对应关系如图 11-4 左上图所示。可以看出，SSD1306 包含 8 页，每页又包含 128 字节，这样刚好是 128×64 点阵。将图 11-4 左上图的 PAGE3 取出并放大，如图 11-4 右上图所示，图 11-4 左上图每个格子是 1 字节，图 11-4 右上图每个格子是 1 位。从图 11-4 右上图和图 11-4 右下图中可以看出，SSD1306 显存中的 SEG62、COM29 位置为 1，则屏幕上的 62 列、34 行对应的点为点亮状态。为什么显存中的列编号与 OLED 显示屏的列编号是对应的，但显存中的行编号与 OLED 显示屏的行编号不对应呢？这是因为 STM32 核心板的 OLED 显示屏上的列与 SSD1306 显存上的列是一一对应的，但显示屏上的行与 SSD1306 显存上的行正好互补，例如，显示屏的第 34 行对应 SSD1306 显存上的 COM29。

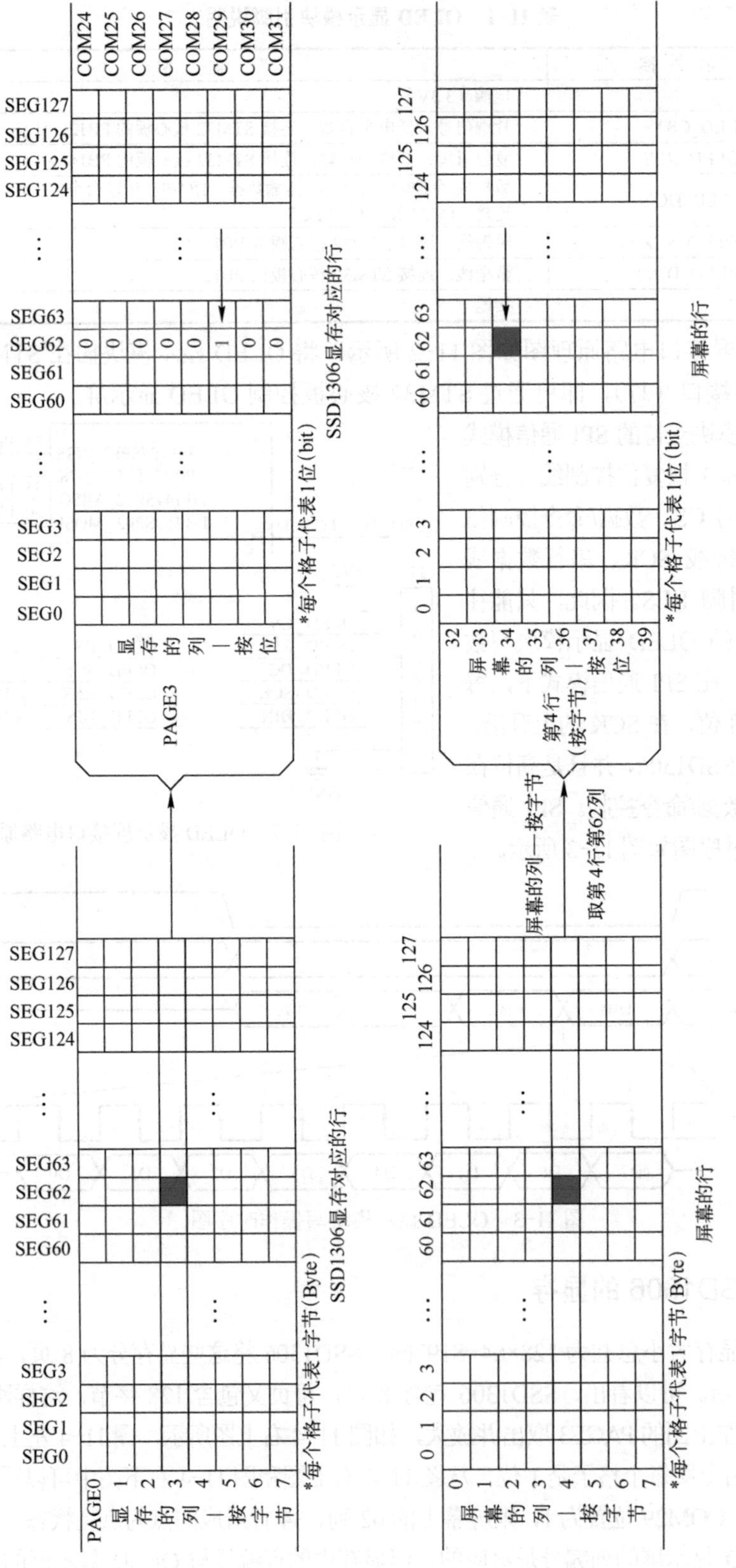

图11-4　SSD1306显存与显示屏对应关系图

11.2.3　SSD1306 常用命令

SSD1306 的命令比较多。这里仅介绍几个比较常用的命令，如表 11-2 所示。如需了解其他命令，读者可参见 SSD1306 的数据手册。序号为 1 的命令用于设置屏幕对比度。该命令由 2 字节组成，第一字节 0x81 为操作码，第二字节为对比度，该值越大屏幕越亮，对比度的取值范围为 0x00～0xFF。序号为 2 的命令用于设置显示开和关，当 X0 为 0 时关闭显示，当 X0 为 1 时开启显示。序号为 3 的命令用于设置电荷泵，该命令也由 2 字节组成，第一字节 0x8D 为操作码，第二字节的 A2 位为电荷泵开关，该位为 1 时开启电荷泵，为 0 时关闭电荷泵。在模块初始化的时候，电荷泵一定要开启，否则看不到屏幕显示。序号为 4 的命令用于设置页地址，该命令取值范围为 0xB0～0xB7，对应页 0～7。序号为 5 的命令用于设置列地址的低 4 位，该命令取值范围为 0x00～0x0F。序号为 6 的命令用于设置列地址的高 4 位，该命令取值范围为 0x10～0x1F。

表 11-2　SSD1306 常用命令表

序号	命令	各位描述								功能	说明
	HEX	D7	D6	D5	D4	D3	D2	D1	D0		
1	81	1	0	0	0	0	0	0	1	设置对比度	A 的值越大屏幕越亮，A 的范围是 0x00～0xFF
	A[7:0]	A7	A6	A5	A4	A3	A2	A1	A0		
2	AE/AF	1	0	1	0	1	1	1	X0	设置显示开/关	X0=0，关闭显示；X0=1，开启显示
3	8D	1	0	0	0	1	1	0	1	设置电荷泵	A2=0，关闭电荷泵；A2=1，开启电荷泵
	A[7:0]	*	*	0	1	0	A2	0	0		
4	B0～B7	1	0	1	1	0	X2	X1	X0	设置页地址	X[2:0]=0～7 对应页 0～7
5	00～0F	0	0	0	0	X3	X2	X1	X0	设置列地址低 4 位	设置 8 位起始列地址低 4 位
6	10～1F	0	0	0	1	X3	X2	X1	X0	设置列地址高 4 位	设置 8 位起始列地址高 4 位

11.2.4　字模选项

字模选项包括点阵格式、取模走向和取模方式，其中点阵格式又分为阴码（1 表示亮、0 表示灭）和阳码（1 表示灭、0 表示亮），取模走向可以选择逆向（低位在前）和顺向（高位在前），取模方式可以选择逐列式、逐行式、列行式和行列式。

本实验的字模选项为“16×16 字体顺向逐列式（阴码）”，为了更加清晰地说明这种字模，以图 11-5 所示的问号为例进行讲解。需要说明的是，汉字是方块字，因此，16×16 字体的汉字像素为 16×16，而 16×16 字体的字符（如数字、标点符号、英文大写字母和英文小写字母）像素为 16×8。逐列式表示按照列进行取模，左上角的 8 个格子为第一字节，高位在前，即 0x00，左下角的 8 个格子为第二字节，即 0x00，第三字节为 0x0E，第四字节为 0x00，依次向下，分别是 0x12、0x00、0x10、0x0C、0x10、0x6C、0x10、0x80、0x0F、0x00、0x00、0x00。

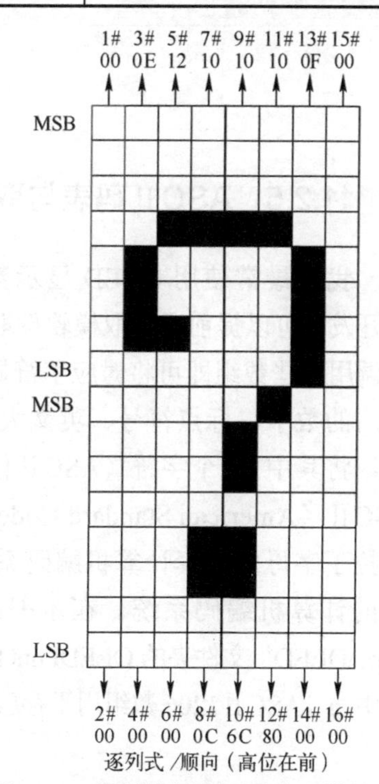

图 11-5　问号的顺向逐列式（阴码）取模示意图

通过问号的取模过程，我们了解到字符取模过程还是比较复杂的。然而，OLED 应用中常常使用的字符非常多，有时候有数字、标点符号、英文大写字母、英文小写字母，有时候还包括汉字，而且这些字符的字体和字宽有非常多的选择，因此，我们就需要借助取模软件。在本书配套资料包的“02.相关软件”目录下有一个名为“PCtoLCD2002 完美版”的取模软件，读者可以在“PCtoLCD2002 完美版”文件夹中找到 PCtoLCD2002.exe 并双击，该软件运行之后的界面如图 11-6 左图所示。单击菜单栏中的“选项”，按照图 11-6 右图所示选择“点阵格式”“取模走向”“自定义格式”“取模方式”和“输出数制”等，然后，在图 11-6 左图中间栏尝试输入 OLED12864，并单击“生成字模”按钮，之后就可以使用最终生成的字模（数组格式）了。

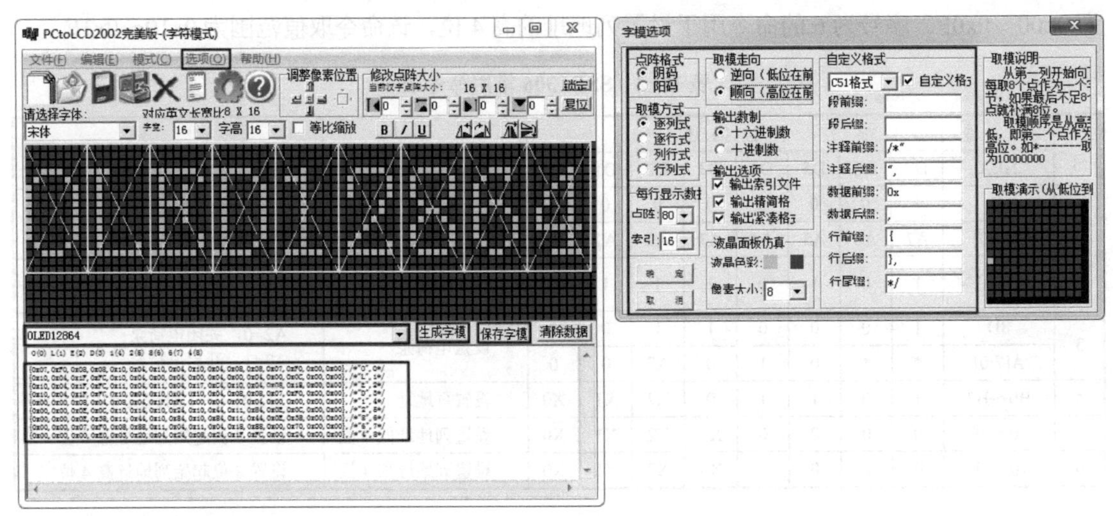

图 11-6　取模软件使用方法

11.2.5　ASCⅡ码表与取模工具

我们最常使用 OLED 显示数字、标点符号、英文大写字母和英文小写字母。为了便于开发，可以提前通过取模软件取出常用字符的字模，保存到数组，在 OLED 应用设计中，直接调用这些数组即可将对应字符显示到 OLED 显示屏。由于 ASCⅡ码表几乎涵盖了我们最常使用的数字、标点符号、英文大写字母和英文小写字母，因此，本实验以 ASCⅡ码表为基础，将其中 95 个字符（ASCⅡ值为 32～126）生成字模数组。ASCⅡ码表如表 11-3 所示，ASCⅡ（American Standard Code for Information Interchange，美国信息交换标准代码）是基于拉丁字母的一套计算机编码系统，主要用于显示现代英语和其他西欧语言，是现今最通用的计算机编码系统。在本书配套资料包的“04.例程资料\Material\10.OLED 显示实验\App\OLED”文件夹的 OLEDFont.h 文件中有两个数组，分别是 g_iASCⅡ1206 和 g_iASCⅡ1608，其中，g_iASCⅡ1206 数组用于存放 12×6 字体字模，g_iASCⅡ1608 数组用于存放 16×8 字体字模。

表 11-3　ASCⅡ码表

ASCⅡ值	控制字符	ASCⅡ值	控制字符	ASCⅡ值	控制字符	ASCⅡ值	控制字符
0	NUL	32	(space)	64	@	96	`
1	SOH	33	!	65	A	97	a
2	STX	34	"	66	B	98	b
3	ETX	35	#	67	C	99	c
4	EOT	36	$	68	D	100	d
5	ENQ	37	%	69	E	101	e
6	ACK	38	&	70	F	102	f
7	BEL	39	'	71	G	103	g
8	BS	40	(	72	H	104	h
9	HT	41	)	73	I	105	i
10	LF	42	*	74	J	106	j
11	VT	43	+	75	K	107	k
12	FF	44	,	76	L	108	l
13	CR	45	-	77	M	109	m
14	SO	46	.	78	N	110	n
15	SI	47	/	79	O	111	o
16	DLE	48	0	80	P	112	p
17	DC1	49	1	81	Q	113	q
18	DC2	50	2	82	R	114	r
19	DC3	51	3	83	S	115	s
20	DC4	52	4	84	T	116	t
21	NAK	53	5	85	U	117	u
22	SYN	54	6	86	V	118	v
23	ETB	55	7	87	W	119	w
24	CAN	56	8	88	X	120	x
25	EM	57	9	89	Y	121	y
26	SUB	58	:	90	Z	122	z
27	ESC	59	;	91	[	123	{
28	FS	60	<	92	\	124	|
29	GS	61	=	93	]	125	}
30	RS	62	>	94	^	126	~
31	US	63	?	95	_	127	DEL

11.2.6　STM32 的 GRAM 与 SSD1306 的 GRAM

STM32 通过向 OLED 驱动芯片 SSD1306 的 GRAM 写入数据实现 OLED 显示。在 OLED 应用设计中，我们常常只需要更改某几个字符，比如，通过 OLED 显示时间，每秒只需要更新秒值，只有在进位时才会更新小时值或分钟值。为了确保之前写入的数据不被覆盖，可以采用“读→改→写”的方式，也就是将 SSD1306 的 GRAM 中原有的数据读取到 STM32 的 GRAM（实际上是内部 SRAM），然后，对 STM32 的 GRAM 进行修改，最后，再写入 SSD1306 的 GRAM，如图 11-7 所示。

“读→改→写”的方式要求 STM32 既能写 SSD1306，还要能读 SSD1306，但是，STM32 核心板只有写 OLED 显示模块的数据线（OLED_DIN），没有读 OLED 显示模块的数据线，因此，不支持读 OLED 显示模块操作。当然，也没有必要，而且，“读→改→写”的方式效率低。所以推荐基于“改→写”的方式实现 OLED 显示，这种方式通过在 STM32 的内部建立一个 GRAM（128×8 字节，对应 128×64 像素），与 SSD1306 上的 GRAM 对应，在需要更新显示时，只需修改 STM32 的 GRAM，然后一次性把 STM32 的 GRAM 写入 SSD1306 的 GRAM 即可，如图 11-8 所示。

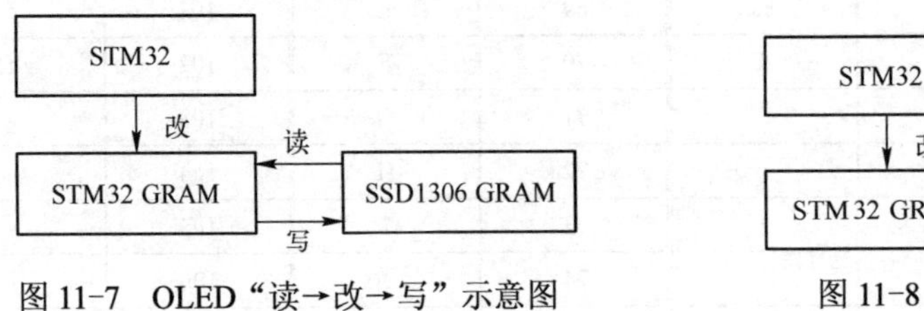

图 11-7　OLED“读→改→写”示意图

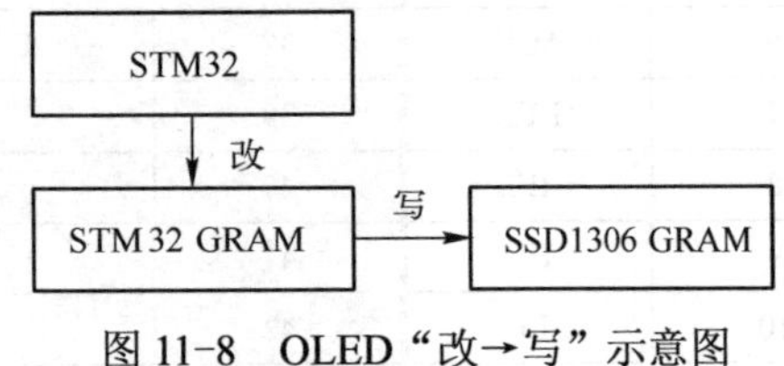

图 11-8　OLED“改→写”示意图

11.2.7　OLED 显示模块显示流程

OLED 显示模块显示流程如图 11-9 所示。首先，配置 OLED 相关的 GPIO，其次，将 OLED_RES 拉低 10ms 之后再将 OLED_RES 拉高，对 SSD1306 进行复位，接着，关闭显示，配置 SSD1306，配置完 SSD1306 之后再开启显示，并执行清屏操作，然后写 STM32 上的 GRAM，最后，将 STM32 上的 GRAM 更新到 SSD1306 上，这样就完成了 OLED 的显示。

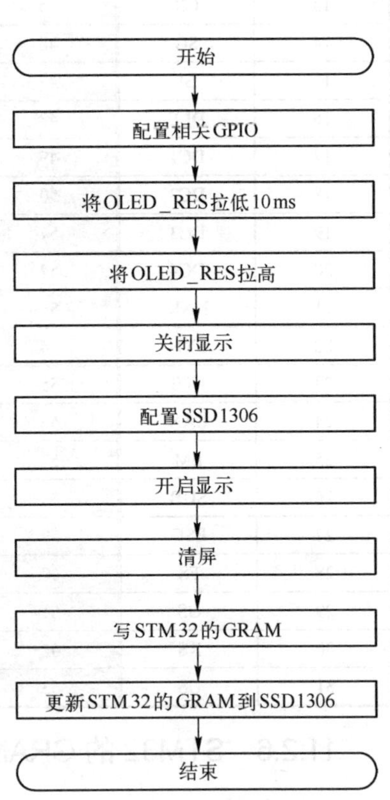

图 11-9　OLED 显示模块显示流程

11.3　实 验 步 骤

步骤 1：复制并编译原始工程

首先，将“D:\STM32KeilTest\Material\10.OLED 显示实验”文件夹复制到“D:\STM32KeilTest\ Product”文件夹中。然后，双击运行“D:\STM32KeilTest\Product\10.OLED 显示实验\Project”文件夹中的 STM32KeilPrj.uvprojx，单击工具栏中的按钮。当 Build Output 栏出现 FromELF：creating hex file...时，表示已经成功生成.hex 文件，出现 0 Error(s), 0 Warning(s)表示编译成功。最后，将.axf 文件下载到 STM32 的内部 Flash，观察 STM32 核心板上的两个 LED 是否交替闪烁。如果两个 LED 交替闪烁，串口正常输出字符串，表示原始工程是正确的，接着就可以进入下一步操作。

步骤 2：添加 OLED 文件对

首先，将“D:\STM32KeilTest\Product\10.OLED 显示实验\App\OLED”文件夹中的 OLED.c

添加到 App 分组，具体操作可参见 2.3 节步骤 8。然后，将“D:\STM32KeilTest\Product\10.OLED 显示实验\App\OLED”路径添加到 Include Paths 栏，具体操作可参见 2.3 节步骤 11。

步骤 3：完善 OLED.h 文件

单击按钮进行编译，编译结束后，在 Project 面板中，双击 OLED.c 下的 OLED.h。在 OLED.h 文件的“包含头文件”区，添加代码#include "DataType.h"。

在 OLED.h 文件的“API 函数声明”区，添加如程序清单 11-1 所示的 API 函数声明代码。InitOLED 函数用于初始化 OLED 显示模块，OLEDDisplayOn 函数用于开启 OLED 显示，OLEDDisplayOff 函数用于关闭 OLED 显示，OLEDRefreshGRAM 函数用于将 STM32 的 GRAM 更新到 SSD1306 的 GRAM，OLEDClear 函数用于清除 OLED 显示，OLEDShowChar 函数用于在指定位置显示一个字符，OLEDShowNum 函数用于显示数字，OLEDShowString 函数用于显示字符串。

程序清单 11-1

```
void  InitOLED(void);                    //初始化 OLED 模块
void  OLEDDisplayOn(void);               //开启 OLED 显示
void  OLEDDisplayOff(void);              //关闭 OLED 显示
void  OLEDRefreshGRAM(void);             //将 STM32 的 GRAM 写入 SSD1306 的 GRAM

void  OLEDClear(void);                   //清屏函数，清完屏整个屏幕是黑色的，和没点亮一样
void  OLEDShowChar(u8 x, u8 y, u8 chr, u8 size, u8 mode);      //在指定位置显示一个字符
void  OLEDShowNum(u8 x, u8 y, u32 num, u8 len, u8 size);       //在指定位置显示数字
void  OLEDShowString(u8 x, u8 y, const u8* p);                 //在指定位置显示字符串
```

步骤 4：完善 OLED.c 文件

在 OLED.c 文件的“包含头文件”区，添加代码#include "stm32f10x_conf.h"、#include "OLEDFont.h"和#include "SysTick.h"。

在 OLED.c 文件的“宏定义”区，添加如程序清单 11-2 所示的宏定义代码。OLEDWriteByte 函数既可以向 OLED 显示模块写数据又可以写命令，OLED_CMD 表示写命令，OLED_DATA 表示写数据。CLR_OLED_CS()通过 GPIO_ResetBits 函数将 CS（OLED_CS）引脚的电平拉低（清零），SET_OLED_CS()通过 GPIO_SetBits 函数将 CS（OLED_CS）引脚的电平拉高（置为 1），其余 8 个宏定义类似，这里不再赘述。

程序清单 11-2

```
#define OLED_CMD      0       //命令
#define OLED_DATA     1       //数据

//OLED 端口定义
#define CLR_OLED_CS()     GPIO_ResetBits(GPIOB, GPIO_Pin_12)  //CS，片选
#define SET_OLED_CS()     GPIO_SetBits   (GPIOB, GPIO_Pin_12)

#define CLR_OLED_RES()  GPIO_ResetBits(GPIOB, GPIO_Pin_14)  //RES，复位
```

```
#define SET_OLED_RES()  GPIO_SetBits   (GPIOB, GPIO_Pin_14)

#define CLR_OLED_DC()   GPIO_ResetBits(GPIOC, GPIO_Pin_3)   //DC，命令数据标志(0—命令/1—数据)
#define SET_OLED_DC()   GPIO_SetBits   (GPIOC, GPIO_Pin_3)

#define CLR_OLED_SCK() GPIO_ResetBits(GPIOB, GPIO_Pin_13)   //SCK，时钟
#define SET_OLED_SCK() GPIO_SetBits   (GPIOB, GPIO_Pin_13)

#define CLR_OLED_DIN() GPIO_ResetBits(GPIOB, GPIO_Pin_15)   //DIN，数据
#define SET_OLED_DIN() GPIO_SetBits   (GPIOB, GPIO_Pin_15)
```

在 OLED.c 文件的“内部变量”区，添加内部变量的定义代码，如程序清单 11-3 所示。s_iOLEDGRAM 是 STM32 的 GRAM，大小为 128×8 字节，与 SSD1306 上的 GRAM 对应。本实验是先将需要显示到 OLED 显示模块上的数据写入 STM32 的 GRAM，然后，再将 STM32 的 GRAM 写入 SSD1306 的 GRAM。

程序清单 11-3

```
static  u8  s_arrOLEDGRAM[128][8];     //OLED 显存缓冲区
```

在 OLED.c 文件的“内部函数声明”区，添加内部函数的声明代码，如程序清单 11-4 所示。

ConfigOLEDGPIO 函数用于配置 OLED 相关的 GPIO，ConfigOLEDReg 函数用于配置 SSD1306 的寄存器，OLEDWriteByte 函数用于向 SSD1306 写入 1 字节，OLEDDrawPoint 函数用于点亮或熄灭 OLED 显示屏上的某一点，CalcPow 函数用于计算 *m* 的 *n* 次方。

程序清单 11-4

```
static  void  ConfigOLEDGPIO(void);                  //配置 OLED 的 GPIO
static  void  ConfigOLEDReg(void);                   //配置 OLED 的 SSD1306 寄存器

static  void  OLEDWriteByte(u8 dat, u8 cmd);         //向 SSD1306 写入 1 字节
static  void  OLEDDrawPoint(u8 x, u8 y, u8 t);       //在 OLED 屏指定位置画点

static  u32   CalcPow(u8 m, u8 n);                   //计算 m 的 n 次方
```

在 OLED.c 文件的“内部函数实现”区，添加 ConfigOLEDGPIO 函数的实现代码，如程序清单 11-5 所示。下面按照顺序对 ConfigOLEDGPIO 函数中的语句进行解释说明。

（1）本实验是通过 PB12（OLED_CS）、PB14（OLED_RES）、PC3（OLED_DC）、PB13（OLED_SCK）和 PB15（OLED_DIN）实现的，因此，需要通过 RCC_APB2PeriphClockCmd 函数使能 GPIOB 和 GPIOC 时钟。

（2）通过 GPIO_Init 函数将 PB12、PB13、PB14、PB15 和 PC3 配置为推挽输出模式，并通过 GPIO_SetBits 函数将这 5 个引脚的初始电平设置为高电平。

程序清单 11-5

```
static  void  ConfigOLEDGPIO(void)
```

```
{
  GPIO_InitTypeDef   GPIO_InitStructure;

  //使能 RCC 相关时钟
  RCC_APB2PeriphClockCmd(RCC_APB2Periph_GPIOB, ENABLE); //使能 GPIOB 的时钟
  RCC_APB2PeriphClockCmd(RCC_APB2Periph_GPIOC, ENABLE); //使能 GPIOC 的时钟

  //配置 PB13（OLED_SCK）
  GPIO_InitStructure.GPIO_Pin     = GPIO_Pin_13;                  //设置引脚
  GPIO_InitStructure.GPIO_Mode    = GPIO_Mode_Out_PP;             //设置模式
  GPIO_InitStructure.GPIO_Speed = GPIO_Speed_50MHz;               //设置 I/O 输出速度
  GPIO_Init(GPIOB, &GPIO_InitStructure);                          //根据参数初始化 GPIO
  GPIO_SetBits(GPIOB, GPIO_Pin_13);                               //设置初始状态为高电平

  //配置 PB15（OLED_DIN）
  GPIO_InitStructure.GPIO_Pin     = GPIO_Pin_15;                  //设置引脚
  GPIO_InitStructure.GPIO_Mode    = GPIO_Mode_Out_PP;             //设置模式
  GPIO_InitStructure.GPIO_Speed = GPIO_Speed_50MHz;               //设置 I/O 输出速度
  GPIO_Init(GPIOB, &GPIO_InitStructure);                          //根据参数初始化 GPIO
  GPIO_SetBits(GPIOB, GPIO_Pin_15);                               //设置初始状态为高电平

  //配置 PB14（OLED_RES）
  GPIO_InitStructure.GPIO_Pin     = GPIO_Pin_14;                  //设置引脚
  GPIO_InitStructure.GPIO_Mode    = GPIO_Mode_Out_PP;             //设置模式
  GPIO_InitStructure.GPIO_Speed = GPIO_Speed_50MHz;               //设置 I/O 输出速度
  GPIO_Init(GPIOB, &GPIO_InitStructure);                          //根据参数初始化 GPIO
  GPIO_SetBits(GPIOB, GPIO_Pin_14);                               //设置初始状态为高电平

  //配置 PB12（OLED_CS）
  GPIO_InitStructure.GPIO_Pin     = GPIO_Pin_12;                  //设置引脚
  GPIO_InitStructure.GPIO_Mode    = GPIO_Mode_Out_PP;             //设置模式
  GPIO_InitStructure.GPIO_Speed = GPIO_Speed_50MHz;               //设置 I/O 输出速度
  GPIO_Init(GPIOB, &GPIO_InitStructure);                          //根据参数初始化 GPIO
  GPIO_SetBits(GPIOB, GPIO_Pin_12);                               //设置初始状态为高电平

  //配置 PC3（OLED_DC）
  GPIO_InitStructure.GPIO_Pin     = GPIO_Pin_3;                   //设置引脚
  GPIO_InitStructure.GPIO_Mode    = GPIO_Mode_Out_PP;             //设置模式
  GPIO_InitStructure.GPIO_Speed = GPIO_Speed_50MHz;               //设置 I/O 输出速度
  GPIO_Init(GPIOC, &GPIO_InitStructure);                          //根据参数初始化 GPIO
  GPIO_SetBits(GPIOC, GPIO_Pin_3);                                //设置初始状态为高电平
}
```

在 OLED.c 文件的“内部函数实现”区，在 ConfigOLEDGPIO 函数实现区的后面添加 ConfigOLEDReg 函数的实现代码，如程序清单 11-6 所示。下面按照顺序对 ConfigOLEDReg 函数中的语句进行解释说明。

（1）ConfigOLEDReg 函数的第一行代码是通过 OLEDWriteByte 函数向 SSD1306 写入

0xAE 关闭 OLED 显示的。

（2）ConfigOLEDReg 函数中间的代码主要是通过写 SSD1306 的寄存器，配置 SSD1306，包括设置时钟分频系数、振荡频率、驱动路数、显示偏移、显示对比度、电荷泵等，读者可以通过阅读 SSD1306 数据手册深入了解这些命令。

（3）ConfigOLEDReg 函数的最后一行代码是通过 OLEDWriteByte 函数向 SSD1306 写入 0xAF 开启 OLED 显示的。

程序清单 11-6

```
static  void  ConfigOLEDReg( void )
{
  OLEDWriteByte(0xAE, OLED_CMD);    //关闭显示

  OLEDWriteByte(0xD5, OLED_CMD);    //设置时钟分频系数、振荡频率
  OLEDWriteByte(0x50, OLED_CMD);    //[3:0]为分频系数，[7:4]为振荡频率

  OLEDWriteByte(0xA8, OLED_CMD);    //设置驱动路数
  OLEDWriteByte(0x3F, OLED_CMD);    //默认为 0x3F（1/64）

  OLEDWriteByte(0xD3, OLED_CMD);    //设置显示偏移
  OLEDWriteByte(0x00, OLED_CMD);    //默认为 0

  OLEDWriteByte(0x40, OLED_CMD);    //设置显示开始行，[5:0]为行数

  OLEDWriteByte(0x8D, OLED_CMD);    //设置电荷泵
  OLEDWriteByte(0x14, OLED_CMD);    //bit2 用于设置开启（1）/关闭（0）

  OLEDWriteByte(0x20, OLED_CMD);    //设置内存地址模式
  OLEDWriteByte(0x02, OLED_CMD);    //[1:0]，00—列地址模式，01—行地址模式，10—页地址模式（默
                                    //认值）

  OLEDWriteByte(0xA1, OLED_CMD);    //设置段重定义，bit0 为 0，列地址 0→SEG0，bit0 为 1，列地址
                                    //0→SEG127

  OLEDWriteByte(0xC0, OLED_CMD);    //设置 COM 扫描方向，bit3 为 0，普通模式，bit3 为 1，重定义模式

  OLEDWriteByte(0xDA, OLED_CMD);    //设置 COM 硬件引脚配置
  OLEDWriteByte(0x12, OLED_CMD);    //[5:4]为硬件引脚配置信息

  OLEDWriteByte(0x81, OLED_CMD);    //设置对比度
  OLEDWriteByte(0xEF, OLED_CMD);    //1～255，默认为 0x7F（亮度设置，越大越亮）

  OLEDWriteByte(0xD9, OLED_CMD);    //设置预充电周期
  OLEDWriteByte(0xf1, OLED_CMD);    //[3:0]为 PHASE1，[7:4]为 PHASE2

  OLEDWriteByte(0xDB, OLED_CMD);    //设置 VCOMH 电压倍率
  OLEDWriteByte(0x30, OLED_CMD);    //[6:4]，000—0.65×VCC，001—0.77×VCC，011—0.83×VCC
```

```
  OLEDWriteByte(0xA4, OLED_CMD);    //全局显示开启，bit0 为 1，开启，bit0 为 0，关闭

  OLEDWriteByte(0xA6, OLED_CMD);    //设置显示方式，bit0 为 1，反相显示，bit0 为 0，正常显示

  OLEDWriteByte(0xAF, OLED_CMD);    //开启显示
}
```

在 OLED.c 文件的“内部函数实现”区，在 ConfigOLEDReg 函数实现区的后面添加 OLEDWriteByte 函数的实现代码，如程序清单 11-7 所示。下面按照顺序对 OLEDWriteByte 函数中的语句进行解释说明。

（1）OLEDWriteByte 函数是向 SSD1306 写入 1 字节，参数 dat 是要写入的数据或命令。参数 cmd 为 0 表示写入命令（宏定义 OLED_CMD 为 0），将 OLED_DC 引脚通过 CLR_OLED_DC() 拉低；参数 cmd 为 1 表示写入数据（宏定义 OLED_DATA 为 1），将 OLED_DC 引脚通过 SET_OLED_DC()拉高。

（2）将 OLED_CS 引脚通过 CLR_OLED_CS()拉低，即片选信号拉低，为写入数据或命令做准备。

（3）在 OLED_SCK 引脚上升沿，分 8 次，通过 OLED_DIN 引脚向 SSD1306 写入数据或命令，OLED_DIN 引脚通过 CLR_OLED_DIN()拉低，通过 SET_OLED_DIN()拉高。OLED_SCK 引脚通过 CLR_OLED_SCK()拉低，通过 SET_OLED_SCK()拉高。

（4）完成数据或命令的写入之后，将 OLED_CS 引脚通过 SET_OLED_CS()拉高。

程序清单 11-7

```
static  void  OLEDWriteByte(u8 dat, u8 cmd)
{
  i16 i;

  //判断要写入数据还是写入命令
  if(OLED_CMD == cmd)              //如果标志 cmd 为传入命令时
  {
    CLR_OLED_DC();                 //DC 输出低电平用来读/写命令
  }
  else if(OLED_DATA == cmd)        //如果标志 cmd 为传入数据时
  {
    SET_OLED_DC();                 //DC 输出高电平用来读/写数据
  }

  CLR_OLED_CS();                   //CS 输出低电平，为写入数据或命令做准备

  for(i = 0; i < 8; i++)           //循环 8 次，从高到低取出要写入的数据或命令的 8bit
  {
    CLR_OLED_SCK();                //SCK 输出低电平，为写入数据做准备

    if(dat & 0x80)                 //判断要写入的数据或命令的最高位是 1 还是 0
    {
```

```
      SET_OLED_DIN();              //要写入的数据或命令的最高位是 1，DIN 输出高电平表示 1
    }
    else
    {
      CLR_OLED_DIN();              //要写入的数据或命令的最高位是 0，DIN 输出低电平表示 0
    }
    SET_OLED_SCK();                //SCK 输出高电平，DIN 的状态不再变化，此时写入数据线的数据

    dat <<= 1;                     //左移一位，次高位移到最高位
  }

  SET_OLED_CS();                   //OLED 的 CS 输出高电平，不再写入数据或命令
  SET_OLED_DC();                   //OLED 的 DC 输出高电平
}
```

在 OLED.c 文件的“内部函数实现”区，在 OLEDWriteByte 函数实现区的后面添加 OLEDDrawPoint 函数的实现代码，如程序清单 11-8 所示。OLEDDrawPoint 函数的参数有 3 个，分别是 *x* 和 *y* 坐标，以及 *t*（1 为点亮 OLED 上的某一点，0 为熄灭 OLED 上的某一点）。*x-y* 坐标体系的坐标原点位于 OLED 显示屏的左上角，这是因为显存中的列编号与 OLED 显示屏的列编号是对应的，但显存中的行编号与 OLED 显示屏的行编号不对应（可参见 11.2.2 节）。比如，OLEDDrawPoint(127,63,1)表示点亮 OLED 屏幕的右下角对应的点，但是，实际上是向 STM32 的 GRAM（与 SSD1306 的 GRAM 对应），即 s_iOLEDGRAM[127][0]的最低位写入 1。OLEDDrawPoint 函数体前半部分实现 OLED 显示屏物理坐标到 SSD1306 显存坐标的转换，后半部分根据参数 *t* 向 SSD1306 显存的某一位写入 1 或 0。

程序清单 11-8

```
static  void  OLEDDrawPoint(u8 x, u8 y, u8 t)
{
  u8 pos;                        //存放点所在的页数
  u8 bx;                         //存放点所在的屏幕的行号
  u8 temp = 0;                   //用来存放画点位置相对于字节的位

  if(x > 127 || y > 63)          //如果指定位置超过额定范围
  {
    return;                      //返回空，函数结束
  }

  pos = 7 - y / 8;               //求指定位置所在页数
  bx = y % 8;                    //求指定位置在上面求出页数中的行号
  temp = 1 << (7 - bx);          //（7-bx）求出相应 SSD1306 的行号，并将字节中相应的位置为 1

  if(t)                          //判断填充标志为 1 还是 0
  {
    s_arrOLEDGRAM[x][pos] |= temp;      //如果填充标志为 1，指定点填充
  }
  else
```

```
    {
      s_arrOLEDGRAM[x][pos] &= ~temp;  //如果填充标志为 0，指定点清空
    }
}
```

在 OLED.c 文件的“内部函数实现”区，在 ConfigOLEDGPIO 函数实现区的后面添加 CalcPow 函数的实现代码，如程序清单 11-9 所示。CalcPow 函数的参数为 *m* 和 *n*，最终返回值为 *m* 的 *n* 次方结果。

程序清单 11-9

```
static  u32 CalcPow(u8 m, u8 n)
{
  u32 result = 1;            //定义用来存放结果的变量

  while(n--)                 //随着每次循环，n 递减，直至为 0
  {
    result *= m;             //循环 n 次，相当于 n 个 m 相乘
  }

  return result;             //返回 m 的 n 次方的值
}
```

在 OLED.c 文件的“API 函数实现”区，添加 InitOLED 函数的实现代码，如程序清单 11-10 所示。下面按照顺序对 InitOLED 函数中的语句进行解释说明。

（1）ConfigOLEDGPIO 函数用于配置 OLED 显示模块相关的 5 个 GPIO。

（2）将 OLED_RES 拉低 10ms，对 SSD1306 进行复位，然后，再将 OLED_RES 拉高。

（3）OLED_RES 拉高 10ms 之后，再通过 ConfigOLEDReg 函数配置 SSD1306。

（4）通过 OLEDClear 函数清除 OLED 显示屏的内容。

程序清单 11-10

```
void  InitOLED(void)
{
  ConfigOLEDGPIO();          //配置 OLED 的 GPIO

  CLR_OLED_RES();
  DelayNms(10);
  SET_OLED_RES();            //RES 引脚务必拉高
  DelayNms(10);

  ConfigOLEDReg();           //配置 OLED 的寄存器

  OLEDClear();               //清除 OLED 显示屏内容
}
```

在 OLED.c 文件的“API 函数实现”区，在 InitOLED 函数实现区的后面添加 OLEDDisplayOn 和 OLEDDisplayOff 函数的实现代码，如程序清单 11-11 所示。下面按照顺

序对 OLEDDisplayOn 和 OLEDDisplayOff 函数中的语句进行解释说明。

（1）开启 OLED 显示之前，要先打开电荷泵，因此，需要通过 OLEDWriteByte 函数向 SSD1306 写入 0x8D 和 0x14，然后，通过 OLEDWriteByte 函数向 SSD1306 写入 0xAF 开启 OLED 显示。

（2）关闭 OLED 显示之前，要先关闭电荷泵，因此，需要通过 OLEDWriteByte 函数向 SSD1306 写入 0x8D 和 0x10，然后，通过 OLEDWriteByte 函数向 SSD1306 写入 0xAE 关闭 OLED 显示。

程序清单 11-11

```
void  OLEDDisplayOn( void )
{
  //打开/关闭电荷泵，第一字节 0x8D 为命令字，第二字节设置值，0x10—关闭电荷泵，0x14—打开电荷泵
  OLEDWriteByte(0x8D, OLED_CMD);    //第一字节 0x8D 为命令字
  OLEDWriteByte(0x14, OLED_CMD);    //0x14—打开电荷泵

  //设置显示开关，0xAE—关闭显示，0xAF—开启显示
  OLEDWriteByte(0xAF, OLED_CMD);    //开启显示
}

void  OLEDDisplayOff( void )
{
  //打开/关闭电荷泵，第一字节 0x8D 为命令字，第二字节设置值，0x10—关闭电荷泵，0x14—打开电荷泵
  OLEDWriteByte(0x8D, OLED_CMD);    //第一字节 0x8D 为命令字
  OLEDWriteByte(0x10, OLED_CMD);    //0x10—关闭电荷泵

  //设置显示开关，0xAE—关闭显示，0xAF—开启显示
  OLEDWriteByte(0xAE, OLED_CMD);    //关闭显示
}
```

在 OLED.c 文件的“API 函数实现”区，在 OLEDDisplayOff 函数实现区的后面添加 OLEDRefreshGRAM 函数的实现代码，如程序清单 11-12 所示。OLED 显示屏有 128×64，合计 8192 个像素点，对应 SSD1306 显存的 8 页×128 字节/页，合计 1024 字节。OLEDRefreshGRAM 函数分为 8 次大循环（按照从 PAGE0 到 PAGE7 的顺序），每次写 1 页，每页调用 OLEDWriteByte 函数分为 128 次小循环（按照从 SEG0 到 SEG127 的顺序），每次写 1 字节，总共写 1024 字节，对应 8192 个点。OLEDRefreshGRAM 按照页为单位将 STM32 的 GRAM 写入 SSD1306 的 GRAM，每页通过 OLEDWriteByte 函数分为 128 次向 SSD1306 的 GRAM 写入数据，因此，在进行页写入操作之前，需要通过 OLEDWriteByte 函数设置页地址和列地址，每次设置的页地址按照从 PAGE0 到 PAGE7 的顺序，而每次设置的列地址固定为 0x00。

程序清单 11-12

```
void  OLEDRefreshGRAM(void)
{
  u8 i;
```

```
  u8 n;

  for(i = 0; i < 8; i++)                          //遍历每一页
  {
    OLEDWriteByte(0xb0 + i, OLED_CMD);            //设置页地址（0～7）
    OLEDWriteByte(0x00, OLED_CMD);                //设置显示位置—列低地址
    OLEDWriteByte(0x10, OLED_CMD);                //设置显示位置—列高地址
    for(n = 0; n < 128; n++)                      //遍历每一列
    {
      //通过循环将 STM32 的 GRAM 写入 SSD1306 的 GRAM
      OLEDWriteByte(s_arrOLEDGRAM[n][i], OLED_DATA);
    }
  }
}
```

在 OLED.c 文件的“API 函数实现”区，在 OLEDRefreshGRAM 函数实现区的后面添加 OLEDClear 函数的实现代码，如程序清单 11-13 所示。OLEDClear 函数用于清除 OLED 显示屏，先向 STM32 的 GRAM 即 s_iOLEDGRAM 的每一字节写入 0x00，然后再将 STM32 的 GRAM 通过 OLEDRefreshGRAM 函数写入 SSD1306 的 GRAM。

程序清单 11-13

```
void  OLEDClear(void)
{
  u8 i;
  u8 n;

  for(i = 0; i < 8; i++)                    //遍历每一页
  {
    for(n = 0; n < 128; n++)                //遍历每一列
    {
      s_arrOLEDGRAM[n][i] = 0x00;           //将指定点清零
    }
  }

  OLEDRefreshGRAM();                        //将 STM32 的 GRAM 写入 SSD1306 的 GRAM
}
```

在 OLED.c 文件的“API 函数实现”区，在 OLEDClear 函数实现区的后面添加 OLEDShowChar 函数的实现代码，如程序清单 11-14 所示。下面按照顺序对 OLEDShowChar 函数中的语句进行解释说明。

（1）OLEDShowChar 函数用于在指定位置显示一个字符，字符位置由参数 x 和 y 确定，待显示的字符以整数形式（ASCⅡ码）存放于参数 chr。参数 size 是字体选项，16 代表 16×16 字体（汉字像素为 16×16，字符像素为 16×8），12 代表 12×12 字体（汉字像素为 12×12，字符像素为 12×6），最后一个参数 mode 用于选择显示方式，其中 mode 为 1 代表阴码显示（1 表示亮，0 表示灭），mode 为 0 代表阳码显示（1 表示灭，0 表示亮）。

（2）由于本实验只对 ASCⅡ码表中的 95 个字符（见 11.2.5 节）进行取模，12×6 字体字

模存放于 g_iASCⅡ1206 数组，16×8 字体字模存放于 g_iASCⅡ1608 数组，这 95 个字符的第一个字符是 ASCⅡ码表的空格（空格的 ASCⅡ值为 32），而且所有字符的字模都是按照 ASCⅡ码表顺序存放于数组 g_iASCⅡ1206 和 g_iASCⅡ1608 的，又由于 OLEDShowChar 函数的参数 chr 是字符型数据（以 ASCⅡ码存放），因此，需要将 chr 减去空格的 ASCⅡ值（32），即可得到 chr 在数组中的索引。

（3）对于 16×16 字体的字符（实际像素是 16×8），每个字符由 16 字节组成，每 1 字节由 8 个有效位组成，每个位对应 1 个点，因此，分为两个循环画点，其中 16 个大循环，每次取出 1 字节，8 个小循环，每次画 1 个点。对于 12×12 字体的字符（实际像素是 12×6），每个字符由 12 字节组成，每 1 字节由 6 个有效位组成，每个位对应 1 个点，同样分为两个循环画点，其中 12 个大循环，每次取出 1 字节（只有 6 个有效位），6 个小循环，每次画 1 个点。本实验的字模选项为“16×16 字体顺向逐列式（阴码）”（见 11.2.4 节），因此，在向 STM32 的 GRAM 按照字节写入数据时，是按列写入的。

程序清单 11-14

```
void  OLEDShowChar(u8 x, u8 y, u8 chr, u8 size, u8 mode)
{
  u8  temp;                              //用来存放字符顺向逐列式的相对位置
  u8  t1;                                //循环计数器 1
  u8  t2;                                //循环计数器 2
  u8  y0 = y;                            //当前操作的行数

  chr = chr - ' ';        //得到相对于空格（ASCⅡ码为 0x20）的偏移值，求出 chr 在数组中的索引

  for(t1 = 0; t1 < size; t1++)           //循环逐列显示
  {
    if(size == 12)                       //判断字号大小，选择相对的顺向逐列式
    {
      temp = g_iASCⅡ1206[chr][t1];       //取出字符在 g_iASCⅡ1206 数组中的第 t1 列
    }
    else
    {
      temp = g_iASCⅡ1608[chr][t1];       //取出字符在 g_iASCⅡ1608 数组中的第 t1 列
    }

    for(t2 = 0; t2 < 8; t2++)            //在一个字符的第 t2 列的横向范围（8 像素）内显示点
    {
      if(temp & 0x80)                    //取出 temp 的最高位，并判断是 0 还是 1
      {
        OLEDDrawPoint(x, y, mode);       //如果 temp 的最高位为 1，填充指定位置的点
      }
      else
      {
        OLEDDrawPoint(x, y, !mode);      //如果 temp 的最高位为 0，清除指定位置的点
      }
```

```
        temp <<= 1;                    //左移一位，次高位移到最高位
        y++;                           //进入下一行

        if((y - y0) == size)           //如果显示完一列
        {
          y = y0;                      //行号回到原来的位置
          x++;                         //进入下一列
          break;                       //跳出上面带#的循环
        }
      }
    }
  }
```

在 OLED.c 文件的“API 函数实现”区，在 OLEDShowChar 函数实现区的后面添加 OLEDShowNum 和 OLEDShowString 函数的实现代码，如程序清单 11-15 所示。这两个函数调用 OLEDShowChar 实现数字和字符串的显示。

程序清单 11-15

```
void  OLEDShowNum(u8 x, u8 y, u32 num, u8 len, u8 size)
{
  u8 t;                                  //循环计数器
  u8 temp;                               //用来存放要显示数字的各个位
  u8 enshow = 0;                         //区分 0 是否为高位 0 标志位

  for(t = 0; t < len; t++)
  {
    temp = (num / CalcPow(10, len - t - 1) ) % 10; //从高到低取出要显示数字的各个位，存到 temp 中
    if(enshow == 0 && t < (len - 1))     //如果标记 enshow 为 0 并且还未取到最后一位
    {
      if(temp == 0 )                     //如果 temp 等于 0
      {
        OLEDShowChar(x + (size / 2) * t, y, ' ', size, 1);    //此时的 0 在高位，用空格替代
        continue;                         //提前结束本次循环，进入下一次循环
      }
      else
      {
        enshow = 1;                      //否则将标记 enshow 置为 1
      }
    }
    OLEDShowChar(x + (size / 2) * t, y, temp + '0', size, 1); //在指定位置显示得到的数字
  }
}

void  OLEDShowString(u8 x, u8 y, const u8* p)
{
```

```
#define MAX_CHAR_POSX 122            //OLED 屏幕横向的最大范围
#define MAX_CHAR_POSY 58             //OLED 屏幕纵向的最大范围

  while(*p != '\0')                  //指针不等于结束符时，循环进入
  {
    if(x > MAX_CHAR_POSX)            //如果 x 超出指定最大范围，x 赋值为 0
    {
      x   = 0;
      y += 16;                       //显示到下一行左端
    }

    if(y > MAX_CHAR_POSY)            //如果 y 超出指定最大范围，x 和 y 均赋值为 0
    {
      y = x = 0;                     //清除 OLED 屏幕内容
      OLEDClear();                   //显示到 OLED 屏幕左上角
    }

    OLEDShowChar(x, y, *p, 16, 1);   //指定位置显示一个字符

    x += 8;                          //一个字符横向占 8 像素点
    p++;                             //指针指向下一个字符
  }
}
```

步骤 5：完善 OLED 显示实验应用层

在 Project 面板中，双击打开 Main.c 文件，在 Main.c 文件的“包含头文件”区的最后，添加代码#include "OLED.h"，如程序清单 11-16 所示。这样就可以在 Main.c 文件中调用 OLED 模块的宏定义和 API 函数，实现对 OLED 显示屏的控制。

程序清单 11-16

```
#include "OLED.h"
```

在 Main.c 文件的 InitHardware 函数中，添加调用 InitOLED 函数的代码，如程序清单 11-17 所示，这样就实现了对 OLED 模块的初始化。

程序清单 11-17

```
static  void  InitHardware(void)
{
  SystemInit();          //系统初始化
  InitRCC();             //初始化 RCC 模块
  InitNVIC();            //初始化 NVIC 模块
  InitUART1(115200);     //初始化 UART 模块
  InitTimer();           //初始化 Timer 模块
  InitLED();             //初始化 LED 模块
  InitSysTick();         //初始化 SysTick 模块
```

```
  InitOLED();                //初始化 OLED 模块
}
```

在 Main.c 文件的 main 函数中，添加调用 OLEDShowString 函数的代码，如程序清单 11-18 所示。通过 4 次调用 OLEDShowString 函数将待显示到 OLED 显示屏的数据写入 STM32 的 GRAM，即 s_iOLEDGRAM，这些数据分别是 STM32F103Board、2018-01-01、00-06-00 和 OLED IS OK!。

程序清单 11-18

```
int main(void)
{
  InitSoftware();                    //初始化软件相关函数
  InitHardware();                    //初始化硬件相关函数

  printf("Init System has been finished.\r\n" );        //打印系统状态

  OLEDShowString(8, 0, "STM32F103Board");
  OLEDShowString(24, 16, "2018-01-01");
  OLEDShowString(32, 32, "00-06-00");
  OLEDShowString(24, 48, "OLED IS OK!");

  while(1)
  {
    Proc2msTask();                   //2ms 处理任务
    Proc1SecTask();                  //1s 处理任务
  }
}
```

仅在 main 函数中调用 OLEDShowString 函数，还无法实现使这些字符串在 OLED 上显示，因为 OLEDShowString 函数只是将要显示的数据写入了 STM32 的 GRAM。最后，还要通过每秒调用 OLEDRefreshGRAM 函数，将 STM32 的 GRAM 中的数据写入 SSD1306 的 GRAM，才能完成 OLED 显示屏上的数据更新。在 Main.c 文件的 Proc1SecTask 函数中，添加调用 OLEDRefreshGRAM 函数的代码，如程序清单 11-19 所示，即每秒将 STM32 的 GRAM 中的数据写入 SSD1306 的 GRAM。

程序清单 11-19

```
static   void   Proc1SecTask(void)
{
  if(Get1SecFlag()) //判断 1s 标志位状态
  {
    //printf("This is the first STM32F103 Project, by Zhangsan\r\n");
    OLEDRefreshGRAM();
    Clr1SecFlag();   //清除 1s 标志位
  }
}
```

步骤 6：编译及下载验证

图 11-10　OLED 显示实验结果

代码编写完成后，单击▦按钮进行编译。编译结束后，Build Output 栏中出现 0 Error(s)，0 Warning(s)，表示编译成功。然后，参见图 2-33，通过 Keil μVision5 软件将.axf 文件下载到 STM32 核心板。下载完成后，可以看到 STM32 核心板的 OLED 显示屏上显示如图 11-10 所示字符，同时，STM32 核心板上的两个 LED 交替闪烁，表示实验成功。

本 章 任 务

将“实验 2——串口电子钟”的 RunClock 模块集成到“10.OLED 显示实验”工程中，实现时间的运行，并将动态时间显示到 OLED 显示模块，另外，将自己姓名的拼音大写显示在 OLED 的最后一行，如图 11-11 所示。

0	8	16	24	32	40	48	56	64	72	80	88	96	104	112	120
	S	T	M	3	2	F	1	0	3	B	o	a	r	d	
			2	0	1	8	-	0	1	-	0	1			
				2	3	-	5	9	-	5	0				
			Z	H	A	N	G			S	A	N			

图 11-11　OLED 显示实验——本章任务效果图

本 章 习 题

1．简述 OLED 显示原理。

2．简述 SSD1306 芯片工作原理。

3．简述 SSD1306 芯片控制 OLED 显示原理。

4．基于 F103 微控制器的 OLED 驱动的 API 函数包括 InitOLED、OLEDDisplayOn、OLEDDisplayOff、OLEDRefreshGRAM、OLEDClear、OLEDShowNum、OLEDShowChar、OLEDShowString，简述这些函数的功能。

第 12 章　实验 11——独立看门狗

微控制器系统的工作常常会受到来自外界的干扰（如电磁场），有时会出现程序跑飞的现象，甚至让整个系统陷入死循环。当出现这种现象时，微控制器系统中的看门狗模块或微控制器系统外的看门狗芯片就会强制对整个系统进行复位，使得程序恢复到正常运行状态。看门狗实际上是一个定时器，因此也称为看门狗定时器，一般有一个输入操作，叫“喂狗”。微控制器正常工作的时候，每隔一段时间输出一个信号到喂狗端，给看门狗清零，如果超过规定的时间不喂狗（一般在程序跑飞时），看门狗定时器就会超时溢出，强制对微控制器进行复位，这样就可以防止微控制器死机。看门狗的作用就是防止程序发生死循环，或者说在程序跑飞的时候能够进行复位操作。STM32 微控制器系统自带了两个看门狗，分别是独立看门狗（IWDG）和窗口看门狗（WWDG）。本书只讲解独立看门狗。窗口看门狗的工作原理与独立看门狗非常类似，读者可以通过查找资料自行开展窗口开门狗实验。本章首先讲解独立看门狗常用到的寄存器及与这些寄存器相关的固件库，然后通过一个独立看门狗应用实验，让读者掌握独立看门狗的工作原理。

12.1 实验内容

通过学习独立看门狗相关的寄存器及固件库函数，基于 STM32 核心板，编写独立看门狗驱动。该驱动包括两个 API 函数，分别是初始化看门狗函数 InitIWDG 和喂狗函数 FeedIWDG，并在 Main.c 文件中调用这些函数，将独立看门狗应用在 STM32 微控制器系统中。

12.2 实验原理

12.2.1 独立看门狗功能框图

图 12-1 是独立看门狗的功能框图。下面依次介绍独立看门狗时钟、独立看门狗预分频器、12 位递减计数器、状态寄存器和键寄存器。

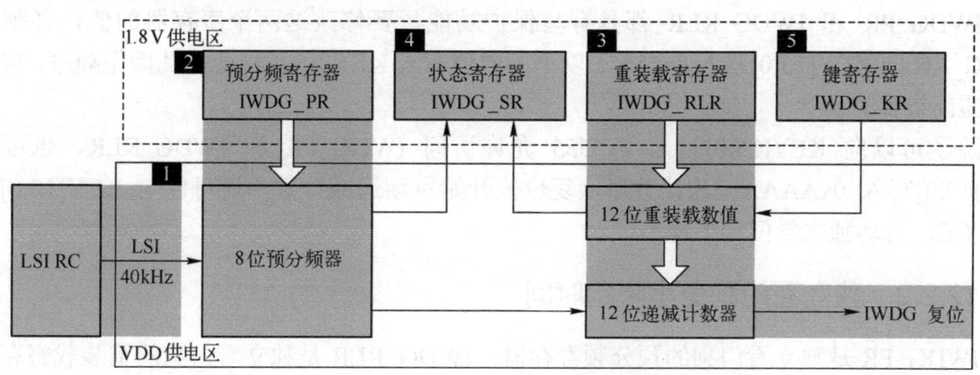

图 12-1　独立看门狗功能框图

1．独立看门狗时钟

独立看门狗由专用的低速时钟（LSI 时钟）驱动，即使主时钟发生故障它也仍然有效。LSI 时钟的标称频率为 40kHz，但是由于 LSI 时钟由内部 RC 电路产生，因此 LSI 时钟的频率大约在 30～60kHz 之间，所以 STM32 内部独立看门狗只适用于对时间精度要求比较低的场合，如果系统对时间精度要求高，建议使用外置独立看门狗芯片。

2．独立看门狗预分频器

预分频器对 LSI 时钟进行分频之后，作为 12 位递减计数器的时钟输入。预分频系数由预分频寄存器（IWDG_PR）的 PR 决定，预分频系数可以取值 0、1、2、3、4、5、6 和 7，对应的预分频值分别为 4、8、16、32、64、128、256 和 256。

3．12 位递减计数器

12 位递减计数器对预分频器的输出时钟进行计数，从复位值递减计算，当计数到 0 时，会产生一个复位信号。下面通过一个具体的例子对计数器的工作过程进行讲解，假如 IWDG_RLR 的值是 624，启动独立看门狗，即向键寄存器（IWDG_KR）中写入 0xCCCC，则计数器从复位值 624 开始递减计数，当计数到 0 时会产生一个复位信号。因此，为了避免产生看门狗复位，即避免计数器递减计数到 0，就需要向 IWDG_KR 的 KEY[15:0]写入 0xAAAA，则 IWDG_RLR 的值会被加载到 12 位递减计数器，计数器就又从复位值 624 开始递减计数。

4．状态寄存器

独立看门狗的状态寄存器（IWDG_SR）有两个状态位，分别是独立看门狗计数器重装载值更新状态位 RVU 和独立看门狗预分频值更新状态位 PVU。RVU 由硬件置为 1，用来指示重装载值的更新正在进行中，当 VDD 域中的重装载更新结束后，此位由硬件清零（最多需要 5 个 40kHz 的时钟周期），重装载值只有在 RVU 被清零后才可以更新。PVU 由硬件置为 1，用来指示预分频值的更新正在进行中，当 VDD 域中的重装载更新结束后，此位由硬件清零（最多需要 5 个 40kHz 的时钟周期），预分频值只有在 PVU 被清零后才可以更新。

5．键寄存器

IWDG_PR 和 IWDG_RLR 都具有写保护功能，要修改这两个寄存器的值，必须先向 IWDG_KR 的 KEY[15:0]写入 0x5555。以不同的值写入 KEY[15:0]将会打乱操作顺序，寄存器将会重新被保护。

除了可以向 KEY[15:0]写入 0x5555 允许访问 IWDG_PR 和 IWDG_RLR，也可以向 KEY[15:0]写入 0xAAAA，让计数器从复位值开始重新递减计数，还可以向 KEY[15:0]写入 0xCCCC，启动独立看门狗工作。

12.2.2 独立看门狗最小喂狗时间

IWDG_PR 是独立看门狗的预分频寄存器，IWDG_RLR 是独立看门狗的重装载寄存器，独立看门狗的时钟频率为 f_{LSI}。基于以上 3 个参数可以根据公式计算出 IWDG_PR 为 0～6 时，独立看门狗最小喂狗时间=[(4×2^IWDG_PR)×(IWDG_RLR+1)]/f_{LSI}，当 IWDG_PR 为 7 时，独立看门狗最小喂狗时间=[(4×2^6)×(IWDG_RLR+1)]/f_{LSI}。

独立看门狗由 40kHz 的内部低速时钟（LSI）驱动，这个时钟由内部 RC 电路产生，因此 LSI 的时钟频率大约在 30～60kHz 之间。假如 LSI 的时钟频率为 40kHz，IWDG_PR 为 4，可以计算得出独立看门狗最小喂狗时间=[(4×2^4)×(624+1)]/40=1000(ms)；假如 LSI 的时钟频率为 30kHz，IWDG_PR 为 4，可以计算得出独立看门狗最小喂狗时间=[(4×2^4)×(624+1)]/30≈1333(ms)；假如 LSI 的时钟频率为 60kHz，可以计算得出独立看门狗最小喂狗时间=[(4×2^4)×(624+1)]/60≈667(ms)。因此，当 IWDG_PR=4，IWDG_RLR=624 时，独立看门狗最小喂狗时间范围为 667～1333ms，为了确保 STM32 不被复位，独立看门狗的喂狗时间要小于 667ms。

12.2.3　独立看门狗实验流程图分析

图 12-2 是独立看门狗实验流程图。首先，初始化独立看门狗，包括取消寄存器写保护操作、设置预分频器值操作、设置重装载值操作、12 位重装载值写入 12 位递减计数器和使能独立看门狗操作。其次，判断 KEY1 是否按下，如果检测到 KEY1 按下，则向 IWDG→KR 写入 0xAAAA，将 12 位重装载值写入 12 位递减计数器，判断 12 位递减计数器是否计数到 0；如果未检测到 KEY1 按下，同样判断 12 位递减计数器是否计数到 0。如果 12 位递减计数器计数到 0，则产生看门狗复位，否则继续判断 KEY1 是否按下。

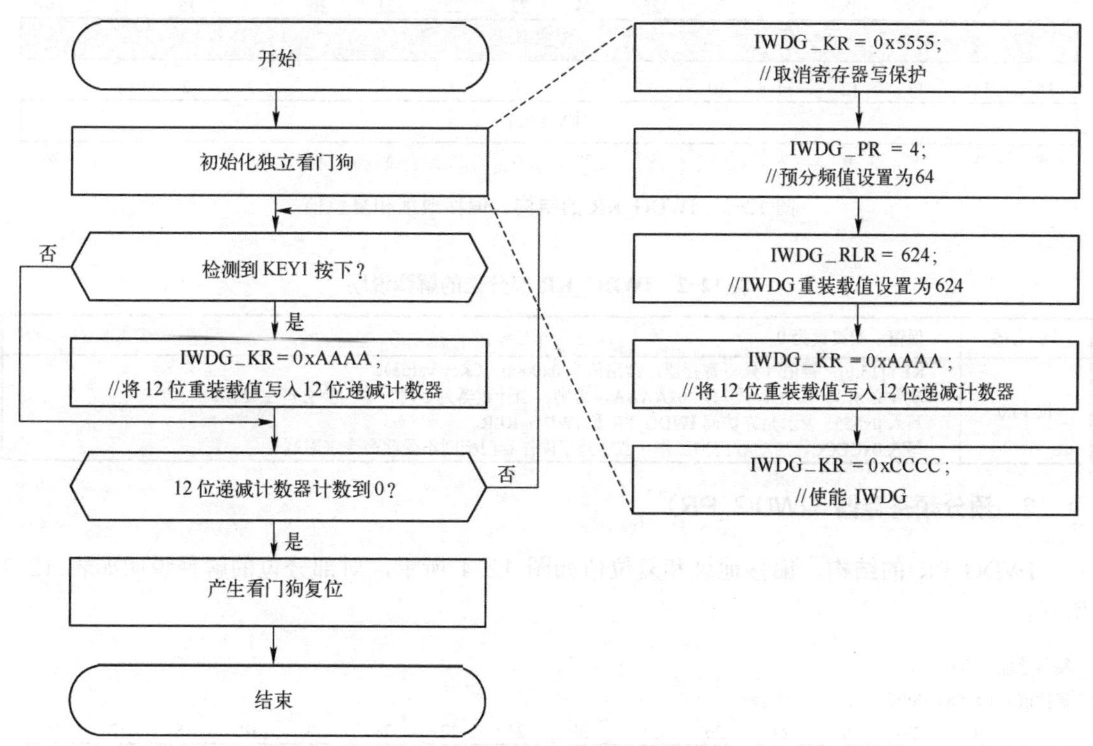

图 12-2　独立看门狗实验流程图

12.2.4　独立看门狗部分寄存器

STM32 的独立看门狗寄存器的地址映射和复位值如表 12-1 所示。独立看门狗共有 4 个寄存器，分别是键寄存器（IWDG_KR）、预分频寄存器（IWDG_PR）、重装载寄存器（IWDG_RLR）和状态寄存器（IWDG_SR）。

表 12-1　独立看门狗寄存器的地址映射和复位值

偏移	寄存器	31	30	29	28	27	26	25	24	23	22	21	20	19	18	17	16	15	14	13	12	11	10	9	8	7	6	5	4	3	2	1	0
0x00	IWDG_KR	保留																KEY[15:0]															
	复位值																	0	0	0	0	0	0	0	0	0	0	0	0	0	0	0	0
0x04	IWDG_PR	保留																													PR[2:0]		
	复位值																														0	0	0
0x08	IWDG_RLR	保留																				RL[11:0]											
	复位值																					1	1	1	1	1	1	1	1	1	1	1	1
0x0C	IWDG_SR	保留																														RVU	PVU
	复位值																															0	0

1．键寄存器（IWDG_KR）

IWDG_KR 的结构、偏移地址和复位值如图 12-3 所示，对部分位的解释说明如表 12-2 所示。

偏移地址：0x00

复位值：0x0000 0000（待机模式时复位）

31	30	29	28	27	26	25	24	23	22	21	20	19	18	17	16
保留															

15	14	13	12	11	10	9	8	7	6	5	4	3	2	1	0
KEY[15:0]															
w	w	w	w	w	w	w	w	w	w	w	w	w	w	w	w

图 12-3　IWDG_KR 的结构、偏移地址和复位值

表 12-2　IWDG_KR 部分位的解释说明

位	说明
位 31:16	保留，始终读为 0
位 15:0	KEY[15:0]：键值（只写寄存器，读出值为 0x0000）（Key value）。 软件必须以一定的间隔写入 0xAAAA，否则，当计数器为 0 时，看门狗会产生复位。 写入 0x5555 表示允许访问 IWDG_PR 和 IWDG_RLR。 写入 0xCCCC，启动看门狗工作（若选择了硬件看门狗则不受此命令字限制）

2．预分频寄存器（IWDG_PR）

IWDG_PR 的结构、偏移地址和复位值如图 12-4 所示，对部分位的解释说明如表 12-3 所示。

偏移地址：0x04

复位值：0x0000 0000

31	30	29	28	27	26	25	24	23	22	21	20	19	18	17	16
保留															

15	14	13	12	11	10	9	8	7	6	5	4	3	2	1	0
保留													PR[2:0]		
													rw	rw	rw

图 12-4　IWDG_PR 的结构、偏移地址和复位值

表 12-3　IWDG_PR 部分位的解释说明

位 31:3	保留，始终读为 0
位 2:0	PR[2:0]：预分频系数（Prescaler divider）。 这些位具有写保护设置。通过设置这些位来选择计数器时钟的预分频系数。要改变预分频系数，IWDG_SR 的 PVU 位必须为 0。 000：预分频系数=4；　100：预分频系数=64； 001：预分频系数=8；　101：预分频系数=128； 010：预分频系数=16；110：预分频系数=256； 011：预分频系数=32；111：预分频系数=256。 注意，对此寄存器进行读操作，将从 VDD 电压域返回预分频值。如果写操作正在进行，则读回的值可能是无效的。因此，只有当 IWDG_SR 的 PVU 位为 0 时，读出的值才有效

3．重装载寄存器（IWDG_RLR）

IWDG_RLR 的结构、偏移地址和复位值如图 12-5 所示，对部分位的解释说明如表 12-4 所示。

偏移地址：0x08

复位值：0x0000 0FFF（待机模式时复位）

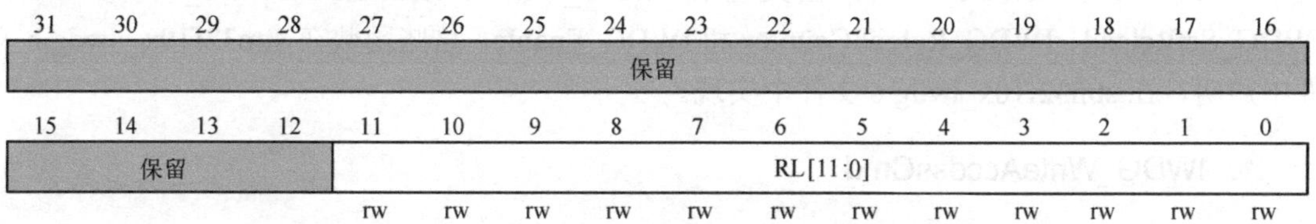

图 12-5　IWDG_RLR 的结构、偏移地址和复位值

表 12-4　IWDG_RLR 部分位的解释说明

位 31:12	保留，始终读为 0
位 11:0	RL[11:0]：看门狗计数器重装载值（Watchdog counter reload value）。 这些位具有写保护功能，用于定义看门狗计数器的重装载值，每当向 IWDG_KR 写入 0xAAAA 时，重装载值会被传送到计数器中，随后计数器从这个值开始递减计数。 看门狗超时周期可通过此重装载值和时钟预分频值来计算。 只有当 IWDG_SR 中的 RVU 位为 0 时，才能对此寄存器进行修改。 注意，对此寄存器进行读操作，将从 VDD 电压域返回预分频值。如果写操作正在进行，则读回的值可能是无效的。因此，只有当 IWDG_SR 的 RVU 位为 0 时，读出的值才有效

4．状态寄存器（IWDG_SR）

IWDG_SR 的结构、偏移地址和复位值如图 12-6 所示，对部分位的解释说明如表 12-5 所示。

偏移地址：0x0C

复位值：0x0000 0000（待机模式时不复位）

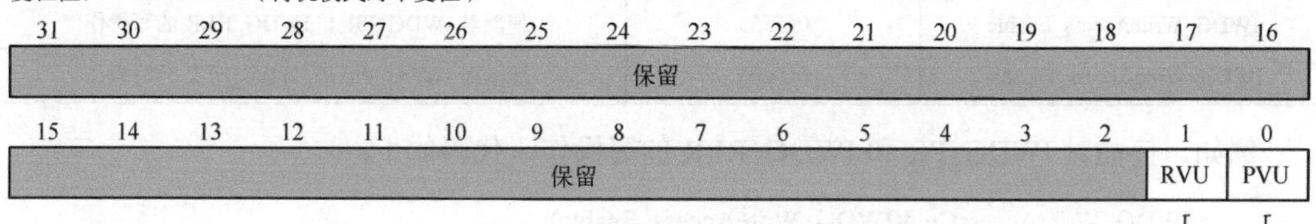

图 12-6　IWDG_SR 的结构、偏移地址和复位值

表 12-5　IWDG_SR 部分位的解释说明

位 31:2	保留，始终读为 0
位 1	RVU：看门狗计数器重装载值更新（Watchdog counter reload value update）。 此位由硬件置为 1，用来指示重装载值的更新正在进行中。当在 VDD 域中的重装载更新结束后，此位由硬件清零（最多需 5 个 40kHz 的 RC 周期）。重装载值只有在 RVU 位被清零后才可更新
位 0	PVU：看门狗预分频值更新（Watchdog prescaler value update）。 此位由硬件置为 1，用来指示预分频值的更新正在进行中。当在 VDD 域中的预分频值更新结束后，此位由硬件清零（最多需 5 个 40kHz 的 RC 周期）。预分频值只有在 PVU 位被清零后才可更新

注意，如果在应用程序中使用了多个重装载值或预分频值，则必须在 RVU 位被清零后才能重新改变预装载值，在 PVU 位被清零后才能重新改变预分频值。然而，在预分频值或重装载值更新后，不必等待 RVU 或 PVU 复位，可继续执行下面的代码（即使在低功耗模式下，此写操作仍会被继续执行完成）。

12.2.5　独立看门狗部分固件库函数

本实验涉及的 IWDG 固件库函数包括 IWDG_WriteAccessCmd、IWDG_SetPrescaler、IWDG_SetReload、IWDG_ReloadCounter 和 IWDG_Enable。这些函数在 stm32f10x_ iwdg.h 文件中声明，在 stm32f10x_iwdg.c 文件中实现。

1. IWDG_WriteAccessCmd

IWDG_WriteAccessCmd 函数的功能是使能或除能对 IWDG_PR 和 IWDG_RLR 的写操作，通过向 IWDG→KR 写入参数来实现。具体描述如表 12-6 所示。

表 12-6　IWDG_WriteAccessCmd 函数的描述

函数名	IWDG_WriteAccessCmd
函数原型	void IWDG_WriteAccessCmd(uint16_t IWDG_WriteAccess)
功能描述	使能或除能对 IWDG_PR 和 IWDG_RLR 的写操作
输入参数	IWDG_WriteAccess：IWDG_PR 和 IWDG_RLR 的写操作的新状态
输出参数	无
返回值	void

参数 IWDG_WriteAccess 用于使能或除能对 IWDG_PR 和 IWDG_RLR 的写操作，可取值如表 12-7 所示。

表 12-7　参数 IWDG_WriteAccess 的可取值

可　取　值	实　际　值	描　　述
IWDG_WriteAccess_Enable	0x5555	使能对 IWDG_PR 和 IWDG_RLR 的写操作
IWDG_WriteAccess_Disable	0x0000	除能对 IWDG_PR 和 IWDG_RLR 的写操作

例如，使能对 IWDG_PR 和 IWDG_RLR 的写操作，代码如下：

```
IWDG_WriteAccessCmd(IWDG_WriteAccess_Enable);
```

2. IWDG_SetPrescaler

IWDG_SetPrescaler 函数的功能是设置 IWDG 预分频值，通过向 IWDG→PR 写入参数来实现。具体描述如表 12-8 所示。

表 12-8　IWDG_SetPrescaler 函数的描述

函数名	IWDG_SetPrescaler
函数原型	void IWDG_SetPrescaler(uint8_t IWDG_Prescaler)
功能描述	设置 IWDG 预分频值
输入参数	IWDG_Prescaler：IWDG 预分频值
输出参数	无
返回值	void

参数 IWDG_Prescaler 用于设置 IWDG 预分频值，可取值如表 12-9 所示。

表 12-9　参数 IWDG_Prescaler 的可取值

可 取 值	实 际 值	描 述
IWDG_Prescaler_4	0x00	设置 IWDG 预分频值为 4
IWDG_Prescaler_8	0x01	设置 IWDG 预分频值为 8
IWDG_Prescaler_16	0x02	设置 IWDG 预分频值为 16
IWDG_Prescaler_32	0x03	设置 IWDG 预分频值为 32
IWDG_Prescaler_64	0x04	设置 IWDG 预分频值为 64
IWDG_Prescaler_128	0x05	设置 IWDG 预分频值为 128
IWDG_Prescaler_256	0x06	设置 IWDG 预分频值为 256

例如，设置 IWDG 预分频值为 8，代码如下：

```
IWDG_SetPrescaler(IWDG_Prescaler_8);
```

3. IWDG_SetReload

IWDG_SetReload 函数的功能是设置 IWDG 重装载值，通过向 IWDG→RLR 写入参数来实现。具体描述如表 12-10 所示。

表 12-10　IWDG_SetReload 函数的描述

函数名	IWDG_SetReload
函数原型	void IWDG_SetReload(uint16_t Reload)
功能描述	设置 IWDG 重装载值
输入参数	Reload：IWDG 重装载值。该参数允许的取值范围为 0～0x0FFF
输出参数	无
返回值	void

例如，设定 IWDG 重装载值为 0xFFF，代码如下：

```
IWDG_SetReload(0xFFF);
```

4．IWDG_ReloadCounter

IWDG_ReloadCounter 函数的功能是按照 IWDG 重装载寄存器的值重装载 IWDG 计数器，通过向 IWDG→KR 写入参数来实现。具体描述如表 12-11 所示。

表 12-11　IWDG_ReloadCounter 函数的描述

函数名	IWDG_ReloadCounter
函数原型	void IWDG_ReloadCounter(void)
功能描述	按照 IWDG 重装载寄存器的值重装载 IWDG 计数器
输入参数	无
输出参数	无
返回值	void

例如，重装载 IWDG 寄存器，代码如下：

```
IWDG_ReloadCounter();
```

5．IWDG_Enable

IWDG_Enable 函数的功能是使能 IWDG，通过向 IWDG→KR 写入参数来实现。具体描述如表 12-12 所示。

表 12-12　IWDG_Enable 函数的描述

函数名	IWDG_Enable
函数原型	void IWDG_Enable(void)
功能描述	使能 IWDG
输入参数	无
输出参数	无
返回值	void

例如，使能 IWDG，代码如下：

```
IWDG_Enable();
```

12.3　实 验 步 骤

步骤 1：复制并编译原始工程

首先，将“D:\STM32KeilTest\Material\11.独立看门狗实验”文件夹复制到“D:\STM32KeilTest\Product”文件夹中。然后，双击运行“D:\STM32KeilTest\Product\11.独立看门狗实验\Project”文件夹中的 STM32KeilPrj.uvprojx，单击工具栏中的按钮。当 Build Output 栏出现 FromELF：creating hex file...时，表示已经成功生成.hex 文件，出现 0 Error(s), 0 Warning(s)表示编译成功。最后，将.axf 文件下载到 STM32 的内部 Flash，观察 STM32 核心板上的两个 LED 是否交替闪烁。如果两个 LED 交替闪烁，串口正常输出字符串，表示原始工程是正确的，接着就可以进入下一步操作。

步骤 2：添加 IWDG 文件对

首先，将“D:\STM32KeilTest\Product\11.独立看门狗实验\HW\IWDG”文件夹中的 IWDG.c 添加到 HW 分组，具体操作可参见 2.3 节步骤 8。然后，将“D:\STM32KeilTest\Product\11.独立看门狗实验\HW\IWDG”路径添加到 Include Paths 栏，具体操作可参见 2.3 节步骤 11。

步骤 3：完善 IWDG.h 文件

单击按钮进行编译，编译结束后，在 Project 面板中，双击 IWDG.c 下的 IWDG.h。在 IWDG.h 文件的“包含头文件”区，添加代码#include "DataType.h"。

在 IWDG.h 文件的“API 函数声明”区，添加如程序清单 12-1 所示的 API 函数声明代码。InitIWDG 函数主要是初始化独立看门狗模块，FeedIWDG 函数的功能是喂狗，按照 IWDG 重装载寄存器的值重装载 IWDG 计数器。

程序清单 12-1

```
void InitIWDG(void);            //初始化 IWDG 模块
void FeedIWDG(void);            //喂狗
```

步骤 4：完善 IWDG.c 文件

在 IWDG.c 文件的“包含头文件”区的最后，添加代码#include "stm32f10x_conf.h"。

在 IWDG.c 文件的“内部函数声明”区，添加内部函数的声明代码，如程序清单 12-2 所示，ConfigIWDG 函数用于配置独立看门狗。

程序清单 12-2

```
static  void ConifigIWDG(u8 prer, u16 rlr);          //配置 IWDG
```

在 IWDG.c 文件的“内部函数实现”区，添加 ConfigIWDG 函数的实现代码，如程序清单 12-3 所示。下面按照顺序对 ConfigIWDG 函数中的语句进行解释说明。

（1）IWDG_PR 和 IWDG_RLR 都具有写保护功能，要修改这两个寄存器的值，必须通过 IWDG_WriteAccessCmd 函数向 IWDG_KR 的 KEY[15:0]写入 0x5555，允许访问这两个寄存器，可参见图 12-3 和表 12-2。

（2）通过 IWDG_SetPrescaler 函数设置独立看门狗的预分频值，该函数涉及 IWDG_PR 的 PR[2:0]，PR[2:0]用于设置独立看门狗预分频器的预分频系数，可参见图 12-4 和表 12-3。本实验中，PR[2:0]由参数 prer 决定。

（3）通过 IWDG_SetReload 函数设置独立看门狗的重装载值，该函数涉及 IWDG_RLR 的 RL[11:0]，RL[11:0]是独立看门狗计数器重装载值，可参见图 12-5 和表 12-4。本实验中，RL[11:0]由参数 rlr 决定。

（4）软件必须以一定间隔通过 IWDG_ReloadCounter 函数向 IWDG_KR 的 KEY[15:0]写入 0xAAAA，否则，当计数器为 0 时，独立看门狗会产生复位，可参见图 12-3 和表 12-2。

（5）通过 IWDG_Enable 函数使能独立看门狗，该函数涉及 IWDG_KR 的 KEY[15:0]，向 KEY[15:0]写入 0xCCCC 即可启动独立看门狗，可参见图 12-3 和表 12-2。

程序清单 12-3

```
static void ConifigIWDG(u8 prer, u16 rlr)
{
  //使能对寄存器 IWDG_PR 和 IWDG_RLR 的写操作，即可修改寄存器值
  IWDG_WriteAccessCmd(IWDG_WriteAccess_Enable);

  IWDG_SetPrescaler(prer);       //设置 IWDG 预分频值

  IWDG_SetReload(rlr);           //设置 IWDG 重装载值

  IWDG_ReloadCounter();          //按照 IWDG 重装载寄存器的值重装载 IWDG 计数器

  IWDG_Enable();                 //使能 IWDG
}
```

在 IWDG.c 文件的“API 函数实现”区，添加 InitIWDG 和 FeedIWDG 函数的实现代码，如程序清单 12-4 所示。下面按照顺序对这两个函数中的语句进行解释说明。

（1）InitIWDG 函数调用 ConfigIWDG 函数对独立看门狗进行初始化，ConfigIWDG 函数的两个参数分别是 IWDG_Prescaler_64 和 624，即预分频器对 LSI 时钟进行 64 分频之后，作为 12 位递减计数器的时钟输入，从复位值 624 递减计数到 0 时，会产生一个复位信号，可参见 12.2.1 节。

（2）FeedIWDG 函数调用 IWDG_ReloadCounter 函数向 IWDG_KR 的 KEY[15:0]写入 0xAAAA，实现喂狗操作，若不及时喂狗，当计数器为 0 时，独立看门狗会产生复位。

程序清单 12-4

```
void InitIWDG(void)
{
  ConifigIWDG(IWDG_Prescaler_64, 624);        //配置独立看门狗，溢出时间为 1s
}

void FeedIWDG(void)
{
  IWDG_ReloadCounter();                        //按照 IWDG 重装载寄存器的值重装载 IWDG 计数器
}
```

步骤 5：完善 LED 文件对

在 Project 面板中，双击打开 LED.h，在 LED.h 文件的“API 函数声明”区的最后，添加 SetLEDSts 函数的声明代码，如程序清单 12-5 所示。

程序清单 12-5

```
void   SetLEDSts(u8 sts);      //设置 LED 状态
```

在 LED.c 文件的“API 函数实现”区，在 LEDFlicker 函数实现区的后面添加 SetLEDSts

函数的实现代码，如程序清单 12-6 所示，该函数的功能是根据参数控制两个 LED 的点亮或熄灭。

程序清单 12-6

```
void SetLEDSts(u8 sts)
{
  if(sts & 0x01)
  {
    GPIO_WriteBit(GPIOC, GPIO_Pin_4, Bit_SET);          //LED1 点亮
  }
  else
  {
    GPIO_WriteBit(GPIOC, GPIO_Pin_4, Bit_RESET);        //LED1 熄灭
  }

  if(sts & 0x02)
  {
    GPIO_WriteBit(GPIOC, GPIO_Pin_5, Bit_SET);          //LED2 点亮
  }
  else
  {
    GPIO_WriteBit(GPIOC, GPIO_Pin_5, Bit_RESET);        //LED2 熄灭
  }
}
```

步骤 6：完善 ProcKeyOne.c 文件

在 Project 面板中，双击打开 ProcKeyOne.c 文件，在 ProcKeyOne 文件的“包含头文件”区的最后，添加代码#include "IWDG.h"。

在 ProcKeyOne.c 文件的 ProcKeyDownKey1 函数中添加调用 FeedIWDG 函数的代码，如程序清单 12-7 所示，这样，当按下 KEY1 时，就会执行喂狗操作。

程序清单 12-7

```
void  ProcKeyDownKey1(void)
{
  FeedIWDG();                               //喂独立看门狗
  printf("KEY1 PUSH DOWN\r\n");             //打印按键状态
}
```

步骤 7：完善独立看门狗实验应用层

在 Project 面板中，双击打开 Main.c 文件，在 Main.c 文件的“包含头文件”区的最后，添加代码#include "IWDG.h"。这样就可以在 Main.c 文件中调用 IWDG 模块的 API 函数，实现对 IWDG 模块的操作。

在 Main.c 文件的 InitHardware 函数中，添加调用 InitIWDG 函数的代码，如程序清单 12-8

所示，以此实现对 IWDG 模块的初始化。

程序清单 12-8

```
static  void  InitHardware(void)
{
  SystemInit();            //系统初始化
  InitRCC();               //初始化 RCC 模块
  InitNVIC();              //初始化 NVIC 模块
  InitUART1(115200);       //初始化 UART 模块
  InitTimer();             //初始化 Timer 模块
  InitLED();               //初始化 LED 模块
  InitSysTick();           //初始化 SysTick 模块
  InitKeyOne();            //初始化 KeyOne 模块
  InitProcKeyOne();        //初始化 ProcKeyOne 模块
  InitIWDG();              //初始化 IWDG 模块
}
```

在 Main.c 文件的 Proc2msTask 函数中，注释掉 LEDFlicker 函数，添加调用 ScanKeyOne 函数的代码，并且每 500ms 调用 SetLEDSts 函数实现两个 LED 的计数，如程序清单 12-9 所示。

程序清单 12-9

```
static  void  Proc2msTask(void)
{
  static  i16 s_iCnt5    = 0;
  static  i16 s_iCnt250 = 0;
  static  i16 s_iCnt4    = 0;

  if(Get2msFlag())          //判断 2ms 标志位状态
  {
    if(s_iCnt5 >= 4)
    {
      ScanKeyOne(KEY_NAME_KEY1, ProcKeyUpKey1, ProcKeyDownKey1);

      s_iCnt5 = 0;
    }
    else
    {
      s_iCnt5++;
    }

    if(s_iCnt250 >= 249)
    {
      SetLEDSts(s_iCnt4);

      if(s_iCnt4 >= 3)
      {
```

```
            s_iCnt4 = 0;
        }
        else
        {
            s_iCnt4++;
        }

        s_iCnt250 = 0;
    }
    else
    {
        s_iCnt250++;
    }

    //LEDFlicker(250);      //调用闪烁函数

    Clr2msFlag();           //清除 2ms 标志位
  }
}
```

步骤 8：编译及下载验证

代码编写完成后，单击按钮进行编译。编译结束后，Build Output 栏中出现 0 Error(s)，0 Warning(s)，表示编译成功。然后，参见图 2-33，通过 Keil μVision5 软件将.axf 文件下载到 STM32 核心板。下载完成后，如果不按下按键 KEY1，STM32 大约 1s 就会产生一次复位，LED1 闪烁，如果持续触发按键 KEY1（两次间隔必须小于 1s）进行喂狗，STM32 就不会产生复位，LED1 和 LED2 将按照 00、01、10、11 的顺序循环计数。注意，没有及时喂狗，STM32 会不断复位，因此，计算机上的串口助手必须处于关闭状态。

本 章 任 务

基于 STM32 核心板，参照本实验，编写程序实现独立看门狗手动喂狗功能，既可以通过定时器喂狗，也可以通过 KEY1 按键手动喂狗。默认情况下为定时器喂狗，即不需要 KEY1 按键也能实现两个 LED 正常计数（LED1 和 LED2 按照 00、01、10、11 的顺序计数）。KEY2 按键用于定时器喂狗与手动喂狗两种模式之间的切换，当切换到手动喂狗模式时，必须通过 KEY1 按键进行喂狗，否则，STM32 会反复复位，复位后 LED1 闪烁一次。

本 章 习 题

1．简述独立看门狗的作用。
2．简述延时函数如何影响独立看门狗的喂狗。
3．尝试通过寄存器实现独立看门狗的配置。

第 13 章　实验 12——读/写内部 Flash

存储器是微控制器的重要组成部分，用于存储程序代码和数据，有了存储器，微控制器才具有记忆功能。存储器按其存储介质特性主要分为易失性存储器和非易失性存储器两大类。对于 STM32 而言，内部的 SRAM 是易失性存储器，内部的 Flash 是非易失性存储器。在微控制器设计中，有些数据即使掉电也需要存储起来，这些数据常常被存放在内部或外部 EEPROM 中，考虑到 STM32 核心板不带外部 EEPROM，而且 STM32 内部也不带 EEPROM，可以将这些数据存储在 STM32 内部自带的 Flash 中。STM32 核心板基于 STM32F103RCT6 芯片。该芯片属于大容量产品，内部 Flash 容量为 256KB，内部 SRAM 容量为 48KB。本章首先讲解内部 Flash，以及相关寄存器和固件库函数，最后通过一个读/写内部 Flash 实验，让读者掌握内部 Flash 的操作流程。

13.1　实 验 内 容

按下按键 KEY1，向 STM32 内部 Flash 起始地址为 0x0800C000 的存储空间写入“0xFFFFFFFF，0xFFFFFFFF”，合计 8 字节；按下按键 KEY2，向 STM32 内部 Flash 起始地址为 0x0800C000 的存储空间写入“0x76543210，0x89ABCDEF”，合计 8 字节；按下按键 KEY3，读取 STM32 内部 Flash 起始地址为 0x800C000 的存储空间中的数据，依次读出 8 字节数据。图 13-1 所示是向 STM32 内部 Flash 起始地址为 0x0800C000 的存储空间写入“0x76543210，0x89ABCDEF”的示意图。

地址	数据
0x0800C000	10
0x0800C001	32
0x0800C002	54
0x0800C003	76
0x0800C004	EF
0x0800C005	CD
0x0800C006	AB
0x0800C007	89

图 13-1　内部 Flash 数据存储示意图

13.2　实 验 原 理

13.2.1　STM32 的内部 Flash 和内部 SRAM

STM32 片内自带 Flash 和 SRAM。Flash 主要用于存储程序。SRAM 主要用于存储程序运行过程中的中间变量，通常不同型号 STM32 的 Flash 和 SRAM 大小是不相同的。

Flash 存储器又称为闪存，它与 EEPROM 都是掉电后数据不丢失的存储器，但是 Flash 的存储容量普遍大于 EEPROM。另外，Flash 的编程原理是写 1 时保持该位为 1 不变，写 0 时将原先的 1 改写为 0，因此，编程之前必须将对应的块擦除，而擦除的过程就是向该块所有位写入 1，而 EEPROM 可以按照单字节进行读/写。

SRAM 是静态随机存取存储器，它是一种具有静止存取功能的内存，读/写速度都比 Flash 要快，但是掉电后数据会丢失，而且价格比 Flash 贵。

13.2.2　STM32 的内部 Flash 简介

STM32 的内部 Flash 地址起始于 0x08000000，结束地址是 0x08000000 加上芯片实际的 Flash 大小，不同的芯片内部 Flash 容量大小也不同，最小的有 16KB，最大的有 512KB。STM32 核心板使用的 STM32 芯片型号为 STM32F103RCT6，其内部 Flash 容量为 256KB（0x40000B），因此，该芯片的内部 Flash 地址范围为 0x08000000～0x0803FFFF。

按照不同容量，存储器组织成 32 个 1K 字节/页（小容量）、128 个 1K 字节/页（中容量）、128 个 2K 字节/页（互联型）、256 个 2K 字节/页（大容量）的主存储器块和一个信息块，表 13-1 是大容量产品闪存模块组织。由于 STM32F103RCT6 属于大容量产品，而且内部 Flash 只有 256KB，因此，STM32F103RCT6 的内部 Flash 只有页 0～127 有效，每页的长度为 2KB。

表 13-1　大容量产品闪存模块组织

块	名　称	地 址 范 围	长度（字节）
主存储器	页 0	0x0800 0000～0x0800 07FF	2K
	页 1	0x0800 0800～0x0800 0FFF	2K
	页 2	0x0800 1000～0x0800 17FF	2K
	⋮	⋮	⋮
	页 127	0x0803 F800～0x0803 FFFF	2K
	页 128	0x0804 0000～0x0804 07FF	2K
	⋮	⋮	⋮
	页 255	0x0807 F800～0x0807 FFFF	2K
信息块	系统存储器	0x1FFF F000～0x1FFF F7FF	2K
	选项字节	0x1FFF F800～0x1FFF F80F	16
闪存存储器接口寄存器	FLASH_ACR	0x4002 2000～0x4002 2003	4
	FLASH_KEYR	0x4002 2004～0x4002 2007	4
	FLASH_OPTKEYR	0x4002 2008～0x4002 200B	4
	FLASH_SR	0x4002 200C～0x4002 200F	4
	FLASH_CR	0x4002 2010～0x4002 2013	4
	FLASH_AR	0x4002 2014～0x4002 2017	4
	保留	0x4002 2018～0x4002 201B	4
	FLASH_OBR	0x4002 201C～0x4002 201F	4
	FLASH_WRPR	0x4002 2020～0x4002 2023	4

STM32 的内部 Flash 由主存储器、信息块和闪存存储器接口寄存器 3 部分组成。

主存储器除了可以存储程序之外，还可以存储常数类型的数据，当然，也可以存储掉电之后用户依然需要使用的数据，但是存储地址一定要安排在程序存储区之后，毕竟，对内部 Flash 中的代码区进行修改，会导致意想不到的后果产生，有可能会导致整个 STM32 系统崩溃。

信息块由系统存储器（0x1FFFF000～0x1FFFF7FF）和选项字节（0x1FFFF800～0x1FFFF80F）组成。系统存储器用于存放在系统存储器自举模式下的启动程序代码(BootLoader)，当使用 ISP 方式下载程序时，就是由这个程序执行的，该区域由芯片厂写入 BootLoader，然后锁死，用户是无法改变的。选项字节存储芯片的配置信息和对主存储块的保护信息。

闪存存储器接口寄存器包括 FLASH_ACR、FLASH_KEYR、FLASH_OPTKEYR、FLASH_SR、FLASH_CR、FLASH_AR、FLASH_OBR 和 FLASH_WRPR，这些寄存器主要用于控制内部 Flash 的读/写、指示内部 Flash 的状态等。

13.2.3 STM32 启动模式

STM32 有 3 种启动模式，通过 BOOT0 和 BOOT1 引脚进行选择，如表 13-2 所示。3 种启动模式对应 3 种存储介质，分别是内部 Flash、系统存储器和内部 SRAM。当 BOOT1=X、BOOT0=0 时，STM32 从内部 Flash 启动，也就是从 0x08000000 开始运行代码，绝大多数情况下使用这种模式。当 BOOT1=0、BOOT0=1 时，STM32 从系统存储器启动；当 BOOT1=1、BOOT0=1 时，STM32 从内部 SRAM 启动，这两种模式主要用于调试。

表 13-2 启动模式表

启动模式选择引脚		启 动 模 式	说 明
BOOT1	BOOT0		
X	0	主闪存存储器	主闪存存储器被选为启动区域
0	1	系统存储器	系统存储器被选为启动区域
1	1	内部 SRAM	内部 SRAM 被选为启动区域

13.2.4 Flash 编程过程

Flash 编程过程如图 13-2 所示，下面对 Flash 的编程过程进行说明。

（1）读 FLASH_CR 的 LOCK 位，并判断 LOCK 位是否为 1。

（2）如果 LOCK 位为 1，表示 Flash 已上锁，通过向 FLASH→KEYR 依次写入 0x45670123 和 0xCDEF89AB 执行解锁操作。

（3）如果 LOCK 位为 0，表示 Flash 未上锁，接着就可以执行写 Flash 操作。

（4）在执行写 Flash 操作之前，还需要将 FLASH_CR 的 PG 位置为 1，该位相当于编程操作使能位。

（5）在指定的地址写入字（4 字节）。

（6）检查 FLASH_SR 的 BSY 位是否为 1。

（7）如果 BSY 位为 1，即 Flash 正在执行操作，继续等待。

（8）当 Flash 完成操作后，即 BSY 位为 0，读编程地址并检查写入的数据。

需要特别注意的是，BSY 位为 1 时，不能对任何寄存器执行写操作。

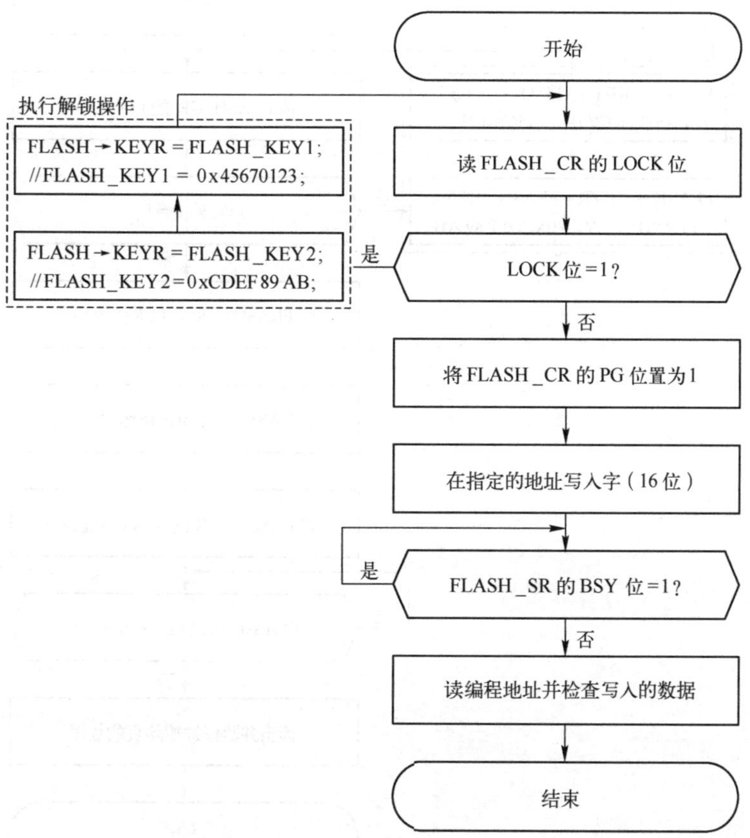

图 13-2　Flash 编程过程

13.2.5　Flash 页擦除过程

Flash 页擦除过程如图 13-3 所示，下面对 Flash 页的擦除过程进行说明。

（1）读 FLASH_CR 的 LOCK 位，并判断 LOCK 位是否为 1。

（2）如果 LOCK 位为 1，表示 Flash 已上锁，通过向 FLASH→KEYR 依次写入 0x45670123 和 0xCDEF89AB 执行解锁操作。

（3）如果 LOCK 位为 0，表示 Flash 未上锁，接着就可以执行 Flash 页擦除操作。

（4）在执行 Flash 页擦除操作之前，还需要将 FLASH_CR 的 PER 位置为 1，该位相当于页擦除操作的使能位。

（5）在 FLASH_AR 中选择要擦除的页。

（6）将 FLASH_CR 的 STRT 位置为 1，即执行一次擦除操作。

（7）检查 FLASH_SR 的 BSY 位是否为 1。

（8）如果 BSY 位为 1，即 Flash 正在执行操作，继续等待。

（9）当 Flash 完成操作后，即 BSY 位为 0，读出并验证被擦除页的数据。

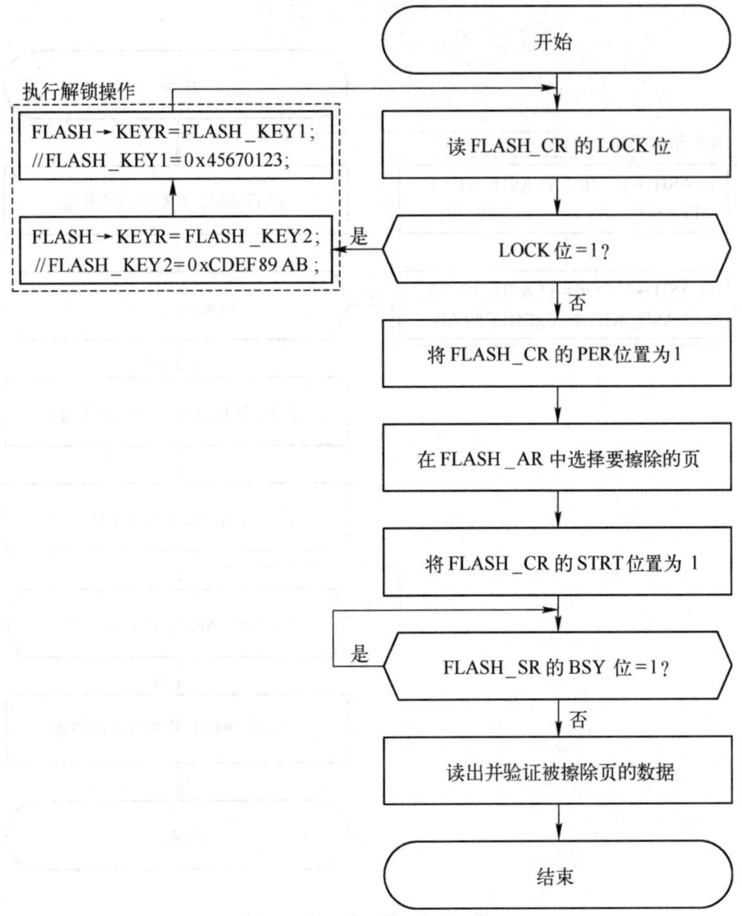

图 13-3　Flash 页擦除过程

13.2.6　Flash 部分寄存器

STM32 的内部 Flash 总共有 8 个寄存器，分别是闪存访问控制寄存器（FLASH_ACR）、FPEC 键寄存器（FLASH_KEYR）、闪存 OPTKEY 寄存器（FLASH_OPTKEYR）、闪存状态寄存器（FLASH_SR）、闪存控制寄存器（FLASH_CR）、闪存地址寄存器（FLASH_AR）、选项字节寄存器（FLASH_OBR）和写保护寄存器（FLASH_WRPR）。

1. 闪存访问控制寄存器（FLASH_ACR）

FLASH_ACR 的结构、偏移地址和复位值如图 13-4 所示，对部分位的解释说明如表 13-3 所示。

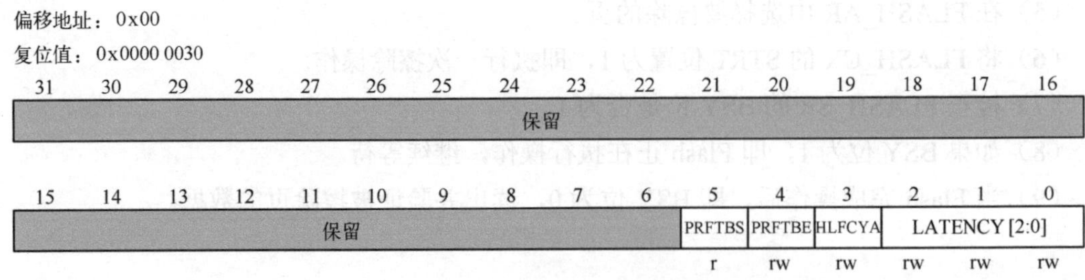

图 13-4　FLASH_ACR 的结构、偏移地址和复位值

表 13-3　FLASH_ACR 部分位的解释说明

位 31:6	必须保持为清除状态（0）
位 5	PRFTBS：预读取缓冲区状态。 该位指示预读取缓冲区的状态。 0：预读取缓冲区关闭； 1：预读取缓冲区开启
位 4	PRFTBE：预读取缓冲区使能。 0：关闭预读取缓冲区； 1：启用预读取缓冲区
位 3	HLFCYA：闪存半周期访问使能。 0：禁止半周期访问； 1：启用半周期访问
位 2:0	LATENCY[2:0]：时延。 这些位表示 SYSCLK（系统时钟）周期与闪存访问时间的比例。 000：零等待状态，当 0<SYSCLK≤24MHz； 001：一个等待状态，当 24MHz<SYSCLK≤48MHz； 010：两个等待状态，当 48MHz<SYSCLK≤72MHz

2．FPEC 键寄存器（FLASH_KEYR）

FLASH_KEYR 的结构、偏移地址和复位值如图 13-5 所示，对部分位的解释说明如表 13-4 所示。

偏移地址：0x04

复位值：xxxx xxxx

31	30	29	28	27	26	25	24	23	22	21	20	19	18	17	16
FKEYR [31:16]															
w	w	w	w	w	w	w	w	w	w	w	w	w	w	w	w
15	14	13	12	11	10	9	8	7	6	5	4	3	2	1	0
FKEYR [15:0]															
w	w	w	w	w	w	w	w	w	w	w	w	w	w	w	w

图 13-5　FLASH_KEYR 的结构、偏移地址和复位值

表 13-4　FLASH_KEYR 部分位的解释说明

位 31:0	FKEYR：FPEC 键。 这些位用于输入 FPEC 的解锁键

3．闪存 OPTKEY 寄存器（FLASH_OPTKEYR）

FLASH_OPTKEYR 的结构、偏移地址和复位值如图 13-6 所示，对部分位的解释说明如表 13-5 所示。

偏移地址：0x08

复位值：xxxx xxxx

31	30	29	28	27	26	25	24	23	22	21	20	19	18	17	16
OPTKEYR [31:16]															
w	w	w	w	w	w	w	w	w	w	w	w	w	w	w	w
15	14	13	12	11	10	9	8	7	6	5	4	3	2	1	0
OPTKEYR [15:0]															
w	w	w	w	w	w	w	w	w	w	w	w	w	w	w	w

图 13-6　FLASH_OPTKEYR 的结构、偏移地址和复位值

表 13-5 FLASH_OPTKEYR 部分位的解释说明

位 31:0	OPTKEYR：选项字节键。 这些位用于输入选项字节的键以解除 OPTWRE

4. 闪存状态寄存器（FLASH_SR）

FLASH_SR 的结构、偏移地址和复位值如图 13-7 所示，对部分位的解释说明如表 13-6 所示。

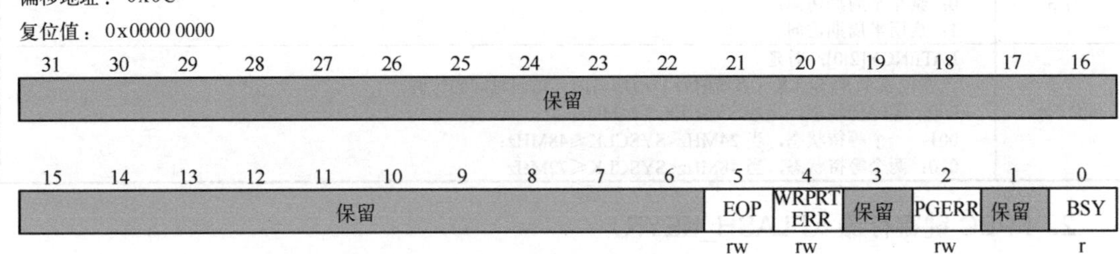

图 13-7 FLASH_SR 的结构、偏移地址和复位值

表 13-6 FLASH_SR 部分位的解释说明

位 31:6	保留。必须保持为清除状态 0
位 5	EOP：操作结束。 当闪存操作（编程/擦除）完成时，硬件设置该位为 1，写入 1 可以清除该位状态。 注意，每次成功的编程或擦除都会设置 EOP 状态
位 4	WRPRTERR：写保护错误。 试图对写保护的闪存地址编程时，硬件设置该位为 1，写入 1 可以清除该位状态
位 3	保留。必须保持为清除状态 0
位 2	PGERR：编程错误。 试图对内容不是 0xFFFF 的地址编程时，硬件设置该位为 1，写入 1 可以清除该位状态。 注意，进行编程操作之前，必须先清除 FLASH_CR 的 STRT 位
位 1	保留。必须保持为清除状态 0
位 0	BSY：忙。 该位指示闪存操作正在进行。 在闪存操作开始时，该位被设置为 1；在操作结束或发生错误时，该位被清除为 0

5. 闪存控制寄存器（FLASH_CR）

FLASH_CR 的结构、偏移地址和复位值如图 13-8 所示，对部分位的解释说明如表 13-7 所示。

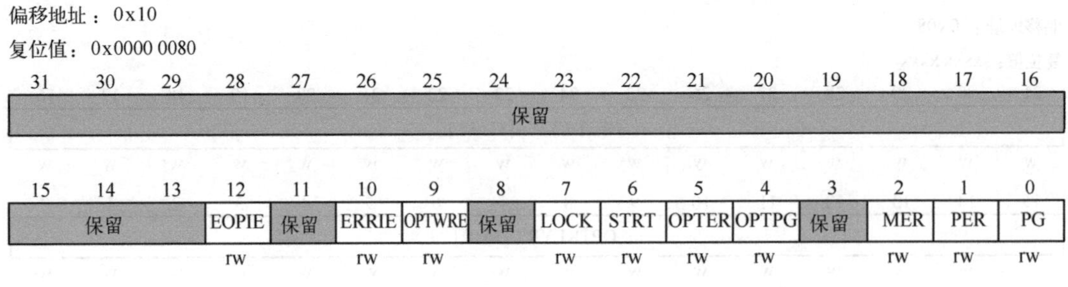

图 13-8 FLASH_CR 的结构、偏移地址和复位值

表 13-7　FLASH_CR 部分位的解释说明

位	说明
位 31:13	保留。必须保持为清除状态 0
位 12	EOPIE：允许操作完成中断。 该位允许在 FLASH_SR 中的 EOP 位变为 1 时产生中断。 0：禁止产生中断； 1：允许产生中断
位 11,8,3	保留。必须保持为清除状态 0
位 10	ERRIE：允许错误状态中断。 该位允许在发生 FPEC 错误时产生中断（当 FLASH_SR 中的 PGERR/WRPRTERR 置为 1 时）。 0：禁止产生中断； 1：允许产生中断
位 9	OPTWRE：允许写选项字节。 当该位为 1 时，允许对选项字节进行编程操作。当在 FLASH_OPTKEYR 写入正确的键序列后，该位被置为 1。软件可清除此位
位 7	LOCK：锁。 只能写 1。当该位为 1 时，表示 FPEC 和 FLASH_CR 被锁住。在检测到正确的解锁序列后，硬件清除此位为 0。在一次不成功的解锁操作后，下次系统复位前，该位不能再被改变
位 6	STRT：开始。 当该位为 1 时，将触发一次擦除操作。该位只可由软件置为 1 并在 BSY 变为 1 时清为 0
位 5	OPTER：擦除选项字节。 擦除选项字节
位 4	OPTPG：烧写选项字节。 对选项字节编程
位 2	MER：全擦除。 选择擦除所有用户页
位 1	PER：页擦除。 选择擦除页
位 0	PG：编程。 选择编程操作

6. 闪存地址寄存器（FLASH_AR）

FLASH_AR 的结构、偏移地址和复位值如图 13-9 所示，对部分位的解释说明如表 13-8 所示。

偏移地址：0x14

复位值：0x0000 0000

31	30	29	28	27	26	25	24	23	22	21	20	19	18	17	16
FAR [31:16]															
w	w	w	w	w	w	w	w	w	w	w	w	w	w	w	w
15	14	13	12	11	10	9	8	7	6	5	4	3	2	1	0
FAR [15:0]															
w	w	w	w	w	w	w	w	w	w	w	w	w	w	w	w

图 13-9　FLASH_AR 的结构、偏移地址和复位值

表 13-8　FLASH_AR 部分位的解释说明

位	说明
位 31:0	FAR：闪存地址。 当进行编程时选择要编程的地址，当进行页擦除时选择要擦除的页。 注意，当 FLASH_SR 中的 BSY 位为 1 时，不能写这个寄存器

7. 选项字节寄存器（FLASH_OBR）

FLASH_OBR 的结构、偏移地址和复位值如图 13-10 所示，对部分位的解释说明如表 13-9 所示。

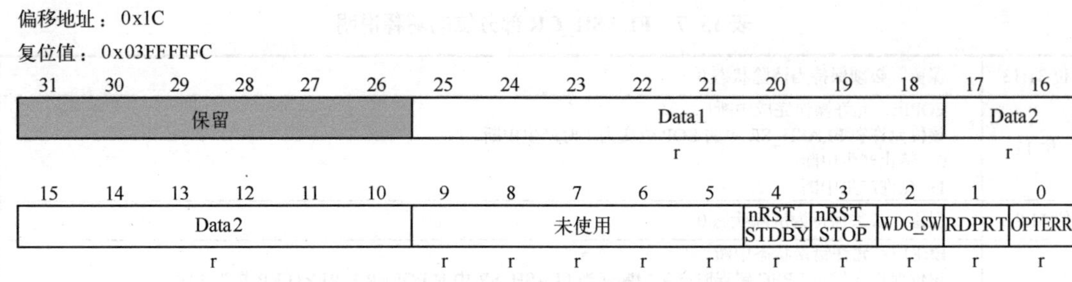

图 13-10　FLASH_OBR 的结构、偏移地址和复位值

表 13-9　FLASH_OBR 部分位的解释说明

位 31:26	保留。必须保持为清除状态 0。
位 25:18	Data1
位 17:10	Data2
位 9:2	USER：用户选项字节。 这里包含 OBL 加载的用户选项字节。 位[9:5]：未用（从闪存选项字节的对应位中读出的任何数值，都不对产品操作产生任何影响）； 位 4：nRST_STDBY； 位 3：nRST_STOP； 位 2：WDG_SW
位 1	RDPRT：读保护。 当设置为 1 时，表示闪存存储器被写保护。 注意，该位为只读
位 0	OPTERR：选项字节错误。 当该位为 1 时，表示选项字节和它的反码不匹配。 注意，该位为只读

8. 写保护寄存器（FLASH_WRPR）

FLASH_WRPR 的结构、偏移地址和复位值如图 13-11 所示，对部分位的解释说明如表 13-10 所示。

偏移地址：0x20
复位值：0xFFFF FFFF

31	30	29	28	27	26	25	24	23	22	21	20	19	18	17	16
WRP [31:16]															
r	r	r	r	r	r	r	r	r	r	r	r	r	r	r	r

15	14	13	12	11	10	9	8	7	6	5	4	3	2	1	0
WRP [15:0]															
r	r	r	r	r	r	r	r	r	r	r	r	r	r	r	r

图 13-11　FLASH_WRPR 的结构、偏移地址和复位值

表 13-10　FLASH_WRPR 部分位的解释说明

位 31:0	WRP：写保护。 该寄存器包含由 OBL 加载的写保护选项字节。 0：写保护生效； 1：写保护失效。 注意，这些位为只读

13.2.7　Flash 部分固件库函数

本实验涉及的 Flash 固件库函数包括 FLASH_ProgramWord、FLASH_Unlock、FLASH_ErasePage 和 FLASH_Lock。这些函数在 stm32f10x_flash.h 文件中声明，在 stm32f10x_flash.c 文件中实现。

1. FLASH_ProgramWord

FLASH_ProgramWord 函数的功能是在指定地址编写一个字。具体描述如表 13-11 所示。

表 13-11　FLASH_ProgramWord 函数的描述

函数名	FLASH_ProgramWord
函数原形	FLASH_Status FLASH_ProgramWord(uint32_t Address, uint32_t Data)
功能描述	在指定地址编写一个字
输入参数 1	Address：待编写的地址
输入参数 2	Data：待写入的数据
输出参数	无
返回值	编写操作状态

例如，向 Address1 地址写入 Data1，代码如下：

```
FLASH_Status status = FLASH_COMPLETE;
u32 Data1 = 0x12345678;
u32 Address1 = 0x08000000;
status = FLASH_ProgramWord(Address1, Data1);
```

2. FLASH_Unlock

FLASH_Unlock 函数的功能是解锁 Flash 编写擦除控制器，通过向 FLASH→KEYR 和 FLASH→CR 写入参数来实现。具体描述如表 13-12 所示。

表 13-12　FLASH_Unlock 函数的描述

函数名	FLASH_Unlock
函数原形	void FLASH_Unlock(void)
功能描述	解锁 Flash 编写擦除控制器
输入参数	无
输出参数	无
返回值	void

例如，解锁 FLASH，代码如下：

```
FLASH_Unlock();
```

3. FLASH_ErasePage

FLASH_ErasePage 函数的功能是擦除一个 Flash 页面，通过向 FLASH→CR、FLASH→AR 写入参数来实现。具体描述如表 13-13 所示。

表 13-13　FLASH_ErasePage 函数的描述

函数名	FLASH_ErasePage
函数原形	FLASH_Status FLASH_ErasePage(uint32_t Page_Address)
功能描述	擦除一个 Flash 页面
输入参数	Page_Address：需擦除页面的地址
输出参数	无
返回值	擦除操作状态

例如，擦除 Flash 的 0 页面，代码如下：

```
FLASH_Status status = FLASH_COMPLETE;
status = FLASH_ErasePage(0x08000000);
```

4．FLASH_Lock

FLASH_Lock 函数的功能是锁定 Flash 编写擦除控制器，通过向 FLASH→CR 写入参数来实现。具体描述如表 13-14 所示。

表 13-14　FLASH_Lock 函数的描述

函数名	FLASH_Lock
函数原形	void FLASH_Lock(void)
功能描述	锁定 Flash 编写擦除控制器
输入参数	无
输出参数	无
返回值	void

例如，锁定 Flash，代码如下：

```
FLASH_Lock();
```

13.3　实验步骤

步骤 1：复制并编译原始工程

首先，将“D:\STM32KeilTest\Material\12.读写内部 Flash 实验”文件夹复制到“D:\STM32KeilTest\Product”文件夹中。然后，双击运行“D:\STM32KeilTest\Product\12.读写内部 Flash 实验\Project”文件夹中的 STM32KeilPrj.uvprojx，单击工具栏中的按钮。当 Build Output 栏出现 FromELF：creating hex file...时，表示已经成功生成.hex 文件，出现 0 Error(s), 0 Warning(s)表示编译成功。最后，将.axf 文件下载到 STM32 的内部 Flash，观察 STM32 核心板上的两个 LED 是否交替闪烁。如果两个 LED 交替闪烁，串口正常输出字符串，表示原始工程是正确的，接着就可以进入下一步操作。

步骤 2：添加 Flash 文件对

首先，将“D:\STM32KeilTest\Product\12.读写内部 Flash 实验\HW\Flash”文件夹中的 Flash.c

添加到 HW 分组，具体操作可参见 2.3 节步骤 8。然后，将“D:\STM32KeilTest\Product\12.读写内部 Flash 实验\HW\Flash”路径添加到 Include Paths 栏，具体操作可参见 2.3 节步骤 11。

步骤 3：完善 Flash.h 文件

单击按钮进行编译，编译结束后，在 Project 面板中，双击 Flash.c 下的 Flash.h。在 Flash.h 文件的“包含头文件”区，添加代码#include "DataType.h"，然后，在 Flash.h 文件的“宏定义”区添加 Flash 起始地址宏定义的代码，如程序清单 13-1 所示。

程序清单 13-1

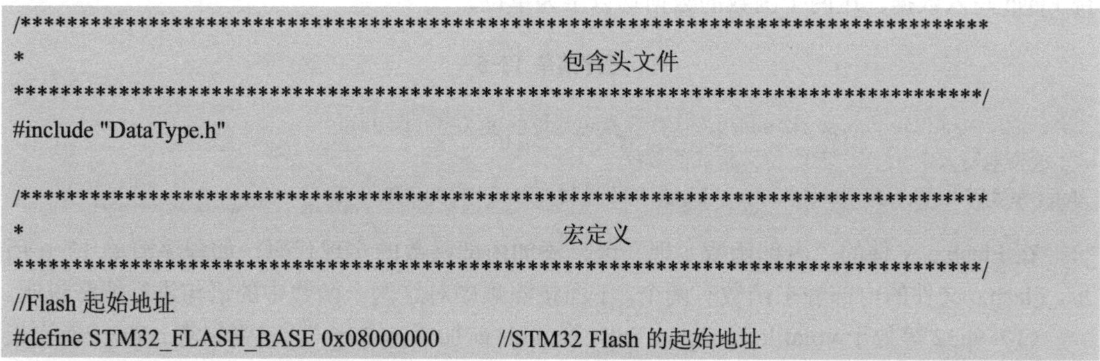

```
/*********************************************************************************
*                                        包含头文件
*********************************************************************************/
#include "DataType.h"

/*********************************************************************************
*                                        宏定义
*********************************************************************************/
//Flash 起始地址
#define STM32_FLASH_BASE 0x08000000        //STM32 Flash 的起始地址
```

在 Flash.h 文件的“API 函数声明”区，添加如程序清单 13-2 所示的 API 函数声明代码。InitFlash 函数用于初始化 Flash 模块，STM32FlashWriteWord 函数用于写内部 Flash，STM32FlashReadWord 函数用于读内部 Flash。

程序清单 13-2

```
void  InitFlash(void);                    //初始化 Flash 模块

//需要注意字对齐地址，且起始地址不能与代码区重叠，否则可能导致系统崩溃
//从指定地址开始写入指定长度的数据（字，即 32 位）
void  STM32FlashWriteWord(const u32 startAddr, u32* pBuf, u16 numToWrite);
//从指定地址开始读出指定长度的数据（字，即 32 位）
void  STM32FlashReadWord(const u32 startAddr, u32* pBuf, u16 numToRead);
```

步骤 4：完善 Flash.c 文件

在 Flash.c 文件的“包含头文件”区，添加代码#include "stm32f10x_conf.h"，另外该模块还使用了 printf，因此还需要添加代码#include "UART1.h"。

在 Flash.c 文件的“宏定义”区，添加如程序清单 13-3 所示的宏定义代码。FLASH_PAGE_SIZE 是大容量 STM32 芯片 1 页的大小，2K 字节，用十进制表示是 2048 字节，用十六进制表示是 0x0800 字节。

程序清单 13-3

```
//大容量芯片为 2KB 一个 PAGE
#define FLASH_PAGE_SIZE ((u16)0x0800)        //十进制为 2048
```

在 Flash.c 文件的“内部变量”区，添加内部变量的定义代码，如程序清单 13-4 所示。s_arrFlashBuf 数组用于存放 1 页数据，这里以字（32 位）为单位，因此，s_arrFlashBuf 数组大小为 2048/4=512。

程序清单 13-4

```
static u32 s_arrFlashBuf[FLASH_PAGE_SIZE / 4];   //最多是 2KB
```

在 Flash.c 文件的“内部函数声明”区，添加内部函数的声明代码，如程序清单 13-5 所示。ReadWord 函数用于读取内部 Flash 指定地址的数据，WriteWordNoCheck 函数用于向内部 Flash 写入数据，这两个函数的数据均以字为单位。

程序清单 13-5

```
static u32  ReadWord(const u32 addr);    //读取指定地址的字（字，即 32 位）
//不检查地写入字（字，即 32 位）格式的数据
static void WriteWordNoCheck(const u32 startAddr, u32 *pBuf, u16 numToWrite);
```

在 Flash.c 文件的“内部函数实现”区，添加内部函数的实现代码，如程序清单 13-6 所示。Flash.c 文件的内部静态函数有两个，下面按照顺序对这两个函数中的语句进行解释说明。

（1）vu32 等效于 volatile unsigned int，在 addr 前加“(vu32*)”，就强制将 addr 转换为指向以字（4 字节）为单位的数据地址，因此，ReadWord 函数的参数 addr 必须是 4 的倍数。“*(vu32*)addr”表示取出 addr 地址存放的数据，该数据以字为单位，长度为 4 字节。变量前带 volatile 关键字，可以确保对该地址的稳定访问，比如第一条指令刚刚从 addr 地址读取过数据，如果后面的指令又需要读取 addr 地址存放的数据，编译器优化代码之后就有可能只在第一条指令位置读取一次，而添加 volatile 之后，编译器就不会对 addr 的代码进行优化，每次都会读取 addr 地址存放的数据。

（2）通过 FLASH_ProgramWord 函数向内部 Flash 写入以字（4 字节）为单位的数据，参数 startAddr 是内部 Flash 待写入区域的起始地址，pBuf 是存放待写入数据数组的起始地址，numToWrite 是待写入数据的数量。由于大容量 STM32 芯片 1 页的大小是 2K 字节，即 512 个字，WriteWordNoCheck 函数是以字为单位向内部 Flash 写入数据，如果起始地址 startAddr 是 500，待写入数据的数量大于 12，数据就会写入下一页，因此，WriteWordNoCheck 函数不带自检查功能。

程序清单 13-6

```
static u32 ReadWord(const u32 addr)
{
  return *(vu32*)addr;
}

static void WriteWordNoCheck(const u32 startAddr, u32 *pBuf, u16 numToWrite)
{
  u16 i;
  u32 addr;
```

```
  addr = startAddr;            //将起始地址赋给 addr，addr 在 Flash 进行写的时候递增

  for(i = 0; i < numToWrite; i++)
  {
    FLASH_ProgramWord(addr, pBuf[i]);
    addr += 4;                 //由于是字（32 位），因此地址增加 4
  }
}
```

在 Flash.c 文件的“API 函数实现”区，添加 InitFlash 函数的实现代码，如程序清单 13-7 所示。InitFlash 函数用于初始化 Flash 模块，因为没有需要初始化的内容，所以函数体留空即可，如果后续升级版有需要初始化的代码，直接填入即可。但是，用户在使用该模块的时候，依然要养成初始化 Flash 模块的习惯，即在 InitHardware 函数中调用 InitFlash。

程序清单 13-7

```
void InitFlash(void)
{

}
```

在 Flash.c 文件的“API 函数实现”区，在 InitFlash 函数实现区的后面添加 STM32FlashWriteWord 函数的实现代码，如程序清单 13-8 所示。STM32FlashWriteWord 函数从指定地址开始写入指定长度的数据，其中，参数 startAddr 是起始地址，该地址必须是 4 的倍数，pBuf 是待写入内部 Flash 的数据存放的地址，numToWrite 是需要写入的以字为单位的数据个数。下面对 STM32FlashWriteWord 函数进行解释说明。

（1）由于 STM32 核心板使用的 STM32 芯片型号为 STM32F103RCT6，其内部 Flash 容量为 256KB（0x40000 B），因此，起始地址必须在 0x08000000～0x0803FFFC 范围内。

（2）通过 STM32FlashWriteWord 函数写内部 Flash，需要调用 FLASH_ProgramWord 函数对内部 Flash 进行编程，调用 FLASH_ErasePage 函数对内部 Flash 进行页擦除。编程和擦除操作都要先通过 FLASH_Unlock 函数进行解锁操作，编程和擦除操作结束之后，还需要通过 FLASH_Lock 函数进行上锁操作。

（3）通过 STM32FlashReadWord 函数读出整页内容，并判断该页的每一位是否都为 1，如果有些位为 0，就需要先通过 FLASH_ErasePage 函数擦除该页，然后再通过 WriteWordNoCheck 写数据到内部 Flash。如果该页的所有位都为 1，就不需要通过 FLASH_ErasePage 函数擦除该页，直接通过 WriteWordNoCheck 写数据到内部 Flash 即可。

（4）如果内部 Flash 某页已经被擦除，即该页全部位都为 1，向该页的某些存储空间写入新数据，直接调用 WriteWordNoCheck 函数即可。但是，如果该页已经有数据，假设该页由 A 区域和 B 区域组成，需要向 A 区域写入新数据，就需要通过 STM32FlashReadWord 函数读出整页数据到 s_arrFlashBuf 数组（实际上是 STM32 的 SRAM），然后将新数据写入 SRAM 的 A 区域，B 区域的数据保持不变。在将更新之后的 SRAM 写入该页之前，要先通过 FLASH_ErasePage 函数进行页擦除操作，执行完页擦除操作之后，再将更新之后的 SRAM 通过 WriteWordNoCheck 函数写入该页。

（5）STM32FlashWriteWord 函数还具有跨页写数据功能，通过变量 pagePos 指定当前写

入页的编号。

程序清单 13-8

```
void   STM32FlashWriteWord(const u32 startAddr, u32* pBuf, u16 numToWrite)
{
  u16 i;
  u32 pagePos;                     //扇区地址，即起始地址 startAddr 所在的扇区地址
  u16 pageOff;           //扇区内偏移地址（以 32 位计算），即起始地址 startAddr 所在的扇区的偏移地址
  u16 pageResidue;                 //扇区内剩余空间大小（以 32 位计算）
  u32 offAddr;                     //去掉 0x08000000 后的地址
  u32 addr;                        //写地址，以字（32 位）为单位
  u16 numToWriteResidue;           //待写入的字（32 位）的剩余数

  addr = startAddr;            //将起始地址赋给 addr，addr 在 Flash 进行写的时候递增
  numToWriteResidue = numToWrite;   //numToWrite 是形参，将其复制给动态改变的 numToWriteResidue

  if(addr < STM32_FLASH_BASE || (addr >= (STM32_FLASH_BASE + 1024 * 256 - 4)))
  {
    printf("error\r\n");
    return;  //如果起始地址小于 Flash 的基地址，或起始地址超出 Flash 的范围，即为非法地址，直接退出
  }

  FLASH_Unlock();        //解锁

  offAddr        = addr - STM32_FLASH_BASE;              //实际偏移地址，即起始地址 startAddr 在 Flash 中
                                                         //的偏移地址
  pagePos        = offAddr / FLASH_PAGE_SIZE;            //扇区地址
  pageOff        = (offAddr % FLASH_PAGE_SIZE) / 4;      //在扇区内的偏移地址（以 32 位计算）
  pageResidue = FLASH_PAGE_SIZE / 4 - pageOff;           //扇区内剩余空间大小（以 32 位计算）

  if(numToWriteResidue <= pageResidue)   //如果需要写入的字数不大于该扇区剩余空间大小
  {
    pageResidue = numToWriteResidue;     //直接将需要写入的字数大小赋给页剩余空间大小
  }

  while(1)
  {
    //读出整个扇区的内容
    STM32FlashReadWord(pagePos   *   FLASH_PAGE_SIZE   +   STM32_FLASH_BASE,   s_arrFlashBuf,
FLASH_PAGE_SIZE / 4);

    for(i = 0; i < pageResidue; i++)    //校验数据
    {
      if(s_arrFlashBuf[pageOff + i] != 0xFFFFFFFF)  //判断待写入的区域是否已经被擦除，若为 0xFFFFFFFF
                                                   //则已经被擦除
      {
        break;                    //如果待写入的区域有数据，需要擦除，则跳出 for 循环
```

```
      }
    }

    if(i < pageResidue)                   //待写入的区域有数据，需要擦除
    {
      FLASH_ErasePage(pagePos * FLASH_PAGE_SIZE + STM32_FLASH_BASE);  //擦除这个扇区

      for(i = 0; i < pageResidue; i++)   //将要写入的数据复制到缓冲区，起始地址之前的保持不变
      {
        s_arrFlashBuf[pageOff + i] = pBuf[i];
      }

      //写入整个扇区
      WriteWordNoCheck(pagePos * FLASH_PAGE_SIZE + STM32_FLASH_BASE, s_arrFlashBuf, FLASH_
PAGE_SIZE / 4);
    }
    else
    {
      WriteWordNoCheck(addr, pBuf, pageResidue);  //待写入区域已经被擦除，直接写入扇区剩余区间
    }

    if(numToWriteResidue == pageResidue)
    {
      break;                              //表示写入已经结束
    }
    else                                  //表示写入尚未结束
    {
      pagePos++;                          //扇区地址增 1，即转移到相邻的下一个扇区
      pageOff = 0;                        //偏移位置为 0
      pBuf += pageResidue;                //指针偏移，以字（32 位）为单位
      addr += pageResidue * 4;            //扇区内写地址，即转移到相邻的下一个扇区的起始地址，以字（32 位）
                                          //为单位
      numToWriteResidue -= pageResidue;               //减去已经写入的字数

      if(numToWriteResidue > (FLASH_PAGE_SIZE / 4))   //除以 4 是因为是以字（32 位）为单位
      {
        pageResidue = FLASH_PAGE_SIZE / 4;            //下一个扇区还是写不完
      }
      else
      {
        pageResidue = numToWriteResidue;              //下一个扇区可以写完
      }
    }
  }

  FLASH_Lock();                                       //上锁
}
```

在 Flash.c 文件的“API 函数实现”区，在 STM32FlashWriteWord 函数实现区的后面添加 STM32FlashReadWord 函数的实现代码，如程序清单 13-9 所示。STM32FlashReadWord 函数从指定地址开始读出指定长度的数据，其中，参数 startAddr 是起始地址，该地址必须是 4 的倍数，pBuf 是读取到的数据存放的地址，numToRead 是需要读取的以字为单位的数据个数。

程序清单 13-9

```
void   STM32FlashReadWord(const u32 startAddr, u32* pBuf, u16 numToRead)
{
  u16 i;
  u32 addr;

  addr = startAddr;                          //将起始地址赋给 addr，addr 在 Flash 进行写的时候递增

  for(i = 0; i < numToRead; i++)
  {
    pBuf[i] = ReadWord(addr);               //读取字（32 位）
    addr += 4;                              //由于是字（32 位），故地址增加 4
  }
}
```

步骤 5：完善 ProcKeyOne.c 文件

首先在 ProcKeyOne.c 的“包含头文件”区的最后，添加代码#include "Flash.h"。

然后在 ProcKeyOne.c 的“宏定义”区添加宏定义的代码，如程序清单 13-10 所示。MAX_WR_LEN 为数据最大写入长度，FLASH_START_ADDR1 为读/写内部 Flash 的起始地址，BUF_SIZE 为数组长度，将其定义为 8，即 8 字节。

程序清单 13-10

```
#define MAX_WR_LEN 100                //数据最大写入长度
#define FLASH_START_ADDR1    0x0800C000
#define BUF_SIZE 8                    //数组长度
```

接下来在 ProcKeyOne.c 的“内部变量”区定义两个数组，分别为 BUF0_U32 和 BUF1_U32。第一个数组用于存放 0xFFFFFFFF 和 0xFFFFFFFF，第二个数组用于存放 0x76543210 和 0x89ABCDEF，这两个数组分别通过 KEY1 和 KEY2 写入内部 Flash，如程序清单 13-11 所示。

程序清单 13-11

```
const u32 BUF0_U32[]={0xFFFFFFFF, 0xFFFFFFFF};
const u32 BUF1_U32[]={0x76543210, 0x89ABCDEF};
```

注释掉 ProcKeyOne.c 文件中所有的 printf 语句，然后，在 ProcKeyDownKey1、ProcKeyDownKey2 和 ProcKeyDownKey3 函数中增加相应的处理程序，如程序清单 13-12 所示。下面按照顺序对这 3 个函数中的语句进行解释说明。

（1）ProcKeyDownKey1 函数用于处理按键 KEY1 按下事件，该函数调用 STM32FlashWrite

Word 函数，向起始地址为 0x0800C000 的存储空间写入 0xFFFFFFFF 和 0xFFFFFFFF，共 8 字节。

（2）ProcKeyDownKey2 函数用于处理按键 KEY2 按下事件，该函数调用 STM32FlashWrite Word 函数，向起始地址为 0x0800C000 的存储空间写入 0x76543210 和 0x89ABCDEF，共 8 字节。

（3）ProcKeyDownKey3 函数用于处理按键 KEY3 按下事件，该函数调用 STM32FlashRead Word 函数，读取 STM32 内部 Flash 起始地址为 0x0800C000 的存储空间中的数据，依次读取 8 字节数据，并通过 printf 打印这些数据，打印结果通过计算机上的串口助手显示出来。

程序清单 13-12

```
void    ProcKeyDownKey1(void)
{
  STM32FlashWriteWord(FLASH_START_ADDR1, (u32*)BUF0_U32, BUF_SIZE / 4);
  printf("Write Flash:0xFFFFFFFF, 0xFFFFFFFF\r\n");
  //printf("KEY1 PUSH DOWN\r\n");          //打印按键状态
}

void    ProcKeyDownKey2(void)
{
  STM32FlashWriteWord(FLASH_START_ADDR1, (u32*)BUF1_U32, BUF_SIZE / 4);
  printf("Write Flash:0x76543210, 0x89ABCDEF\r\n");
  //printf("KEY2 PUSH DOWN\r\n");          //打印按键状态
}

void    ProcKeyDownKey3(void)
{
  i16 i;
  u32 arr[MAX_WR_LEN];

  printf("Read Flash:");

  STM32FlashReadWord(FLASH_START_ADDR1, arr, BUF_SIZE / 4);

  for(i = 0; i < BUF_SIZE / 4; i++)
  {
    printf("%08x", arr[i]);
  }
  printf("\r\n");

  //printf("KEY3 PUSH DOWN\r\n");          //打印按键状态
}
```

步骤 6：完善读/写内部 Flash 实验应用层

在 Project 面板中，双击打开 Main.c 文件，在 Main.c 文件的“包含头文件”区的最后，添加代码#include "Flash.h"。这样就可以在 Main.c 文件中调用 Flash 模块的 API 函数，实现对 Flash 模块的操作。

在 Main.c 文件的 InitHardware 函数中，添加调用 InitFlash 函数的代码，如程序清单 13-13 所示，这样就实现了对 Flash 模块的初始化。

程序清单 13-13

```
static   void   InitHardware(void)
{
  SystemInit();             //系统初始化
  InitRCC();                //初始化 RCC 模块
  InitNVIC();               //初始化 NVIC 模块
  InitUART1(115200);        //初始化 UART 模块
  InitTimer();              //初始化 Timer 模块
  InitLED();                //初始化 LED 模块
  InitSysTick();            //初始化 SysTick 模块
  InitKeyOne();             //初始化 KeyOne 模块
  InitProcKeyOne();         //初始化 ProcKeyOne 模块
  InitFlash();              //初始化 Flash 模块
}
```

最后，在 Proc2msTask 函数中添加调用 ScanKeyOne 函数的代码，如程序清单 13-14 所示。本实验通过计算机上的串口助手打印读/写内部 Flash 的信息，因此，还需要在代码的 Proc1SecTask 函数中注释掉 printf 语句。

程序清单 13-14

```
static   void   Proc2msTask(void)
{
  static i16 s_iCnt5 = 0;

  if(Get2msFlag())                //判断 2ms 标志位状态
  {
    LEDFlicker(250);              //调用闪烁函数

    if(s_iCnt5 >= 4)
    {
      ScanKeyOne(KEY_NAME_KEY1, ProcKeyUpKey1, ProcKeyDownKey1);
      ScanKeyOne(KEY_NAME_KEY2, ProcKeyUpKey2, ProcKeyDownKey2);
      ScanKeyOne(KEY_NAME_KEY3, ProcKeyUpKey3, ProcKeyDownKey3);

      s_iCnt5 = 0;
    }
    else
    {
      s_iCnt5++;
    }
```

```
        Clr2msFlag();                    //清除 2ms 标志位
    }
}
```

步骤 7：编译及下载验证

代码编写完成后，单击按钮进行编译。编译结束后，Build Output 栏中出现 0 Error(s), 0 Warning(s)，表示编译成功。然后，参见图 2-33，通过 Keil μVision5 软件将.axf 文件下载到 STM32 核心板。下载完成后，打开 sscom 串口助手，按下按键 KEY1 向内部 Flash 指定位置写入"0xFFFFFFFF，0xFFFFFFFF"，按下按键 KEY3 从内部 Flash 指定位置读出数据；按下按键 KEY2 向内部 Flash 指定位置写入"0x76543210，0x89ABCDEF"，再次按下按键 KEY3 读出修改后的数据。

本 章 任 务

基于 STM32 核心板，编写程序实现密码解锁功能，具体为：微控制器初始密码为 0x12345678，该密码通过 STM32FlashWriteWord 函数写入内部 Flash（切勿写入代码区），通过按下 KEY1 模拟输入密码为 0x12345678，通过按下 KEY2 模拟输入密码为 0x87654321，通过按下 KEY3 进行密码匹配，如果密码正确，则在 OLED 上显示"Success!"，否则，密码错误，在 OLED 上显示"Failure!"。

本 章 习 题

1．微控制器的内部 Flash 和内部 SRAM 有什么区别？

2．STM32 采用的是大端存储模式还是小端存储模式？

3．程序是存放在内部 Flash 还是内部 SRAM 中？

4．使用写内部 Flash 函数修改内存地址为 0x08000000 的内容会有什么后果？说明并解释原因。

5．简述 Flash.c 的内部静态函数 STM32FlashWriteWord 进行内部 Flash 写操作的流程。

第 14 章　实验 13——PWM 输出

PWM 是英文 Pulse Width Modulation 的缩写，即脉冲宽度调制，简单而言，就是对脉冲宽度的控制。STM32 的定时器分为三类，分别是基本定时器（TIM6 和 TIM7）、通用定时器（TIM2、TIM3、TIM4 和 TIM5）和高级控制定时器（TIM1 和 TIM8）。除了基本定时器，其他的定时器都可以用来产生 PWM 输出，其中高级定时器均可同时产生多达 7 路的 PWM 输出，而通用定时器也能同时产生多达 4 路的 PWM 输出，这样，STM32 最多就可以同时产生 30 路 PWM 输出。本章首先讲解 PWM，以及相关寄存器和固件库函数，最后通过一个 PWM 输出实验，让读者掌握 PWM 输出控制的方法。

14.1　实验内容

将 STM32 的 PB5（TIM3 的 CH2）配置为 PWM 模式 2，输出一个频率为 120Hz 的方波，默认的占空比为 50%。可以通过按下按键 KEY1 对占空比进行递增调节，每次递增方波周期的 1/12，当占空比递增到 100%时，PB5 输出高电平；通过按下按键 KEY3 对占空比进行递减调节，每次递减方波周期的 1/12，当占空比递减到 0%时，PB5 输出低电平。

14.2　实验原理

14.2.1　PWM 输出实验流程图分析

图 14-1 是 PWM 输出实验的流程图。首先，将 TIM3 的 CH2 配置为 PWM 模式 2，将 TIM3 的计数模式配置为递增计数模式，其次，向 TIM3_ARR 写入 599，向 TIM3_PSC 写入 999。由于本实验中的 TIM3 时钟频率为 72MHz，因此，CK_CNT 时钟频率 f_{CK_CNT}= f_{CK_PSC}/(TIM3_PSC+1)=72MHz/(999+1)=72kHz，由于 TIM3 的 CNT 计数器对 CK_CNT 时钟进行计数，而 TIM3_ARR 等于 599，因此，TIM3 的 CNT 计数器递增计数是从 0 到 599，计数器的周期=(1/f_{CK_CNT})×(TIM3_ARR+1)=(1/72)×(599+1)ms=(100/12)ms，转换为频率则是 120Hz。

在 7.2.1 节中，已经对 PWM 模式 1 和 PWM 模式 2 进行过详细介绍。本实验是将 TIM3 的 CH2 配置为 PWM 模式 2，将比较输出设置为低电平有效，将 TIM3 的计数模式配置为递增计数模式，因此，一旦 TIM3_CNT<TIM3_CCR2 则比较输出引脚为无效电平（高电平），否则为有效电平（低电平）。当按下按键 KEY3 时对占空比进行递减调节，每次递减 50，由于 TIM3 的 CNT 计数器递增计数是从 0 到 599，因此，占空比每次递减方波周期的 1/12，最多递减到 0%。当按下按键 KEY1 时对占空比进行递增调节，每次递增方波周期的 1/12，最多递增到 100%。当按下按键 KEY2 时，占空比设置为 50%。

开始

将TIM3的CH2（PB5）配置为PWM模式2

TIM3_ARR = 599;
TIM3_PSC = 999;

将OC3REF设置为低电平有效

将TIM3的计数模式配置为递增计数模式

检测到按键KEY3按下?　否　检测到按键KEY1按下?　否　检测到按键KEY2按下?　否

是　是　是

s_iDutyCycle<= 0?　是　否

s_iDutyCycle>= 600?　是　否

s_iDutyCycle= 0;　s_iDutyCycle-= 50;　s_iDutyCycle= 0;　s_iDutyCycle+= 50;　s_iDutyCycle= 300;

TIM5_CCR3=s_iDutyCycle;　TIM5_CCR3=s_iDutyCycle;　TIM5_CCR3=s_iDutyCycle;

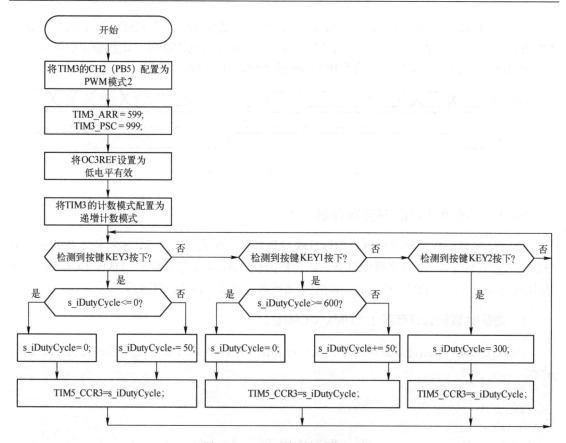

图 14-1　PWM 输出实验流程图

假设 TIM3_CCR2 为 300，TIM3_CNT 是从 0 计数到 599，当 TIM3_CNT 从 0 计数到 299 时，比较输出引脚为高电平，当 TIM3_CNT 从 300 计数到 599 时，比较输出引脚为低电平，周而复始，就可以输出一个占空比为 1/2 的方波，如图 14-2 所示。

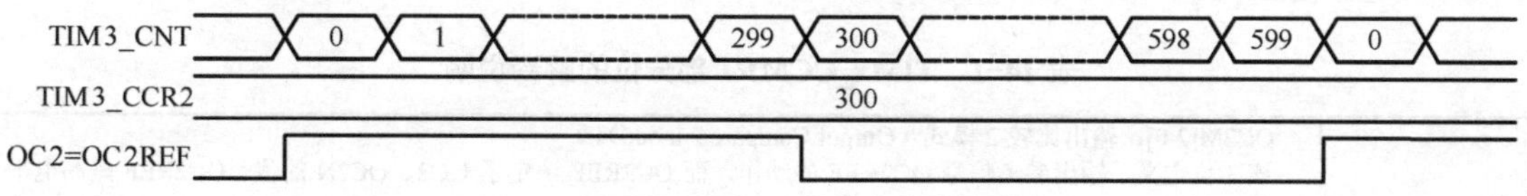

图 14-2　占空比为 1/2 波形图

又假设 TIM3_CCR2 为 100，TIM3_CNT 是从 0 计数到 99，当 TIM3_CNT 从 0 计数到 99 时，比较输出引脚为高电平，当 TIM3_CNT 从 100 计数到 599 时，比较输出引脚为低电平，周而复始，就可以输出一个占空比为 1/6 的方波，如图 14-3 所示。

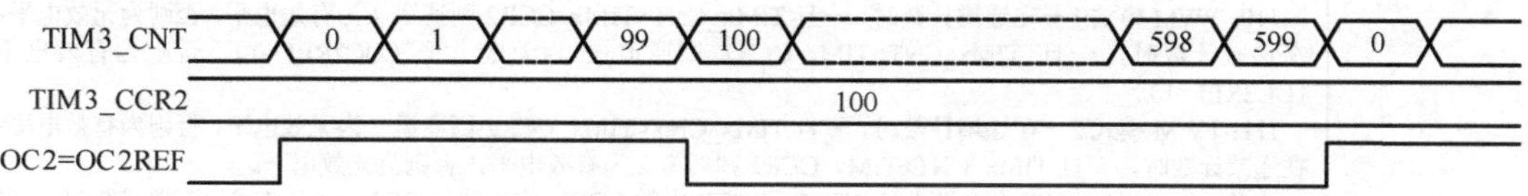

图 14-3　占空比为 1/6 波形图

再假设 TIM3_CCR2 为 500，TIM3_CNT 是从 0 计数到 499，当 TIM3_CNT 从 0 计数到 499 时，比较输出引脚为高电平，当 TIM3_CNT 从 500 计数到 599 时，比较输出引脚为低电平，周而复始，就可以输出一个占空比为 5/6 的方波，如图 14-4 所示。

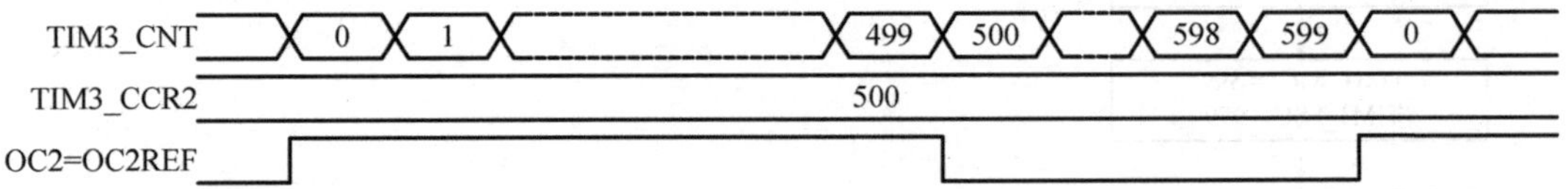

图 14-4　占空比为 5/6 波形图

14.2.2　通用定时器部分寄存器

STM32 的通用定时器部分寄存器地址映射和复位值如表 7-1 所示。本实验涉及的通用定时器寄存器，除了 7.2.2 节讲解的以外，还包括捕获/比较模式寄存器 1（TIMx_CCMR1）、捕获/比较使能寄存器（TIMx_CCER）和捕获/比较寄存器 2（TIMx_CCR2）。

1．捕获/比较模式寄存器 1（TIMx_CCMR1）

TIMx_CCMR1 的结构、偏移地址和复位值如图 14-5 所示，对部分位的解释说明如表 14-1 所示。

偏移地址：0x18

复位值：0x0000

15	14	13	12	11	10	9	8	7	6	5	4	3	2	1	0
OC2CE	OC2M[2:0]			OC2PE	OC2FE	CC2S[1:0]		OC1CE	OC1M[2:0]			OC1PE	OC1FE	CC1S[1:0]	
IC2F[3:0]				IC2PSC[1:0]				IC1F[3:0]				IC1PSC[1:0]			
rw	rw	rw	rw	rw	rw	rw	rw	rw	rw	rw	rw	rw	rw	rw	rw

图 14-5　TIMx_CCMR1 的结构、偏移地址和复位值

表 14-1　TIMx_CCMR1 部分位的解释说明

位[14:12]	OC2M[2:0]：输出比较 2 模式（Output Compare 2 mode）。 该 3 位定义了输出参考信号 OC2REF 的动作，而 OC2REF 决定了 OC2、OC2N 的值。OC2REF 是高电平有效，而 OC2、OC2N 的有效电平取决于 CC2P、CC2NP 位。 000：冻结。输出比较寄存器 TIMx_CCR2 与计数器 TIMx_CNT 间的比较对 OC2REF 不起作用。 001：匹配时设置通道 2 为有效电平。当计数器 TIMx_CNT 的值与捕获/比较寄存器 2（TIMx_CCR2）相同时，强制 OC2REF 为高。 010：匹配时设置通道 2 为无效电平。当计数器 TIMx_CNT 的值与捕获/比较寄存器 2（TIMx_CCR2）相同时，强制 OC2REF 为低。 011：翻转。当 TIMx_CCR2=TIMx_CNT 时，翻转 OC2REF 的电平。 100：强制为无效电平。强制 OC2REF 为低。 101：强制为有效电平。强制 OC2REF 为高。 110：PWM 模式 1－在递增计数时，一旦 TIMx_CNT<TIMx_CCR2 则通道 2 为有效电平，否则为无效电平；在递减计数时，一旦 TIMx_CNT>TIMx_CCR2 则通道 2 为无效电平（OC2REF=0），否则为有效电平（OC2REF=1）。 111：PWM 模式 2－在递增计数时，一旦 TIMx_CNT<TIMx_CCR2 则通道 2 为无效电平，否则为有效电平；在递减计数时，一旦 TIMx_CNT>TIMx_CCR2 则通道 2 为有效电平，否则为无效电平。 注意：① 一旦 LOCK 级别设为 3（TIMx_BDTR 中的 LOCK 位）并且 CC2S=00（该通道配置成输出），则该位不能被修改。 ② 在 PWM 模式 1 或 PWM 模式 2 中，只有当比较结果改变了或在输出比较模式中从冻结模式切换到 PWM 模式时，OC2REF 电平才改变

续表

位[11]	OC2PE：输出比较 2 预装载使能（Output compare 2 preload enable）。 0：禁止 TIMx_CCR2 的预装载功能，可随时写入 TIMx_CCR2，并且新写入的数值立即起作用。 1：开启 TIMx_CCR2 的预装载功能，读/写操作仅对预装载寄存器操作，TIMx_CCR2 的预装载值在更新事件到来时被传送至当前寄存器中。 注意：① 一旦 LOCK 级别设为 3（TIMx_BDTR 中的 LOCK 位）并且 CC1S=00（该通道配置成输出），则该位不能被修改。 ② 仅在单脉冲模式下（TIMx_CR1 的 OPM=1），可以在未确认预装载寄存器情况下使用 PWM 模式，否则其动作不确定
位[9:8]	CC2S[1:0]：捕获/比较 2 选择（Capture/Compare 2 selection）。 该位定义通道的方向（输入/输出），以及输入脚的选择： 00：CC2 通道被配置为输出； 01：CC2 通道被配置为输入，IC2 映射在 TI2 上； 10：CC2 通道被配置为输入，IC2 映射在 TI1 上； 11：CC2 通道被配置为输入，IC2 映射在 TRC 上。此模式仅工作在内部触发器输入被选中时（由 TIMx_SMCR 的 TS 位选择）。 注意，CC2S 仅在通道关闭时（TIMx_CCER 的 CC2E=0）才是可写的

2. 捕获/比较使能寄存器（TIMx_CCER）

TIMx_CCER 的结构、偏移地址和复位值如图 14-6 所示，对部分位的解释说明如表 14-2 所示。

偏移地址：0x20

复位值：0x0000

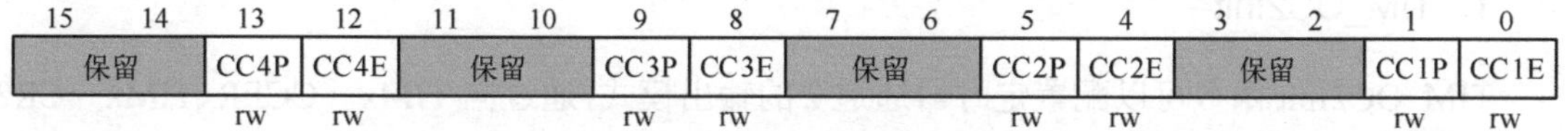

图 14-6　TIMx_CCER 的结构、偏移地址和复位值

表 14-2　TIMx_CCER 部分位的解释说明

位 5	CC2P：输入/捕获 2 输出极性（Capture/Compare 2 output polarity）。 CC2 通道配置为输出： 0：OC2 高电平有效； 1：OC2 低电平有效。 CC2 通道配置为输入： 该位选择是 IC2 还是 IC2 的反相信号作为触发或捕获信号。 0：不反相—捕获发生在 IC2 的上升沿；当用作外部触发器时，IC2 不反相。 1：反相—捕获发生在 IC2 的下降沿；当用作外部触发器时，IC2 反相
位 4	CC2E：输入/捕获 2 输出使能（Capture/Compare 2 output enable）。 CC2 通道配置为输出： 0：关闭—OC2 禁止输出； 1：开启—OC2 信号输出到对应的输出引脚。 CC2 通道配置为输入： 该位决定了计数器的值是否能捕获入 TIMx_CCR2。 0：捕获除能； 1：捕获使能

3. 捕获/比较寄存器 2（TIMx_CCR2）

TIMx_CCR2 的结构、偏移地址和复位值如图 14-7 所示，对部分位的解释说明如表 14-3 所示。

偏移地址：0x38

复位值：0x0000

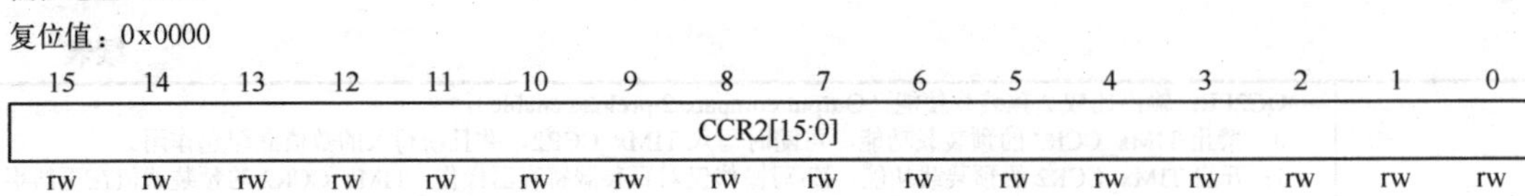

图 14-7　TIMx_CCR2 的结构、偏移地址和复位值

表 14-3　TIMx_CCR2 部分位的解释说明

位[15:0]	CCR2[15:0]：捕获/比较 2 的值（Capture/Compare 2 value）。 若 CC2 通道配置为输出： CCR2 包含了装入当前捕获/比较 2 寄存器的值（预装载值）。 如果在 TIMx_CCMR2（OC2PE 位）中未选择预装载特性，写入的数值会被立即传输至当前寄存器中；否则只有当更新事件发生时，此预装载值才传输至当前捕获/比较 2 寄存器中。 当前捕获/比较寄存器参与同计数器 TIMx_CNT 的比较，并在 OC2 端口上产生输出信号。 若 CC2 通道配置为输入： CCR2 包含了由上一次输入捕获 2 事件（IC2）传输的计数器值

14.2.3　通用定时器部分固件库函数

本实验涉及的通用定时器固件库函数除了 7.2.3 节讲解的以外，还包括 TIM_OC2Init、TIM_OC2PreloadConfig 和 TIM_SetCompare2。这些函数在 stm32f10x_tim.h 文件中声明，在 stm32f10x_tim.c 文件中实现。

1．TIM_OC2Init

TIM_OC2Init 函数可以配置定时器通道 2 的输出模式，通过向 TIMx→CCER、TIMx→CR2、TIMx→CCMR1 和 TIMx→CCR2 写入参数来实现。具体描述如表 14-4 所示。

表 14-4　TIM_OC2Init 函数的描述

函数名	TIM_OC2Init
函数原型	void TIM_OC2Init(TIM_TypeDef* TIMx, TIM_OCInitTypeDef* TIM_OCInitStruct)
功能描述	配置定时器通道 2 的输出模式
输入参数 1	TIMx：x 可以是 1，2，3，4，5 或 8，来选择 TIM 外设
输入参数 2	TIM_OCInitStruct：指向结构体 TIM_OCInitTypeDef 的指针，包含了输出模式信息
输出参数	无
返回值	void

例如，配置 TIM3 第 2 通道为 PWM2 模式，OC2 低电平有效，使能比较输出，代码如下：

```
TIM_OCInitTypeDef   TIM_OCInitStructure;
TIM_OCInitStructure.TIM_OCMode          = TIM_OCMode_PWM2;
TIM_OCInitStructure.TIM_OutputState     = TIM_OutputState_Enable;
TIM_OCInitStructure.TIM_OCPolarity      = TIM_OCPolarity_Low;
TIM_OC2Init(TIM3, &TIM_OCInitStructure);
```

2．TIM_OC2PreloadConfig

TIM_OC2PreloadConfig 函数的功能是使能或除能 TIMx 在 CCR2 上的预装载寄存器，通过向 TIMx→CCMR1 写入参数来实现。具体描述如表 14-5 所示。

表 14-5　TIM_OC2PreloadConfig 函数的描述

函数名	TIM_OC2PreloadConfig
函数原形	void TIM_OC2PreloadConfig(TIM_TypeDef* TIMx, uint16_t TIM_OCPreload)
功能描述	使能或除能 TIMx 在 CCR2 上的预装载寄存器
输入参数 1	TIMx：x 可以是 1，2，3，4，5 或 8，来选择 TIM 外设
输入参数 2	TIM_OCPreload：输出比较预装载状态
输出参数	无
返回值	void

参数 TIM_OCPreload 用于使能或除能输出比较预装载状态，可取值如表 14-6 所示。

表 14-6　参数 TIM_OCPreload 的可取值

可 取 值	实 际 值	描　述
TIM_OCPreload_Enable	0x0008	TIMx 在 CCR2 上的预装载寄存器使能
TIM_OCPreload_Disable	0x0000	TIMx 在 CCR2 上的预装载寄存器除能

例如，使能 TIM2 上的预装载寄存器，代码如下：

```
TIM_OC2PreloadConfig(TIM2, TIM_OCPreload_Enable);
```

3. TIM_SetCompare2

TIM_SetCompare2 函数的功能是设置 TIMx 捕获比较 2 寄存器值，通过向 TIMx→CCR2 写入参数来实现。具体描述如表 14-7 所示。

表 14-7　TIM_SetCompare2 函数的描述

函数名	TIM_SetCompare2
函数原型	void TIM_SetCompare2(TIM_TypeDef* TIMx, uint16_t Compare2)
功能描述	设置 TIMx 捕获比较 2 寄存器值
输入参数 1	TIMx：x 可以是 1，2，3，4，5 或 8，来选择 TIM 外设
输入参数 2	Compare2：捕获比较 2 寄存器新值
输出参数	无
返回值	void

例如，设置 TIM2 捕获比较 2 寄存器新的值，代码如下：

```
u16 TIMCompare2 = 0x7FFF;
TIM_SetCompare2(TIM2, TIMCompare2);
```

14.2.4　AFIO 部分寄存器

STM32 的 AFIO 的寄存器地址映射和复位值如表 10-15 所示。本实验涉及的 AFIO 寄存器只有复用重映射和调试 I/O 配置寄存器（AFIO_MAPR），AFIO_MAPR 的结构、偏移地址和复位值如图 14-8 所示，对部分位的解释说明如表 14-8 所示。

偏移地址：0x04

复位值：0x0000 0000

31	30	29	28	27	26	25	24	23	22	21	20	19	18	17	16
保留					SWJ_CFG[2:0]			保留			ADC2_ETRGREG_REMAP	ADC2_ETRGINJ_REMAP	ADC1_ETRGREG_REMAP	ADC1_ETRGINJ_REMAP	TIM5CH4_IREMAP
					w	w	w				rw	rw	rw	rw	rw

15	14	13	12	11	10	9	8	7	6	5	4	3	2	1	0
PD01_REMAP	CAN_REMAP[1:0]		TIM4_REMAP	TIM3_REMAP[1:0]		TIM2_REMAP[1:0]		TIM1_REMAP[1:0]		USART3_REMAP[1:0]		USART2_REMAP	USART1_REMAP	I2C1_REMAP	SPI1_REMAP
rw	rw	rw	rw	rw	rw	rw	rw	rw	rw	rw	rw	rw	rw	rw	rw

图 14-8　AFIO_MAPR 的结构、偏移地址和复位值

表 14-8　AFIO_MAPR 部分位的解释说明

位 11:10	TIM3_REMAP[1:0]：定时器 3 的重映射（TIM3 remapping）。 这些位可由软件置为 1 或清零，控制定时器 3 的通道 1～4 在 GPIO 端口的映射。 00：没有重映射（CH1/PA6，CH2/PA7，CH3/PB0，CH4/PB1）； 01：未用组合； 10：部分映射（CH1/PB4，CH2/PB5，CH3/PB0，CH4/PB1）； 11：完全映射（CH1/PC6，CH2/PC7，CH3/PC8，CH4/PC9）。 注意，重映射不影响在 PD2 上的 TIM3_ETR

14.2.5　AFIO 部分固件库函数

本实验涉及的 AFIO 固件库函数只有 GPIO_PinRemapConfig。该函数在 stm32f10x_gpio.h 文件中声明，在 stm32f10x_gpio.c 文件中实现。

GPIO_PinRemapConfig 函数的功能是改变指定引脚的映射，通过向 AFIO→MAPR2、AFIO→MAPR 写入参数来实现。具体描述如表 14-9 所示。

表 14-9　GPIO_PinRemapConfig 函数的描述

函数名	GPIO_PinRemapConfig
函数原型	void GPIO_PinRemapConfig(uint32_t GPIO_Remap, FunctionalState NewState)
功能描述	改变指定引脚的映射
输入参数 1	GPIO_Remap：选择重映射的引脚
输入参数 2	NewState：引脚重映射的新状态，可以取 ENABLE 或 DISABLE
输出参数	无
返回值	void

参数 GPIO_Remap 用于选择用作时间输出的端口，可取值如表 14-10 所示。

表 14-10　参数 GPIO_Remap 的可取值

可　取　值	实　际　值	描　　述
GPIO_Remap_SPI1	0x00000001	SPI1 复用功能映射
GPIO_Remap_I2C1	0x00000002	I2C1 复用功能映射
GPIO_Remap_USART1	0x00000004	USART1 复用功能映射
GPIO_PartialRemap_USART3	0x00140010	USART3 复用功能部分映射
GPIO_FullRemap_USART3	0x00140030	USART3 复用功能完全映射
GPIO_PartialRemap_TIM1	0x00160040	TIM1 复用功能部分映射
GPIO_FullRemap_TIM1	0x001600C0	TIM1 复用功能完全映射

续表

可取值	实际值	描述
GPIO_PartialRemap1_TIM2	0x00180100	TIM2 复用功能部分映射 1
GPIO_PartialRemap2_TIM2	0x00180200	TIM2 复用功能部分映射 2
GPIO_FullRemap_TIM2	0x00180300	TIM2 复用功能完全映射
GPIO_PartialRemap_TIM3	0x001A0800	TIM3 复用功能部分映射
GPIO_FullRemap_TIM3	0x001A0C00	TIM3 复用功能完全映射
GPIO_Remap_TIM4	0x00001000	TIM4 复用功能映射

例如，I2C1_SCL、I2C1_SDA 分别映射在 PB8、PB9，开启复用功能映射，代码如下：

```
GPIO_PinRemapConfig(GPIO_Remap_I2C1, ENABLE);
```

14.3 实验步骤

步骤 1：复制并编译原始工程

首先，将"D:\STM32KeilTest\Material\13.PWM 输出实验"文件夹复制到"D:\STM32KeilTest\Product"文件夹中。然后，双击运行"D:\STM32KeilTest\Product\13.PWM 输出实验\Project"文件夹中的 STM32KeilPrj.uvprojx，单击工具栏中的按钮。当 Build Output 栏出现 FromELF: creating hex file...时，表示已经成功生成.hex 文件，出现 0 Error(s), 0 Warning(s)表示编译成功。最后，将.axf 文件下载到 STM32 的内部 Flash，观察 STM32 核心板上的两个 LED 是否交替闪烁。如果两个 LED 交替闪烁，分别按下 KEY1、KEY2 和 KEY3，串口正常打印按键按下和松开信息，表示原始工程是正确的，接着就可以进入下一步操作。

步骤 2：添加 PWM 文件对

首先，将"D:\STM32KeilTest\Product\13.PWM 输出实验\HW\PWM"文件夹中的 PWM.c 添加到 HW 分组，具体操作可参见 2.3 节步骤 8。然后，将"D:\STM32KeilTest\Product\13.PWM 输出实验\HW\PWM"路径添加到 Include Paths 栏，具体操作可参见 2.3 节步骤 11。

步骤 3：完善 PWM.h 文件

单击按钮进行编译，编译结束后，在 Project 面板中，双击 PWM.c 下的 PWM.h。在 PWM.h 文件的"包含头文件"区添加代码，如程序清单 14-1 所示。

程序清单 14-1

```
#include "DataType.h"
```

在 PWM.h 文件的"API 函数声明"区，添加如程序清单 14-2 所示的 API 函数声明代码。InitPWM 函数用于初始化 PWM 模块，SetPWM 函数用于设置占空比，IncPWMDuty 函数用于递增占空比，DecPWMDuty 函数用于递减占空比。

程序清单 14-2

```
void  InitPWM(void);                   //初始化 PWM 模块
void  SetPWM(i16 val);                 //设置占空比

void  IncPWMDutyCycle(void);           //递增占空比，每次递增方波周期的 1/12，直至高电平输出
void  DecPWMDutyCycle(void);           //递减占空比，每次递减方波周期的 1/12，直至低电平输出
```

步骤 4：完善 PWM.c 文件

在 PWM.c 文件的“包含头文件”区的最后添加代码，如程序清单 14-3 所示。

程序清单 14-3

```
#include "stm32f10x_conf.h"
```

在 PWM.c 文件的“内部变量”区，添加如程序清单 14-4 所示的内部变量定义代码，s_iDutyCycle 用于存放占空比值。

程序清单 14-4

```
static  i16 s_iDutyCycle = 0;          //用于存放占空比值
```

在 PWM.c 文件的“内部函数声明”区，添加 ConfigTimer3ForPWMPB5 函数的声明代码，如程序清单 14-5 所示，ConfigTimer3ForPWMPB5 函数用于配置 PWM。

程序清单 14-5

```
static void ConfigTimer3ForPWMPB5(u16 arr, u16 psc);          //配置 PWM
```

在 PWM.c 文件的“内部函数实现”区，添加 ConfigTimer3ForPWMPB5 函数的实现代码，如程序清单 14-6 所示。下面按照顺序对 ConfigTimer3ForPWMPB5 函数中的语句进行解释说明。

（1）当一个 GPIO 作为内置外设的功能引脚时，就需要使能 AFIO 时钟，本实验中，PB5 作为 TIM3 的 CH2 输出，因此，除了通过 RCC_APB1PeriphClockCmd 函数使能 TIM3 的时钟之外，还需要通过 RCC_APB2PeriphClockCmd 函数使能 GPIOB 和 AFIO 的时钟。

（2）通过 GPIO_PinRemapConfig 函数对 TIM3 进行部分重映射配置，将 PB5 作为 TIM3 的 CH2 输出，该函数涉及 AFIO_MAPR 的 TIM3_REMAP[1:0]，可参见图 14-8 和表 14-8。

（3）通过 GPIO_Init 函数将 PB5 配置为复用推挽输出模式。

（4）通过 TIM_TimeBaseInit 函数对 TIM3 进行配置，该函数涉及 TIM3_CR1 的 DIR、CMS[1:0]、CKD[1:0]，TIM3_ARR，TIM3_PSC，以及 TIM3_EGR 的 UG。DIR 用于设置计数器计数方向，CMS[1:0]用于选择中央对齐模式，CKD[1:0]用于设置时钟分频系数，可参见图 7-2 和表 7-1。本实验中，TIM3 设置为边沿对齐模式，计数器递增计数。TIM3_ARR 和 TIM3_PSC 用于设置计数器的自动重装载值和预分频器的值，可参见图 7-8、图 7-9，以及表 7-7 和表 7-8。本实验中的这两个值通过 ConfigTimer3ForPWMPB5 函数的参数 arr 和 psc 来决定。UG 用于产生更新事件，可参见图 7-6 和表 7-5，本实验中将该值设置为 1，用于重新初始化计数器，并产生一个更新事件。

（5）通过 TIM_OC2Init 函数初始化 TIM3 的 CH2，该函数涉及 TIMx_CCRM1 的 OC2M[2:0]和 CC2S[1:0]，以及 TIM3_CCER 的 CC2P 和 CC2E。OC2M[2:0]用于设置输出参考信号 OC2REF 的动作，而 OC2REF 决定了 OC2 的值，CC2S[1:0]用于设置通道的方向（输入/输出）和输入脚，可参见图 14-5 和表 14-1。本实验中，TIM3 的 CH2 配置为 PWM 模式 2。CC2P 用于设置比较输出 2 的输出极性，CC2E 用于使能或除能比较输出 2，可参见图 14-6 和表 14-2。本实验中，TIM3 的 OC2 的比较输出极性为低电平有效，并且，TIM3 的 OC2 输出到 PB5 引脚。

（6）通过 TIM_OC2PreloadConfig 函数使能 TIM3 的 OC2 预装载，该函数涉及 TIM3_CCMR1 的 OC2PE，可参见图 14-5 和表 14-1。

（7）通过 TIM_Cmd 函数使能 TIM3，该函数涉及 TIM3_CR1 的 CEN，可参见图 7-2 和表 7-1。

程序清单 14-6

```
static void ConfigTimer3ForPWMPB5(u16 arr, u16 psc)
{
  GPIO_InitTypeDef GPIO_InitStructure;                    //GPIO_InitStructure 用于存放 GPIO 的参数
  TIM_TimeBaseInitTypeDef   TIM_TimeBaseStructure; //TIM_TimeBaseStructure 用于存放定时器的基本参
数
  TIM_OCInitTypeDef   TIM_OCInitStructure;  //TIM_OCInitStructure 用于存放定时器的通道参数

  //使能 RCC 相关时钟
  RCC_APB1PeriphClockCmd(RCC_APB1Periph_TIM3, ENABLE);    //使能 TIM3 的时钟
  RCC_APB2PeriphClockCmd(RCC_APB2Periph_GPIOB, ENABLE); //使能 GPIOB 的时钟
  RCC_APB2PeriphClockCmd(RCC_APB2Periph_AFIO, ENABLE);    //使能 AFIO 的时钟

  //注意，GPIO_PinRemapConfig 必须放在 RCC_APBXPeriphClockCmd 后
  GPIO_PinRemapConfig(GPIO_PartialRemap_TIM3, ENABLE);              //TIM3 部分重映射 TIM3.CH2->PB5

  //配置 PB5，对应 TIM3 的 CH2
  GPIO_InitStructure.GPIO_Pin     = GPIO_Pin_5;                     //设置引脚
  GPIO_InitStructure.GPIO_Mode    = GPIO_Mode_AF_PP;                //设置模式
  GPIO_InitStructure.GPIO_Speed = GPIO_Speed_50MHz;                       //设置 I/O 输出速度
  GPIO_Init(GPIOB, &GPIO_InitStructure);                            //根据参数初始化 GPIO

  //配置 TIM3
  TIM_TimeBaseStructure.TIM_Period            = arr;                //设置自动重装载值
  TIM_TimeBaseStructure.TIM_Prescaler         = psc;                //设置预分频器值
  TIM_TimeBaseStructure.TIM_ClockDivision = 0;                      //设置时钟分割：tDTS = tCK_INT
  TIM_TimeBaseStructure.TIM_CounterMode     = TIM_CounterMode_Up;  //设置递增计数模式
  TIM_TimeBaseInit(TIM3, &TIM_TimeBaseStructure);                   //根据参数初始化 TIM3

  //配置 TIM3 的 CH2 为 PWM2 模式，在 TIM_CounterMode_Up 模式下，TIMx_CNT < TIMx_CCRx 时为无
效电平（高电平）
  TIM_OCInitStructure.TIM_OCMode          = TIM_OCMode_PWM2; //设置为 PWM2 模式
  TIM_OCInitStructure.TIM_OutputState = TIM_OutputState_Enable;   //使能比较输出
```

```
  TIM_OCInitStructure.TIM_OCPolarity   = TIM_OCPolarity_Low;      //设置极性，OC2 低电平有效
  TIM_OC2Init(TIM3, &TIM_OCInitStructure);                        //根据参数初始化 TIM3 的 CH2

  TIM_OC2PreloadConfig(TIM3, TIM_OCPreload_Enable);               //使能 TIM3 的 CH2 预装载

  TIM_Cmd(TIM3, ENABLE);                                          //使能 TIM3
}
```

在 PWM.c 文件的“API 函数实现”区，添加 API 函数的实现代码，如程序清单 14-7 所示。PWM.c 文件的 API 函数有 4 个，下面按照顺序对这些函数中的语句进行解释说明。

（1）InitPWM 函数调用 ConfigTimer3ForPWMPB5 和 TIM_SetCompare2 函数对 PWM 模块进行初始化，ConfigTimer3ForPWMPB5 函数的两个参数分别是 599 和 999，PWM 输出方波的周期和频率计算过程可参见 14.2.1 节，TIM_SetCompare2 函数将 TIM3_CCR2 的值设为 0。

（2）SetPWM 函数调用 TIM_SetCompare2 函数，按照参数 val 的值设定 PWM 输出方波的占空比。

（3）IncPWMDutyCycle 函数用于执行 PWM 输出方波的占空比递增操作，每次递增方波周期的 1/12，最多递增到 100%，可参见 14.2.1 节。

（4）DecPWMDutyCycle 函数用于执行 PWM 输出方波的占空比递减操作，每次递减方波周期的 1/12，最多递减到 0%，可参见 14.2.1 节。

程序清单 14-7

```
void  InitPWM(void)
{
  ConfigTimer3ForPWMPB5(599, 999);          //配置 TIM3，72000000/(999+1)/(599+1)=120Hz
  TIM_SetCompare2(TIM3, 0);                 //设置初始值为 0
}

void SetPWM(i16 val)
{
  s_iDutyCycle = val;                       //获取占空比的值

  TIM_SetCompare2(TIM3, s_iDutyCycle);      //设置占空比
}

void IncPWMDutyCycle(void)
{
  if(s_iDutyCycle >= 600)                   //如果占空比不小于 600
  {
    s_iDutyCycle = 600;                     //保持占空比值为 600
  }
  else
  {
    s_iDutyCycle += 50;                     //占空比递增方波周期的 1/12
  }

  TIM_SetCompare2(TIM3, s_iDutyCycle);      //设置占空比
```

```
}

void DecPWMDutyCycle(void)
{
  if(s_iDutyCycle <= 0)                          //如果占空比不大于 0
  {
    s_iDutyCycle = 0;                            //保持占空比值为 0
  }
  else
  {
    s_iDutyCycle -= 50;                          //占空比递减方波周期的 1/12
  }

  TIM_SetCompare2(TIM3, s_iDutyCycle);           //设置占空比
}
```

步骤 5：完善 ProcKeyOne.c 文件

在 Project 面板中，双击打开 ProcKeyOne.c 文件，在 ProcKeyOne.c 的“包含头文件”区的最后添加代码，如程序清单 14-8 所示。

程序清单 14-8

```
#include "PWM.h"
```

然后，在 ProcKeyOne.c 的 KEY1、KEY2 和 KEY3 按键按下事件处理函数中都写入相应的处理程序，如程序清单 14-9 所示。下面按照顺序对这 3 个按键按下事件处理函数中的语句进行解释说明。

（1）按键 KEY1 用于对 PWM 输出方波占空比进行递增调节，因此，需要在 ProcKeyDownKey1 函数中调用递增占空比函数 IncPWMDutyCycle。

（2）按键 KEY2 用于对 PWM 输出方波占空比进行复位，即将占空比设置为 50%，因此，需要在 ProcKeyDownKey2 函数中调用 SetPWM 函数，且参数为 300。

（3）按键 KEY3 用于对 PWM 输出方波占空比进行递减调节，因此，需要在 ProcKeyDownKey3 函数中调用递减占空比函数 DecPWMDutyCycle。

程序清单 14-9

```
void   ProcKeyDownKey1(void)
{
  IncPWMDutyCycle();                     //递增占空比
  printf("KEY1 PUSH DOWN\r\n");          //打印按键状态
}

void   ProcKeyDownKey2(void)
{
  SetPWM(300);                           //复位占空比
  printf("KEY2 PUSH DOWN\r\n");          //打印按键状态
```

```
}

void    ProcKeyDownKey3(void)
{
  DecPWMDutyCycle();                          //递减占空比
  printf("KEY3 PUSH DOWN\r\n");               //打印按键状态
}
```

步骤 6：完善 PWM 输出实验应用层

在 Project 面板中，双击打开 Main.c 文件，在 Main.c 文件的“包含头文件”区的最后添加代码，如程序清单 14-10 所示。

程序清单 14-10

```
#include "PWM.h"
```

在 Main.c 文件的 InitHardware 函数中，添加调用 InitPWM 函数的代码，如程序清单 14-11 所示，这样就实现了对 PWM 模块的初始化。

程序清单 14-11

```
static    void    InitHardware(void)
{
  SystemInit();               //系统初始化
  InitRCC();                  //初始化 RCC 模块
  InitNVIC();                 //初始化 NVIC 模块
  InitUART1(115200);          //初始化 UART 模块
  InitTimer();                //初始化 Timer 模块
  InitLED();                  //初始化 LED 模块
  InitSysTick();              //初始化 SysTick 模块
  InitKeyOne();               //初始化 KeyOne 模块
  InitProcKeyOne();           //初始化 ProcKeyOne 模块
  InitPWM();                  //初始化 PWM 模块
}
```

在 Main.c 文件的 main 函数中，通过 SetPWM 函数设置 PWM 的占空比，如程序清单 14-12 所示。注意，SetPWM 的参数控制在 0～600，且必须是 50 的整数倍，300 表示将 PWM 的占空比设置为 50%。

程序清单 14-12

```
int main(void)
{
  InitSoftware();         //初始化软件相关函数
  InitHardware();         //初始化硬件相关函数

  printf("Init System has been finished.\r\n" );    //打印系统状态
```

```
    SetPWM(300);

    while(1)
    {
      Proc2msTask();        //2ms 处理任务
      Proc1SecTask();       //1s 处理任务
    }
}
```

步骤 7：编译及下载验证

代码编写完成后，单击▦按钮进行编译。编译结束后，Build Output 栏中出现 0 Error(s)，0 Warning(s)，表示编译成功。然后，参见图 2-33，通过 Keil μVision5 软件将.axf 文件下载到 STM32 核心板。下载完成后，将核心板上的 PB5 引脚连接到示波器探头上，可以看到如图 14-9 所示方波信号。可以通过按键调节方波的占空比，按下 KEY1，方波的占空比递增；按下 KEY3，方波的占空比递减；按下 KEY2，方波的占空比复位至 50%。

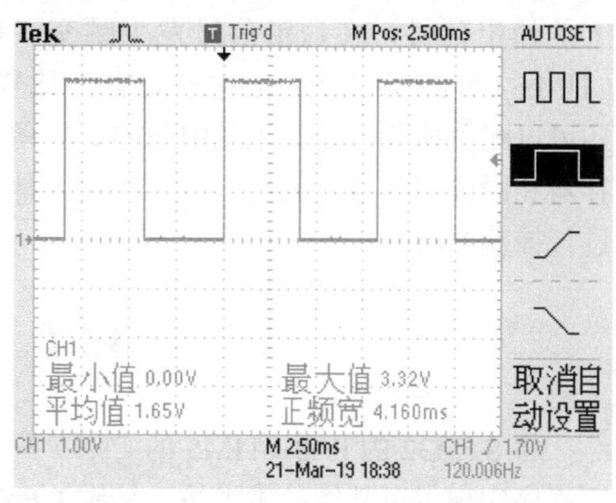

图 14-9　占空比为 6/12 的方波信号

本 章 任 务

呼吸灯是指灯光在被动控制下完成亮、暗之间的逐渐变化，类似于人的呼吸。利用 PWM 的输出高低电平持续时长变化，设计一个程序，实现呼吸灯功能。为了充分利用 STM32 核心板，可以通过固件库函数将 PC5 配置为浮空状态，然后通过杜邦线将 PC5 连接到 PB5。在主函数中通过持续改变输出波形的占空比实现呼吸灯功能。要求占空比变化能在最小值和某个合适值的范围之内循环往复，以达到 LED2 亮度由亮到暗、由暗到亮的渐变效果。

本 章 习 题

1．在 SetPWM 函数中通过直接操作寄存器完成相同的功能。

2．通用定时器有哪些计数模式？可以通过哪些寄存器配置这些计数模式？

3．根据本实验中的配置参数，计算 PWM 输出实验输出方波的周期，与示波器中测量的周期进行对比。

4．STM32F103RCT6 芯片还有哪些引脚可以用作 PWM 输出？

第 15 章　实验 14——输入捕获

输入捕获一般应用在两种场合，分别是脉冲跳变沿时间（脉宽）测量和 PWM 输入测量。第 14 章介绍过，STM32 的定时器包括基本定时器、通用定时器和高级控制定时器三类，除了基本定时器外，其他定时器都有输入捕获功能。STM32 的输入捕获，是通过检测 TIMx_CHx 上的边沿信号，在边沿信号发生跳变（如上升沿或下降沿）的时候，将当前定时器的值（TIMx_CNT）存放到对应通道的捕获/比较寄存器（TIMx_CCRx）中，完成一次捕获，同时，还可以配置捕获时是否触发中断/DMA 等。本章首先讲解输入捕获的工作原理，以及相关寄存器和固件库函数，然后通过一个输入捕获实验，让读者掌握对一个脉冲的上升沿和下降沿进行捕获的流程。

15.1　实 验 内 容

将 STM32 的 PA0（TIM5 的 CH1）配置为输入捕获模式，由于 PA0 与 KEY3 相连接，编写程序实现以下功能：①当按下按键 KEY3 时，捕获低电平持续的时间；②将按键 KEY3 低电平持续的时间转换为以毫秒为单位的数值；③将低电平的持续时间通过 UART1 发送到计算机；④通过串口助手查看按键 KEY3 低电平持续的时间。

15.2　实 验 原 理

15.2.1　输入捕获实验流程图分析

图 15-1 是输入捕获实验中断服务函数流程图。首先，使能 TIM5 的溢出和下降沿（独立按键未按时为高电平，按下时为低电平）捕获中断。其次，当 TIM5 产生中断时，判断 TIM5 是产生溢出中断还是边沿捕获中断。如果是下降沿捕获中断，即检测到按键按下，则将 s_iCaptureSts（用于存储溢出次数）、s_iCaptureVal（用于存储捕获值）和 TIM5→CNT 均清零，同时将 s_iCaptureSts[6]置为 1，标记成功捕获到下降沿，然后，将 TIM5 设置为上升沿捕获，再清除中断标志位。如果是上升沿捕获中断，即检测到按键松开，则将 s_iCaptureSts[7]置为 1，标记成功捕获到上升沿，将 TIM5→CCR1 的值读取到 s_iCaptureVal，然后，将 TIM5 设置为下降沿捕获，再清除中断标志位。如果是 TIM5 溢出中断，则判断 s_iCaptureSts[6]是否为 1，也就是判断是否成功捕获到下降沿，如果捕获到下降沿，进一步判断是否达到最大溢出值（TIM5 从 0 计数到 0xFFFF 溢出一次，即计数 65536 次溢出一次，计数单位为 1μs，由于本实验最大溢出次数是 0x3F+1，即十进制的 64，因此，最大溢出值为 64×65536×1μs=4194304μs=4.194s）。如果达到最大溢出值，则强制标记成功捕获到上升沿，并将捕获值设置为 0xFFFF，也就是按键按下时间小于 4.194s，按照实际时间通过串口助手打印输出，按键按下时间如果大于或等于 4.194s，则强制通过串口助手打印 4.194s，如果未达到最大溢出值（0x3F，即十进制的 63），则 s_iCaptureSts 执行加 1 操作，再清除中断标志位。清除完中断标志位，当产生中断时，则继续判断 TIM5 是产生溢出中断，还是产生边沿捕获中断。

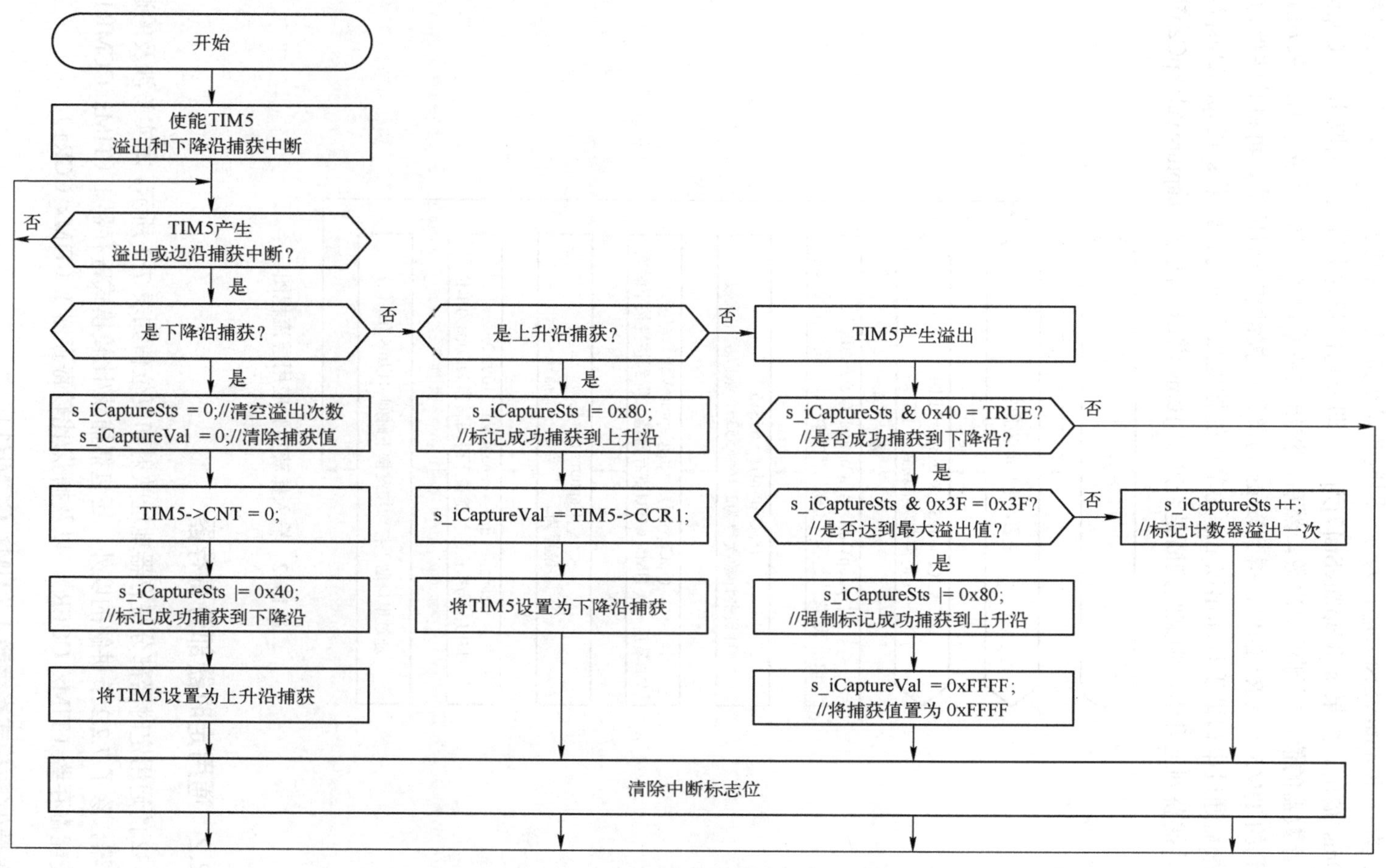

图15-1　输入捕获实验中断服务函数流程图

图 15-2 是输入捕获实验应用层流程图。首先，判断是否产生 8ms 溢出，如果产生 10ms 溢出，则判断 s_iCaptureSts[7]是否为 1，即判断是否成功捕获到了上升沿，否则继续判断是否产生 10ms 溢出。如果 s_iCaptureSts[7]为 1，即成功捕获到上升沿，则取出 s_iCaptureSts 的低 6 位计数器的值，得到溢出次数，然后，溢出次数乘以 65536，当然，还需要加上最后一次读取到的 TIM5→CCR1 的值，得到以 μs 为单位的按键按下时间值，再将其转换为以 ms 为单位，最后通过串口助手打印出以 ms 为单位的按键按下时间。如果 s_iCaptureSts[7]为 0，即没有成功捕获到上升沿，则继续判断是否产生 10ms 溢出。注意，captureVal=*pCapVal。

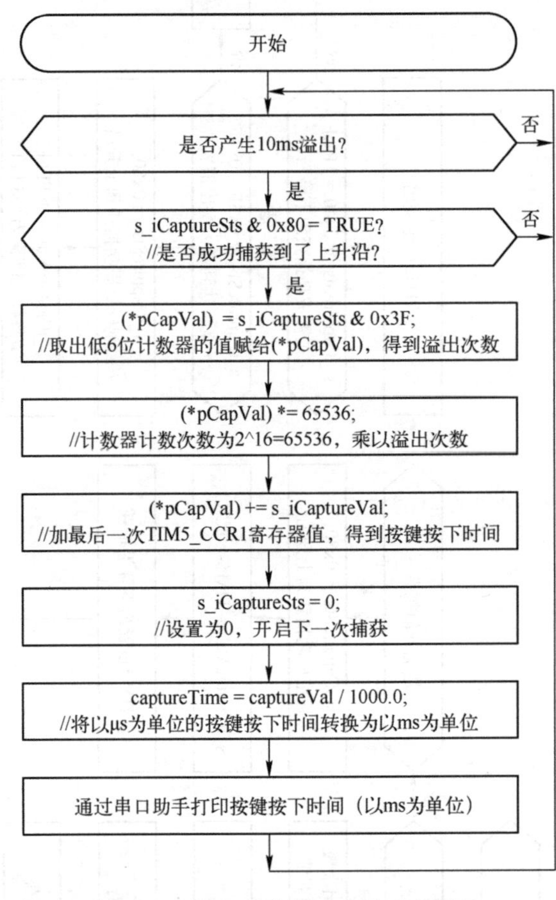

图 15-2　输入捕获实验应用层流程图

15.2.2　通用定时器部分寄存器

STM32 的通用定时器部分寄存器地址映射和复位值如表 7-1 所示。本实验涉及的通用定时器寄存器，除了 7.2.2 节讲解的以外，还包括捕获/比较模式寄存器 1（TIMx_CCMR1）、捕获/比较使能寄存器（TIMx_CCER），以及捕获/比较寄存器 1（TIMx_CCR1）。

1. 捕获/比较模式寄存器 1（TIMx_CCMR1）

TIMx_CCMR1 的结构、偏移地址和复位值如图 15-3 所示，对部分位的解释说明如表 15-1 所示。

偏移地址：0x18

复位值：0x0000

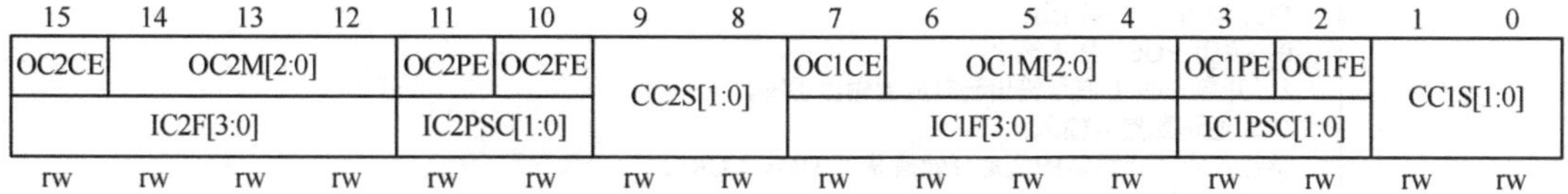

图 15-3　TIMx_CCMR1 的结构、偏移地址和复位值

表 15-1　TIMx_CCMR1 部分位的解释说明

位[7:4]	IC1F[3:0]：输入捕获 1 滤波器（Input capture 1 filter）。 这几位定义了 TI1 输入的采样频率及数字滤波器长度。数字滤波器由一个事件计数器组成，它记录到 N 个事件后会产生一个输出的跳变： 0000：无滤波器，以 f_{DTS} 采样；　1000：采样频率 $f_{\text{SAMPLING}}=f_{\text{DTS}}/8$，$N$=6； 0001：采样频率 $f_{\text{SAMPLING}}=f_{\text{CK\_INT}}$，$N$=2；　1001：采样频率 $f_{\text{SAMPLING}}=f_{\text{DTS}}/8$，$N$=8； 0010：采样频率 $f_{\text{SAMPLING}}=f_{\text{CK\_INT}}$，$N$=4；　1010：采样频率 $f_{\text{SAMPLING}}=f_{\text{DTS}}/16$，$N$=5； 0011：采样频率 $f_{\text{SAMPLING}}=f_{\text{CK\_INT}}$，$N$=8；　1011：采样频率 $f_{\text{SAMPLING}}=f_{\text{DTS}}/16$，$N$=6； 0100：采样频率 $f_{\text{SAMPLING}}=f_{\text{DTS}}/2$，$N$=6；　1100：采样频率 $f_{\text{SAMPLING}}=f_{\text{DTS}}/16$，$N$=8； 0101：采样频率 $f_{\text{SAMPLING}}=f_{\text{DTS}}/2$，$N$=8；　1101：采样频率 $f_{\text{SAMPLING}}=f_{\text{DTS}}/32$，$N$=5； 0110：采样频率 $f_{\text{SAMPLING}}=f_{\text{DTS}}/4$，$N$=6；　1110：采样频率 $f_{\text{SAMPLING}}=f_{\text{DTS}}/32$，$N$=6； 0111：采样频率 $f_{\text{SAMPLING}}=f_{\text{DTS}}/4$，$N$=8；　1111：采样频率 $f_{\text{SAMPLING}}=f_{\text{DTS}}/32$，$N$=8。 注意，在现在的芯片版本中，当 ICxF[3:0]=1、2 或 3 时，公式中的 f_{DTS} 由 CK_INT 替代
位[3:2]	IC1PSC[1:0]：输入/捕获 1 预分频器（Input capture 1 prescaler）。 这两位定义了 CC1 输入（IC1）的预分频系数。 一旦 CC1E=0（TIMx_CCER 中），则预分频器复位。 00：无预分频器，捕获输入口上检测到的每一个边沿都触发一次捕获； 01：每 2 个事件触发一次捕获； 10：每 4 个事件触发一次捕获； 11：每 8 个事件触发一次捕获
位[1:0]	CC1S[1:0]：捕获/比较 1 选择（Capture/Compare 1 selection）。 这两位定义通道的方向（输入/输出），以及输入脚的选择： 00：CC1 通道被配置为输出； 01：CC1 通道被配置为输入，IC1 映射在 TI1 上； 10：CC1 通道被配置为输入，IC1 映射在 TI2 上； 11：CC1 通道被配置为输入，IC1 映射在 TRC 上。此模式仅工作在内部触发器输入被选中时（由 TIMx_SMCR 的 TS 位选择）。 注意，CC1S 仅在通道关闭时（TIMx_CCER 的 CC1E=0）才是可写的

2．捕获/比较使能寄存器（TIMx_CCER）

TIMx_CCER 的结构、偏移地址和复位值如图 15-4 所示，对部分位的解释说明如表 15-2 所示。

偏移地址：0x20

复位值：0x0000

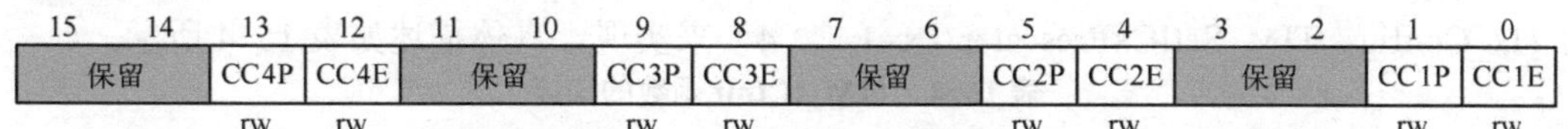

图 15-4　TIMx_CCER 的结构、偏移地址和复位值

表 15-2　TIMx_CCER 部分位的解释说明

位 1	CC1P：输入/捕获 1 输出极性（Capture/Compare 1 output polarity）。 CC1 通道配置为输出： 0：OC1 高电平有效； 1：OC1 低电平有效。 CC1 通道配置为输入： 该位选择是 IC1 还是 IC1 的反相信号作为触发或捕获信号。 0：不反相—捕获发生在 IC1 的上升沿；当用作外部触发器时，IC1 不反相； 1：反相—捕获发生在 IC1 的下降沿；当用作外部触发器时，IC1 反相

续表

位 0	CC1E：输入/捕获 1 输出使能（Capture/Compare 1 output enable）。 CC1 通道配置为输出： 0：关闭—OC1 禁止输出； 1：开启—OC1 信号输出到对应的输出引脚。 CC1 通道配置为输入： 该位决定了计数器的值是否能捕获入 TIMx_CCR1。 0：捕获除能； 1：捕获使能

3. 捕获/比较寄存器 1（TIMx_CCR1）

TIMx_CCR1 的结构、偏移地址和复位值如图 15-5 所示，对部分位的解释说明如表 15-3 所示。

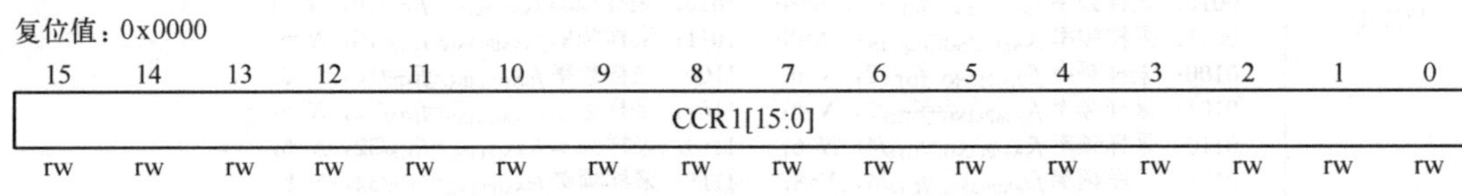

图 15-5　TIMx_CCR1 的结构、偏移地址和复位值

表 15-3　TIMx_CCR1 部分位的解释说明

位[15:0]	CCR1[15:0]：捕获/比较 1 的值（Capture/Compare 1 value）。 若 CC1 通道配置为输出： CCR1 包含了装入当前捕获/比较 1 寄存器的值（预装载值）。 如果在 TIMx_CCMR1（OC1PE 位）中未选择预装载特性，写入的数值会被立即传输至当前寄存器中；否则只有当更新事件发生时，此预装载值才传输至当前捕获/比较 1 寄存器中。 当前捕获/比较寄存器参与同计数器 TIMx_CNT 的比较，并在 OC1 端口上产生输出信号。 若 CC1 通道配置为输入： CCR1 包含了由上一次输入捕获 1 事件（IC1）传输的计数器值

15.2.3　通用定时器部分固件库函数

本实验涉及的通用定时器固件库函数除了 7.2.3 节讲解的以外，还包括 TIM_ICInit 和 TIM_OC1PolarityConfig。这些函数在 stm32f10x_tim.h 文件中声明，在 stm32f10x_tim.c 文件中实现。

1. TIM_ICInit

TIM_ICInit 函数的功能是根据 TIM_ICInitStruct 中指定的参数初始化外设 TIMx，通过调用 TIx_Config、TIM_SetICxPrescaler（x=1, …, 4）来实现。具体描述如表 15-4 所示。

表 15-4　TIM_ICInit 函数的描述

函数名	TIM_ICInit
函数原形	void TIM_ICInit(TIM_TypeDef* TIMx, TIM_ICInitTypeDef* TIM_ICInitStruct)
功能描述	根据 TIM_ICInitStruct 中指定的参数初始化外设 TIMx
输入参数 1	TIMx：x 可以是 1，2，3，4，5 或 8，来选择 TIM 外设
输入参数 2	TIM_ICInitStruct：指向结构体 TIM_ICInitTypeDef 的指针，包含了 TIMx 的配置信息
输出参数	无
返回值	void

TIM_ICInitTypeDef 结构体定义在 stm32f10x_tim.h 文件中，内容如下：

```
typedef struct
{
    u16 TIM_Channel;
    u16 TIM_ICPolarity;
    u16 TIM_ICSelection;
    u16 TIM_ICPrescaler;
    u16 TIM_ICFilter;
}TIM_ICInitTypeDef;
```

参数 TIM_Channel 用于选择通道，可取值如表 15-5 所示。

表 15-5　参数 TIM_Channel 的可取值

可 取 值	实 际 值	描 述
TIM_Channel_1	0x0000	使用 TIM 通道 1
TIM_Channel_2	0x0004	使用 TIM 通道 2
TIM_Channel_3	0x0008	使用 TIM 通道 3
TIM_Channel_4	0x000C	使用 TIM 通道 4

参数 TIM_ICPolarity 用于选择输入捕获边沿模式，可取值如表 15-6 所示。

表 15-6　参数 TIM_ICPolarity 的可取值

可 取 值	实 际 值	描 述
TIM_ICPolarity_Rising	0x0000	TIM 输入捕获上升沿
TIM_ICPolarity_Falling	0x0002	TIM 输入捕获下降沿
TIM_ICPolarity_BothEdge	0x000A	TIM 输入捕获双边沿

参数 TIM_ICSelection 用于选择引脚与寄存器对应关系，可取值如表 15-7 所示。

表 15-7　参数 TIM_ICSelection 的可取值

可 取 值	实 际 值	描 述
TIM_ICSelection_DirectTI	0x0001	TIM 输入 2、3 或 4 选择对应地与 IC1 或 IC2 或 IC3 或 IC4 相连
TIM_ICSelection_IndirectTI	0x0002	TIM 输入 2、3 或 4 选择对应地与 IC2 或 IC1 或 IC4 或 IC3 相连
TIM_ICSelection_TRC	0x0003	TIM 输入 2、3 或 4 选择与 TRC 相连

参数 TIM_ICPrescaler 用于设置输入捕获预分频器，可取值如表 15-8 所示。

表 15-8　参数 TIM_ICPrescaler 的可取值

可 取 值	实 际 值	描 述
TIM_ICPSC_DIV1	0x0000	TIM 捕获在捕获输入上每探测到一个边沿执行一次
TIM_ICPSC_DIV2	0x0004	TIM 捕获每 2 个事件执行一次
TIM_ICPSC_DIV4	0x0008	TIM 捕获每 4 个事件执行一次
TIM_ICPSC_DIV8	0x000C	TIM 捕获每 8 个事件执行一次

参数 TIM_ICFilter 用于选择输入比较滤波器，取值在 0x0 和 0xF 之间。

例如，将 TIM5 通道 1 配置为输入捕获模式，捕获下降沿，TIM5 输入通道 IC1 映射到引脚 TI1，滤波器参数为 0x08，TIM5 捕获每 2 个事件执行一次，代码如下：

```
TIM_ICInitTypeDef TIM_ICInitStructure;
TIM_ICInitStructure.TIM_Channel      = TIM_Channel_1;
TIM_ICInitStructure.TIM_ICPolarity   = TIM_ICPolarity_Falling;
TIM_ICInitStructure.TIM_ICSelection  = TIM_ICSelection_DirectTI;
TIM_ICInitStructure.TIM_ICPrescaler  = TIM_ICPSC_DIV2;
TIM_ICInitStructure.TIM_ICFilter     = 0x08;
TIM_ICInit(TIM5, &TIM_ICInitStructure);
```

2. TIM_OC1PolarityConfig

TIM_OC1PolarityConfig 函数的功能是设置 TIMx 通道 1 极性，通过向 TIMx→CCER 写入参数来实现。具体描述如表 15-9 所示。

表 15-9　TIM_OC1PolarityConfig 函数的描述

函数名	TIM_OC1PolarityConfig
函数原形	void TIM_OC1PolarityConfig(TIM_TypeDef* TIMx, uint16_t TIM_OCPolarity)
功能描述	设置 TIMx 通道 1 极性
输入参数 1	TIMx：1，2，3，4，5 或 8，来选择 TIM 外设
输入参数 2	TIM_OCPolarity：输出比较极性
输出参数	无
返回值	void

参数 TIM_OCPolarity 用于选择输出比较极性，可取值如表 15-10 所示。

表 15-10　参数 TIM_OCPolarity 的可取值

可 取 值	实 际 值	描　述
TIM_OCPolarity_High	0x0000	TIMx 输出比较极性高
TIM_OCPolarity_Low	0x0002	TIMx 输出比较极性低

例如，将 TIM2 通道 1 的输出比较极性设置为高，代码如下：

```
TIM_OC1PolarityConfig(TIM2, TIM_OCPolarity_High);
```

15.3　实 验 步 骤

步骤 1：复制并编译原始工程

首先，将“D:\STM32KeilTest\Material\14.输入捕获实验”文件夹复制到“D:\STM32KeilTest\Product”文件夹中。然后，双击运行“D:\STM32KeilTest\Product\14.输入捕获实验\Project”文件夹中的 STM32KeilPrj.uvprojx，单击工具栏中的按钮。当 Build Output 栏出现 FromELF：creating hex file...时，表示已经成功生成.hex 文件，出现 0 Error(s), 0 Warning(s)表示编译成功。最后，将.axf 文件下载到 STM32 的内部 Flash，观察 STM32 核心板上的两个 LED 是否交替闪烁。如果两个 LED 交替闪烁，串口正常输出字符串，表示原始工程是正确的，接着就可以进入下一步操作。

步骤 2：添加 Capture 文件对

首先，将“D:\STM32KeilTest\Product\14.输入捕获实验\HW\Capture”文件夹中的 Capture.c 添加到 HW 分组，具体操作可参见 2.3 节步骤 8。然后，将“D:\STM32KeilTest\Product\14.输入捕获实验\HW\Capture”路径添加到 Include Paths 栏，具体操作可参见 2.3 节步骤 11。

步骤 3：完善 Capture.h 文件

单击按钮进行编译，编译结束后，在 Project 面板中，双击 Capture.c 下的 Capture.h。在 Capture.h 文件的“包含头文件”区，添加代码#include "DataType.h"。

在 Capture.h 文件的“API 函数声明”区，添加如程序清单 15-1 所示的 API 函数声明代码。

程序清单 15-1

```
void   InitCapture(void);                  //初始化 Capture 模块
u8     GetCaptureVal(i32* pCapVal);  //获取捕获时间，返回值为 1 表示捕获成功，此时*pCapVal 才有意义
```

步骤 4：完善 Capture.c 文件

在 Capture.c 文件的“包含头文件”区的最后，添加代码#include "stm32f10x_conf.h"。

在 Capture.c 文件的“内部变量”区，添加如程序清单 15-2 所示的内部变量定义代码。s_iCaptureSts 用于存放捕获状态，s_iCaptureVal 用于存放捕获值。

程序清单 15-2

```
//s_iCaptureSts 中的 bit7 为捕获完成标志，bit6 为捕获到下降沿标志，bit5～bit0 为捕获到下降沿后定时器溢出的次数
static   u8   s_iCaptureSts = 0;          //捕获状态
static   u16 s_iCaptureVal;               //捕获值
```

在 Capture.c 文件的“内部函数声明”区，添加 ConfigTIM5ForCapture 函数的声明代码，如程序清单 15-3 所示，ConfigTIM5ForCapture 函数用于配置定时器 TIMx 的通道输入捕获。

程序清单 15-3

```
static   void ConfigTIM5ForCapture(u16 arr, u16 psc);       //配置 TIM3
```

在 Capture.c 文件的“内部函数实现”区，添加 ConfigTIM5ForCapture 函数的实现代码，如程序清单 15-4 所示。下面按照顺序对 ConfigTIM5ForCapture 函数中的语句进行解释说明。

（1）本实验中，TIM5 的 CH1（PA0）作为输入捕获，因此，除了通过 RCC_APB1PeriphClockCmd 函数使能 TIM5 的时钟之外，还需要通过 RCC_APB2PeriphClockCmd 函数使能 GPIOA 的时钟。

（2）通过 GPIO_Init 函数将 PA0 配置为上拉输入模式，由于 PA0 与 STM32 核心板的 KEY3 连接，而 KEY3 是上拉连接方式，因此还需要通过 GPIO_SetBits 函数将 PA0 的引脚的

初始电平设置为高电平。

（3）通过 TIM_TimeBaseInit 函数对 TIM5 进行配置，该函数涉及 TIM5_CR1 的 DIR、CMS[1:0]、CKD[1:0]，TIM5_ARR，TIM5_PSC，以及 TIM5_EGR 的 UG。DIR 用于设置计数器计数方向，CMS[1:0]用于选择中央对齐模式，CKD[1:0]用于设置时钟分频系数，可参见图 7-2 和表 7-1。本实验中，TIM5 设置为边沿对齐模式，计数器递增计数。TIM5_ARR 和 TIM5_PSC 用于设置计数器的自动重装载值和预分频器的值，可参见图 7-8、图 7-9，以及表 7-7 和表 7-8。本实验中的这两个值通过 ConfigTIM5ForCapture 函数的参数 arr 和 psc 来决定。UG 用于产生更新事件，可参见图 7-6 和表 7-5，本实验中将该值设置为 1，用于重新初始化计数器，并产生一个更新事件。

（4）通过 TIM_ICInit 函数初始化 TIM5 的 CH1，该函数涉及 TIM5_CCMR1 的 IC1F[3:0]、IC1PSC[1:0]、CC1S[1:0]，以及 TIM5_CCER 的 CC1P 和 CC1E。IC1F[3:0]用于设置 TI1 输入的采样频率及数字滤波器的长度，IC1PSC[1:0]用于设置 IC1 的预分频系数，CC1S[1:0]用于设置通道的方向（输入/输出）和输入脚，可参见图 15-3 和表 15-1。本实验中，TIM5 的 CH1 配置为输入捕获，输入的采样频率为 $f_{DTS}/8$，数字滤波器长度 N 为 6，捕获输入口上检测到的每一个边沿都触发一次捕获。CC1P 用于选择 IC1 或 IC1 的反向信号作为捕获信号，CC1E 用于使能或除能捕获功能，可参见图 15-4 和表 15-2。本实验中，TIM5 的 CH1 初始化参数配置为输入捕获，且捕获发生在 IC1 的下降沿，每检测到一个下降沿都触发一次捕获。

（5）通过 NVIC_Init 函数使能 TIM5 的中断，同时设置抢占优先级为 2，子优先级为 0。

（6）通过 TIM_ITConfig 函数使能 TIM5 的 UIE 更新中断和 CC1IE 捕获中断，该函数涉及 TIM5_DIER 的 UIE 和 CC1IE。UIE 用于禁止和允许更新中断，CC1IE 用于禁止和允许捕获中断，可参见图 7-4 和表 7-3。

（7）通过 TIM_Cmd 函数使能 TIM5，该函数涉及 TIM5_CR1 的 CEN，可参见图 7-2 和表 7-1。

程序清单 15-4

```
static  void ConfigTIM5ForCapture(u16 arr, u16 psc)
{
  GPIO_InitTypeDef            GPIO_InitStructure;       //GPIO_InitStructure 用于存放 GPIO 的参数
  TIM_TimeBaseInitTypeDef TIMx_TimeBaseStructure;  //TIMx_TimeBaseStructure 用于存放定时器的基本参数
  TIM_ICInitTypeDef           TIMx_ICInitStructure;     //TIMx_ICInitStructure 用于存放定时器的通道参数
  NVIC_InitTypeDef            NVIC_InitStructure;       //NVIC_InitStructure 用于存放 NVIC 的参数

  //使能 RCC 相关时钟
  RCC_APB1PeriphClockCmd(RCC_APB1Periph_TIM5, ENABLE);   //使能 TIM5 的时钟
  RCC_APB2PeriphClockCmd(RCC_APB2Periph_GPIOA, ENABLE);  //使能捕获的 GPIOA 的时钟

  //配置 PA0，对应 TIM5 的 CH1
  GPIO_InitStructure.GPIO_Pin   = GPIO_Pin_0;                 //设置引脚
  GPIO_InitStructure.GPIO_Mode = GPIO_Mode_IPU;               //设置输入模式
  GPIO_Init(GPIOA, &GPIO_InitStructure);                      //根据参数初始化 GPIO
  GPIO_SetBits(GPIOA, GPIO_Pin_0);                            //将捕获对应的引脚置为高电平

  //配置 TIM5
```

```
  TIMx_TimeBaseStructure.TIM_Period          = arr;                //设置计数器自动重装载值
  TIMx_TimeBaseStructure.TIM_Prescaler       = psc;                //设置 TIMx 时钟频率的预分频值
  TIMx_TimeBaseStructure.TIM_ClockDivision   = TIM_CKD_DIV1;       //设置时钟分割
  TIMx_TimeBaseStructure.TIM_CounterMode     = TIM_CounterMode_Up; //设置定时器TIMx为递增计数模式
  TIM_TimeBaseInit(TIM5, &TIMx_TimeBaseStructure); //根据指定的参数初始化 TIMx 的时间基数单位

  //配置 TIM5 的 CH1 为输入捕获
  //CC1S = 01，CC1 通道被配置为输入，输入通道 IC1 映射到定时器引脚 TI1 上
  TIMx_ICInitStructure.TIM_Channel     = TIM_Channel_1;            //设置输入通道
  TIMx_ICInitStructure.TIM_ICPolarity  = TIM_ICPolarity_Falling;   //设置为下降沿捕获
  TIMx_ICInitStructure.TIM_ICSelection = TIM_ICSelection_DirectTI; //设置为直接映射到 TI1
  TIMx_ICInitStructure.TIM_ICPrescaler = TIM_ICPSC_DIV1;   //设置为每一个边沿都捕获，捕捉不分频
  TIMx_ICInitStructure.TIM_ICFilter    = 0x08;                     //设置输入滤波器
  TIM_ICInit(TIM5, &TIMx_ICInitStructure);                         //根据参数初始化 TIM5 的 CH1

  //配置 NVIC
  NVIC_InitStructure.NVIC_IRQChannel                   = TIM5_IRQn; //中断通道号
  NVIC_InitStructure.NVIC_IRQChannelPreemptionPriority = 2;         //设置抢占优先级
  NVIC_InitStructure.NVIC_IRQChannelSubPriority        = 0;         //设置子优先级
  NVIC_InitStructure.NVIC_IRQChannelCmd                = ENABLE;    //使能中断
  NVIC_Init(&NVIC_InitStructure);                                   //根据参数初始化 NVIC

  TIM_ITConfig(TIM5, TIM_IT_Update | TIM_IT_CC1, ENABLE); //使能定时器的更新中断和 CC1IE 捕获中断

  TIM_Cmd(TIM5, ENABLE);                                            //使能 TIM5
}
```

在 Capture.c 文件的“内部函数实现”区，在 ConfigTIM5ForCapture 函数实现区的后面添加 TIM5_IRQHandler 中断服务函数的实现代码，如程序清单 15-5 所示。下面按照顺序对 TIM5_IRQHandler 函数中的语句进行解释说明。

（1）无论 TIM5 产生更新中断，还是产生捕获 1 中断，都会执行 TIM5_IRQHandler 函数。

（2）变量 s_iCaptureSts 用于存放捕获状态，s_iCaptureSts 的 bit7 为捕获完成标志，bit6 为捕获到下降沿标志，bit5～bit0 为捕获到下降沿后定时器溢出次数。

（3）当 s_iCaptureSts 的 bit7 为 0，表示捕获未完成，然后，通过 TIM_GetITStatus 函数获取更新中断标志，该函数涉及 TIM5_DIER 的 UIE 和 TIM5_SR 的 UIF，可参见图 7-4、图 7-5、表 7-3 和表 7-4。本实验中，UIE 为 1，表示使能更新中断，当 TIM5 向上计数产生溢出时，UIF 由硬件置为 1，并产生更新中断，执行 TIM5_IRQHandler 函数。因此，在 TIM5_IRQHandler 函数的最后还需要通过 TIM_ClearITPendingBit 函数将 UIF 清零。

（4）当 s_iCaptureSts 的 bit6 为 1，表示前一次已经捕获到下降沿，然后，判断 s_iCaptureSts 的 bit5～bit0 是否为 0x3F，如果为 0x3F 表示计数器已经多次溢出，说明按键按下时间太久，将 s_iCaptureSts 的 bit7 强制置为 1，即强制标记成功捕获一次，同时，将捕获值设为 0xFFFF。否则，如果 s_iCaptureSts 的 bit5～bit0 不为 0x3F，则 s_iCaptureSts 执行加 1 操作，标记计数器溢出一次。

（5）通过 TIM_GetITStatus 函数获取捕获 1 中断标志，该函数涉及 TIM5_DIER 的 CC1IE 和 TIM5_SR 的 CC1IF，可参见图 7-4、图 7-5、表 7-3 和表 7-4。本实验中，CC1IE 为 1，表

示使能捕获 1 中断，当产生捕获 1 事件时，CC1IF 由硬件置为 1，并产生捕获 1 中断，执行 TIM5_IRQHandler 函数。因此，在 TIM5_IRQHandler 函数的最后还需要通过 TIM_ClearITPendingBit 函数将 CC1IF 清零，另外，通过 TIM_GetCapture 函数读 TIM5_CCR1 也可以将 CC1IF 清零。

（6）当 s_iCaptureSts 的 bit6 为 1，表示前一次已经捕获到下降沿，那么这次就表示捕获到上升沿，因此，将 s_iCaptureSts 的 bit7 置为 1，同时，通过 TIM_GetCapture1 函数读取 TIM5_CCR1 的值，并将该值赋给 s_iCaptureVal。最后，再通过 TIM_OC1PolarityConfig 函数将 TIM5 的 CH1 设置为下降沿触发，为下一次捕获 KEY3 按下做准备。否则，如果 s_iCaptureSts 的 bit6 为 0，表示前一次未捕获到下降沿，那么这次就是第一次捕获到下降沿，因此，将 s_iCaptureSts 和 s_iCaptureVal 均清零，并通过 TIM_SetCounter 函数将 TIM5 的计数器清零，同时，将 s_iCaptureSts 的 bit6 置为 1，标记已经捕获到了下降沿。最后，再通过 TIM_OC1PolarityConfig 函数将 TIM5 的 CH1 设置为上升沿触发，为下一次捕获 KEY3 松开做准备。

（7）在 TIM5_IRQHandler 函数的最后，通过 TIM_ClearITPendingBit 函数清除更新和捕获 1 中断标志，该函数同样涉及 TIM5_SR 的 UIF 和 CC1IF。

程序清单 15-5

```
void TIM5_IRQHandler(void)
{
  if((s_iCaptureSts & 0x80) == 0)                 //最高位为 0，表示捕获还未完成
  {
    //高电平，定时器 TIMx 发生了溢出事件
    if(TIM_GetITStatus(TIM5, TIM_IT_Update) != RESET)
    {
      if(s_iCaptureSts & 0x40)                    //发生溢出，并且前一次已经捕获到低电平
      {
        //TIM_APR 16 位预装载值，即 CNT > 65536-1（2^16 - 1）时溢出
        //若不处理，(s_iCaptureSts & 0x3F)++等于 0x40 ，溢出数等于清 0
        if((s_iCaptureSts & 0x3F) == 0x3F)        //达到多次溢出，低电平太长
        {
          s_iCaptureSts |= 0x80;                  //强制标记成功捕获了一次
          s_iCaptureVal = 0xFFFF;                 //捕获值为 0xFFFF
        }
        else
        {
          s_iCaptureSts++;                        //标记计数器溢出一次
        }
      }
    }

    if (TIM_GetITStatus(TIM5, TIM_IT_CC1) != RESET)  //发生捕获事件
    {
      if(s_iCaptureSts & 0x40)                    //bit6 为 1，即上次捕获到下降沿，则这次捕获到上升沿
      {
        s_iCaptureSts |= 0x80;  //完成捕获，标记成功捕获到一次上升沿
        s_iCaptureVal = TIM_GetCapture1(TIM5);  //s_iCaptureVal 记录捕获比较寄存器的值
```

```
      //CC1P=1，设置为下降沿捕获，为下次捕获做准备
      TIM_OC1PolarityConfig(TIM5, TIM_ICPolarity_Falling);
    }
    else  //bit6 为 0，表示上次未捕获到下降沿，这是第一次捕获到下降沿
    {
      s_iCaptureSts = 0;            //清空溢出次数
      s_iCaptureVal = 0;            //捕获值为 0

      TIM_SetCounter(TIM5, 0);  //设置寄存器的值为 0

      s_iCaptureSts |= 0x40;        //bit6 置为 1，标记捕获到了下降沿

      TIM_OC1PolarityConfig(TIM5, TIM_ICPolarity_Rising);        //CC1P=0，设置为上升沿捕获
    }
  }
}

  TIM_ClearITPendingBit(TIM5, TIM_IT_CC1 | TIM_IT_Update);        //清除中断标志位
}
```

在 Capture.c 文件的“API 函数实现”区，添加 API 函数的实现代码，如程序清单 15-6 所示。Capture.c 文件的 API 函数有两个，下面按照顺序对这两个函数中的语句进行解释说明。

（1）InitCapture 函数调用 ConfigTIM5ForCapture 函数对 Capture 模块进行初始化，ConfigTIM5ForCapture 函数的两个参数分别是 0xFFFF 和 71，说明 TIM5 以 1MHz 的频率计数，同时 TIM5 从 0 递增计数到 0xFFFF 产生溢出。

（2）GetCaptureVal 函数用于获取捕获时间，如果 s_iCaptureSts 的 bit7 为 1，表示成功捕获到上升沿，即按键已经松开。此时，将 GetCaptureVal 函数的返回值 ok 置为 1，然后取出 s_iCaptureVal 的 bit5～bit0 得到溢出次数，再将溢出次数乘以 65536（0x0000 计数到 0xFFFF），接着，将乘积结果加上最后一次比较捕获寄存器的值，得到总的低电平持续时间，并将该值保存到 pCapVal 指针指向的存储空间。最后，将 s_iCaptureSts 清零。

程序清单 15-6

```
void  InitCapture(void)
{
  //计数器达到最大装载值 0xFFFF，会产生溢出；以 72MHz/（72-1+1）=1MHz 的频率计数
  ConfigTIM5ForCapture(0xFFFF, 72 - 1);
}

u8   GetCaptureVal(i32* pCapVal)
{
  u8   ok = 0;

  if(s_iCaptureSts & 0x80)        //最高位为 1，表示成功捕获到了上升沿（获取到按键松开标志）
  {
    ok = 1;                              //捕获成功
    (*pCapVal)   = s_iCaptureSts & 0x3F; //取出低 6 位计数器的值赋给(*pCapVal)，得到溢出次数
```

```
    (*pCapVal) *= 65536;              //计数器计数次数为2^16=65536，乘以溢出次数，得到溢出时间总和（以
                                        1/1MHz=1μs 为单位）
    (*pCapVal) += s_iCaptureVal;      //加上最后一次比较捕获寄存器的值，得到总的低电平时间

    s_iCaptureSts = 0;                //设置为 0，开启下一次捕获
  }

  return(ok);                         //返回是否捕获成功的标志

}
```

步骤 5：完善输入捕获实验应用层

在 Project 面板中，双击打开 Main.c，在 Main.c“包含头文件”区的最后，添加代码#include "Capture.h"。

在 Main.c 文件的 InitHardware 函数中，添加调用 InitCapture 函数的代码，如程序清单 15-7 所示，这样就实现了对 Capture 模块的初始化。

程序清单 15-7

```
static  void  InitHardware(void)
{
  SystemInit();              //系统初始化
  InitRCC();                 //初始化 RCC 模块
  InitNVIC();                //初始化 NVIC 模块
  InitUART1(115200);         //初始化 UART 模块
  InitTimer();               //初始化 Timer 模块
  InitLED();                 //初始化 LED 模块
  InitSysTick();             //初始化 SysTick 模块
  InitCapture();             //初始化 Capture 模块
}
```

在 2ms 任务处理函数中，设置为 10ms 标志位，每 10ms 获取一次捕获的值，并打印出来，如程序清单 15-8 所示。最后，将 Proc1SecTask 函数中的 printf 语句注释掉。

程序清单 15-8

```
static  void  Proc2msTask(void)
{
  static i16 s_iCnt5 = 0;                    //10ms 计数器
  i32 captureVal;                            //捕获到的值
  float captureTime;                         //将捕获值转换成时间

  if(Get2msFlag())                           //判断 2ms 标志位状态
  {
    LEDFlicker(250);                         //调用闪烁函数

    if(s_iCnt5 >= 4)                         //计数器数值大于或等于 4
    {
```

```
      if(GetCaptureVal(&captureVal))                    //成功捕获
      {
        captureTime = captureVal / 1000.0;
        printf("H-%0.2fms\r\n", captureTime);           //打印出捕获值
      }

      s_iCnt5 = 0;                                       //重置计数器的计数值为 0
    }
    else
    {
      s_iCnt5++;                                         //计数器的计数数值加 1
    }

    Clr2msFlag();                                        //清除 2ms 标志位
  }
}
```

步骤 6：编译及下载验证

代码编写完成后，单击按钮编译工程，编译结束后，Build Output 栏中出现 0 Error(s)，0 Warning(s)表示编译成功。然后，参见图 2-33，通过 Keil μVision5 软件将.axf 文件下载到 STM32 核心板。下载完成后，打开 sscom 串口助手，按下 KEY3，串口打印持续按下 KEY3 的时间，即捕获到低电平持续的时间。

本 章 任 务

完成本章学习后，利用输入捕获的功能，检测第 14 章 PWM 输出实验中高电平持续的时间，并且通过 OLED 显示高电平持续的时间。具体操作如下：利用杜邦线将 PA0 连接到 PB5，每捕获 10 次高电平，计算平均值并显示在 OLED 上，并观察在按下相应 PWM 输出占空比变化操作按键后，得到的数据变化是否和理论计算值相符。

本 章 习 题

1．本实验如何通过设置下降沿和上升沿捕获，计算按键按下时长？

2．计算本实验的低电平最大捕获时长。

3．在 TIM_GetCapture1 函数中通过直接操作寄存器完成相同的功能。

4．如何通过 TIM_ITConfig 函数使能 TIM5 的更新中断和捕获 1 中断？这两个中断与 TIM5_IRQHandler 函数之间有什么关系？

第 16 章　实验 15——DAC

DAC 是 Digital to Analog Converter 的缩写，即数-模转换器。STM32F103RCT6 芯片属于大容量产品，内嵌两个 12 位数字输入、电压输出型 DAC，可以配置为 8 位或 12 位模式，也可以与 DMA（Direct Memory Access）控制器配合使用。DAC 工作在 12 位模式时，数据可以设置为左对齐或右对齐。DAC 有两个输出通道，每个通道都有单独的转换器。在双 DAC 模式下，两个通道可以独立转换，也可以同时进行转换并同步更新两个通道的输出。DAC 可以通过引脚输入参考电压 V_{REF+}以获得更精确的转换结果。本章首先讲解 DAC，以及相关寄存器和固件库函数，然后通过一个 DAC 实验演示如何进行数-模转换。

16.1　实 验 内 容

将 STM32F103RCT6 芯片的 PA4 引脚配置为 DAC 输出端口，编写程序实现以下功能：①通过 STM32 核心板的 UART1 接收和处理信号采集工具（位于本书配套资料包的“08.软件资料\信号采集工具.V1.0”文件夹中）发送的波形类型切换指令；②根据波形类型切换指令，控制 DAC1 对应的 PA4 引脚输出对应的正弦波、三角波或方波；③将 PA4 引脚连接到示波器探头，通过示波器查看输出的波形是否正确。

如果没有示波器，也可以将 PA4 引脚连接到 PA1 引脚，通过信号采集工具查看输出的波形是否正确。因为本书配套资料包的“04.例程资料\Material”文件夹中的“15.DAC 实验”，已经实现了以下功能：①通过 ADC1 对 PA1 引脚的模拟信号进行采样和模-数转换；②将转换后的数字量按照 PCT 通信协议进行打包；③通过 UART1 实时将打包后的数据包发送至计算机，通过信号采集工具动态显示接收到的波形。

16.2　实 验 原 理

16.2.1　DAC 功能框图

图 16-1 所示是 DAC 的功能框图，下面依次介绍 DAC 的电源与参考电压、DAC 触发源、DHRx 到 DORx 数据传输、数字至模拟转换器。

1．DAC 的引脚

DAC 的引脚说明如表 16-1 所示，其中，V_{REF+}是正模拟参考电压，由于 STM32 核心板上的 STM32F103RCT6 芯片的 V_{REF+}引脚在芯片内部连接到 V_{DDA} 引脚，STM32 核心板上的 V_{DDA} 引脚电压为 3.3V，因此，V_{REF+}也为 3.3V。DAC 引脚上的输出电压满足以下关系：

$$\text{DAC 输出} = V_{REF+}\times(\text{DOR}/4095) = 3.3\times(\text{DOR}/4095)$$

其中，DOR 为数据输出寄存器的值，如图 16-1 所示。

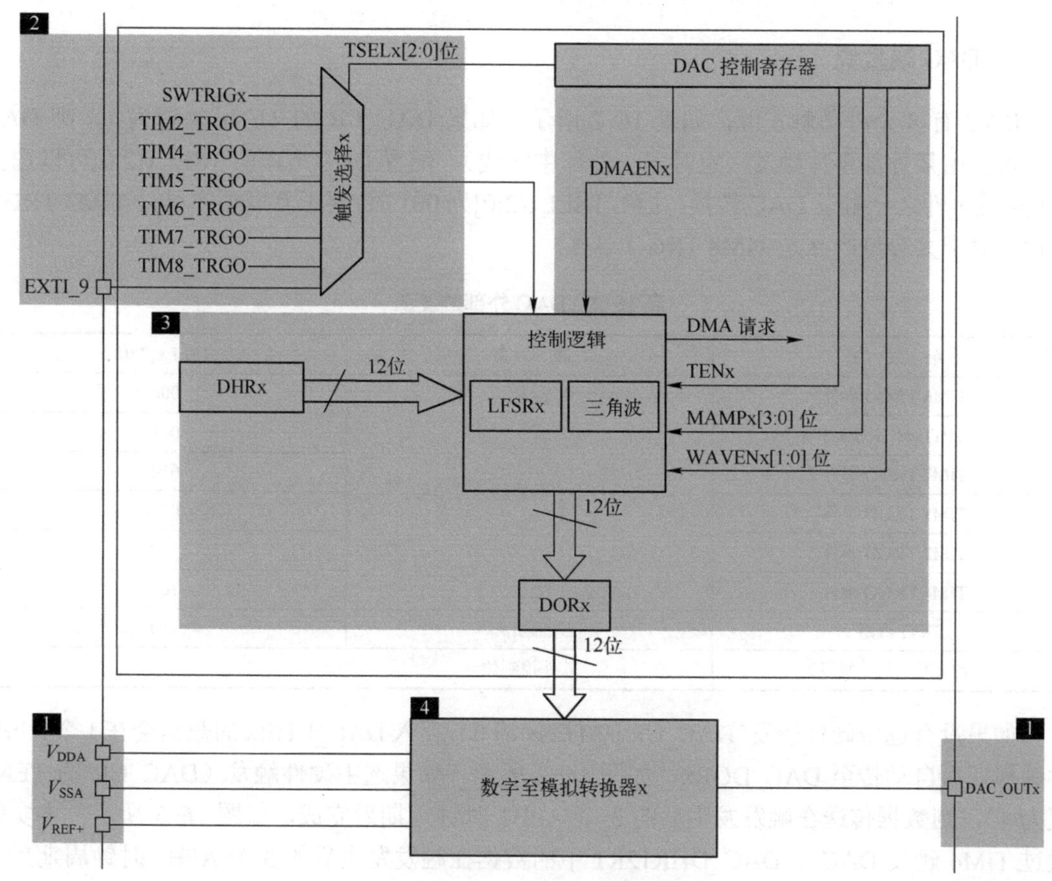

图 16-1　DAC 功能框图

表 16-1　DAC 引脚说明

引脚名称	信号类型	注　释
V_{REF+}	输入，正模拟参考电压	DAC 使用的高端/正极参考电压 2.4V≤V_{REF+}≤V_{DDA}（3.3V）
V_{DDA}	输入，模拟电源	模拟电源
V_{SSA}	输入，模拟电源地	模拟电源地线
DAC_OUTx	模拟输出信号	DAC 通道 x 的模拟输出

小容量和中容量的 STM32F1 系列芯片不带 DAC，只有大容量的才带有 DAC。那么如何确认某一款 STM32F1 系列芯片是小容量、中容量，还是大容量产品呢？ST 公司按照内部的 Flash 容量进行区分，容量为 16～32KB 的定义为小容量产品，容量为 64～128KB 的定义为中容量产品，容量为 256～512KB 的定义为大容量产品。STM32 核心板基于 STM32F103RCT6 芯片，该芯片内部 Flash 容量为 256KB，属于大容量产品。STM32F103RCT6 芯片内部有两个 DAC，每个 DAC 对应 1 个输出通道，其中 DAC1 通过 DAC_OUT1 通道（与 PA4 引脚相连接）输出，DAC2 通过 DAC_OUT2 通道（与 PA5 引脚相连接）输出。

一旦使能 DACx 通道，相应的 GPIO 引脚（PA4 或 PA5 引脚）就会自动与 DAC 的模拟输出相连（DAC_OUTx）。为了避免寄生的干扰和额外的功耗，PA4 或 PA5 引脚在使用之前应当配置为模拟输入（AIN）。

2. DAC 触发源

DAC 有 8 个外部触发源，如表 16-2 所示。如果 DAC_CR 的 TENx 被置为 1，则 DAC 转换可以由某外部事件触发（定时器、外部中断线）。配置 DAC_CR 的 TSELx[2:0]可以选择 8 个触发事件之一触发 DAC 转换。注意，TSELx[2:0]为 001 时，对于互联型产品是 TIM3 TRGO 事件，对于大容量产品是 TIM8 TRGO 事件。

表 16-2　DAC 外部触发源

触　发　源	类　　型	TSELx[2:0]
TIM6 TRGO 事件	来自片上定时器的内部信号	000
TIM3/TIM8 TRGO 事件		001
TIM7 TRGO 事件		010
TIM5 TRGO 事件		011
TIM2 TRGO 事件		100
TIM4 TRGO 事件		101
EXTI 线路 9	外部引脚	110
SWTRIG（软件触发）	软件控制位	111

如果没有选中硬件触发(DAC_CR 的 TENx 清 0)，存入 DAC_DHRx 的数据会在 1 个 APB1 时钟周期后自动传至 DAC_DORx，如图 16-2 所示。如果选中硬件触发（DAC_CR 的 TENx 置为 1），则数据传送在触发发生后的 3 个 APB1 时钟周期后完成，如图 16-3 所示。本实验通过 TIM4 触发 DAC1，DAC_DHR12R1 中的数据在触发发生后的 3 个 APB1 时钟周期后传至 DAC_DOR1。

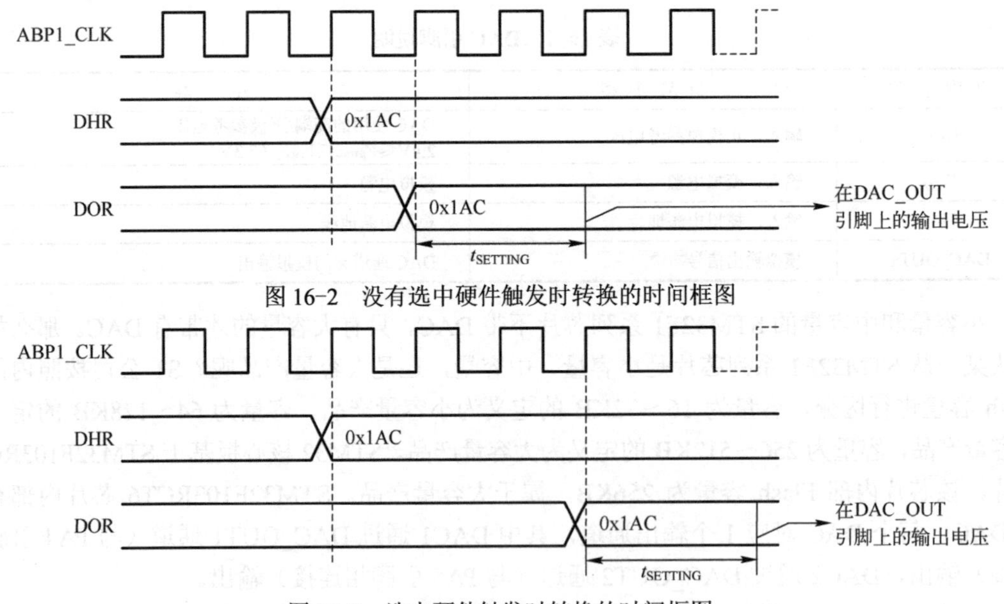

图 16-2　没有选中硬件触发时转换的时间框图

图 16-3　选中硬件触发时转换的时间框图

3. DHRx 寄存器到 DORx 寄存器数据传输

从图 16-1 中可以看出，DAC 输出是受 DORx 直接控制的，但是不能直接往 DORx 中写入数据，而是通过 DHRx 间接地传给 DORx，从而实现对 DAC 输出的控制。STM32 的 DAC 支持 8 位和 12 位模式，8 位模式采用右对齐方式，12 位模式既可以采用左对齐模式，也可以采用右对齐模式。

单 DAC 通道模式有 3 种数据格式：8 位数据右对齐、12 位数据左对齐、12 位数据右对齐，如图 16-4 和表 16-3 所示。

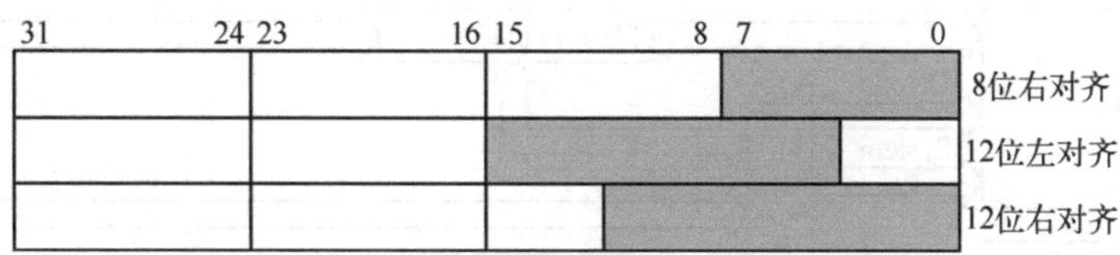

图 16-4　单 DAC 通道模式的数据寄存器

表 16-3　单 DAC 通道模式的 3 种数据格式

对 齐 方 式	寄 存 器	注　释
8 位数据右对齐	DAC_DHR8Rx[7:0]	实际上是存入 DHRx[11:4]位
12 位数据左对齐	DAC_DHR12Lx[15:4]	实际上是存入 DHRx[11:0]位
12 位数据右对齐	DAC_DHR12Rx[11:0]	实际上是存入 DHRx[11:0]位

双 DAC 通道模式也有 3 种数据格式：8 位数据右对齐、12 位数据左对齐、12 位数据右对齐，如图 16-5 和表 16-4 所示。

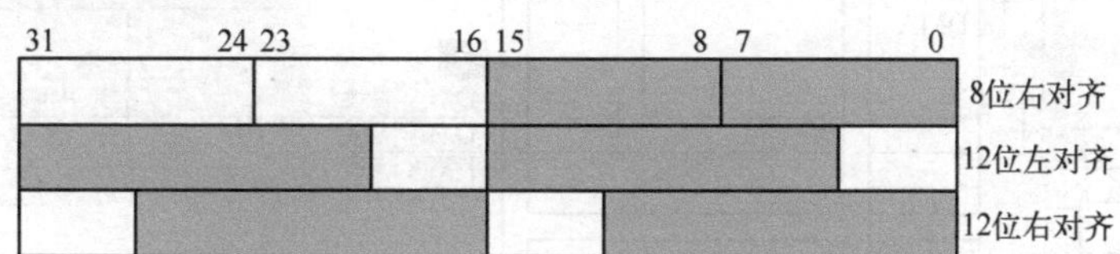

图 16-5　双 DAC 通道模式的数据寄存器

表 16-4　双 DAC 通道模式的 3 种数据格式

对 齐 方 式	寄 存 器	注　释
8 位数据右对齐	DAC_DHR8RD[7:0]	实际上是存入 DHR1[11:4]位
	DAC_DHR8RD[15:8]	实际上是存入 DHR2[11:4]位
12 位数据左对齐	DAC_DHR12LD[15:4]	实际上是存入 DHR1[11:0]位
	DAC_DHR12LD[31:20]	实际上是存入 DHR2[11:0]位
12 位数据右对齐	DAC_DHR12RD[11:0]	实际上是存入 DHR1[11:0]位
	DAC_DHR12RD[27:16]	实际上是存入 DHR2[11:0]位

任一 DAC 通道都有 DMA 功能。如果 DMAENx 位置为 1，一旦有外部触发（不是软件触发）发生，则产生一个 DMA 请求，然后 DAC_DHRx 的数据被传送到 DAC_DORx。

4．数字至模拟转换器

一旦数据从 DAC_DHRx 装入 DAC_DORx，在经过时间 t_{SETTING} 之后，数字至模拟转换器即完成数字量到模拟量的转换，DAC_OUTx 输出即有效，这段时间的长短依据电源电压和模拟输出负载的不同会有所变化。

16.2.2 DMA 功能框图

图 16-6 所示是 DMA 的功能框图，下面依次介绍 DMA 外设和存储器、DMA 请求和 DMA 控制器。

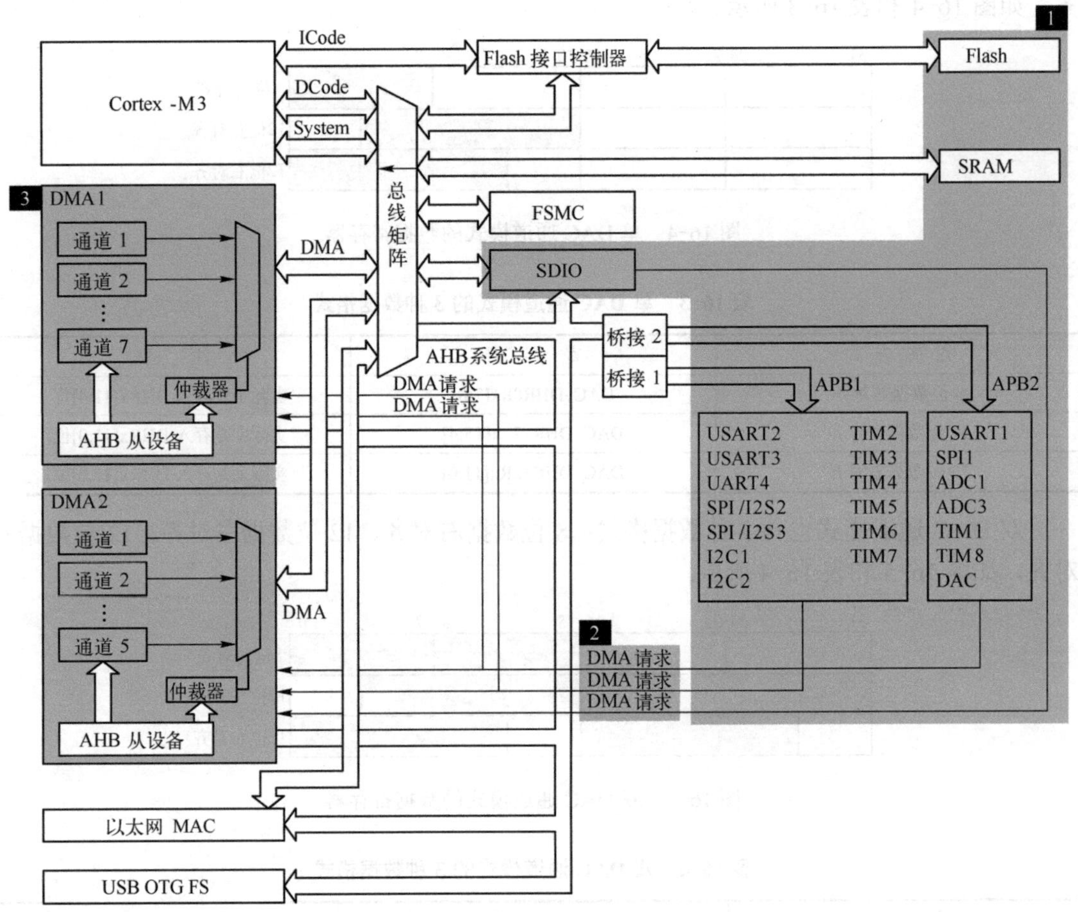

(1) DMA 2仅存在于大容量产品和互联型产品中。

(2) SPI /I2S3、UART4、TIM5、TIM6、TIM7和DAC的DMA 请求仅存在于大容量产品和互联型产品中。

(3) ADC3、SDIO 和TIM 8的DMA 请求仅存在于大容量产品中。

图 16-6　DMA 功能框图

1. DMA 外设和存储器

DMA 数据传输支持从外设到存储器、从存储器到外设、从存储器到存储器。对于大容量 STM32 产品，DMA 支持的外设包括 APB1 和 APB2 总线上的部分外设，以及 SDIO，DMA 支持的存储器包括片上 SRAM 和内部 Flash。

2. DMA 请求

DMA 数据传输需要通过 DMA 请求触发，其中，从外设 TIM1、TIM2、TIM3、TIM4、ADC1、SPI1、SPI/I2S2、I2C1、I2C2、USART1、USART2、USART3 产生的 7 个请求，通过逻辑或输入 DMA1 控制器，如图 16-7 所示，这意味着同时只能有一个 DMA1 请求有效。

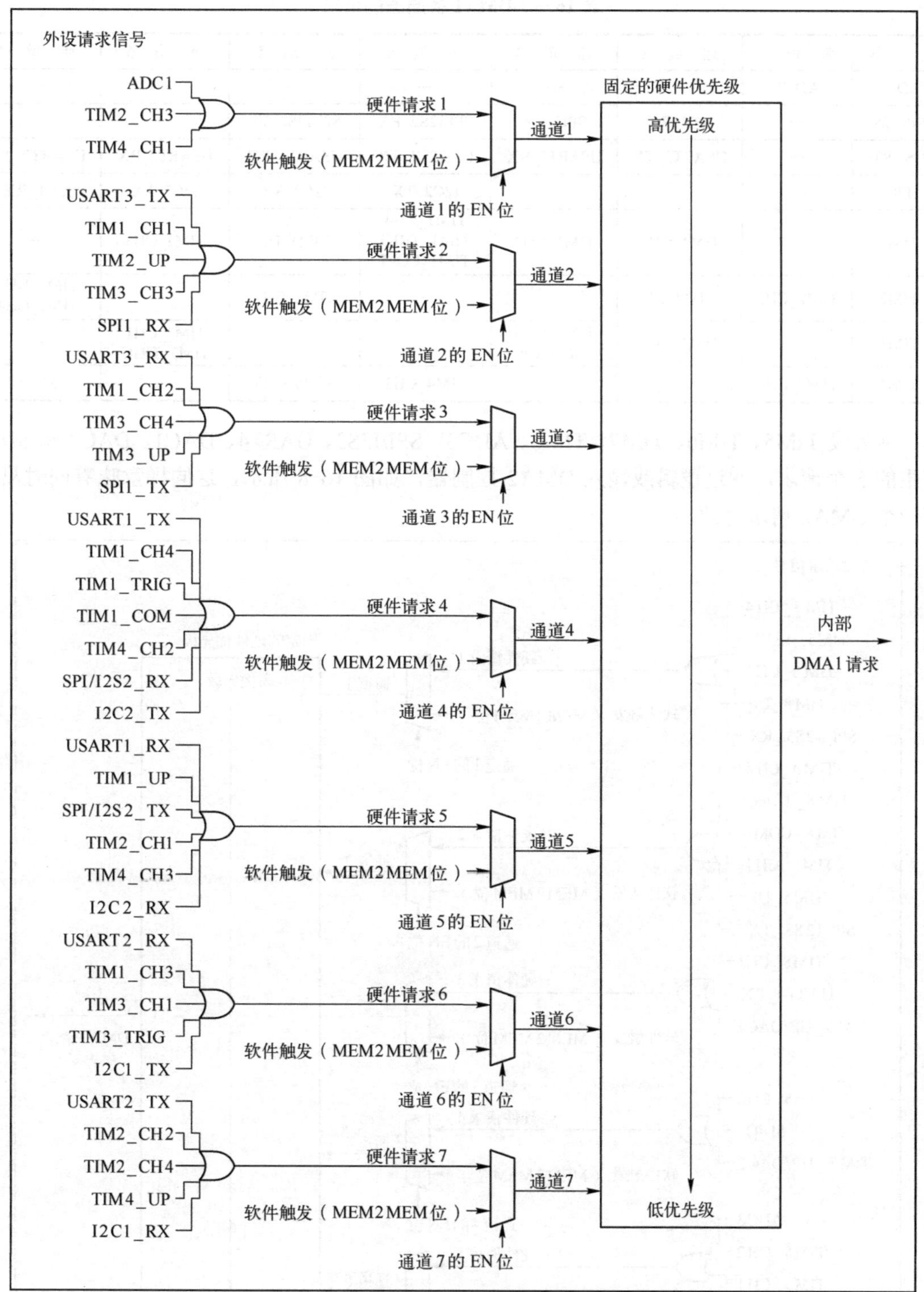

图 16-7　DMA1 请求映射

DMA1 各通道的请求如表 16-5 所示。

表 16-5　DMA1 各通道的请求

外　设	通　道　1	通　道　2	通　道　3	通　道　4	通　道　5	通　道　6	通　道　7
ADC1	ADC1	—	—	—	—	—	—
SPI/I2S	—	SPI1_RX	SPI1_TX	SPI/I2S2_RX	SPI/I2S2_TX	—	—
USART	—	USART3_TX	USART3_RX	USART1_TX	USART1_RX	USART2_RX	USART2_TX
I2C	—	—	—	I2C2_TX	I2C2_RX	I2C1_TX	I2C1_RX
TIM1	—	TIM1_CH1	TIM1_CH2	TIM1_CH4 TIM1_TRIG TIM1_COM	TIM1_UP	TIM1_CH3	—
TIM2	TIM2_CH3	TIM2_UP	—	—	TIM2_CH1	—	TIM2_CH2 TIM2_CH4
TIM3	—	TIM3_CH3	TIM3_CH4 TIM3_UP	—	—	TIM3_CH1 TIM3_TRIG	—
TIM4	TIM4_CH1	—	—	TIM4_CH2	TIM4_CH3	—	TIM4_UP

从外设 TIM5、TIM6、TIM7、TIM8、ADC3、SPI/I2S3、UART4、DAC1、DAC2 和 SDIO 产生的 5 个请求，通过逻辑或输入 DMA2 控制器，如图 16-8 所示，这同样意味着同时只能有一个 DMA2 请求有效。

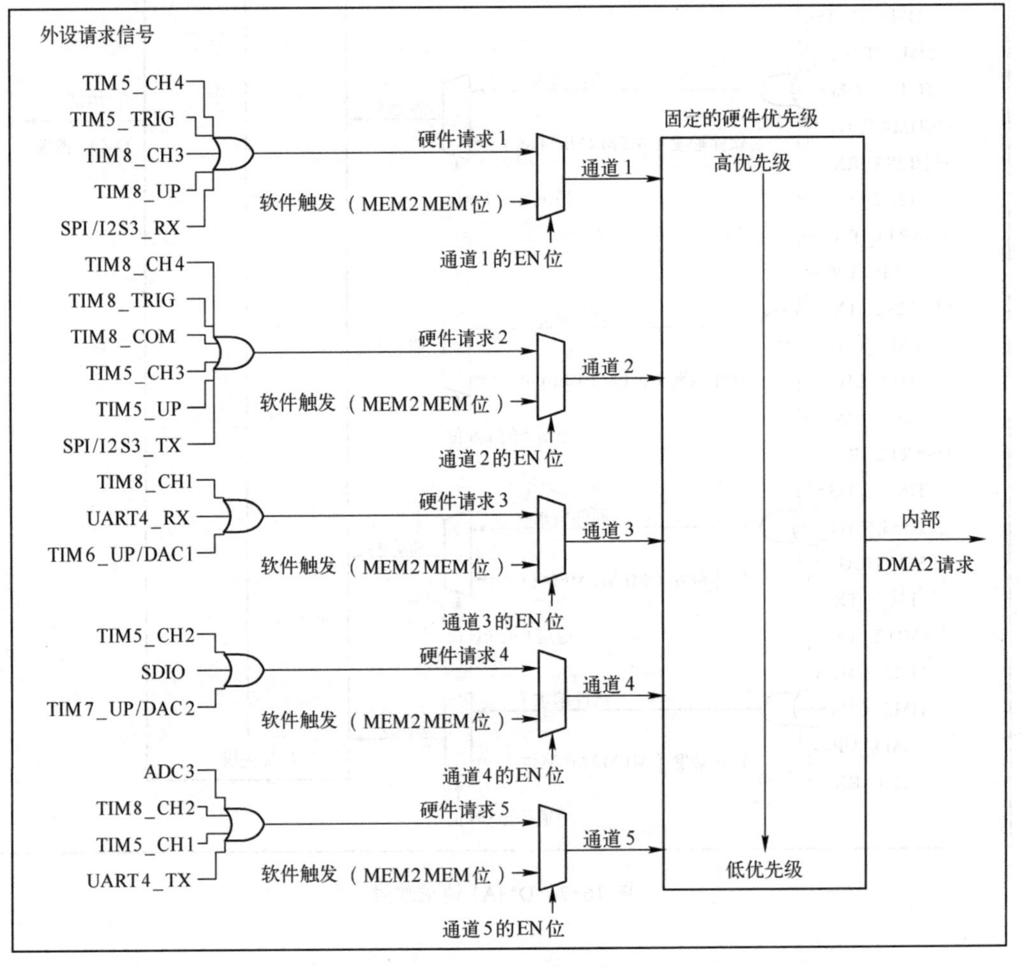

图 16-8　DMA2 请求映射

DMA2 各通道的请求如表 16-6 所示。

表 16-6　DMA2 各通道的请求

外　设	通　道　1	通　道　2	通　道　3	通　道　4	通　道　5
ADC3	—	—	—	—	ADC3
SPI/I2S3	SPI/I2S3_RX	SPI/I2S3_TX	—	—	—
UART4	—	—	UART4_RX	—	UART4_TX
SDIO	—	—	—	SDIO	—
TIM5	TIM5_CH4/TIM5_TRIG	TIM5_CH3/TIM5_UP	—	TIM5_CH2	TIM5_CH1
TIM6/DAC1	—	—	TIM6_UP/DAC1	—	—
TIM7	—	—	—	TIM7_UP/DAC2	—
TIM8	TIM8_CH3/TIM8_UP	TIM8_CH4/TIM8_TRIG/ TIM8_COM	TIM8_CH1	—	TIM8_CH2

3. DMA 控制器

DMA 控制器包含 DMA1 控制器和 DMA2 控制器，其中，DMA1 有 7 个通道，DMA2 有 5 个通道，每个通道专门用来管理来自一个或多个外设的请求。如果同时有多个 DMA 请求，则最终的请求响应顺序由仲裁器决定。通过 DMA 寄存器可以将各个通道的优先级设置为低、中、高或非常高，如果几个通道的优先级相同，则最终的请求响应顺序取决于通道编号，通道编号越小优先级越高。

16.2.3　DAC 实验逻辑图分析

图 16-9 所示是 DAC 实验逻辑框图。在本实验中，正弦波、方波和三角波存放在 Wave.c 文件的 s_arrSineWave100Point、s_arrRectWave100Point 和 s_arrTriWave100Point 数组中，每个数组有 100 个元素，即每个波形的一个周期由 100 个离散点组成，可以通过 GetSineWave100PointAddr、GetRectWave100PointAddr、GetTriWave100PointAddr 函数分别获取 3 个存放波形数组的首地址。波形变量都存放在 SRAM 中，DAC 转换先读取存放在 SRAM 中的数字量，然后再将其转换为模拟量，因此，为了提高 DAC 的工作效率，可以通过 DMA2 的通道 3（DMA2_CH3）将 SRAM 中的数据传送到 DAC 的 DAC_DHR12R1。TIM4 设置为触发输出，每 10μs 产生一个触发输出，一旦有触发产生，DAC_DHR12R1 的数据将会被传送到 DAC_DOR1，同时，产生一个 DMA 请求，DMA2 控制器会把 SRAM 中的下一个波形数据搬移到 DAC_DHR12R1。一旦数据从 DAC_DHR12R1 传入 DAC_DOR1，经过时间 $t_{SETTING}$ 之后，数字至模拟转换器就会将 DAC_DOR1 中的数据转换为模拟量输出到 PA4 引脚，$t_{SETTING}$ 依据电源电压和模拟输出负载的不同会有所不同。图 16-9 中灰色部分的代码已由本书资料包提供，因此，在进行实验时，只需要完成 DAC 输出部分即可。

16.2.4　PCT 通信协议

从机常常被作为执行单元，用于处理一些具体的事务，而主机（如 Windows、Linux、Android 和 Emwin 平台等）常常用于与从机进行交互，向从机发送命令，或处理来自从机的数据，如图 16-10 所示。

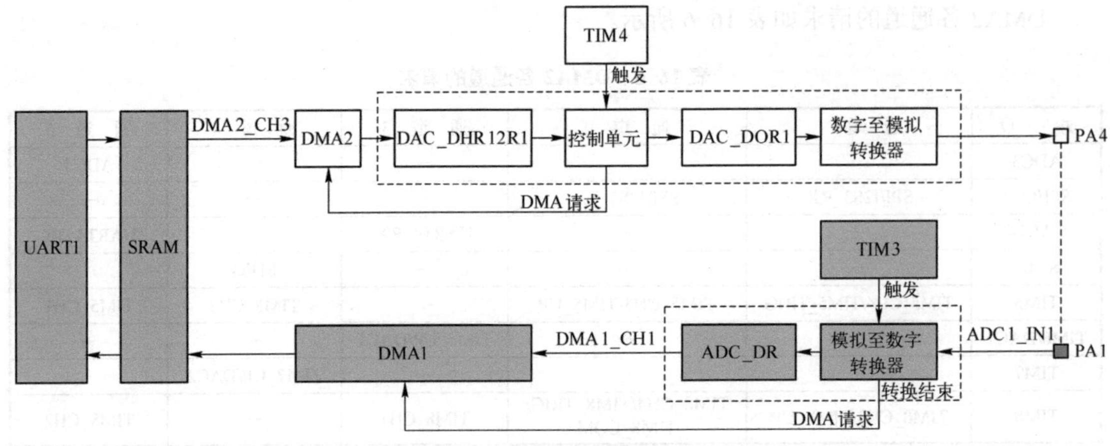

图 16-9　DAC 实验逻辑框图

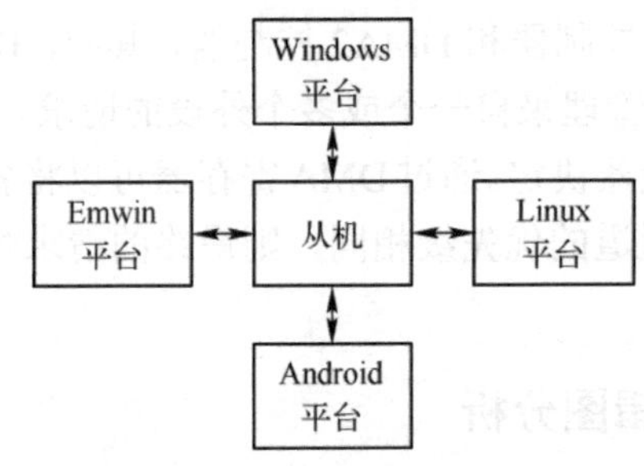

图 16-10　主机与从机交互框图

主机与从机之间的通信过程如图 16-11 所示。主机向从机发送命令的具体过程是：①主机对待发命令进行打包；②主机通过通信设备（串口、蓝牙、Wi-Fi 等）将打包好的命令发送出去；③从机在接收到命令之后，对命令进行解包；④从机按照相应的命令执行任务。

从机向主机发送数据的具体过程是：①从机对待发数据进行打包；②从机通过通信设备（串口、蓝牙、Wi-Fi 等）将打包好的数据发送出去；③主机在接收到数据之后，对数据进行解包；④主机对接收到的数据进行处理，如进行计算、显示等。

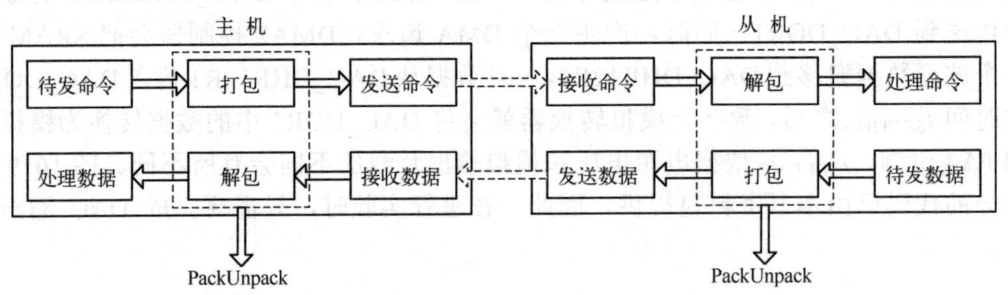

图 16-11　主机与从机之间的通信过程（打包/解包框架图）

1. PCT 通信协议格式

在通信过程中，主机和从机有一个共同的模块，即打包解包模块（PackUnpack），该模块必须遵照某种通信协议。通信协议有很多种，下面介绍一种名为 PCT 的通信协议，该协议由本书作者设计。PCT 通信协议的数据包格式如图 16-12 所示。

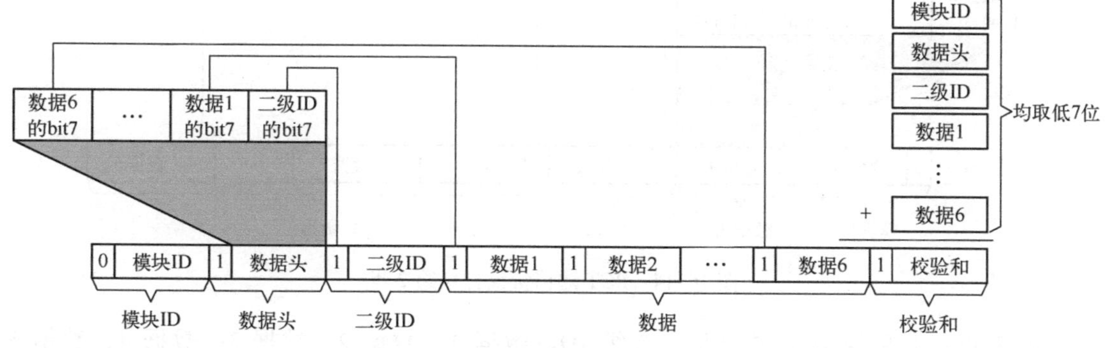

图 16-12　PCT 通信协议的数据包格式

PCT 通信协议规定：

（1）数据包由 1 字节模块 ID+1 字节数据头+1 字节二级 ID+6 字节数据+1 字节校验和构成，共计 10 字节。

（2）数据包中有 6 个数据，每个数据为 1 字节。

（3）模块 ID 的最高位 bit7 固定为 0。

（4）模块 ID 的取值范围为 0x00～0x7F，最多有 128 种类型。

（5）数据头的最高位 bit7 固定为 1，数据头的低 7 位按照从低位到高位的顺序，依次存放二级 ID 的最高位 bit7、数据 1 的最高位 bit7、数据 2 的最高位 bit7、数据 3 的最高位 bit7、数据 4 的最高位 bit7、数据 5 的最高位 bit7 和数据 6 的最高位 bit7。

（6）二级 ID、数据 1、数据 2、数据 3、数据 4、数据 5 和数据 6 的最高位 bit7 存放于数据头。

（7）校验和的低 7 位为模块 ID+数据头+二级 ID+数据 1+数据 2+…+数据 6 求和的结果（取低 7 位）。

（8）二级 ID、数据 1、数据 2、数据 3、数据 4、数据 5、数据 6 和校验和的最高位 bit7 固定为 1。

2. PCT 通信协议打包过程

PCT 通信协议的打包过程分为 4 步。第 1 步，准备原始数据，原始数据由模块 ID（0x00～0x7F）、二级 ID、数据 1、数据 2、数据 3、数据 4、数据 5 和数据 6 组成，如图 16-13 所示。其中，模块 ID 的取值范围为 0x00～0x7F，二级 ID 和数据的取值范围为 0x00～0xFF。

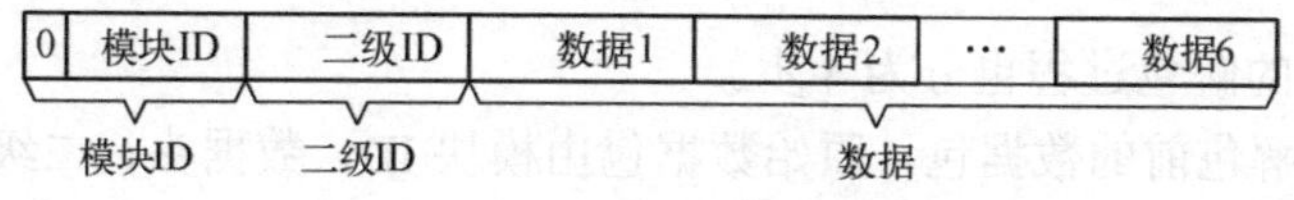

图 16-13　PCT 通信协议打包第 1 步

第 2 步，依次取出二级 ID、数据 1、数据 2、数据 3、数据 4、数据 5 和数据 6 的最高位 bit7，将其存放于数据头的低 7 位，按照从低位到高位的顺序依次存放二级 ID、数据 1、数据 2、数据 3、数据 4、数据 5 和数据 6 的最高位 bit7，如图 16-14 所示。

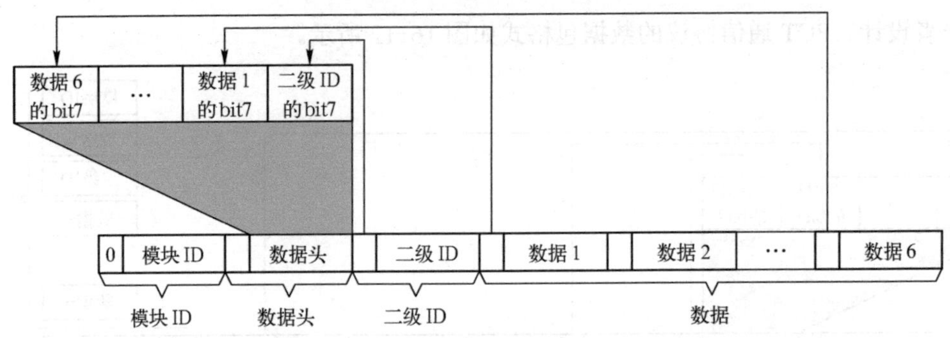

图 16-14　PCT 通信协议打包第 2 步

第 3 步，对模块 ID、数据头、二级 ID、数据 1、数据 2、数据 3、数据 4、数据 5 和数据 6 的低 7 位求和，取求和结果的低 7 位，将其存放于校验和的低 7 位，如图 16-15 所示。

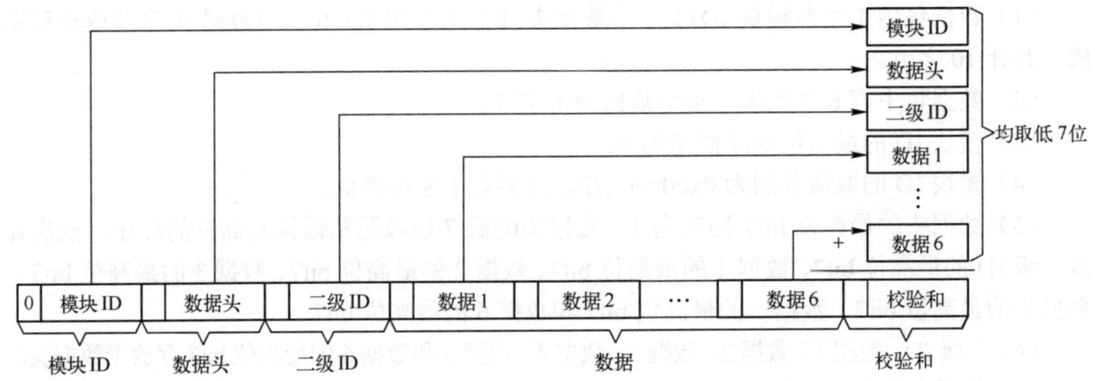

图 16-15　PCT 通信协议打包第 3 步

第 4 步，将数据头、二级 ID、数据 1、数据 2、数据 3、数据 4、数据 5、数据 6 和校验和的最高位置为 1，如图 16-16 所示。

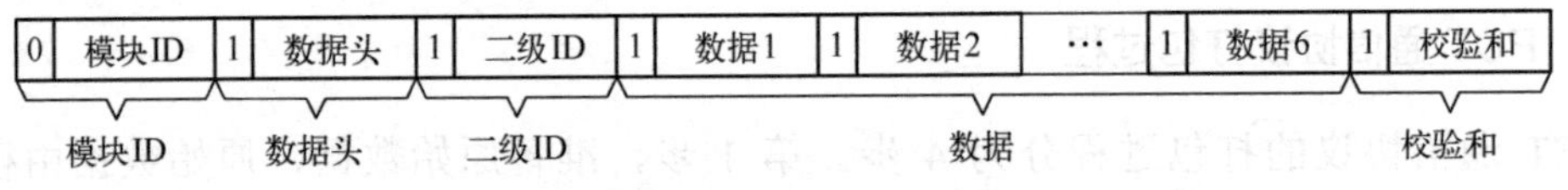

图 16-16　PCT 通信协议打包第 4 步

3. PCT 通信协议解包过程

PCT 通信协议的解包过程也分为 4 步。

第 1 步，准备解包前的数据包，原始数据包由模块 ID、数据头、二级 ID、数据 1、数据 2、数据 3、数据 4、数据 5 和数据 6 组成，如图 16-17 所示。其中，模块 ID 的最高位为 0，其余字节的最高位均为 1。

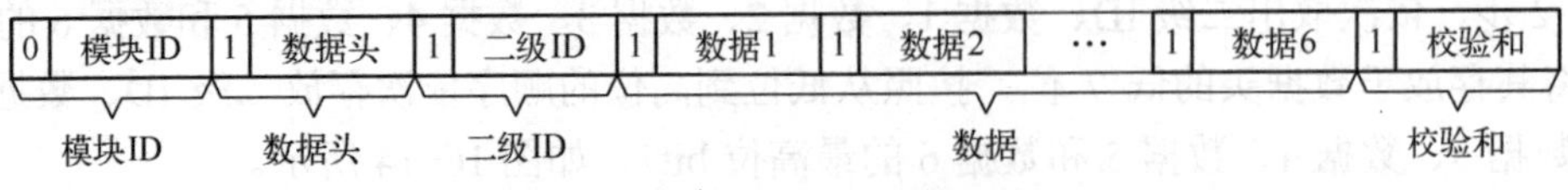

图 16-17　PCT 通信协议解包第 1 步

第 2 步，对模块 ID、数据头、二级 ID、数据 1、数据 2、数据 3、数据 4、数据 5 和数据 6 的低 7 位求和，如图 16-18 所示，取求和结果的低 7 位与数据包的校验和低 7 位对比，如果两个值的结果相等，则说明校验正确。

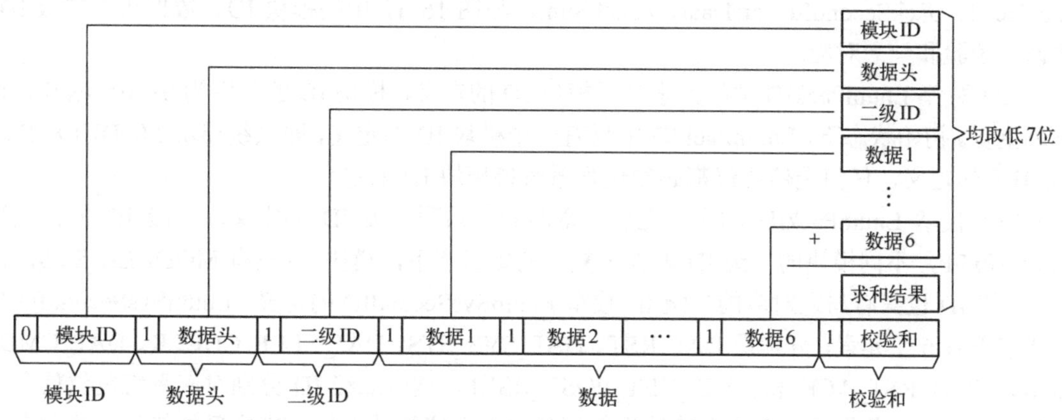

图 16-18　PCT 通信协议解包第 2 步

第 3 步，数据头的最低位 bit0 与二级 ID 的低 7 位拼接之后作为最终的二级 ID，数据头的 bit1 与数据 1 的低 7 位拼接之后作为最终的数据 1，数据头的 bit2 与数据 2 的低 7 位拼接之后作为最终的数据 2，以此类推，如图 16-19 所示。

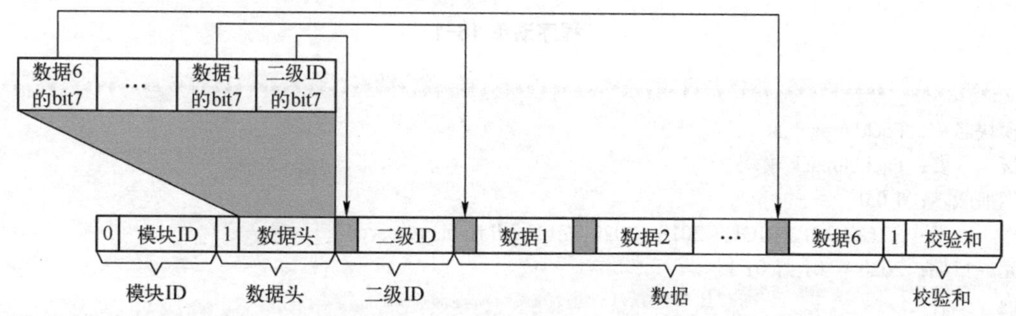

图 16-19　PCT 通信协议解包第 3 步

第 4 步，图 16-20 所示即为解包之后的结果，由模块 ID、二级 ID、数据 1、数据 2、数据 3、数据 4、数据 5 和数据 6 组成。其中，模块 ID 的取值范围为 0x00～0x7F，二级 ID 和数据的取值范围为 0x00～0xFF。

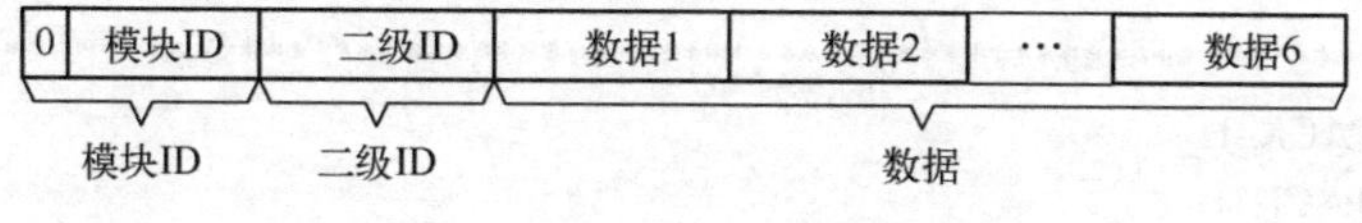

图 16-20　PCT 通信协议解包第 4 步

4．PCT 通信协议实现

PCT 通信协议既可以使用面向过程语言（如 C 语言）实现，也可以使用面向对象语言（如 C++或 C#语言）实现，还可以用硬件描述语言（如 Verilog HDL 或 VHDL）实现。

下面以 C 语言为实现载体，讲解 PackUnpack 模块的 PackUnpack.h 文件。该文件的全部代码如程序清单 16-1 所示，下面按照顺序对这些语句进行解释说明。

（1）在“枚举结构体定义”区，结构体 StructPackType 有 5 个成员，分别是 packModuleId、packHead、packSecondId、arrData、checkSum，与图 16-12 中的模块 ID、数据头、二级 ID、数据、校验和一一对应。

（2）枚举 EnumPackID 中的元素是对模块 ID 的定义，模块 ID 的范围为 0x00～0x7F，且不可重复。初始状态下，EnumPackID 中只有一个模块 ID 的定义，即系统模块 MODULE_SYS（0x01）的定义，任何通信协议都必须包含系统该模块 ID 的定义。

（3）枚举 EnumPackID 的定义之后会紧跟着一系列二级 ID 的定义，二级 ID 的范围为 0x00～0xFF，不同模块的二级 ID 可以重复。初始状态下，模块 ID 只有 MODULE_SYS，因此，二级 ID 也只有与之对应的二级 ID 枚举 EnumSysSecondID 的定义。EnumSysSecondID 初始状态下有 6 个元素，分别是 DAT_RST、DAT_SYS_STS、DAT_SELF_CHECK、DAT_CMD_ACK、CMD_RST_ACK 和 CMD_GET_POST_RSLT，这些二级 ID 分别对应系统复位信息数据包、系统状态数据包、系统自检结果数据包、命令应答数据包、模块复位信息应答命令包和读取自检结果命令包。

（4）PackUnpack 模块有 4 个 API 函数，分别是初始化打包/解包模块函数 InitPackUnpack、对数据进行打包函数 PackData、对数据进行解包函数 UnPackData，以及读取解包后数据包函数 GetUnPackRslt。

程序清单 16-1

```
/*********************************************************************************************************
* 模块名称：PackUnpack.h
* 摘    要：PackUnpack 模块
* 当前版本：1.0.0
* 作    者：SZLY(COPYRIGHT 2018 - 2020 SZLY. All rights reserved.)
* 完成日期：2020 年 01 月 01 日
* 内    容：
* 注    意：
**********************************************************************************************************
* 取代版本：
* 作    者：
* 完成日期：
* 修改内容：
* 修改文件：
*********************************************************************************************************/
#ifndef _PACK_UNPACK_H_
#define _PACK_UNPACK_H_

/*********************************************************************************************************
*                                              包含头文件
*********************************************************************************************************/
#include "DataType.h"
#include "UART1.h"
```

```
/*********************************************************************************************
*                                           宏定义
*********************************************************************************************/

/*********************************************************************************************
*                                         枚举结构体定义
*********************************************************************************************/
//包类型结构体
typedef struct
{
  u8 packModuleId;                          //模块包 ID
  u8 packHead;                              //数据头
  u8 packSecondId;                          //二级 ID
  u8 arrData[6];                            //包数据
  u8 checkSum;                              //校验和
}StructPackType;

//枚举定义，定义模块 ID，0x00～0x7F，不可以重复
typedef enum
{
  MODULE_SYS        = 0x01,                 //系统信息

  MODULE_WAVE       = 0x71,                 //wave 模块信息

  MAX_MODULE_ID     = 0x80
}EnumPackID;

//定义二级 ID，0x00～0xFF，因为是分属于不同的模块 ID，因此不同模块 ID 的二级 ID 可以重复
//系统模块的二级 ID
typedef enum
{
  DAT_RST             = 0x01,               //系统复位信息
  DAT_SYS_STS         = 0x02,               //系统状态
  DAT_SELF_CHECK      = 0x03,               //系统自检结果
  DAT_CMD_ACK         = 0x04,               //命令应答

  CMD_RST_ACK         = 0x80,               //模块复位信息应答
  CMD_GET_POST_RSLT = 0x81,                 //读取自检结果
}EnumSysSecondID;


/*********************************************************************************************
*                                         API 函数声明
*********************************************************************************************/
void  InitPackUnpack(void);                 //初始化 PackUnpack 模块
u8    PackData(StructPackType* pPT);        //对数据进行打包，1—打包成功，0—打包失败
u8    UnPackData(u8 data);                  //对数据进行解包，1—解包成功，0—解包失败
```

```
StructPackType  GetUnPackRslt(void);      //读取解包后数据包

#endif
```

16.2.5 PCT 通信协议应用

16.2.4 节已经对 PCT 通信协议及其实现进行了说明，无论是本章的 DAC 实验，还是第 17 章的 ADC 实验，都涉及 PCT 通信协议。DAC 实验和 ADC 实验的流程图如图 16-21 所示。在 DAC 实验中，从机（STM32 核心板）接收来自主机（计算机上的信号采集工具）的生成波形命令包，对接收到的命令包进行解包，根据解包之后的命令（生成正弦波、三角波或方波命令），调用 OnGenWave 函数控制 DAC 输出对应的波形。在 ADC 实验中，从机通过 ADC 接收波形信号，并进行模数转换，再将转换后的波形数据进行打包处理，最后将打包后的波形数据包发送至主机。

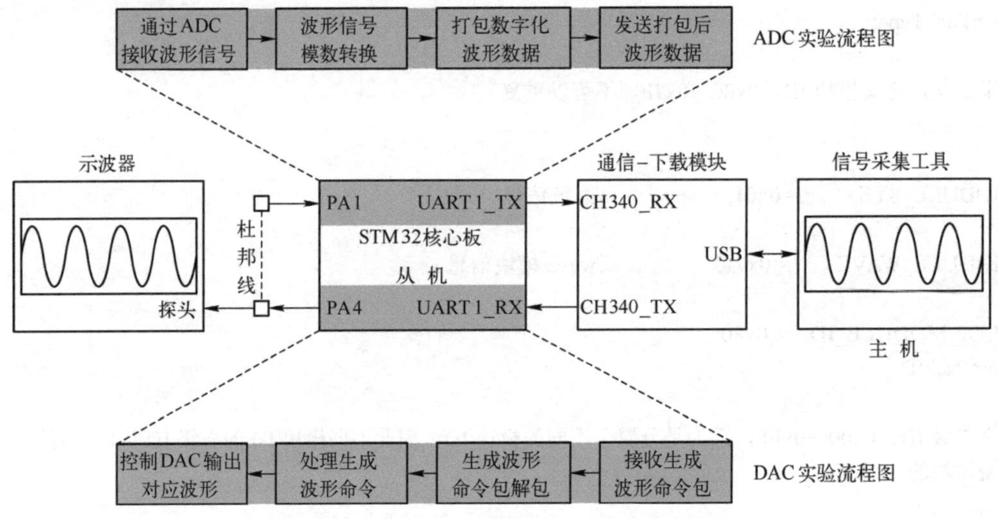

图 16-21　DAC 实验和 ADC 实验流程图

信号采集工具界面如图 16-22 所示，该工具用于控制 STM32 核心板输出不同波形（如正弦波、三角波和方波），并接收和显示 STM32 核心板发送到计算机的波形数据。通过左下方的“波形选择”下拉列表控制 STM32 核心板输出不同的波形，右侧黑色区域用于显示从 STM32 核心板接收到的波形数据，串口参数可以通过左侧栏设置，串口状态可以通过状态栏查看（图中显示“串口已关闭”）。

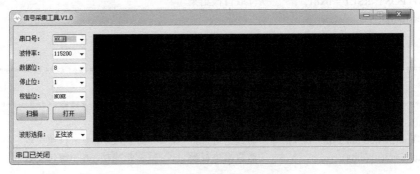

图 16-22　信号采集工具界面

信号采集工具在 DAC 实验和 ADC 实验中扮演主机角色，STM32 核心板扮演从机角色，主机和从机之间的通信均遵照 PCT 通信协议。下面先介绍两个实验涉及的 PCT 通信协议。

主机到从机有一个生成波形的命令包，从机到主机有一个波形数据包，两个数据包同属于一个模块，将其定义为 wave 模块，wave 模块的模块 ID 取值为 0x71。

wave 模块的生成波形命令包的二级 ID 取值为 0x80，该命令包的定义如图 16-23 所示。

模块 ID	HEAD	二级 ID	DAT1	DAT2	DAT3	DAT4	DAT5	DAT6	CHECK
71H	数据头	80 H	波形类型	保留	保留	保留	保留	保留	校验和

图 16-23　wave 模块生成波形命令包的定义

波形类型的定义如表 16-7 所示。注意，复位后，波形类型取值为 0x00。

表 16-7　波形类型的定义

BIT 位	定　义
7:0	波形类型：0x00—正弦波，0x01—三角波，0x02—方波

wave 模块的波形数据包的二级 ID 为 0x01，该数据包的定义如图 16-24 所示，一个波形数据包包含 5 个连续的波形数据，对应波形上连续的 5 个点。波形数据包每 8ms 由从机发送给主机一次。

模块 ID	HEAD	二级 ID	DAT1	DAT2	DAT3	DAT4	DAT5	DAT6	CHECK
71 H	数据头	01 H	波形数据1	波形数据2	波形数据3	波形数据4	波形数据5	保留	校验和

图 16-24　wave 模块波形数据包的定义

从机在接收到主机发送的命令后，向主机发送命令应答数据包，图 16-25 所示为命令应答数据包的定义。

模块 ID	HEAD	二级 ID	DAT1	DAT2	DAT3	DAT4	DAT5	DAT6	CHECK
01H	数据头	04H	模块 ID	二级 ID	应答消息	保留	保留	保留	校验和

图 16-25　命令应答数据包的定义

应答消息的定义如表 16-8 所示。

表 16-8　应答消息的定义

BIT 位	定　义
7:0	应答消息：0—命令成功，1—校验和错误，2—命令包长度错误，3—无效命令，4—命令参数数据错误，5—命令不接收

主机和从机的 PCT 通信协议明确之后，接下来介绍该协议在 DAC 实验和 ADC 实验中的应用。按照模块 ID 和二级 ID 的定义，分两步更新 PackUnpack.h 文件。

（1）在枚举 EnumPackID 的定义中，将 wave 模块对应的元素定义为 MODULE_WAVE，该元素取值为 0x71，将新增的 MODULE_WAVE 元素添加至 EnumPackID 中，如程序清单 16-2 所示。

程序清单 16-2

```
//枚举定义，定义模块 ID，0x00～0x7F，不可以重复
typedef enum
{
MODULE_SYS      = 0x01,             //系统信息
MODULE_WAVE     = 0x71,             //wave 模块信息

  MAX_MODULE_ID = 0x80
}EnumPackID;
```

（2）添加完模块 ID 的枚举定义之后，还需要进一步添加二级 ID 的枚举定义，wave 模块包含一个波形数据包和一个生成波形命令包，这里将数据包元素定义为 DAT_WAVE_WDATA，该元素取值为 0x01，将命令包元素定义为 CMD_GEN_WAVE，该元素取值为 0x80。最后，将 DAT_WAVE_WDATA 和 CMD_GEN_WAVE 元素添加至 EnumWaveSecondID 中，如程序清单 16-3 所示。

程序清单 16-3

```
//Wave 模块的二级 ID
typedef enum
{
  DAT_WAVE_WDATA = 0x01,            //波形数据

  CMD_GEN_WAVE     = 0x80,          //生成波形命令
}EnumWaveSecondID;
```

PackUnpack 模块的 PackUnpack.c 和 PackUnpack.h 文件位于本书配套资料包的“04.例程资料\Material”文件夹中的“15.DAC 实验”和“16.ADC 实验”中，建议读者深入分析该模块的实现和应用。

16.2.6 DAC 部分寄存器

本实验涉及的DAC寄存器包括控制寄存器（DAC_CR）、软件触发寄存器（DAC_SWTRIGR）、通道 1 数据输出寄存器（DAC_DOR1）、通道 2 数据输出寄存器（DAC_DOR2）、通道 1 的 12 位右对齐数据保持寄存器（DAC_DHR12R1）。

1. 控制寄存器（DAC_CR）

DAC_CR 的结构、偏移地址和复位值如图 16-26 所示，对部分位的解释说明如表 16-9 所示。

偏移地址：0x00

复位值：0x0000 0000

31	30	29	28	27	26	25	24	23	22	21	20	19	18	17	16
保留			DMA EN2	MAMP2[3:0]				WAVE2[1:0]		TSEL2[2:0]			TEN2	BOFF2	EN2
			rw	rw	rw	rw	rw	rw	rw	rw	rw	rw	rw	rw	rw

15	14	13	12	11	10	9	8	7	6	5	4	3	2	1	0
保留			DMA EN1	MAMP1[3:0]				WAVE1[1:0]		TSEL1[2:0]			TEN1	BOFF1	EN1
			rw	rw	rw	rw	rw	rw	rw	rw	rw	rw	rw	rw	rw

图 16-26　DAC_CR 的结构、偏移地址和复位值

表 16-9　DAC_CR 部分位的解释说明

位 12	DMAEN1：DAC 通道 1 的 DMA 使能（DAC channel1 DMA enable）。 该位由软件设置和清除。 0：关闭 DAC 通道 1 的 DMA 模式； 1：使能 DAC 通道 1 的 DMA 模式
位 7:6	WAVE1[1:0]：DAC 通道 1 噪声/三角波生成使能（DAC channel1 noise/triangle wave generation enable）。 这两位由软件设置和清除。 00：关闭波形生成； 10：使能噪声波形发生器； 1x：使能三角波发生器
位 5:3	TSEL1[2:0]：DAC 通道 1 触发选择（DAC channel1 trigger selection）。 该位用于选择 DAC 通道 1 的外部触发事件。 000：TIM6 TRGO 事件； 001：TIM8 TRGO 事件； 010：TIM7 TRGO 事件； 011：TIM5 TRGO 事件； 100：TIM2 TRGO 事件； 101：TIM4 TRGO 事件； 110：外部中断线 9； 111：软件触发。 注意，该位只能在 TEN1=1（DAC 通道 1 触发使能）时设置
位 2	TEN1：DAC 通道 1 触发使能（DAC channel1 trigger enable）。 该位由软件设置和清除，用来使能/除能 DAC 通道 1 的触发。 0：关闭 DAC 通道 1 触发，写入 DAC_DHRx 的数据在 1 个 APB1 时钟周期后传入 DAC_DOR1； 1：使能 DAC 通道 1 触发，写入 DAC_DHRx 的数据在 3 个 APB1 时钟周期后传入 DAC_DOR1。 注意，如果选择软件触发，则写入 DAC_DHRx 的数据只需要 1 个 APB1 时钟周期就可以传入 DAC_DOR1
位 1	BOFF1：关闭 DAC 通道 1 输出缓存（DAC channel1 output buffer disable）。 该位由软件设置和清除，用来使能/除能 DAC 通道 1 的输出缓存。 0：使能 DAC 通道 1 输出缓存； 1：关闭 DAC 通道 1 输出缓存
位 0	EN1：DAC 通道 1 使能（DAC channel1 enable）。 该位由软件设置和清除，用来使能/除能 DAC 通道 1。 0：关闭 DAC 通道 1； 1：使能 DAC 通道 1

2．软件触发寄存器（DAC_SWTRIGR）

DAC_SWTRIGR 的结构、偏移地址和复位值如图 16-27 所示，对部分位的解释说明如表 16-10 所示。

偏移地址：0x04

复位值：0x0000 0000

31	30	29	28	27	26	25	24	23	22	21	20	19	18	17	16
保留															

15	14	13	12	11	10	9	8	7	6	5	4	3	2	1	0
保留														SWTRIG2	SWTRIG1
														w	w

图 16-27　DAC_SWTRIGR 的结构、偏移地址和复位值

表 16-10 DAC_SWTRIGR 部分位的解释说明

位 31:2	保留
位 1	SWTRIG2：DAC 通道 2 软件触发（DAC channel2 software trigger）。 该位由软件设置和清除，用来使能/除能软件触发。 0：关闭 DAC 通道 2 软件触发； 1：使能 DAC 通道 2 软件触发。 注意，一旦 DAC_DHR2 的数据传入 DAC_DOR2，1 个 APB1 时钟周期后，该位即由硬件置 0
位 0	SWTRIG1：DAC 通道 1 软件触发（DAC channel1 software trigger）。 该位由软件设置和清除，用来使能/除能软件触发。 0：关闭 DAC 通道 1 软件触发； 1：使能 DAC 通道 1 软件触发。 注意，一旦 DAC_DHR1 的数据传入 DAC_DOR1，1 个 APB1 时钟周期后，该位即由硬件置 0

3．通道 1 的 12 位右对齐数据保持寄存器（DAC_DHR12R1）

DAC_DHR12R1 的结构、偏移地址和复位值如图 16-28 所示，对部分位的解释说明如表 16-11 所示。

偏移地址：0x08

复位值：0x0000 0000

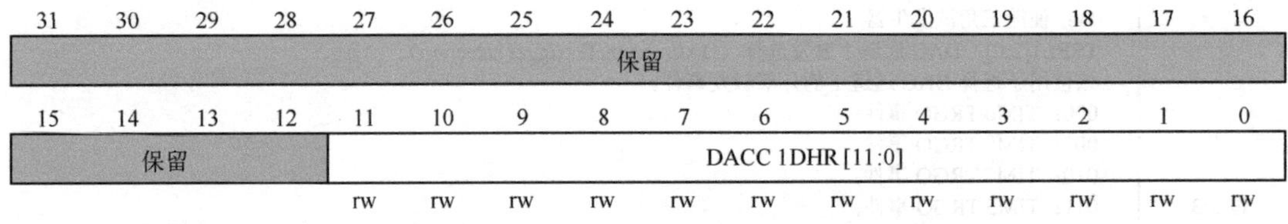

图 16-28 DAC_DHR12R1 的结构、偏移地址和复位值

表 16-11 DAC_DHR12R1 部分位的解释说明

位 31:12	保留
位 11:0	DACC1DHR[11:0]：DAC 通道 1 的 12 位右对齐数据（DAC channel1 12-bit right-aligned data）。 该位由软件写入，表示 DAC 通道 1 的 12 位数据

4．通道 1 数据输出寄存器（DAC_DOR1）

DAC_DOR1 的结构、偏移地址和复位值如图 16-29 所示，对部分位的解释说明如表 16-12 所示。

偏移地址：0x2C

复位值：0x0000 0000

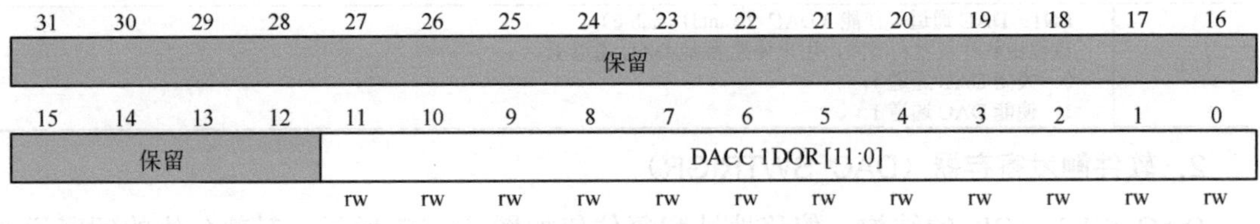

图 16-29 DAC_DOR1 的结构、偏移地址和复位值

表 16-12 DAC_DOR1 部分位的解释说明

位 31:12	保留
位 11:0	DACC1DOR[11:0]：DAC 通道 1 输出数据（DAC channel1 data output）。 该位由软件写入，表示 DAC 通道 1 的输出数据

5．通道 2 数据输出寄存器（DAC_DOR2）

DAC_DOR2 的结构、偏移地址和复位值如图 16-30 所示，对部分位的解释说明如表 16-13 所示。

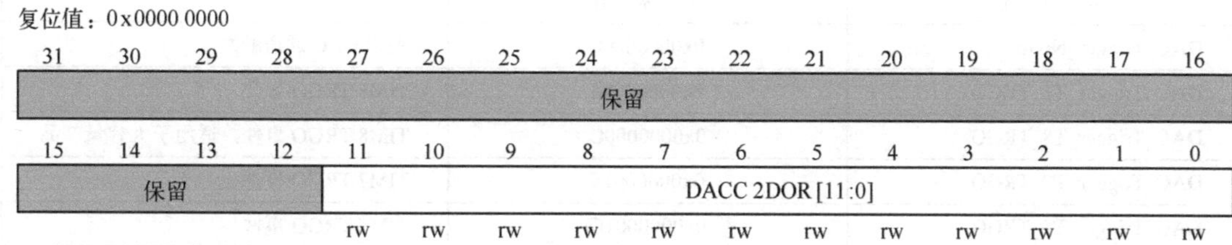

图 16-30　DAC_DOR2 的结构、偏移地址和复位值

表 16-13　DAC_DOR2 部分位的解释说明

位 31:12	保留
位 11:0	DACC2DOR[11:0]：DAC 通道 2 输出数据（DAC channel2 data output）。 该位由软件写入，表示 DAC 通道 2 的输出数据

16.2.7　DAC 部分固件库函数

本实验涉及的 DAC 固件库函数包括 DAC_Init、DAC_DMACmd、DAC_SetChannel1Data、DAC_Cmd。这些函数在 stm32f10x_dac.h 文件中声明，在 stm32f10x_dac.c 文件中实现。

1．DAC_Init

DAC_Init 函数的功能是根据 DAC_InitStruct 指定的参数初始化 DAC，通过向 DAC→CR 写入参数来实现。具体描述如表 16-14 所示。

表 16-14　DAC_Init 函数的描述

函数名	DAC_Init
函数原形	void DAC_Init(uint32_t DAC_Channel, DAC_InitTypeDef* DAC_InitStruct)
功能描述	依照 DAC_InitStruct 指定的参数初始化 DAC
输入参数 1	DAC_Channel：选择 DAC 通道
输入参数 2	DAC_InitStruct：指向将要被初始化的 DAC_InitTypeDef 结构体指针
输出参数	无
返回值	void

DAC_InitTypeDef 结构体定义在 stm32f10x_dac.h 文件中，内容如下：

```
typedef struct
{
  uint32_t DAC_Trigger;
  uint32_t DAC_WaveGeneration;
  uint32_t DAC_LFSRUnmask_TriangleAmplitude;
  uint32_t DAC_OutputBuffer;
}DAC_InitTypeDef;
```

参数 DAC_Trigger 用于选择 DAC 触发模式，可取值如表 16-15 所示。

表 16-15　参数 DAC_Trigger 的可取值

可 取 值	实 际 值	描　述
DAC_Trigger_None	0x00000000	关闭 DAC 通道触发
DAC_Trigger_T6_TRGO	0x00000004	TIM6 TRGO 事件
DAC_Trigger_T8_TRGO	0x0000000C	TIM8 TRGO 事件，适用于大容量产品
DAC_Trigger_T7_TRGO	0x00000014	TIM7 TRGO 事件
DAC_Trigger_T5_TRGO	0x0000001C	TIM5 TRGO 事件
DAC_Trigger_T2_TRGO	0x00000024	TIM2 TRGO 事件
DAC_Trigger_T4_TRGO	0x0000002C	TIM4 TRGO 事件
DAC_Trigger_Ext_IT9	0x00000034	外部中断线 9
DAC_Trigger_Software	0x0000003C	使能 DAC 通道软件触发

参数 DAC_WaveGeneration 用于使能或除能 DAC 通道噪声波形/三角波发生器，可取值如表 16-16 所示。

表 16-16　参数 DAC_WaveGeneration 的可取值

可 取 值	实 际 值	描　述
DAC_WaveGeneration_None	0x00000000	关闭波形生成
DAC_WaveGeneration_Noise	0x00000040	使能噪声波形发生器
DAC_WaveGeneration_Triangle	0x00000080	使能三角波发生器

参数 DAC_LFSRUnmask_TriangleAmplitude 用于设置 DAC 通道屏蔽/幅值选择器，可取值如表 16-17 所示。

表 16-17　参数 DAC_LFSRUnmask_TriangleAmplitude 的可取值

可 取 值	实 际 值	描　述
DAC_LFSRUnmask_Bit0	0x00000000	对噪声波屏蔽 DAC 通道 LFSR 位 0
DAC_LFSRUnmask_Bits1_0	0x00000100	对噪声波屏蔽 DAC 通道 LFSR 位[1:0]
DAC_LFSRUnmask_Bits2_0	0x00000200	对噪声波屏蔽 DAC 通道 LFSR 位[2:0]
DAC_LFSRUnmask_Bits3_0	0x00000300	对噪声波屏蔽 DAC 通道 LFSR 位[3:0]
DAC_LFSRUnmask_Bits4_0	0x00000400	对噪声波屏蔽 DAC 通道 LFSR 位[4:0]
DAC_LFSRUnmask_Bits5_0	0x00000500	对噪声波屏蔽 DAC 通道 LFSR 位[5:0]
DAC_LFSRUnmask_Bits6_0	0x00000600	对噪声波屏蔽 DAC 通道 LFSR 位[6:0]
DAC_LFSRUnmask_Bits7_0	0x00000700	对噪声波屏蔽 DAC 通道 LFSR 位[7:0]
DAC_LFSRUnmask_Bits8_0	0x00000800	对噪声波屏蔽 DAC 通道 LFSR 位[8:0]
DAC_LFSRUnmask_Bits9_0	0x00000900	对噪声波屏蔽 DAC 通道 LFSR 位[9:0]
DAC_LFSRUnmask_Bits10_0	0x00000A00	对噪声波屏蔽 DAC 通道 LFSR 位[10:0]
DAC_LFSRUnmask_Bits11_0	0x00000B00	对噪声波屏蔽 DAC 通道 LFSR 位[11:0]
DAC_TriangleAmplitude_1	0x00000000	设置三角波振幅为 1
DAC_TriangleAmplitude_3	0x00000100	设置三角波振幅为 3
DAC_TriangleAmplitude_7	0x00000200	设置三角波振幅为 7
DAC_TriangleAmplitude_15	0x00000300	设置三角波振幅为 15
DAC_TriangleAmplitude_31	0x00000400	设置三角波振幅为 31

续表

可　取　值	实　际　值	描　　述
DAC_TriangleAmplitude_63	0x00000500	设置三角波振幅为 63
DAC_TriangleAmplitude_127	0x00000600	设置三角波振幅为 127
DAC_TriangleAmplitude_255	0x00000700	设置三角波振幅为 255
DAC_TriangleAmplitude_511	0x00000800	设置三角波振幅为 511
DAC_TriangleAmplitude_1023	0x00000900	设置三角波振幅为 1023
DAC_TriangleAmplitude_2047	0x00000A00	设置三角波振幅为 2047
DAC_TriangleAmplitude_4095	0x00000B00	设置三角波振幅为 4095

参数 DAC_OutputBuffer 用于使能或除能 DAC 通道的输出缓存，可取值如表 16-18 所示。

表 16-18　参数 DAC_OutputBuffer 的可取值

可　取　值	实　际　值	描　　述
DAC_OutputBuffer_Enable	0x00000000	使能 DAC 通道输出缓存
DAC_OutputBuffer_Disable	0x00000002	除能 DAC 通道输出缓存

2. DAC_DMACmd

DAC_DMACmd 函数的功能是使能或除能指定的 DAC 通道的 DMA 请求，通过向 DAC→CR 写入参数来实现。具体描述如表 16-19 所示。

表 16-19　DAC_DMACmd 函数的描述

函数名	DAC_DMACmd
函数原形	void DAC_DMACmd(uint32_t DAC_Channel, FunctionalState NewState)
功能描述	使能或除能指定的 DAC 通道的 DMA 请求
输入参数 1	DAC_Channel：选择 DAC 通道
输入参数 2	NewState：DAC 通道的状态，可取 ENALB 或 DISABLE
输出参数	无
返回值	void

参数 DAC_Channel 用于选择 DAC 通道，可取值如表 16-20 所示。

表 16-20　参数 DAC_Channel 的可取值

可　取　值	实　际　值	描　　述
DAC_Channel_1	0x00000000	DAC 通道 1
DAC_Channel_2	0x00000010	DAC 通道 2

例如，使能 DAC 通道 1 的 DMA 请求，代码如下：

```
DAC_DMACmd(DAC_Channel_1, ENABLE);
```

3. DAC_SetChannel1Data

DAC_SetChannel1Data 函数的功能是设置 DAC 通道 1 指定的数据保持寄存器。具体描述如表 16-21 所示。

表 16-21　DAC_SetChannel1Data 函数的描述

函数名	DAC_SetChannel1Data
函数原形	void DAC_SetChannel1Data(uint32_t DAC_Align, uint16_t Data)
功能描述	设置 DAC 通道 1 指定的数据保持寄存器
输入参数 1	DAC_Align：DAC 通道 1 指定的数据对齐方式。该参数可以选择下列值之一： DAC_Align_8b_R：选择 8 位数据右对齐； DAC_Align_12b_L：选择 12 位数据左对齐； DAC_Align_12b_R：选择 12 位数据右对齐
输入参数 2	Data：装入选择的数据保持寄存器的数据
输出参数	无
返回值	void

例如，以 12 位右对齐数据格式设置 DAC 值，代码如下：

```
DAC_SetChannel1Data(DAC_Align_12b_R, 0);
```

4. DAC_Cmd

DAC_Cmd 函数的功能是设置 DAC 通道 1 指定的数据保持寄存器，通过向 DAC→CR 写入参数来实现。具体描述如表 16-22 所示。

表 16-22　DAC_Cmd 函数的描述

函数名	DAC_Cmd
函数原形	void DAC_Cmd(uint32_t DAC_Channel, FunctionalState NewState)
功能描述	使能或除能指定的 DAC 通道
输入参数 1	DAC_Channel：选择的 DAC 通道
输入参数 2	NewState：DAC 通道的新状态，可以是 ENABLE 或 DISABLE
输出参数	无
返回值	void

例如，使能 DAC 的通道 1，代码如下：

```
DAC_Cmd（DAC_Channel_1, ENABLE);
```

16.2.8　DMA 部分寄存器

本实验涉及的 DMA 寄存器包括 DMA 中断状态寄存器（DMA_ISR）、DMA 中断标志清除寄存器（DMA_IFCR）、DMA 通道 x 配置寄存器（DMA_CCRx）（x=1, …, 7）、DMA 通道 x 传输数量寄存器（DMA_CNDTRx）（x=1, …, 7）、DMA 通道 x 外设地址寄存器（DMA_CPARx）（x=1, …, 7）、DMA 通道 x 存储器地址寄存器（DMA_CMARx）（x=1, …, 7）。

1. DMA 中断状态寄存器（DMA_ISR）

DMA_ISR 的结构、偏移地址和复位值如图 16-31 所示，对部分位的解释说明如表 16-23 所示。

偏移地址：0x00

复位值：0x0000 0000

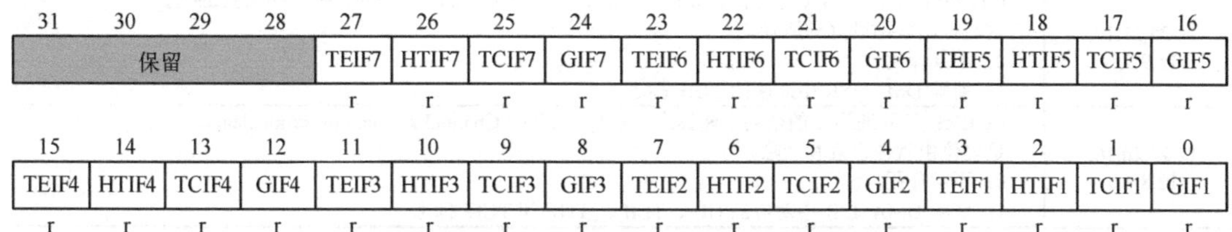

图 16-31　DMA_ISR 的结构、偏移地址和复位值

表 16-23　DMA_ISR 部分位的解释说明

位	说明
位 31:28	保留。必须保持为 0
位 27,23,19,15,11,7,3	TEIFx：通道 x 的传输错误标志（x=1，…，7）(Channel x transfer error flag)。 硬件设置这些位，在 DMA_IFCR 的相应位写入 1 可以清除这里对应的标志位。 0：在通道 x 没有传输错误（TE）； 1：在通道 x 发生了传输错误（TE）
位 26,22,18,14,10,6,2	HTIFx：通道 x 的半传输标志（x=1，…，7）(Channel x half transfer flag)。 硬件设置这些位，在 DMA_IFCR 的相应位写入 1 可以清除这里对应的标志位。 0：在通道 x 没有半传输事件（HT）； 1：在通道 x 产生了半传输事件（HT）
位 25,21,17,13,9,5,1	TCIFx：通道 x 的传输完成标志（x=1，…，7）(Channel x transfer complete flag)。 硬件设置这些位，在 DMA_IFCR 的相应位写入 1 可以清除这里对应的标志位。 0：在通道 x 没有传输完成事件（TC）； 1：在通道 x 产生了传输完成事件（TC）
位 24,20,16,12,8,4,0	GIFx：通道 x 的全局中断标志（x=1，…，7）(Channel x global interrupt flag)。 硬件设置这些位，在 DMA_IFCR 的相应位写入 1 可以清除这里对应的标志位。 0：在通道 x 没有 TE、HT 或 TC 事件； 1：在通道 x 产生了 TE、HT 或 TC 事件

2．DMA 中断标志清除寄存器（DMA_IFCR）

DMA_IFCR 的结构、偏移地址和复位值如图 16-32 所示，对部分位解释说明如表 16-24 所示。

偏移地址：0x04

复位值：0x0000 0000

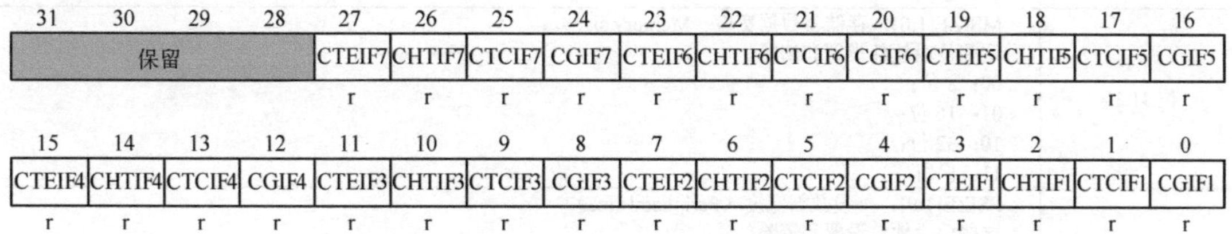

图 16-32　DMA_IFCR 的结构、偏移地址和复位值

表 16-24　DMA_IFCR 部分位的解释说明

位	说明
位 31:28	保留。必须保持为 0
位 27,23,19,15,11,7,3	CTEIFx：清除通道 x 的传输错误标志（x=1，…，7）(Channel x transfer error clear)。 这些位由软件设置和清除。 0：不起作用； 1：清除 DMA_ISR 中对应的 TEIF 标志
位 26,22,18,14,10,6,2	CHTIFx：清除通道 x 的半传输标志（x=1，…，7）(Channel x half transfer clear)。 这些位由软件设置和清除。 0：不起作用； 1：清除 DMA_ISR 中对应的 HTIF 标志

续表

位 25,21,17, 13,9,5,1	CTCIFx：清除通道 x 的传输完成标志（x=1, …, 7）（Channel x transfer complete clear）。 这些位由软件设置和清除。 0：不起作用； 1：清除 DMA_ISR 中对应的 TCIF 标志
位 24,20,16, 12,8,4,0	CGIFx：清除通道 x 的全局中断标志（x=1, …, 7）（Channel x global interrupt clear）。 这些位由软件设置和清除。 0：不起作用； 1：清除 DMA_ISR 中对应的 GIF、TEIF、HTIF 和 TCIF 标志

3. DMA 通道 x 配置寄存器（DMA_CCRx）（x=1, …, 7）

DMA_CCRx 的结构、偏移地址和复位值如图 16-33 所示，对部分位的解释说明如表 16-25 所示。

偏移地址：0x08 + 20x (通道编号 -1)

复位值：0x0000 0000

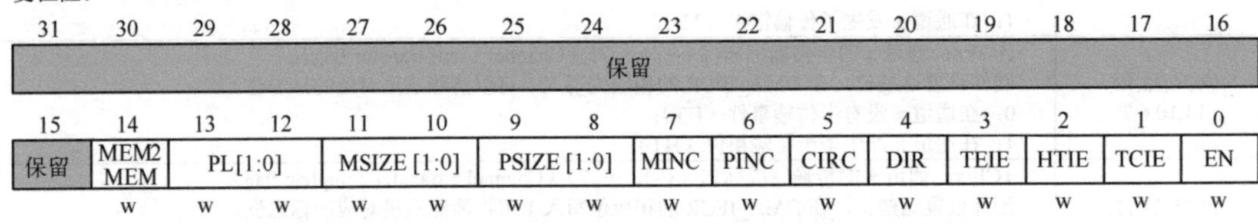

图 16-33　DMA_CCRx 的结构、偏移地址和复位值

表 16-25　DMA_CCRx 部分位的解释说明

位 31:15	保留。必须保持为 0
位 14	MEM2MEM：存储器到存储器模式（Memory to memory mode）。 该位由软件设置和清除。 0：非存储器到存储器模式； 1：启动存储器到存储器模式
位 13:12	PL[1:0]：通道优先级（Channel priority level）。 这些位由软件设置和清除。 00：低； 01：中； 10：高； 11：最高
位 11:10	MSIZE[1:0]：存储器数据宽度（Memory size）。 这些位由软件设置和清除。 00：8 位； 01：16 位； 10：32 位； 11：保留
位 9:8	PSIZE[1:0]：外设数据宽度（Peripheral size）。 这些位由软件设置和清除。 00：8 位； 01：16 位； 10：32 位； 11：保留
位 7	MINC：存储器地址增量模式（Memory increment mode）。 该位由软件设置和清除。 0：不执行存储器地址增量操作； 1：执行存储器地址增量操作
位 6	PINC：外设地址增量模式（Peripheral increment mode）。 该位由软件设置和清除。 0：不执行外设地址增量操作； 1：执行外设地址增量操作

续表

位 5	CIRC：循环模式（Circular mode） 该位由软件设置和清除。 0：不执行循环操作； 1：执行循环操作
位 4	DIR：数据传输方向（Data transfer direction）。 该位由软件设置和清除。 0：从外设读； 1：从存储器读
位 3	TEIE：允许传输错误中断（Transfer crror interrupt enable）。 该位由软件设置和清除。 0：禁止 TE 中断； 1：允许 TE 中断
位 2	HTIE：允许半传输中断（Half transfer interrupt enable）。 该位由软件设置和清除。 0：禁止 HT 中断； 1：允许 HT 中断
位 1	TCIE：允许传输完成中断（Transfer complete interrupt enable）。 该位由软件设置和清除。 0：禁止 TC 中断； 1：允许 TC 中断
位 0	EN：通道开启（Channel enable）。 该位由软件设置和清除。 0：通道不工作； 1：通道开启

4．DMA 通道 x 传输数量寄存器（DMA_CNDTRx）（x=1, …, 7）

DMA_CNDTRx 的结构、偏移地址和复位值如图 16-34 所示，对部分位的解释说明如表 16-26 所示。

偏移地址：0x0C + 20x (通道编号－1)

复位值：0x0000 0000

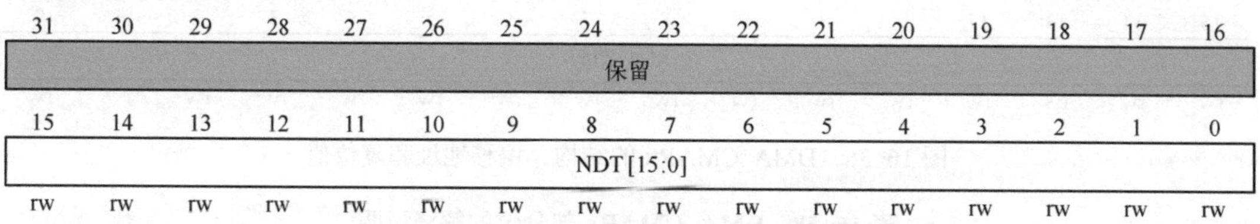

图 16-34 DMA_CNDTRx 的结构、偏移地址和复位值

表 16-26 DMA_CNDTRx 部分位的解释说明

位 31:16	保留。必须保持为 0
位 15:0	NDT[15:0]：数据传输数量（Number of data to transfer）。 数据传输数量为 0～65535。这个寄存器只能在通道不工作（DMA_CCRx 的 EN=0）时写入。通道开启后该寄存器变为只读，指示剩余的待传输字节数目。寄存器内容在每次 DMA 传输后递减。 数据传输结束后，寄存器的内容或变为 0；或当该通道配置为自动重加载模式时，寄存器的内容被自动重新加载为之前配置的数值。 当寄存器的内容为 0 时，无论通道是否开启，都不会发生任何数据传输

5．DMA 通道 x 外设地址寄存器（DMA_CPARx）（x=1, …, 7）

DMA_CPARx 的结构、偏移地址和复位值如图 16-35 所示，对部分位的解释说明如表 16-27 所示。

偏移地址：0x10 + 20x (通道编号−1)

复位值：0x0000 0000

当开启通道 (DMA _CCRx 的 EN＝1)时不能写该寄存器

31	30	29	28	27	26	25	24	23	22	21	20	19	18	17	16
PA[31:16]															
rw	rw	rw	rw	rw	rw	rw	rw	rw	rw	rw	rw	rw	rw	rw	rw
15	**14**	**13**	**12**	**11**	**10**	**9**	**8**	**7**	**6**	**5**	**4**	**3**	**2**	**1**	**0**
PA[15:0]															
rw	rw	rw	rw	rw	rw	rw	rw	rw	rw	rw	rw	rw	rw	rw	rw

图 16-35　DMA_CPARx 的结构、偏移地址和复位值

表 16-27　DMA_CPARx 部分位的解释说明

位 31:0	PA[31:0]：外设地址（Peripheral address）。 外设数据寄存器的基地址，作为数据传输的源或目标。 当 PSIZE=01（16 位）时，不使用 PA[0]位，操作自动地与半字地址对齐。 当 PSIZE=10（32 位）时，不使用 PA[1:0]位，操作自动地与字地址对齐

6．DMA 通道 x 存储器地址寄存器（DMA_CMARx）（x=1, …, 7）

DMA_CMARx 的结构、偏移地址和复位值如图 16-36 所示，对部分位的解释说明如表 16-28 所示。

偏移地址：0x14 + 20x (通道编号−1)

复位值：0x0000 0000

当开启通道 (DMA _CCRx 的 EN＝1)时不能写该寄存器

31	30	29	28	27	26	25	24	23	22	21	20	19	18	17	16
MA[31:16]															
rw	rw	rw	rw	rw	rw	rw	rw	rw	rw	rw	rw	rw	rw	rw	rw
15	**14**	**13**	**12**	**11**	**10**	**9**	**8**	**7**	**6**	**5**	**4**	**3**	**2**	**1**	**0**
MA[15:0]															
rw	rw	rw	rw	rw	rw	rw	rw	rw	rw	rw	rw	rw	rw	rw	rw

图 16-36　DMA_CMARx 的结构、偏移地址和复位值

表 16-28　DMA_CMARx 部分位的解释说明

位 31:0	MA[31:0]：存储器地址。 存储器地址作为数据传输的源或目标。 当 MSIZE=01（16 位）时，不使用 MA[0]位，操作自动地与半字地址对齐； 当 MSIZE=10（32 位）时，不使用 MA[1:0]位，操作自动地与字地址对齐

16.2.9　DMA 部分固件库函数

本实验涉及的 DMA 固件库函数包括 DMA_Init、DMA_ITConfig、DMA_Cmd、DMA_ClearITPendingBit。这些函数在 stm32f10x_dma.h 文件中声明，在 stm32f10x_dma.c 文件中实现。

1．DMA_Init

DMA_Init 函数的功能是根据 DMA_InitStruct 中指定的参数初始化 DMA 的通道 x 寄存器，通过向 DMAy_Channelx→CCR、DMAy_Channelx→CNDTR、DMAy_Channelx→CPAR、DMAy_Channelx→CMAR 写入参数来实现。具体描述如表 16-29 所示。

表 16-29　DMA_Init 函数的描述

函数名	DMA_Init
函数原形	void DMA_Init(DMA_Channel_TypeDef* DMAy_Channelx, DMA_InitTypeDef* DMA_InitStruct)
功能描述	根据 DMA_InitStruct 中指定的参数初始化 DMA 的通道 x 寄存器
输入参数 1	DMAy_Channelx：x 可以是 1, …, 7，用于选择 DMA 通道 x
输入参数 2	DMA_InitStruct：指向结构体 DMA_InitTypeDef 的指针，包含了 DMA 通道 x 的配置信息
输出参数	无
返回值	void

DMA_InitTypeDef 结构体定义在 stm32f10x_dma.h 文件中，内容如下：

```
typedef struct
{
  u32 DMA_PeripheralBaseAddr;
  u32 DMA_MemoryBaseAddr;
  u32 DMA_DIR;
  u32 DMA_BufferSize;
  u32 DMA_PeripheralInc;
  u32 DMA_MemoryInc;
  u32 DMA_PeripheralDataSize;
  u32 DMA_MemoryDataSize;
  u32 DMA_Mode;
  u32 DMA_Priority;
  u32 DMA_M2M;
}DMA_InitTypeDef;
```

参数 DMA_PeripheralBaseAddr 用于定义 DMA 外设基地址，参数 DMA_MemoryBaseAddr 用于定义 DMA 内存基地址。

参数 DMA_DIR 用于规定外设是作为数据传输的目的地还是来源，可取值如表 16-30 所示。

表 16-30　参数 DMA_DIR 的可取值

可 取 值	实 际 值	描　述
DMA_DIR_PeripheralDST	0x00000010	外设作为数据传输的目的地
DMA_DIR_PeripheralSRC	0x00000000	外设作为数据传输的来源

参数 DMA_BufferSize 用于定义指定 DMA 通道的 DMA 缓存的大小，单位为数据单位。数据单位等于结构体的参数 DMA_PeripheralDataSize 或 DMA_MemoryDataSize 的值。

参数 DMA_PeripheralInc 用于设定外设地址寄存器递增与否，可取值如表 16-31 所示。

表 16-31　参数 DMA_PeripheralInc 的可取值

可 取 值	实 际 值	描　述
DMA_PeripheralInc_Enable	0x00000040	外设地址寄存器递增
DMA_PeripheralInc_Disable	0x00000000	外设地址寄存器不变

参数 DMA_MemoryInc 用于设定内存地址寄存器递增与否，可取值如表 16-32 所示。

表 16-32　参数 DMA_MemoryInc 的可取值

可 取 值	实 际 值	描　　述
DMA_MemoryInc_Enable	0x00000080	内存地址寄存器递增
DMA_MemoryInc_Disable	0x00000000	内存地址寄存器不变

参数 DMA_PeripheralDataSize 用于设定外设数据宽度，可取值如表 16-33 所示。

表 16-33　参数 DMA_PeripheralDataSize 的可取值

可 取 值	实 际 值	描　　述
DMA_PeripheralDataSize_Byte	0x00000000	数据宽度为 8 位
DMA_PeripheralDataSize_HalfWord	0x00000100	数据宽度为 16 位
DMA_PeripheralDataSize_Word	0x00000200	数据宽度为 32 位

参数 DMA_MemoryDataSize 用于设定存储器数据宽度，可取值如表 16-34 所示。

表 16-34　参数 DMA_MemoryDataSize 的可取值

可 取 值	实 际 值	描　　述
DMA_MemoryDataSize_Byte	0x00000000	数据宽度为 8 位
DMA_MemoryDataSize_HalfWord	0x00000400	数据宽度为 16 位
DMA_MemoryDataSize_Word	0x00000800	数据宽度为 32 位

参数 DMA_Mode 用于设置 DMA 的工作模式，可取值如表 16-35 所示。需要注意的是，当指定 DMA 通道数据传输配置为内存到内存时，不能使用循环缓存模式。

表 16-35　参数 DMA_Mode 的可取值

可 取 值	实 际 值	描　　述
DMA_Mode_Circular	0x00000020	工作在循环缓存模式
DMA_Mode_Normal	0x00000000	工作在正常缓存模式

参数 DMA_Priority 用于设定 DMA 通道 x 的软件优先级，可取值如表 16-36 所示。

表 16-36　参数 DMA_Priority 的可取值

可 取 值	实 际 值	描　　述
DMA_Priority_VeryHigh	0x00003000	DMA 通道 x 拥有非常高优先级
DMA_Priority_High	0x00002000	DMA 通道 x 拥有高优先级
DMA_Priority_Medium	0x00001000	DMA 通道 x 拥有中优先级
DMA_Priority_Low	0x00000000	DMA 通道 x 拥有低优先级

参数 DMA_M2M 用于使能或除能 DMA 通道的内存到内存传输，可取值如表 16-37 所示。

表 16-37　参数 DMA_M2M 的可取值

可 取 值	实 际 值	描　　述
DMA_M2M_Enable	0x00004000	DMA 通道 x 设置为使能内存到内存传输
DMA_M2M_Disable	0x00000000	DMA 通道 x 设置为除能内存到内存传输

例如，根据参数初始化 DMA2 的通道 3，外设地址为 DAC_DHR12R1_ADDR，内存地址

为 wave.waveBufAddr，DMA 缓冲区大小为 wave.waveBufSize，传输方向为内存到外设，外设地址不增，内存地址递增，内存和外设数据宽度均为半字（16 位），DMA 采用循环缓存模式，优先级别为高，代码如下：

```
DMA_DeInit(DMA2_Channel3);                          //DMA2 通道 3
DMA_InitStructure.DMA_PeripheralBaseAddr = DAC_DHR12R1_ADDR;     //DAC1 的地址

DMA_InitStructure.DMA_MemoryBaseAddr   = wave.waveBufAddr;       //波形 Buf 地址
DMA_InitStructure.DMA_BufferSize       = wave.waveBufSize;       //波形 Buf 大小

DMA_InitStructure.DMA_DIR              = DMA_DIR_PeripheralDST;  //数据传输方向为内存
                                                                  到外设
DMA_InitStructure.DMA_PeripheralInc    = DMA_PeripheralInc_Disable;//外设地址不变
DMA_InitStructure.DMA_MemoryInc        = DMA_MemoryInc_Enable;   //内存地址寄存器递增

DMA_InitStructure.DMA_PeripheralDataSize = DMA_PeripheralDataSize_HalfWord;
DMA_InitStructure.DMA_MemoryDataSize   = DMA_MemoryDataSize_HalfWord;

DMA_InitStructure.DMA_Mode             = DMA_Mode_Circular;      //循环模式
DMA_InitStructure.DMA_Priority         = DMA_Priority_High;      //优先级别
DMA_InitStructure.DMA_M2M              = DMA_M2M_Disable;        //拒绝变量相互访问
DMA_Init(DMA2_Channel3, &DMA_InitStructure);   //根据参数初始化 DMA2 通道 3
```

2. DMA_ITConfig

DMA_ITConfig 函数的功能是使能或除能指定的通道 x 中断，通过向 DMAy_Channelx→CCR 写入参数来实现。具体描述如表 16-38 所示。

表 16-38　DMA_ITConfig 函数的描述

函数名	DMA_ITConfig
函数原形	void DMA_ITConfig(DMA_Channel_TypeDef* DMAy_Channelx, uint32_t DMA_IT, FunctionalState NewState)
功能描述	使能或除能指定的通道 x 中断
输入参数 1	DMAy_Channelx：x 可以是 1，…，7，用于选择 DMA 通道 x
输入参数 2	DMA_IT：待使能或除能的 DMA 中断源，使用操作符“|”可以同时选中多个 DMA 中断源
输入参数 3	NewState：DMA 通道 x 中断的新状态，可以取 ENABLE 或 DISABLE
输出参数	无
返回值	void

参数 DMA_IT 为待使能或除能的 DMA 中断源，可取值如表 16-39 所示，还可以使用“|”操作符选择多个值，如 DMA_IT_TC | DMA_IT_HT。

表 16-39　参数 DMA_IT 的可取值

可　取　值	实　际　值	描　　述
DMA_IT_TC	0x00000002	传输完成中断屏蔽
DMA_IT_HT	0x00000004	传输过半中断屏蔽
DMA_IT_TE	0x00000008	传输错误中断屏蔽

例如，使能 DMA1 通道 5 的传输完成中断，代码如下：

```
DMA_ITConfig(DMA1_Channel5, DMA_IT_TC, ENABLE);
```

3. DMA_Cmd

DMA_Cmd 函数的功能是使能或除能指定的通道 x，通过向 DMAy_Channelx→CCR 写入参数来实现。具体描述如表 16-40 所示。

表 16-40　DMA_Cmd 函数的描述

函数名	DMA_Cmd
函数原形	void DMA_Cmd(DMA_Channel_TypeDef* DMAy_Channelx, FunctionalState NewState)
功能描述	使能或除能指定的通道 x
输入参数 1	DMAy_Channelx：x 可以是 1，…，7，用于选择 DMA 通道 x
输入参数 2	NewState：DMA 通道 x 的新状态，可以取 ENABLE 或 DISABLE
输出参数	无
返回值	void

例如，使能 DMA1 的通道 5，代码如下：

```
DMA_Cmd(DMA1_Channel5, ENABLE);
```

4. DMA_ClearITPendingBit

DMA_ClearITPendingBit 函数的功能是清除 DMA 通道 x 的中断待处理标志位，通过向 DMA2→IFCR 写入参数来实现。具体描述如表 16-41 所示。

表 16-41　DMA_ClearITPendingBit 函数的描述

函数名	DMA_ClearITPendingBit
函数原形	void DMA_ClearITPendingBit(uint32_t DMA_IT)
功能描述	清除 DMA 通道 x 的中断待处理标志位
输入参数	DMA_IT：待清除的 DMA 中断待处理标志位
输出参数	无
返回值	void

例如，清除 DMA1 通道 5 的全部中断标志位，代码如下：

```
DMA_ClearITPendingBit(DMA1_IT_GL5);
```

16.3　实 验 步 骤

步骤 1：复制并编译原始工程

首先，将“D:\STM32KeilTest\Material\15.DAC 实验”文件夹复制到“D:\STM32KeilTest\Product”文件夹中。然后，双击运行“D:\STM32KeilTest\Product\15.DAC 实验\Project”文件

夹中的 STM32KeilPrj.uvprojx，单击工具栏中的按钮。当 Build Output 栏出现 FromELF: creating hex file...时，表示已经成功生成.hex 文件，出现 0 Error(s), 0 Warning(s)表示编译成功。最后，将.axf 文件下载到 STM32 的内部 Flash，观察 STM32 核心板上的两个 LED 是否交替闪烁。如果两个 LED 交替闪烁，勾选串口助手的“HEX 显示”项，串口连续输出十六进制的“71 XX XX XX XX XX XX XX XX XX”，表示原始工程是正确的，接着就可以进入下一步操作。

步骤 2：添加 DAC 文件对和 Wave 文件对

首先，将“D:\STM32KeilTest\Product\15.DAC 实验\HW\DAC”文件夹中的 DAC.c 和 Wave.c 添加到 HW 分组，具体操作可参见 2.3 节步骤 8。然后，将“D:\STM32KeilTest\Product\15.DAC 实验\HW\DAC”路径添加到 Include Paths 栏，具体操作可参见 2.3 节步骤 11。

步骤 3：完善 DAC.h 文件

单击按钮进行编译，编译结束后，在 Project 面板中，双击 DAC.c 下的 DAC.h。在 DAC.h 文件的“包含头文件”区，添加代码#include "DataType.h"。

在 DAC.h 文件的“枚举结构体定义”区，添加如程序清单 16-4 所示的结构体定义代码。该结构体的 waveBufAddr 成员用于指定波形的地址，waveBufSize 成员用于指定波形的点数。

程序清单 16-4

```
typedef struct
{
  u32 waveBufAddr;      //波形地址
  u32 waveBufSize;      //波形点数
}StructDACWave;
```

在 DAC.h 文件的“API 函数声明”区，添加如程序清单 16-5 所示的 API 函数声明代码。InitDAC 函数用于初始化 DAC 模块，SetDACWave 函数用于设置 DAC 波形属性，包括波形地址和点数。

程序清单 16-5

```
void  InitDAC(void);  //初始化 DAC 模块
void  SetDACWave(StructDACWave wave); //设置 DAC 波形属性，包括波形地址和点数
```

步骤 4：完善 DAC.c 文件

在 DAC.c 文件的“包含头文件”区的最后，添加代码#include "Wave.h"和#include "stm32f10x_conf.h"。

在 DAC.c 文件的“宏定义”区，添加如程序清单 16-6 所示的宏定义代码，该宏定义表示 DAC1 的地址。其中，宏定义 DAC_DHR12R1_ADDR 是 DAC1 的 12 位右对齐数据寄存器的地址，可参见图 16-28 和表 16-11。

程序清单 16-6

```
#define DAC_DHR12R1_ADDR      ((u32)0x40007408)   //DAC1 的地址（12 位右对齐）
```

在 DAC.c 文件的“内部变量”区，添加如程序清单 16-7 所示的内部变量定义代码。其中，结构体变量 s_strDAC1WaveBuf 用于存储波形的地址和点数。

程序清单 16-7

```
static StructDACWave s_strDAC1WaveBuf;  //存储 DAC1 波形属性，包括波形地址和点数
```

在 DAC.c 文件的“内部函数声明”区，添加内部函数的声明代码，如程序清单 16-8 所示。ConfigTimer4 函数用于配置 TIM4，ConfigDAC1 函数用于配置 DAC1，ConfigDMA2Ch3ForDAC1 函数用于配置 DMA2 的通道 3。

程序清单 16-8

```
static  void ConfigTimer4(u16 arr, u16 psc);                    //配置 TIM4
static  void ConfigDAC1(void);                                  //配置 DAC1
static  void ConfigDMA2Ch3ForDAC1(StructDACWave wave);          //配置 DMA2 的通道 3
```

在 DAC.c 文件的“内部函数实现”区，添加 ConfigTimer4 函数的实现代码，如程序清单 16-9 所示。下面按照顺序对 ConfigTimer4 函数中的语句进行解释说明。

（1）将 TIM4 设置为 DAC1 的触发源，因此，需要通过 RCC_APB1PeriphClockCmd 函数使能 TIM4 的时钟。

（2）通过 TIM_DeInit 函数将 TIM4 寄存器重设为默认值。

（3）通过 TIM_TimeBaseInit 函数对 TIM4 进行配置，该函数涉及 TIM4_CR1 的 DIR、CMS[1:0]、CKD[1:0]，TIM4_ARR，TIM4_PSC，以及 TIM4_EGR 的 UG。DIR 用于设置计数器的计数方向，CMS[1:0]用于选择中央对齐模式，CKD[1:0]用于设置时钟分频系数，可参见图 7-2 和表 7-1。本实验中，TIM4 设置为边沿对齐模式，计数器递增计数。TIM4_ARR 和 TIM4_PSC 用于设置计数器的自动重装载值和预分频器的值，可以参考图 7-8、图 7-9，以及表 7-7 和表 7-8，本实验中的这两个值通过 ConfigTimer4 函数的参数 arr 和 psc 来决定。UG 用于产生更新事件，可参见图 7-6 和表 7-5，本实验中将该值设置为 1，用于重新初始化计数器，并产生一个更新事件。

（4）通过 TIM_SelectOutputTrigger 函数将 TIM4 的更新事件作为 DAC1 的触发输入，该函数涉及 TIM4_CR2 的 MMS[2:0]。MMS[2:0]用于选择在主模式下送到从定时器的同步信息（TRGO），可参见图 7-3 和表 7-2。

（5）通过 TIM_Cmd 函数使能 TIM4，该函数涉及 TIM4_CR1 的 CEN，可参见图 7-2 和表 7-1。

程序清单 16-9

```
static  void ConfigTimer4(u16 arr, u16 psc)
{
  TIM_TimeBaseInitTypeDef TIM_TimeBaseStructure;   //TIM_TimeBaseStructure 用于存放定时器的参数

  //使能 RCC 相关时钟
  RCC_APB1PeriphClockCmd(RCC_APB1Periph_TIM4, ENABLE);           //使能定时器的时钟

  //配置 TIM4
```

```
    TIM_DeInit(TIM4);                                                    //重置为默认值
    TIM_TimeBaseStructure.TIM_Period          = arr;                     //设置自动重装载值
    TIM_TimeBaseStructure.TIM_Prescaler       = psc;                     //设置预分频器值
    TIM_TimeBaseStructure.TIM_ClockDivision = TIM_CKD_DIV1; //设置时钟分割：tDTS = tCK_INT
    TIM_TimeBaseStructure.TIM_CounterMode     = TIM_CounterMode_Up;  //设置递增计数模式
    TIM_TimeBaseInit(TIM4, &TIM_TimeBaseStructure);                      //根据参数初始化定时器

    TIM_SelectOutputTrigger(TIM4, TIM_TRGOSource_Update);                //选择更新事件为触发输入

    TIM_Cmd(TIM4, ENABLE);   //使能定时器
}
```

在 DAC.c 文件的“内部函数实现”区，在 ConfigTimer4 函数实现区的后面添加 ConfigDAC1 函数的实现代码，如程序清单 16-10 所示。下面按照顺序对 ConfigDAC1 函数中的语句进行解释说明。

（1）DAC 通道 1 通过 PA4 引脚输出，因此还需要通过 RCC_APB2PeriphClockCmd 函数使能 GPIOA 时钟，通过 RCC_APB1PeriphClockCmd 使能 DAC 时钟。

（2）一旦使能 DAC 通道 1，PA4 引脚就会自动与 DAC 通道 1 的模拟输出相连，为了避免寄生的干扰和额外的功耗，应先通过 GPIO_Init 函数将 PA4 引脚设置成模拟输入。

（3）通过 DAC_Init 函数对 DAC 通道 1 进行配置，该函数涉及 DAC_CR 的 MAMP1[3:0]、WAVE1[1:0]、TSEL1[2:0]和 BOFF1。MAMP1[3:0]是 DAC 通道 1 屏蔽/幅值选择器，由软件设置，用来在噪声生成模式下选择屏蔽位，在三角波生成模式下选择波形的幅值；WAVE1[1:0]是 DAC 通道 1 噪声/三角波生成使能；TSEL1[2:0]是 DAC 通道 1 触发选择，用于选择 DAC 通道 1 的外部触发事件；BOFF1 用于使能/除能 DAC 通道 1 的输出缓存，可参见图 16-26 和表 16-9。本实验中，DAC 通道 1 的外部触发事件选择 TIM4_TROG，输出缓存设置为使能，噪声/幅值选择器设置为关闭。

（4）通过 DAC_DMACmd 函数启用 DMA 传输，该函数涉及 DAC_CR 的 DMAEN1，可参见图 16-26 和表 16-9。

（5）DAC 通道 1 在正常工作前，还需要设置 DAC 通道 1 的初始输出值。在本实验中，DHRx 配置的是 DAC 通道 1 的 12 位右对齐数据寄存器（DAC_DHR12R1），因此，通过 DAC_SetChannel1Data 向该寄存器写入 0，对应的 PA4 引脚就输出约为 0V 的电压。

（6）通过 DAC_Cmd 函数使能 DAC 通道 1，该函数涉及 DAC_CR 的 EN1，可参见图 16-26 和表 16-9。

程序清单 16-10

```
static   void ConfigDAC1(void)
{
  GPIO_InitTypeDef   GPIO_InitStructure;        //GPIO_InitStructure 用于存放 GPIO 的参数
  DAC_InitTypeDef    DAC_InitStructure;         //DAC_InitStructure 用于存放 DAC 的参数

  //使能 RCC 相关时钟
  RCC_APB2PeriphClockCmd(RCC_APB2Periph_GPIOA, ENABLE); //使能 GPIOA 的时钟
  RCC_APB1PeriphClockCmd(RCC_APB1Periph_DAC, ENABLE);   //使能 DAC 的时钟
```

```
  //配置 DAC1 的 GPIO
  GPIO_InitStructure.GPIO_Pin    = GPIO_Pin_4;                              //设置引脚
  GPIO_InitStructure.GPIO_Speed = GPIO_Speed_50MHz;                        //设置 I/O 输出速度
  GPIO_InitStructure.GPIO_Mode  = GPIO_Mode_AIN;                            //设置输入类型
  GPIO_Init(GPIOA, &GPIO_InitStructure);                                    //根据参数初始化 GPIO

  //配置 DAC1
  DAC_InitStructure.DAC_Trigger = DAC_Trigger_T4_TRGO;                     //设置 DAC 触发
  DAC_InitStructure.DAC_WaveGeneration = DAC_WaveGeneration_None;  //关闭波形发生器
  DAC_InitStructure.DAC_LFSRUnmask_TriangleAmplitude = DAC_LFSRUnmask_Bit0;
                                                          //不屏蔽 LSFR 位 0/三角波幅值等于 1
  DAC_InitStructure.DAC_OutputBuffer = DAC_OutputBuffer_Enable;         //使能 DAC 输出缓存
  DAC_Init(DAC_Channel_1, &DAC_InitStructure);            //初始化 DAC 通道 1

  DAC_DMACmd(DAC_Channel_1, ENABLE);                       //使能 DAC 通道 1 的 DMA 模式

  DAC_SetChannel1Data(DAC_Align_12b_R, 0);                 //设置为 12 位右对齐数据格式

  DAC_Cmd(DAC_Channel_1, ENABLE);                          //使能 DAC 通道 1
}
```

在 DAC.c 文件的“内部函数实现”区，在 ConfigDAC1 函数实现区的后面添加 ConfigDMA2Ch3ForDAC1 函数的实现代码，如程序清单 16-11 所示。下面按照顺序对 ConfigDMA2Ch3ForDAC1 函数中的语句进行解释说明。

（1）本实验是通过 DMA2 通道 3 将 SRAM 中的波形数据传送到 DAC_DHR12R1 的，因此，还需要通过 RCC_AHBPeriphClockCmd 函数使能 DMA2 的时钟。

（2）通过 DMA_DeInit 函数将 DMA2 通道 3 寄存器重设为默认值。

（3）通过 DMA_Init 函数对 DMA2 的通道 3 进行配置，该函数涉及 DMA_CCR3 的 DIR、CIRC、PINC、MINC、PSIZE[1:0]、MSIZE[1:0]、PL[1:0]、MEM2MEM，以及 DMA_CNDTR3，还涉及 DMA_CPAR3 和 DMA_CMAR3。DIR 用于设置数据传输方向，CIRC 用于设置循环方式，PINC 用于设置外设地址增量模式，MINC 用于设置存储器地址增量模式，PSIZE[1:0]用于设置外设数据宽度，MSIZE[1:0]用于设置存储器数据宽度，PL[1:0]用于设置通道优先级，MEM2MEM 用于设置存储器模式，可参见图 16-33 和表 16-25。本实验中，DMA2 的通道 3 将 SRAM 中的数据传送到 DAC 通道 1 的 DAC_DHR12R1，因此，传输方向是从存储器读，存储器执行地址增量操作，外设不执行地址增量操作，存储器和外设数据宽度均为半字，数据传输采用循环模式，即数据传输的数目变为 0 时会自动被恢复成配置通道时设置的初值，DMA 操作将会继续进行，通道优先级设置为高，MEM2MEM 设置为 0，表示工作在非存储器到存储器模式。DMA_CPAR3 是 DMA2 通道 3 外设地址寄存器，DMA_CMAR3 是 DMA2 通道 3 存储器地址寄存器，DMA_CNDTR3 是 DMA2 通道 3 传输数量寄存器，可参见图 16-34～图 16-36、表 16-26～表 16-28。本实验中，对 DMA_CPAR3 写入 DAC_DHR12R1_ADDR，即 DAC 通道 1 的 12 位右对齐数据保持寄存器 DAC_DHR12R1 的地址；对 DMA_CMAR3 写入 wave.waveBufAddr，即 ConfigDMA2Ch3ForDAC1 函数的参数 wave 的成员变量，wave 是一个结构体变量，用于指定某一类型的波形，而 waveBufAddr 用于指定波形的地址；对 DMA_CNDTR3 写入 wave.waveBufSize，waveBufSize 也是 wave 结构体变量的成员，用于指

定波形的点数。

（4）通过 NVIC_Init 函数使能 DMA2 通道 3 的中断，同时设置抢占优先级为 0，子优先级为 0。

（5）通过 DMA_ITConfig 函数使能 DMA2 通道 3 的传输完成中断，该函数涉及 DMA_CCR3 的 TCIE，可参见图 16-33 和表 16-25。

（6）通过 DMA_Cmd 函数使能 DMA2 通道 3，该函数涉及 DMA_CCR3 的 EN，可参见图 16-33 和表 16-25。

程序清单 16-11

```
static    void ConfigDMA2Ch3ForDAC1(StructDACWave wave)
{
  DMA_InitTypeDef    DMA_InitStructure;        //DMA_InitStructure 用于存放 DMA 的参数
  NVIC_InitTypeDef   NVIC_InitStructure;       //NVIC_InitStructure 用于存放 NVIC 的参数

  //使能 RCC 相关时钟
  RCC_AHBPeriphClockCmd(RCC_AHBPeriph_DMA2, ENABLE);                     //使能 DMA2 的时钟

  //配置 DMA2_Channel3
  DMA_DeInit(DMA2_Channel3);  //将 DMA1_CH1 寄存器设置为默认值
  DMA_InitStructure.DMA_PeripheralBaseAddr = DAC_DHR12R1_ADDR;          //设置外设地址
  DMA_InitStructure.DMA_MemoryBaseAddr     = wave.waveBufAddr;           //设置存储器地址
  DMA_InitStructure.DMA_BufferSize         = wave.waveBufSize;           //设置要传输的数据项数目
  DMA_InitStructure.DMA_DIR                = DMA_DIR_PeripheralDST;      //设置为存储器到外设模式
  DMA_InitStructure.DMA_PeripheralInc      = DMA_PeripheralInc_Disable;  //设置外设为非递增模式
  DMA_InitStructure.DMA_MemoryInc          = DMA_MemoryInc_Enable;       //设置存储器为递增模式
  DMA_InitStructure.DMA_PeripheralDataSize = DMA_PeripheralDataSize_HalfWord;
                                                                         //设置外设数据长度为半字
  DMA_InitStructure.DMA_MemoryDataSize     = DMA_MemoryDataSize_HalfWord;
                                                                         //设置存储器数据长度为半字
  DMA_InitStructure.DMA_Mode               = DMA_Mode_Circular;          //设置为循环模式
  DMA_InitStructure.DMA_Priority           = DMA_Priority_High;          //设置为高优先级
  DMA_InitStructure.DMA_M2M                = DMA_M2M_Disable;            //禁止存储器到存储器访问
  DMA_Init(DMA2_Channel3, &DMA_InitStructure); //根据参数初始化 DMA2_Channel3

  //配置 NVIC
  NVIC_InitStructure.NVIC_IRQChannel = DMA2_Channel3_IRQn;               //中断通道号
  NVIC_InitStructure.NVIC_IRQChannelPreemptionPriority = 0;              //设置抢占优先级
  NVIC_InitStructure.NVIC_IRQChannelSubPriority = 0;                     //设置子优先级
  NVIC_InitStructure.NVIC_IRQChannelCmd = ENABLE;                        //使能中断
  NVIC_Init(&NVIC_InitStructure);                                        //根据参数初始化 NVIC

  DMA_ITConfig(DMA2_Channel3, DMA_IT_TC, ENABLE);     //使能 DMA2_Channel3 的传输完成中断

  DMA_Cmd(DMA2_Channel3, ENABLE);                     //使能 DMA2_Channel3
}
```

在 DAC.c 文件的“内部函数实现”区，在 ConfigDAC1 函数实现区的后面添加 DMA2_Channel3_IRQHandler 中断服务函数的实现代码，如程序清单 16-12 所示。下面按照顺序对 DMA2_Channel3_IRQHandler 函数中的语句进行解释说明。

（1）本实验中，DMA_CCR3 的 TEIE 为 1，表示使能传输完成中断。当 DMA2 通道 3 传输完成时，DMA_ISR 的 TCIF3 由硬件置为 1，并产生传输完成中断，执行 DMA2_Channel3_IRQHandler 函数。TEIE 和 TCIF3 可参见图 16-33、图 16-31 和表 16-25、表 16-23。

（2）在 DMA2_Channel3_IRQHandler 函数中，通过 NVIC_ClearPendingIRQ 函数向中断挂起清除寄存器（ICPR）对应位写入 1，清除中断挂起。

（3）通过 DMA_ClearITPendingBit 函数清除 DMA2 通道 3 的传输完成标志 TCIF3。此外，还清除 DMA2 通道 3 的传输错误标志 TEIF3、半传输完成标志 HTIF3 和全局中断标志 GIF3。该函数涉及 DMA_IFCR 的 CTEIF3、CHTIF3、CTCIF3 和 CGIF3，可参见图 16-32 和表 16-24。

（4）通过 ConfigDMA2Ch3ForDAC1 函数重新配置 DMA2 通道 3 的参数，主要是将 s_strDAC1WaveBuf 的 waveBufAddr 和 waveBufSize 成员变量分别写入 DMA_CMAR3 和 DMA_CNDTR3，其他参数保持不变。

程序清单 16-12

```
void DMA2_Channel3_IRQHandler(void)
{
  if(DMA_GetITStatus(DMA2_IT_TC3))   //判断 DMA2_Channel3 传输完成中断是否发生
  {
    NVIC_ClearPendingIRQ(DMA2_Channel3_IRQn);        //清除 DMA2_Channel3 中断挂起
    DMA_ClearITPendingBit(DMA2_IT_GL3);              //清除 DMA2_Channel3 传输完成中断标志

    ConfigDMA2Ch3ForDAC1(s_strDAC1WaveBuf);          //配置 DMA2 通道 3
  }
}
```

在 DAC.c 文件的“API 函数实现”区添加 InitDAC 函数的实现代码，如程序清单 16-13 所示。下面按照顺序对 InitDAC 函数中的语句进行解释说明。

（1）通过 GetSineWave100PointAddr 函数获取正弦波数组 s_arrSineWave100Point 的地址，并将该地址赋给 s_strDAC1WaveBuf 的 waveBufAddr 成员变量，将 s_strDAC1WaveBuf 的另一个成员变量 waveBufSize 赋值为 100。

（2）ConfigDAC1 函数用于配置 DAC1。

（3）ConfigTimer4 函数用于配置 TIM4，每 8ms 触发一次 DAC 通道 1 的转换。

（4）ConfigDMA2Ch3ForDAC1 函数用于配置 DMA2 通道 3。

程序清单 16-13

```
void InitDAC(void)
{
  s_strDAC1WaveBuf.waveBufAddr  = (u32)GetSineWave100PointAddr();  //波形地址
  s_strDAC1WaveBuf.waveBufSize  = 100;                             //波形点数
```

```
    ConfigDAC1();                                         //配置 DAC1
    ConfigTimer4(799, 719);                               //100kHz，计数到 800 为 8ms
    ConfigDMA2Ch3ForDAC1(s_strDAC1WaveBuf);               //配置 DMA2 通道 3
}
```

在 DAC.c 文件的“API 函数实现”区，在 InitDAC 函数实现区的后面添加 SetDACWave 函数的实现代码，如程序清单 16-14 所示。SetDACWave 函数用于设置波形属性，包括波形的地址和点数。本实验中，调用该函数来切换不同的波形通过 DAC 通道 1 输出。

程序清单 16-14

```
void SetDACWave(StructDACWave wave)
{
    s_strDAC1WaveBuf = wave;   //根据 wave 设置 DAC 波形属性
}
```

步骤 5：添加 ProcHostCmd 文件对

首先，将“D:\STM32KeilTest\Product\15.DAC 实验\App\ProcHostCmd”文件夹中的 ProcHostCmd.c 添加到 App 分组，具体操作可参见 2.3 节步骤 8。然后，将“D:\STM32KeilTest\Product\15.DAC 实验\App\ProcHostCmd”路径添加到 Include Paths 栏，具体操作可参见 2.3 节步骤 11。

步骤 6：完善 ProcHostCmd.h 文件

单击按钮进行编译，编译结束后，在 Project 面板中，双击 ProcHostCmd.c 下的 ProcHostCmd.h。在 ProcHostCmd.h 文件的“包含头文件”区，添加代码#include "DataType.h"。

在 ProcHostCmd.h 文件的“枚举结构体定义”区，添加如程序清单 16-15 所示的枚举定义代码。从机在接收到主机发送的命令后，会向主机发送应答消息，该枚举的元素即为应答消息，其定义如表 16-8 所示。

程序清单 16-15

```
//应答消息定义
typedef enum{
    CMD_ACK_OK,                      //0—命令成功
    CMD_ACK_CHECKSUM,                //1—校验和错误
    CMD_ACK_LEN,                     //2—命令包长度错误
    CMD_ACK_BAD_CMD,                 //3—无效命令
    CMD_ACK_PARAM_ERR,               //4—命令参数数据错误
    CMD_ACK_NOT_ACC                  //5—命令不接收
}EnumCmdAckType;
```

在 ProcHostCmd.h 文件的“API 函数声明”区，添加如程序清单 16-16 所示的 API 函数声明代码。InitProcHostCmd 函数用于初始化 ProcHostCmd 模块，ProcHostCmd 函数用于处理来自主机的命令。

程序清单 16-16

```
void   InitProcHostCmd(void);            //初始化 ProcHostCmd 模块
void   ProcHostCmd(u8 recData);          //处理主机命令
```

步骤 7：完善 ProcHostCmd.c 文件

在 ProcHostCmd.c 文件的“包含头文件”区的最后，添加代码#include "PackUnpack.h"、#include "SendDataToHost.h"、#include "DAC.h"、#include "Wave.h"。

在 ProcHostCmd.c 文件的“内部函数声明”区添加内部函数的声明代码，如程序清单 16-17 所示。OnGenWave 函数是生成波形命令的响应函数。

程序清单 16-17

```
static u8   OnGenWave(u8* pMsg);   //生成波形的响应函数
```

在 ProcHostCmd.c 文件的“内部函数实现”区，添加 OnGenWave 函数的实现代码，如程序清单 16-18 所示。下面按照顺序对 OnGenWave 函数中的语句进行解释说明。

（1）定义一个 StructDACWave 类型的结构体变量 wave，用于存放波形的地址和点数。

（2）OnGenWave 函数的参数 pMsg 包含了待生成波形的类型信息。当 pMsg[0]为 0x00 时，表示从机接收到生成正弦波的命令，通过 GetSineWave100PointAddr 函数获取正弦波地址，并赋给 wave.waveBufAddr；当 pMsg[0]为 0x01 时，表示从机接收到生成三角波的命令，通过 GetTriWave100PointAddr 函数获取三角波地址，并赋给 wave.waveBufAddr；当 pMsg[0]为 0x02 时，表示从机接收到生成方波的命令，通过 GetRectWave100PointAddr 函数获取方波地址，并赋给 wave.waveBufAddr，可参见表 16-7。

（3）无论是正弦波、三角波，还是方波，待生成波形的点数均为 100，因此，将 wave 的成员变量 waveBufSize 赋值为 100。

（4）根据结构体变量 wave 的成员变量 waveBufAddr 和 waveBufSize，通过 SetDACWave 函数设置 DAC 待输出的波形参数。

（5）枚举元素 CMD_ACK_OK 作为 OnGenWave 函数的返回值，表示从机接收并处理主机命令成功。

程序清单 16-18

```
static u8 OnGenWave(u8* pMsg)
{
  StructDACWave wave;    //DAC 波形属性

  if(pMsg[0] == 0x00)
  {
    wave.waveBufAddr  = (u32)GetSineWave100PointAddr();  //获取正弦波数组的地址
  }
  else if(pMsg[0] == 0x01)
  {
    wave.waveBufAddr  = (u32)GetTriWave100PointAddr();   //获取三角波数组的地址
  }
```

```
  else if(pMsg[0] == 0x02)
  {
    wave.waveBufAddr  = (u32)GetRectWave100PointAddr();  //获取方波数组的地址
  }

  wave.waveBufSize  = 100;            //波形一个周期点数为 100

  SetDACWave(wave);                   //设置 DAC 波形属性

  return(CMD_ACK_OK);                 //返回命令成功
}
```

在 ProcHostCmd.c 文件的"API 函数实现"区，添加 InitProcHostCmd 和 ProcHostCmd 函数的实现代码，如程序清单 16-19 所示。InitProcHostCmd 函数用于初始化 ProcHostCmd 模块，因为没有需要初始化的内容，所以函数体留空即可；如果后续升级版有需要初始化的代码，直接填入即可。下面按照顺序对 ProcHostCmd 函数中的语句进行解释说明。

（1）定义一个 StructPackType 类型的结构体变量 pack，用于存放解包后的命令包。

（2）UnPackData 函数用于解包接收到的命令包。

（3）GetUnPackRslt 函数用于获取解包结果，并将解包结果赋给结构体变量 pack。

（4）OnGenWave 函数根据 pack 的成员变量 packModuleId 生成不同的波形。

（5）SendAckPack 函数用于向主机发送响应消息包。

程序清单 16-19

```
void  InitProcHostCmd(void)
{

}

void ProcHostCmd(u8 recData)
{
  u8 ack;                             //存储应答消息
  StructPackType pack;                //包结构体变量

  while(UnPackData(recData))          //解包成功
  {
    pack = GetUnPackRslt();           //获取解包结果

    switch(pack.packModuleId)         //模块 ID
    {
      case MODULE_WAVE:               //波形信息
        ack = OnGenWave(pack.arrData);                          //生成波形
        SendAckPack(MODULE_WAVE, CMD_GEN_WAVE, ack);            //发送命令应答消息包
        break;
      default:
        break;
    }
  }
}
```

步骤 8：完善 DAC 实验应用层

在 Project 面板中，双击打开 Main.c 文件，在 Main.c 文件的“包含头文件”区的最后，添加代码#include "DAC.h"、#include "Wave.h"、#include "ProcHostCmd.h"。

在 Main.c 文件的 InitSoftware 函数中，添加调用 InitProcHostCmd 函数的代码，如程序清单 16-20 所示，这样就实现了对 ProcHostCmd 模块的初始化。

程序清单 16-20

```
static  void  InitSoftware(void)
{
  InitPackUnpack();                //初始化 PackUnpack 模块
  InitSendDataToHost();            //初始化 SendDataToHost 模块
  InitProcHostCmd();               //初始化 ProcHostCmd 模块
}
```

在 Main.c 文件的 InitHardware 函数中，添加调用 InitDAC 函数的代码，如程序清单 16-21 所示，这样就实现了对 DAC 模块的初始化。

程序清单 16-21

```
static  void  InitHardware(void)
{
  SystemInit();            //系统初始化
  InitRCC();               //初始化 RCC 模块
  InitNVIC();              //初始化 NVIC 模块
  InitUART1(115200);       //初始化 UART 模块
  InitTimer();             //初始化 Timer 模块
  InitLED();               //初始化 LED 模块
  InitSysTick();           //初始化 SysTick 模块
  InitADC();               //初始化 ADC 模块
  InitDAC();               //初始化 DAC 模块
}
```

在 Main.c 文件的 Proc2msTask 函数中，添加调用 ReadUART1 和 ProcHostCmd 函数的代码，以及 uart1RecData 变量的定义代码，如程序清单 16-22 所示。ReadUART1 函数用于读取主机发送给从机的命令，ProcHostCmd 函数用于处理接收到的主机命令。

程序清单 16-22

```
static  void  Proc2msTask(void)
{
  u16 adcData;                              //队列数据
  u8  waveData;                             //波形数据
  u8  uart1RecData;                         //串口数据

  static u8 s_iCnt4 = 0;                    //计数器
  static u8 s_iPointCnt = 0;                //波形数据包的点计数器
  static u8 s_arrWaveData[5] = {0};         //初始化数组
```

```
  if(Get2msFlag())                                    //判断 2ms 标志位状态
  {
    if(ReadUART1(&uart1RecData, 1))                   //读串口接收数据
    {
      ProcHostCmd(uart1RecData);                      //处理命令
    }

    s_iCnt4++;                                        //计数增加

    if(s_iCnt4 >= 4)                                  //达到 8ms
    {
      if(ReadADCBuf(&adcData))                        //从缓存队列中取出 1 个数据
      {
        waveData = (adcData * 127) / 4095;            //计算获取点的位置
        s_arrWaveData[s_iPointCnt] = waveData;        //存放到数组
        s_iPointCnt++;                                //波形数据包的点计数器加 1 操作

        if(s_iPointCnt >= 5)                          //接收到 5 个点
        {
          s_iPointCnt = 0;                            //计数器清零
          SendWaveToHost(s_arrWaveData);              //发送波形数据包
        }
      }
      s_iCnt4 = 0;                                    //准备下次的循环
    }

    LEDFlicker(250);                                  //调用闪烁函数
    Clr2msFlag();                                     //清除 2ms 标志位
  }
}
```

步骤 9：编译及下载验证

代码编写完成后，单击按钮进行编译。编译结束后，Build Output 栏中出现 0 Error(s)，0 Warning(s)，表示编译成功。然后，参见图 2-33，通过 Keil μVision5 软件将.axf 文件下载到 STM32 核心板。下载完成后，将 STM32 核心板的 PA4 引脚分别连接到 PA1 引脚和示波器探头，并通过通信-下载模块将 STM32 核心板连接到计算机，在计算机上打开信号采集工具（位于本书配套资料包的“08.软件资料”文件夹中），DAC 实验硬件连接图如图 16-37 所示。

在信号采集工具窗口中，单击左侧的“扫描”按钮，选择通信-下载模块对应的串口号（提示：不一定是 COM3，每台机器的 COM 编号可能会不同）。将波特率设置为 115200，数据位设置为 8 位，停止位设置为 1 位，校验位设置为 NONE，然后单击“打开”按钮（单击之后，按钮名称将切换为“关闭”），信号采集工具的状态栏显示“COM3 已打开，115200，8，One，None”；同时，在波形显示区可以实时观察到正弦波，如图 16-38 所示。

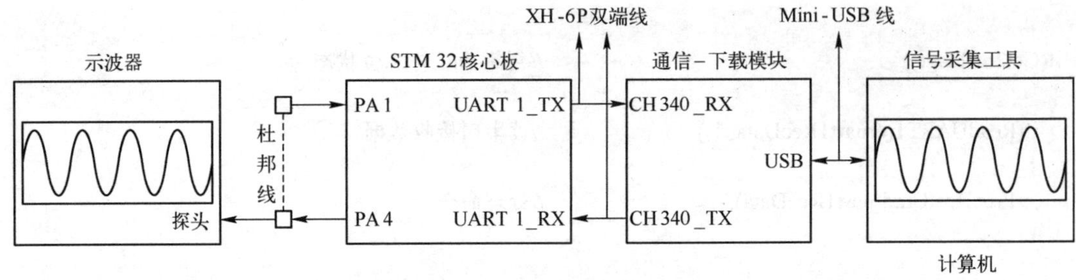

图 16-37　DAC 实验硬件连接图

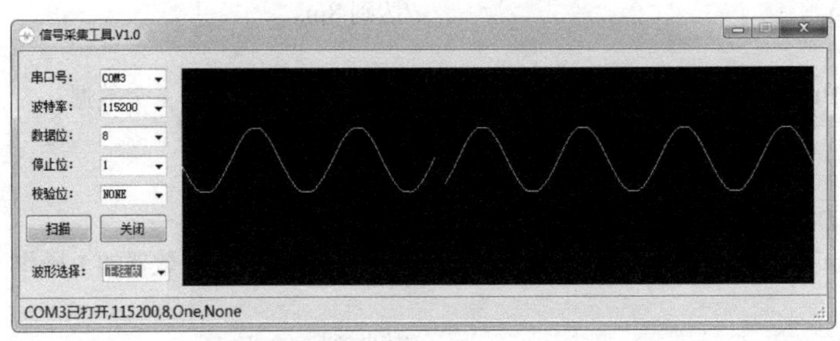

图 16-38　正弦波波形采集工具实测图

在示波器上也可以观察到正弦波，如图 16-39 所示。

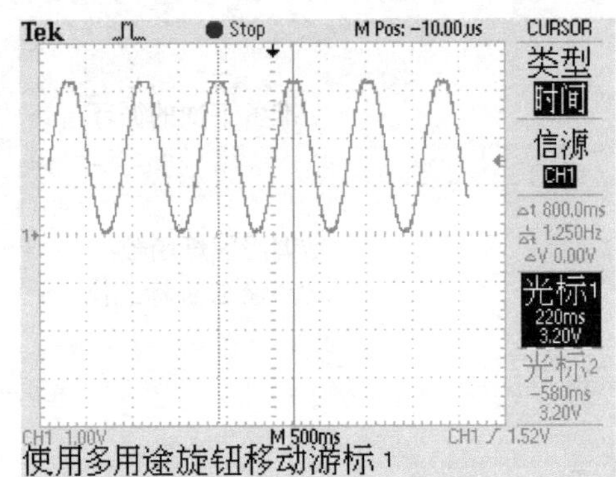

图 16-39　正弦波示波器实测图

在信号采集工具窗口左下方的“波形选择”下拉列表中选择三角波，可以在波形显示区实时观察到三角波，如图 16-40 所示。

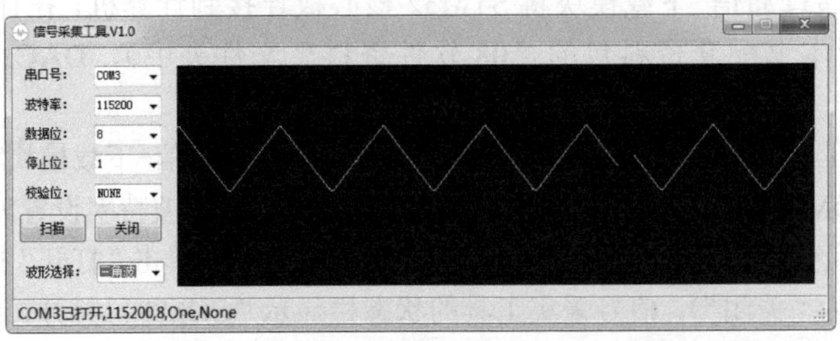

图 16-40　三角波波形采集工具实测图

在示波器上观察到的正弦波如图 16-41 所示。

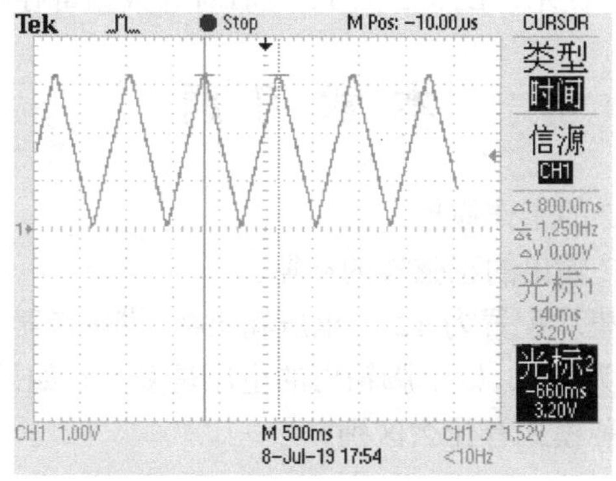

图 16-41　三角波示波器实测图

进一步，选择方波，可以在波形显示区实时观察到方波，如图 16-42 所示。

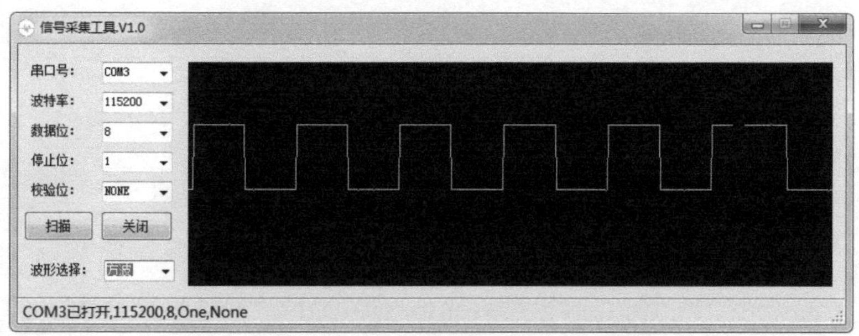

图 16-42　方波波形采集工具实测图

在示波器上观察到的方波如图 16-43 所示。

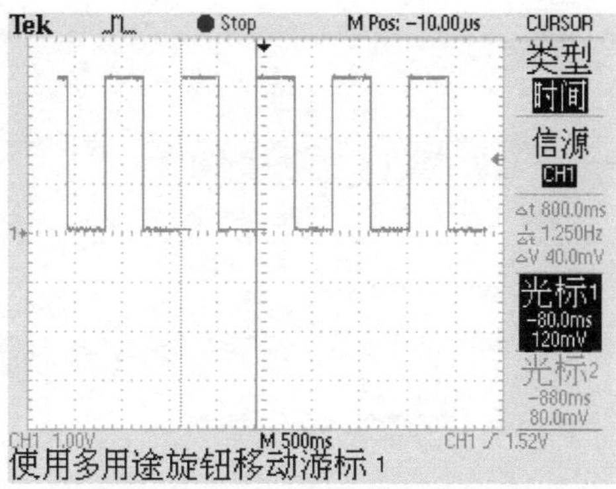

图 16-43　方波示波器实测图

本 章 任 务

基于 STM32 核心板编写程序，使用 PA5 引脚作为 DAC 输出，输出的波形应至少包含正弦波、方波和三角波；通过 STM32 核心板上的 KEY1 按键可以切换波形类型，并将波形类型显示在 OLED 上；通过 KEY2 按键可以对波形的幅值进行递增调节；通过 KEY3 按键可以对波形的幅值进行递减调节。提示：DAC2 的 12 位右对齐数据寄存器的地址为 0x40007414。

本 章 习 题

1．简述本实验中 DAC 的工作原理。

2．计算本实验中 DAC 输出的正弦波的周期。

3．本实验中的 DAC 模块配置为 12 位电压输出数-模转换器，这里的 12 位代表什么？如果将DAC输出数据设置为4095，则引脚输出的电压是多少？如果将DAC配置为8位模式，如何让引脚输出 3.3V？两种模式有什么区别？

第 17 章　实验 16——ADC

ADC 是英文 Analog to Digital Converter 的缩写，即模-数转换器。STM32F103RCT6 芯片内嵌 3 个 12 位逐次逼近型 ADC，每个 ADC 共用多达 18 个外部通道，可以实现单次或多次扫描转换。各通道的 A/D 转换可以单次、连续、扫描或间断模式执行，ADC 的结果以左对齐或右对齐方式存储在 16 位数据寄存器中。本章首先讲解 ADC，以及相关寄存器和固件库函数，然后通过一个 ADC 实验，让读者能够通过 ADC 进行模数转换。

17.1　实 验 内 容

将 STM32F103RCT6 芯片的 PA1 引脚配置为 ADC1 输入端口，编写程序实现以下功能：①将 PA4 引脚通过杜邦线连接到 PA1 引脚；②通过 ADC1 对 PA1 引脚的模拟信号量进行采样和模数转换；③将转换后的数字量按照 PCT 通信协议进行打包；④通过 STM32 核心板的 UART1 实时将打包后的数据发送至计算机；⑤通过计算机上的信号采集工具（位于本书配套资料包的"08.软件资料\信号采集工具.V1.0"文件夹中）动态显示接收到的波形。

17.2　实 验 原 理

17.2.1　ADC 功能框图

图 17-1 所示是 ADC 的功能框图，该框图涵盖的内容非常全面，但绝大多数应用只涉及其中一部分，本实验也不例外。下面依次介绍 ADC 的电源与参考电压、ADC 时钟及其转换时间、ADC 输入通道、ADC 触发源、模拟至数字转换器、数据寄存器。

1. ADC 的电源与参考电压

ADC 的输入范围在 V_{REF-}和 V_{REF+}之间，V_{DDA}和 V_{SSA}分别是 ADC 的电源和地。

ADC 的参考电压也称为基准电压，如果没有基准电压，就无法确定被测信号的准确幅值。例如，基准电压为 5V，分辨率为 8 位的 ADC，则当被测信号电压达到 5V 时，ADC 输出满量程读数，即 255，就代表被测信号电压等于 5V，如果 ADC 输出 127，就代表被测信号电压等于 2.5V。不同的 ADC，有的是外接基准，有的是内置基准无须外接，还有的 ADC 外接基准和内置基准都可以用，但外接基准优先于内置基准。

表 17-1 是 STM32 的 ADC 参考电压，V_{DDA}和 V_{SSA}建议分别连接到 V_{DD}和 V_{SS}。STM32 的参考电压负极是需要接地的，即 V_{REF-}=0V，而参考电压正极的范围为 2.4V≤V_{REF+}≤3.6V，所以 STM32 的 ADC 是不能直接测量负电压的，而且其输入的电压信号的范围为 V_{REF-}≤V_{IN}≤V_{REF+}。当需要测量负电压或被测电压信号超出范围时，要先经过运算电路进行抬高或利用电阻进行分压。需要注意的是，STM32 核心板上的 STM32F103RCT6 芯片的 V_{REF+}通过内部连接在 V_{DDA}，V_{REF-}通过内部连接在 V_{SSA}。由于 STM32 核心板上的 V_{DDA}电压为 3.3V，V_{SSA}电压为 0V，因此，V_{REF+}电压为 3.3V，V_{REF-}电压为 0V。

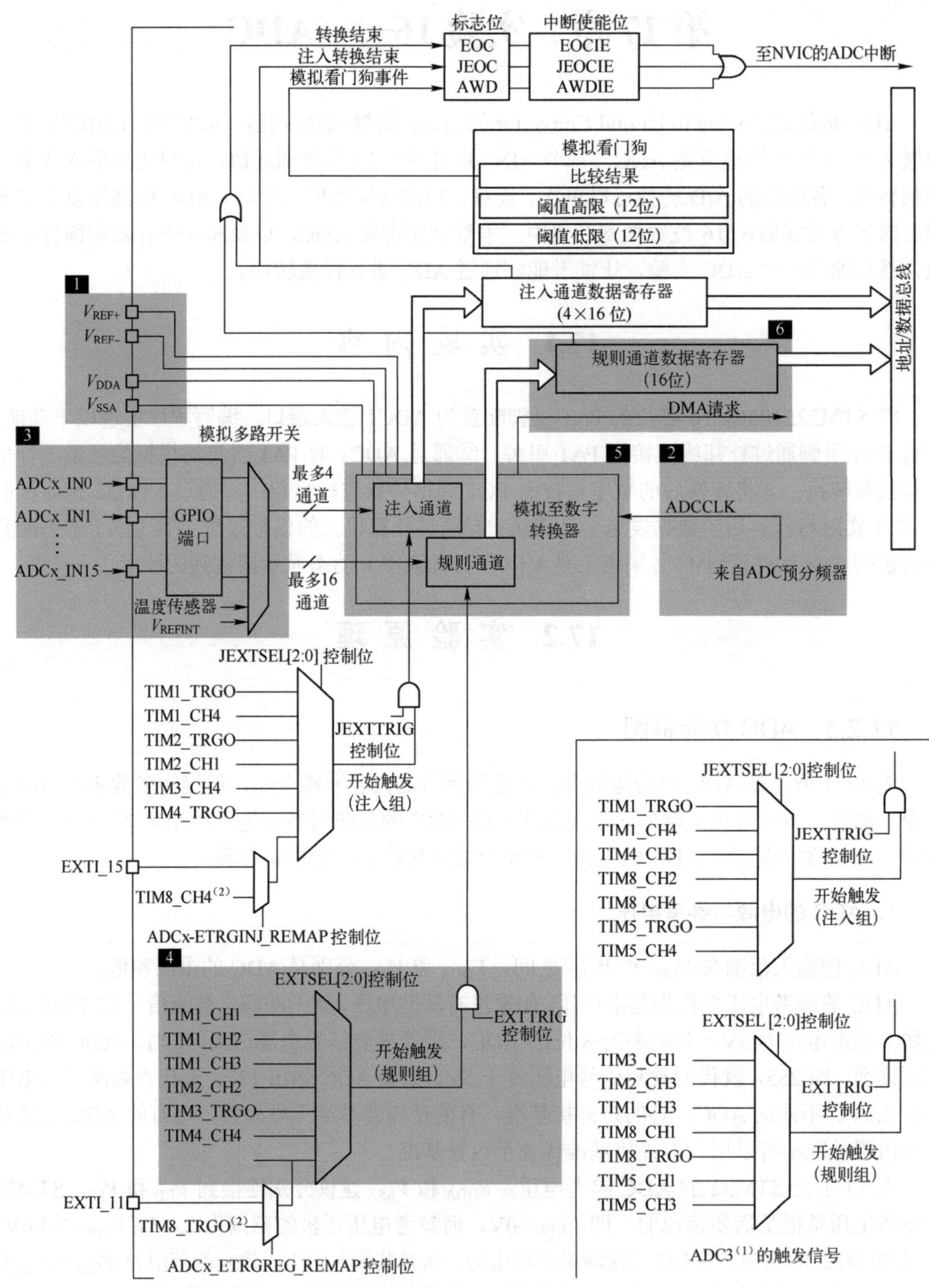

（1）ADC3的规则转换和注入转换触发与 ADC1和ADC2的不同。

（2）TIM8_CH4和TIM8_TRGO及它们的重映射位只存在于大容量产品中。

图 17-1　ADC 功能框图

表 17-1　ADC 参考电压

引脚名称	信号类型	注　　释
V_{REF+}	输入，模拟参考正极	ADC 使用的高端/正极参考电压，$2.4V \leqslant V_{REF+} \leqslant V_{DDA}$
V_{DDA}	输入，模拟电源	等效于 V_{DD} 的模拟电源，且 $2.4V \leqslant V_{DDA} \leqslant V_{DD}$（3.6V）
V_{REF-}	输入，模拟参考负极	ADC 使用的低端/负极参考电压，$V_{REF-} \leqslant V_{SSA}$
V_{SSA}	输入，模拟电源地	等效于 V_{SS} 的模拟电源地
ADCx_IN[15:0]	模拟输入信号	16 个模拟输入通道

2．ADC 时钟及其转换时间

1）ADC 时钟

STM32 的 ADC 输入时钟 ADC_CLK 由 PCLK2 经过分频产生，最大为 14MHz，本实验中，PCLK2 为 72MHz，ADC_CLK 为 PCLK2 的 6 分频，因此，ADC 输入时钟为 12MHz。ADC_CLK的时钟分频系数可以通过RCC_CFGR进行更改，也可以通过RCC_ADCCLKConfig函数进行更改。

2）ADC 转换时间

ADC 使用若干 ADC_CLK 周期对输入电压采样，采样周期数目可以通过 ADC_SMPR1 和 ADC_SMPR2 中的 SMPx[2:0]位进行配置，当然，也可以通过 ADC_RegularChannelConfig 函数进行更改。每个通道可以分别用不同的时间采样。

ADC 的总转换时间可以根据如下公式计算：

$$T_{CONV} = \text{采样时间} + 12.5\text{个ADC时钟周期}$$

其中，采样时间可以配置为 1.5、7.5、13.5、28.5、41.5、55.5、71.5、239.5 个 ADC 时钟周期。

本实验的 ADC 时钟是 12MHz，即 ADC_CLK=12MHz，采样时间为 239.5 个 ADC 时钟周期，则计算 ADC 的总转换时间 T_{CONV} 如下：

$$\begin{aligned} T_{CONV} &= 239.5\text{个ADC时钟周期} + 12.5\text{个ADC时钟周期} \\ &= 252\text{个ADC时钟周期} \\ &= 252 \times \frac{1}{12}\mu s \\ &= 21\mu s \end{aligned}$$

3．ADC 输入通道

STM32 的 ADC 有多达 18 个通道，可以测量 16 个外部通道（ADCx_IN0～ADCx_IN15）和 2 个内部通道（温度传感器和 V_{REFINT}）。本实验中，用到的 ADC 通道是 ADC1_IN1，该通道与 PA1 引脚相连接。

4．ADC 触发源

STM32 的 ADC 支持外部事件触发转换，包括内部定时器触发和外部 I/O 触发。本实验中，使用 TIM3 进行触发，该触发源通过 ADC 控制寄存器 2，即 ADC_CR2 的 EXTSEL[2:0]进行选择，选择好该触发源后，还需要通过 ADC_CR2 的 EXTTRIG 对触发源进行使能。

5. 模拟至数字转换器

模拟至数字转换器是 ADC 的核心单元，模拟量在该单元被转换为数字量。模拟至数字转换器有 2 个通道组，分别是规则通道组和注入通道组。规则通道相当于正常运行的程序，而注入通道就相当于中断。本实验中，仅用到了规则通道组，未用到注入通道组。

6. 数据寄存器

模拟量在模拟至数字转换器中转换成数字量之后，规则通道组的数据存放在 ADC_DR 中，注入组的数据存放在 ADC_JDRx 中。由于本实验仅用到了规则通道组，因此，数字量存放在 ADC_DR 中，该寄存器是一个 32 位的寄存器，只有低 16 位有效。然而，ADC 的分辨率是 12 位，因此，转换后的数字量可以按照左对齐进行存储，也可以按照右对齐进行存储，具体按照哪种方式进行存储，还需要通过 ADC_CR2 的 ALIGN 进行设置。

前文讲过，规则通道最多可以对 16 个信号源进行转换，然而用于存放规则通道组的 ADC_DR 只有 1 个，如果对多个通道进行转换，旧的数据就会被新的数据覆盖，因此，每完成一次转换都需要立刻将数据取走，或开启 DMA 模式，把数据转存至 SRAM。本实验中，只对外部通道 ADC1_IN1（与引脚 PA1 相连）进行采样和转换，每次转换完之后，都会通过 DMA1 的通道 1 转存到 SRAM，即 s_arrADC1Data 变量，进一步，在 TIM3 的中断服务函数，又会将 s_arrADC1Data 变量写入 ADC 缓冲区，即 s_structADCCirQue 循环队列，应用层根据需要再从 ADC 缓冲区读取转换后的数字量。

17.2.2 ADC 实验逻辑框图分析

图 17-2 是 ADC 实验逻辑框图，在该实验中，TIM3 设置为 ADC1 的触发源，每 8ms 触发一次，用于对 ADC1_CH1 即 PA1 的模拟信号量进行模数转换。每次转换结束后，DMA 控制器会把 ADC_DR 中的数据通过 DMA1 传送到 SRAM，即 s_arrADC1Data 变量。TIM3 每 8ms 在中断服务函数，通过 WriteADCBuf 函数将 s_arrADC1Data 变量值存放至 s_structADCCirQue 缓冲区，该缓冲区是一个循环队列，应用层可以通过 ReadADCBuf 函数读取 s_structADCCirQue 缓冲区中的数据。由于图 17-2 中灰色部分的代码由本书配套的资料包提供，因此，在开展本实验时，只需要完成 ADC 采样和处理部分即可。

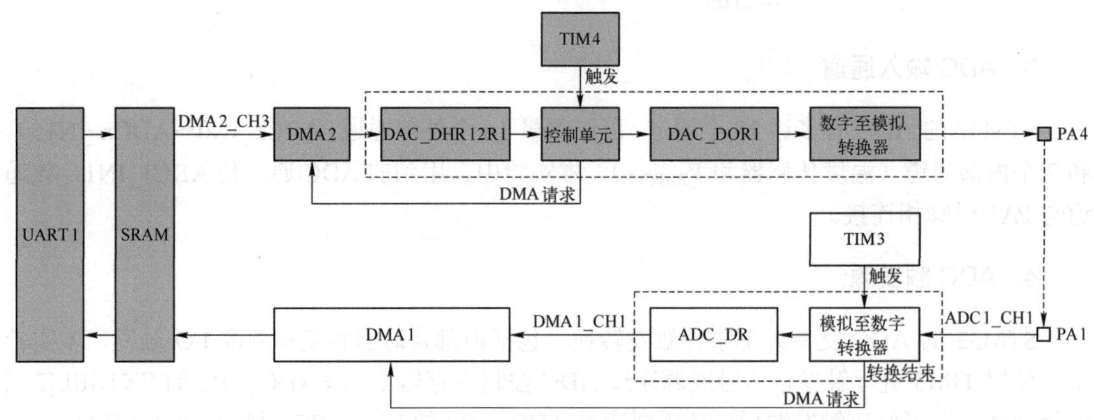

图 17-2　ADC 实验逻辑框图

17.2.3　ADC 实验中的 ADC 缓冲区

如图 17-3 所示，本实验中，ADC 将模拟信号量转换为数字信号量，转换结束后，产生一个 DMA 请求，再由 DMA1 将 ADC_DR 中的数据传送到 SRAM，即变量 s_arrADC1Data。TIM3 除了用于触发 ADC1，同时，每 8ms 还产生一次中断，在 TIM3_IRQHandler 中断服务函数中，通过 WriteADCBuf 函数将变量 s_arrADC1Data 写入 ADC 缓冲区，即结构体变量 s_structADCCirQue。在微控制器应用层，用户可以通过 ReadADCBuf 函数读取 ADC 缓冲区。写 ADC 缓冲区实际上是间接调用 EnU16Queue 函数实现的，读 ADC 缓冲区实际上是间接调用 DeU16Queue 函数实现的。ADC 缓冲区的大小由 ADC1_BUF_SIZE 决定，本实验中，ADC1_BUF_SIZE 取 100，即 ADC 缓冲区大小为 100，该缓冲区的变量类型为 unsigned short 型。

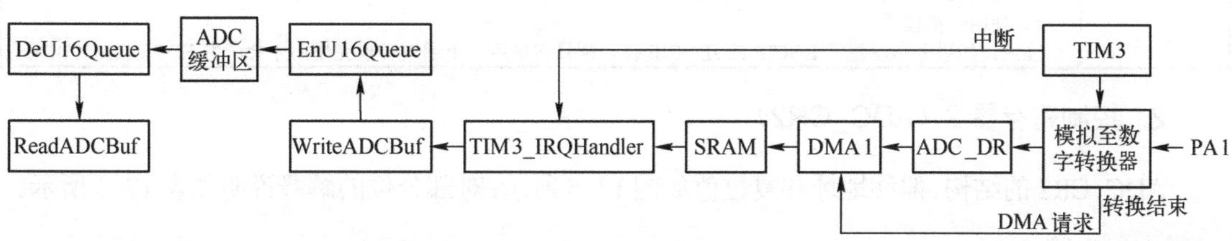

图 17-3　ADC 缓冲区及其数据通路

17.2.4　ADC 部分寄存器

本实验涉及的 ADC 寄存器包括控制寄存器 1（ADC_CR1）、控制寄存器 2（ADC_CR2）、采样时间寄存器 1（ADC_SMPR1）、采样时间寄存器 2（ADC_SMPR2）、规则序列寄存器 1（ADC_SQR1）、规则序列寄存器 2（ADC_SQR2）和规则序列寄存器 3（ADC_SQR3）。

1. 控制寄存器 1（ADC_CR1）

ADC_CR1 的结构、偏移地址和复位值如图 17-4 所示，对部分位的解释说明如表 17-2 所示。

偏移地址：0x04

复位值：0x0000 0000

31	30	29	28	27	26	25	24	23	22	21	20	19	18	17	16
保留								AWDEN	JAWDEN	保留		DUALMOD[3:0]			
								rw	rw			rw	rw	rw	rw

15	14	13	12	11	10	9	8	7	6	5	4	3	2	1	0
DISCNUM[2:0]			JDISCEN	DISCEN	JAUTO	AWDSGL	SCAN	JEOCIE	AWDIE	EOCIE	AWDCH[4:0]				
rw	rw	rw	rw	rw	rw	rw	rw	rw	rw	rw	rw	rw	rw	rw	rw

图 17-4　ADC_CR1 的结构、偏移地址和复位值

表 17-2　ADC_CR1 部分位的解释说明

位 19:16	DUALMOD[3:0]：双模式选择（Dual mode selection）。 软件使用这些位选择操作模式。 0000：独立模式； 0001：混合的同步规则+注入同步模式； 0010：混合的同步规则+交替触发模式； 0011：混合同步注入+快速交叉模式； 0100：混合同步注入+慢速交叉模式； 0101：注入同步模式； 0110：规则同步模式； 0111：快速交叉模式； 1000：慢速交叉模式； 1001：交替触发模式。 注意，在 ADC2 和 ADC3 中这些位为保留位。 在双模式中，改变通道的配置会产生一个重新开始的条件，这将导致同步丢失。建议在进行任何配置改变前关闭双模式
位 8	SCAN：扫描模式（Scan mode）。 该位由软件设置和清除，用于开启或关闭扫描模式。在扫描模式中，转换由 ADC_SQRx 或 ADC_JSQRx 选中的通道。 0：关闭扫描模式； 1：使用扫描模式。 注意，如果分别设置了 EOCIE 或 JEOCIE 位，则只在最后一个通道转换完毕后才会产生 EOC 或 JEOC 中断

2. 控制寄存器 2（ADC_CR2）

ADC_CR2 的结构、偏移地址和复位值如图 17-5 所示，对部分位的解释说明如表 17-3 所示。

偏移地址：0x08

复位值：0x0000 0000

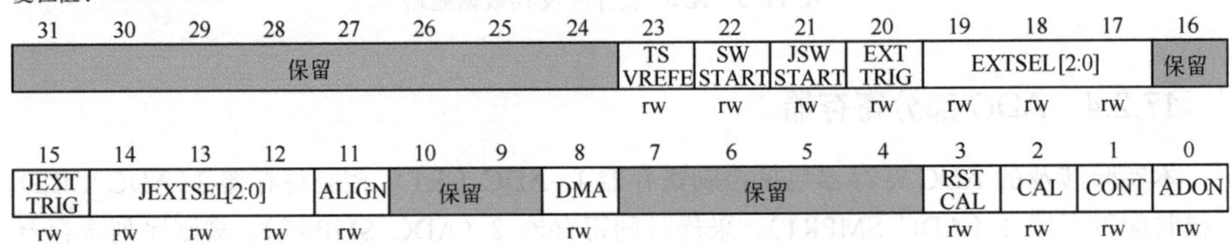

图 17-5　ADC_CR2 的结构、偏移地址和复位值

表 17-3　ADC_CR2 部分位的解释说明

位 20	EXTTRIG：规则通道的外部触发转换模式（External trigger conversion mode for regular channels）。 该位由软件设置和清除，用于开启或禁止可以启动规则通道组转换的外部触发事件。 0：不用外部事件启动转换； 1：使用外部事件启动转换
位 19:17	EXTSEL[2:0]：选择启动规则通道组转换的外部事件（External event select for regular group）。 这些位选择用于启动规则通道组转换的外部事件。 ADC1 和 ADC2 的触发配置如下： 000：定时器 1 的 CC1 事件； 001：定时器 1 的 CC2 事件； 010：定时器 1 的 CC3 事件； 011：定时器 2 的 CC2 事件； 100：定时器 3 的 TRGO 事件； 101：定时器 4 的 CC4 事件； 110：EXTI 线 11/TIM8_TRGO 事件，仅大容量产品具有 TIM8_TRGO 功能； 111：SWSTART。 ADC3 的触发配置如下： 000：定时器 3 的 CC1 事件； 001：定时器 2 的 CC3 事件； 010：定时器 1 的 CC3 事件；

续表

位 19:17	011：定时器 8 的 CC1 事件； 100：定时器 8 的 TRGO 事件； 101：定时器 5 的 CC1 事件； 110：定时器 5 的 CC3 事件； 111：SWSTART
位 11	ALIGN：数据对齐（Data alignment）。 该位由软件设置和清除。 0：右对齐； 1：左对齐
位 8	DMA：直接存储器访问模式（Direct memory access mode）。 该位由软件设置和清除。 0：不使用 DMA 模式； 1：使用 DMA 模式。 注意，只有 ADC1 和 ADC3 能产生 DMA 请求
位 3	RSTCAL：复位校准（Reset calibration）。 该位由软件设置并由硬件清除。在校准寄存器被初始化后该位将被清除。 0：校准寄存器已初始化； 1：初始化校准寄存器。 注意，如果正在进行转换时设置 RSTCAL，则清除校准寄存器需要额外的周期
位 2	CAL：A/D 校准（A/D calibration）。 该位由软件设置以开始校准，并在校准结束时由硬件清除。 0：校准完成； 1：开始校准
位 1	CONT：连续转换（Continuous conversion）。 该位由软件设置和清除。如果设置了此位，则转换将连续进行直到该位被清除。 0：单次转换模式； 1：连续转换模式
位 0	ADON：开/关 A/D 转换器（A/D converter ON/OFF）。 该位由软件设置和清除。当该位为 0 时，写入 1 将 ADC 从断电模式下唤醒。 当该位为 1 时，写入 1 将启动转换。应用程序需注意，在转换器上电至转换开始有一个延迟 t_{STAB}。 0：关闭 ADC 转换/校准，并进入断电模式； 1：开启 ADC 并启动转换。 注意，如果在这个寄存器中与 ADON 一起还有其他位被改变，则转换不被触发。这是为了防止触发错误的转换

3. 采样时间寄存器 1（ADC_SMPR1）

ADC_SMPR1 的结构、偏移地址和复位值如图 17-6 所示，对部分位的解释说明如表 17-4 所示。

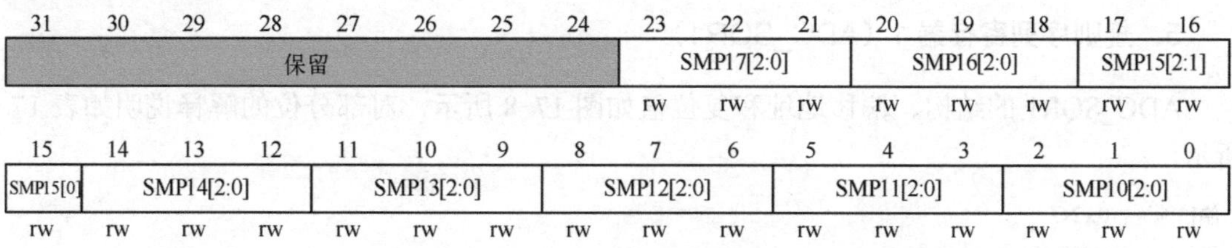

图 17-6　ADC_SMPR1 的结构、偏移地址和复位值

表 17-4　ADC_SMPR1 部分位的解释说明

位 31:24	保留。必须保持为 0
位 23:0	SMPx[2:0]：选择通道 x 的采样时间（Channel x Sample time selection）。 这些位用于独立地选择每个通道的采样时间。在采样周期中通道选择位必须保持不变。 000：1.5 周期； 001：7.5 周期；

续表

位 23:0	010：13.5 周期； 011：28.5 周期； 100：41.5 周期； 101：55.5 周期； 110：71.5 周期； 111：239.5 周期。 注意，ADC1 的模拟输入通道 16 和通道 17 在芯片内部分别连到了温度传感器和 V_{REFINT}。 ADC2 的模拟输入通道 16 和通道 17 在芯片内部连到了 V_{SS}。 ADC3 的模拟输入通道 14、15、16、17 与 V_{SS} 相连

4．采样时间寄存器 2（ADC_SMPR2）

ADC_SMPR2 的结构、偏移地址和复位值如图 17-7 所示，对部分位的解释说明如表 17-5 所示。

偏移地址：0x10

复位值：0x0000 0000

31	30	29	28	27	26	25	24	23	22	21	20	19	18	17	16
保留		SMP9[2:0]			SMP8[2:0]			SMP7[2:0]			SMP6[2:0]			SMP5[2:1]	
		rw	rw	rw	rw	rw	rw	rw	rw	rw	rw	rw	rw	rw	rw

15	14	13	12	11	10	9	8	7	6	5	4	3	2	1	0
SMP 5[0]	SMP4[2:0]			SMP3[2:0]			SMP2[2:0]			SMP1[2:0]			SMP0[2:0]		
rw	rw	rw	rw	rw	rw	rw	rw	rw	rw	rw	rw	rw	rw	rw	rw

图 17-7　ADC_SMPR2 的结构、偏移地址和复位值

表 17-5　ADC_SMPR2 部分位的解释说明

位 31:30	保留。必须保持为 0
位 29:0	SMPx[2:0]：选择通道 x 的采样时间（Channel x Sample time selection）。 这些位用于独立地选择每个通道的采样时间。在采样周期中通道选择位必须保持不变。 000：1.5 周期； 001：7.5 周期； 010：13.5 周期； 011：28.5 周期； 100：41.5 周期； 101：55.5 周期； 110：71.5 周期； 111：239.5 周期。 注意，ADC3 的模拟输入通道 9 与 V_{SS} 相连

5．规则序列寄存器 1（ADC_SQR1）

ADC_SQR1 的结构、偏移地址和复位值如图 17-8 所示，对部分位的解释说明如表 17-6 所示。

偏移地址：0x2C

复位值：0x0000 0000

31	30	29	28	27	26	25	24	23	22	21	20	19	18	17	16
保留								L[3:0]				SQ16[4:1]			
								rw	rw	rw	rw	rw	rw	rw	rw

15	14	13	12	11	10	9	8	7	6	5	4	3	2	1	0
SQ16[0]	SQ15[4:0]					SQ14[4:0]					SQ13[4:0]				
rw	rw	rw	rw	rw	rw	rw	rw	rw	rw	rw	rw	rw	rw	rw	rw

图 17-8　ADC_SQR1 的结构、偏移地址和复位值

表 17-6　ADC_SQR1 部分位的解释说明

位 31:24	保留。必须保持为 0
位 23:20	L[3:0]：规则通道序列长度（Regular channel sequence length）。 由软件定义在规则通道转换序列中的通道数目。 0000：1 个转换； 0001：2 个转换； … 1111：16 个转换
位 19:15	SQ16[4:0]：规则序列中的第 16 个转换（16th conversion in regular sequence）。 由软件定义转换序列中的第 16 个转换通道的编号（0～17）
位 14:10	SQ15[4:0]：规则序列中的第 15 个转换（15th conversion in regular sequence）
位 9:5	SQ14[4:0]：规则序列中的第 14 个转换（14th conversion in regular sequence）
位 4:0	SQ13[4:0]：规则序列中的第 13 个转换（13th conversion in regular sequence）

6．规则序列寄存器 2（ADC_SQR2）

ADC_SQR2 的结构、偏移地址和复位值如图 17-9 所示，对部分位的解释说明如表 17-7 所示。

偏移地址：0x30

复位值：0x0000 0000

31	30	29	28	27	26	25	24	23	22	21	20	19	18	17	16
保留		SQ12[4:0]					SQ11[4:0]					SQ10[4:1]			
		rw	rw	rw	rw	rw	rw	rw	rw	rw	rw	rw	rw	rw	rw

15	14	13	12	11	10	9	8	7	6	5	4	3	2	1	0
SQ10[0]	SQ9[4:0]					SQ8[4:0]					SQ7[4:0]				
rw	rw	rw	rw	rw	rw	rw	rw	rw	rw	rw	rw	rw	rw	rw	rw

图 17-9　ADC_SQR2 的结构、偏移地址和复位值

表 17-7　ADC_SQR2 部分位的解释说明

位 31:30	保留。必须保持为 0
位 29:25	SQ12[4:0]：规则序列中的第 12 个转换（12th conversion in regular sequence）。 由软件定义转换序列中的第 12 个转换通道的编号（0～17）
位 24:20	SQ11[4:0]：规则序列中的第 11 个转换（11th conversion in regular sequence）
位 19:15	SQ10[4:0]：规则序列中的第 10 个转换（10th conversion in regular sequence）
位 14:10	SQ9[4:0]：规则序列中的第 9 个转换（9th conversion in regular sequence）
位 9:5	SQ8[4:0]：规则序列中的第 8 个转换（8th conversion in regular sequence）
位 4:0	SQ7[4:0]：规则序列中的第 7 个转换（7th conversion in regular sequence）

7．规则序列寄存器 3（ADC_SQR3）

ADC_SQR3 的结构、偏移地址和复位值如图 17-10 所示，对部分位的解释说明如表 17-8 所示。

偏移地址：0x34

复位值：0x0000 0000

31	30	29	28	27	26	25	24	23	22	21	20	19	18	17	16
保留		SQ6[4:0]					SQ5[4:0]					SQ4[4:1]			
		rw	rw	rw	rw	rw	rw	rw	rw	rw	rw	rw	rw	rw	rw

15	14	13	12	11	10	9	8	7	6	5	4	3	2	1	0
SQ4[0]	SQ3[4:0]					SQ2[4:0]					SQ1[4:0]				
rw	rw	rw	rw	rw	rw	rw	rw	rw	rw	rw	rw	rw	rw	rw	rw

图 17-10　ADC_SQR3 的结构、偏移地址和复位值

表 17-8　ADC_SQR3 部分位的解释说明

位 31:30	保留。必须保持为 0
位 29:25	SQ6[4:0]：规则序列中的第 6 个转换（6th conversion in regular sequence）。 由软件定义转换序列中的第 6 个转换通道的编号（0～17）
位 24:20	SQ5[4:0]：规则序列中的第 5 个转换（5th conversion in regular sequence）
位 19:15	SQ4[4:0]：规则序列中的第 4 个转换（4th conversion in regular sequence）
位 14:10	SQ3[4:0]：规则序列中的第 3 个转换（3th conversion in regular sequence）
位 9:5	SQ2[4:0]：规则序列中的第 2 个转换（2th conversion in regular sequence）
位 4:0	SQ1[4:0]：规则序列中的第 1 个转换（1th conversion in regular sequence）

17.2.5　ADC 部分固件库函数

本实验涉及的 ADC 固件库函数包括 ADC_Init、ADC_RegularChannelConfig、ADC_DMACmd、ADC_ExternalTrigConvCmd、ADC_Cmd、ADC_ResetCalibration、ADC_GetResetCalibrationStatus、ADC_StartCalibration、ADC_GetCalibrationStatus。这些函数在 stm32f10x_adc.h 文件中声明，在 stm32f10x_adc.c 文件中实现。

1．ADC_Init

ADC_Init 函数的功能是根据 ADC_InitStruct 中指定的参数初始化外设 ADCx 的寄存器，通过向 ADCx→CR1、ADCx→CR2、ADCx→SQR1 写入参数来实现。具体描述如表 17-9 所示。

表 17-9　ADC_Init 函数的描述

函数名	ADC_Init
函数原形	void ADC_Init(ADC_TypeDef* ADCx, ADC_InitTypeDef* ADC_InitStruct)
功能描述	根据 ADC_InitStruct 中指定的参数初始化外设 ADCx 的寄存器
输入参数 1	ADCx：x 可以是 1 或 2，用于选择 ADC 外设 ADC1 或 ADC2
输入参数 2	ADC_InitStruct：指向结构体 ADC_InitTypeDef 的指针，包含了指定外设 ADC 的配置信息
输出参数	无
返回值	void

ADC_InitTypeDef 结构体定义在 stm32f10x_adc.h 文件中，内容如下：

```
typedef struct
{
    u32 ADC_Mode;
    FunctionalState ADC_ScanConvMode;
    FunctionalState ADC_ContinuousConvMode;
    u32 ADC_ExternalTrigConv;
    u32 ADC_DataAlign;
    u8 ADC_NbrOfChannel;
}ADC_InitTypeDef
```

参数 ADC_Mode 用于设置 ADC 工作在独立或双 ADC 模式，可取值如表 17-10 所示。

表 17-10　参数 ADC_Mode 的可取值

可 取 值	实 际 值	描　述
ADC_Mode_Independent	0x00000000	ADC1 和 ADC2 工作在独立模式
ADC_Mode_RegInjecSimult	0x00010000	ADC1 和 ADC2 工作在同步规则和同步注入模式
ADC_Mode_RegSimult_AlterTrig	0x00020000	ADC1 和 ADC2 工作在同步规则模式和交替触发模式
ADC_Mode_InjecSimult_FastInterl	0x00030000	ADC1 和 ADC2 工作在同步注入模式和快速交替模式
ADC_Mode_InjecSimult_SlowInterl	0x00040000	ADC1 和 ADC2 工作在同步注入模式和慢速交替模式
ADC_Mode_InjecSimult	0x00050000	ADC1 和 ADC2 工作在同步注入模式
ADC_Mode_RegSimult	0x00060000	ADC1 和 ADC2 工作在同步规则模式
ADC_Mode_FastInterl	0x00070000	ADC1 和 ADC2 工作在快速交替模式
ADC_Mode_SlowInterl	0x00080000	ADC1 和 ADC2 工作在慢速交替模式
ADC_Mode_AlterTrig	0x00090000	ADC1 和 ADC2 工作在交替触发模式

参数 ADC_ScanConvMode 规定了模数转换工作在扫描模式（多通道）或单次（单通道）模式，可取值为 ENABLE 或 DISABLE。

参数 ADC_ContinuousConvMode 规定了模数转换工作在连续或单次模式，可取值为 ENABLE 或 DISABLE。

参数 ADC_ExternalTrigConv 用于选择某一外部触发来启动规则通道的模数转换，可取值如表 17-11 所示。

表 17-11　参数 ADC_ExternalTrigConv 的可取值

可 取 值	实 际 值	描　述
ADC_ExternalTrigConv_T1_CC1	0x00000000	选择定时器 1 的捕获比较 1 作为转换外部触发
ADC_ExternalTrigConv_T1_CC2	0x00020000	选择定时器 1 的捕获比较 2 作为转换外部触发
ADC_ExternalTrigConv_T1_CC3	0x00040000	选择定时器 1 的捕获比较 3 作为转换外部触发
ADC_ExternalTrigConv_T2_CC2	0x00060000	选择定时器 2 的捕获比较 2 作为转换外部触发
ADC_ExternalTrigConv_T3_TRGO	0x00080000	选择定时器 3 的 TRGO 作为转换外部触发
ADC_ExternalTrigConv_T4_CC4	0x000A0000	选择定时器 4 的捕获比较 4 作为转换外部触发
ADC_ExternalTrigConv_None	0x000E0000	转换由软件而不是外部触发启动

参数 ADC_DataAlign 规定了 ADC 数据向左边对齐或向右边对齐，可取值如表 17-12 所示。

表 17-12　参数 ADC_DataAlign 的可取值

可 取 值	实 际 值	描　述
ADC_DataAlign_Right	0x00000000	ADC 数据右对齐
ADC_DataAlign_Left	0x00000800	ADC 数据左对齐

参数 ADC_NbrOfChannel 规定了顺序进行规则转换的 ADC 通道数目，可取值范围为 1～16。例如，根据参数初始化 ADC1，代码如下：

```
ADC_InitTypeDef ADC_InitStructure;
ADC_InitStructure.ADC_Mode                    = ADC_Mode_Independent;
ADC_InitStructure.ADC_ScanConvMode            = ENABLE;
ADC_InitStructure.ADC_ContinuousConvMode      = DISABLE;
```

```
ADC_InitStructure.ADC_ExternalTrigConv      = ADC_ExternalTrigConv_T3_TRGO
ADC_InitStructure.ADC_DataAlign             = ADC_DataAlign_Right;
ADC_InitStructure.ADC_NbrOfChannel          = 16;
ADC_Init(ADC1, &ADC_InitStructure);
```

2．ADC_RegularChannelConfig

ADC_RegularChannelConfig 函数的功能是设置指定 ADC 的规则组通道，设置它们的转换顺序和采样时间，通过向 ADCx→SMPR1 或 ADCx→SMPR2，以及 ADCx→SQR1 或 ADCx→SQR2 或 ADCx→SQR3 写入参数来实现。具体描述如表 17-13 所示。

表 17-13　ADC_RegularChannelConfig 函数的描述

函数名	ADC_RegularChannelConfig
函数原形	void ADC_RegularChannelConfig(ADC_TypeDef* ADCx, uint8_t ADC_Channel, uint8_t Rank, uint8_t ADC_SampleTime)
功能描述	设置指定 ADC 的规则组通道，设置它们的转换顺序和采样时间
输入参数 1	ADCx：x 可以是 1 或 2，用于选择 ADC 外设 ADC1 或 ADC2
输入参数 2	ADC_Channel：被设置的 ADC 通道
输入参数 3	Rank：规则组采样顺序，取值范围为 1～16
输入参数 4	ADC_SampleTime：指定 ADC 通道的采样时间值
输出参数	无
返回值	void

参数 ADC_Channel 用于指定调用函数 ADC_RegularChannelConfig 来设置的 ADC 通道，可取值如表 17-14 所示。

表 17-14　参数 ADC_Channel 的可取值

可 取 值	实 际 值	描　述
ADC_Channel_0	0x00	选择 ADC 通道 0
ADC_Channel_1	0x01	选择 ADC 通道 1
ADC_Channel_2	0x02	选择 ADC 通道 2
ADC_Channel_3	0x03	选择 ADC 通道 3
ADC_Channel_4	0x04	选择 ADC 通道 4
ADC_Channel_5	0x05	选择 ADC 通道 5
ADC_Channel_6	0x06	选择 ADC 通道 6
ADC_Channel_7	0x07	选择 ADC 通道 7
ADC_Channel_8	0x08	选择 ADC 通道 8
ADC_Channel_9	0x09	选择 ADC 通道 9
ADC_Channel_10	0x0A	选择 ADC 通道 10
ADC_Channel_11	0x0B	选择 ADC 通道 11
ADC_Channel_12	0x0C	选择 ADC 通道 12
ADC_Channel_13	0x0D	选择 ADC 通道 13
ADC_Channel_14	0x0E	选择 ADC 通道 14
ADC_Channel_15	0x0F	选择 ADC 通道 15
ADC_Channel_16	0x10	选择 ADC 通道 16
ADC_Channel_17	0x11	选择 ADC 通道 17

参数 ADC_SampleTime 用于设定选中通道的 ADC 采样时间，可取值如表 17-15 所示。

表 17-15 函数 ADC_SampleTime 的可取值

可 取 值	实 际 值	描 述
ADC_SampleTime_1Cycles5	0x00	采样时间为 1.5 周期
ADC_SampleTime_7Cycles5	0x01	采样时间为 7.5 周期
ADC_SampleTime_13Cycles5	0x02	采样时间为 13.5 周期
ADC_SampleTime_28Cycles5	0x03	采样时间为 28.5 周期
ADC_SampleTime_41Cycles5	0x04	采样时间为 41.5 周期
ADC_SampleTime_55Cycles5	0x05	采样时间为 55.5 周期
ADC_SampleTime_71Cycles5	0x06	采样时间为 71.5 周期
ADC_SampleTime_239Cycles5	0x07	采样时间为 239.5 周期

例如，设置 ADC1 通道 2 为第 1 个转换通道，采样时间为 7.5 时钟周期，代码如下：

```
ADC_RegularChannelConfig(ADC1, ADC_Channel_2, 1, ADC_SampleTime_7Cycles5);
```

设置 ADC1 通道 8 为第 2 个转换通道，采样时间为 1.5 时钟周期，代码如下：

```
ADC_RegularChannelConfig(ADC1, ADC_Channel_8, 2, ADC_SampleTime_1Cycles5);
```

3. ADC_DMACmd

ADC_DMACmd 函数的功能是使能或除能指定的 ADC 的 DMA 请求，通过向 ADCx→CR2 写入参数来实现。具体描述如表 17-16 所示。

表 17-16 ADC_DMACmd 函数的描述

函数名	ADC_DMACmd
函数原形	ADC_DMACmd(ADC_TypeDef* ADCx, FunctionalState NewState)
功能描述	使能或除能指定的 ADC 的 DMA 请求
输入参数 1	ADCx：x 可以是 1 或 2，用于选择 ADC 外设 ADC1 或 ADC2
输入参数 2	NewState：ADC 的 DMA 传输的新状态，可以取 ENABLE 或 DISABLE
输出参数	无
返回值	void

例如，使能 ADC2 的 DMA 传输，代码如下：

```
ADC_DMACmd(ADC2, ENABLE);
```

4. ADC_ExternalTrigConvCmd

ADC_ExternalTrigConvCmd 函数的功能是使能或除能 ADCx 的经外部触发启动转换功能，通过向 ADCx→CR2 写入参数来实现。具体描述如表 17-17 所示。

表 17-17 ADC_ExternalTrigConvCmd 函数的描述

函数名	ADC_ExternalTrigConvCmd
函数原形	void ADC_ExternalTrigConvCmd(ADC_TypeDef* ADCx, FunctionalState NewState)
功能描述	使能或除能 ADCx 的经外部触发启动转换功能

续表

输入参数 1	ADCx：x 可以是 1 或 2，用于选择 ADC 外设 ADC1 或 ADC2
输入参数 2	NewState：指定 ADC 外部触发转换启动的新状态，可以取 ENABLE 或 DISABLE
输出参数	无
返回值	void

例如，使能 ADC1 经外部触发启动注入组转换功能，代码如下：

```
ADC_ExternalTrigConvCmd(ADC1, ENABLE);
```

5. ADC_Cmd

ADC_Cmd 函数的功能是使能或除能指定的 ADC，通过向 ADCx→CR2 写入参数来实现，具体描述如表 17-18 所示。注意，ADC_Cmd 只能在其他 ADC 设置函数之后被调用。

表 17-18　ADC_Cmd 函数的描述

函数名	ADC_Cmd
函数原形	void ADC_Cmd(ADC_TypeDef* ADCx, FunctionalState NewState)
功能描述	使能或除能指定的 ADC
输入参数 1	ADCx：x 可以是 1 或 2，用于选择 ADC 外设 ADC1 或 ADC2
输入参数 2	NewState：外设 ADCx 的新状态，可以取 ENABLE 或 DISABLE
输出参数	无
返回值	void

例如，使能 ADC1，代码如下：

```
ADC_Cmd(ADC1, ENABLE);
```

6. ADC_ResetCalibration

ADC_ResetCalibration 函数的功能是重置指定的 ADC 的校准寄存器，通过向 ADCx→CR2 写入参数来实现。具体描述如表 17-19 所示。

表 17-19　ADC_ResetCalibration 函数的描述

函数名	ADC_ResetCalibration
函数原形	void ADC_ResetCalibration(ADC_TypeDef* ADCx)
功能描述	重置指定的 ADC 的校准寄存器
输入参数	ADCx：x 可以是 1 或 2，用于选择 ADC 外设 ADC1 或 ADC2
输出参数	无
返回值	void

例如，重置 ADC1 的校准寄存器，代码如下：

```
ADC_ResetCalibration(ADC1);
```

7. ADC_GetResetCalibrationStatus

ADC_GetResetCalibrationStatus 函数的功能是获取 ADC 重置校准寄存器的状态，通过读取并判断 ADCx→CR2 来实现。具体描述如表 17-20 所示。

表 17-20　ADC_GetResetCalibrationStatus 函数的描述

函数名	ADC_GetResetCalibrationStatus
函数原形	FlagStatus ADC_GetResetCalibrationStatus(ADC_TypeDef* ADCx)
功能描述	获取 ADC 重置校准寄存器的状态
输入参数	ADCx：x 可以是 1 或 2，用于选择 ADC 外设 ADC1 或 ADC2
输出参数	无
返回值	ADC 重置校准寄存器的新状态（SET 或 RESET）

例如，获取 ADC2 重置校准寄存器的状态，代码如下：

```
FlagStatus Status;
Status = ADC_GetResetCalibrationStatus(ADC2);
```

8．ADC_StartCalibration

ADC_StartCalibration 函数的功能是开始指定 ADC 的校准，通过向 ADCx→CR2 写入参数来实现。具体描述如表 17-21 所示。

表 17-21　ADC_StartCalibration 函数的描述

函数名	ADC_StartCalibration
函数原形	void ADC_StartCalibration(ADC_TypeDef* ADCx)
功能描述	开始指定 ADC 的校准
输入参数	ADCx：x 可以是 1 或 2，用于选择 ADC 外设 ADC1 或 ADC2
输出参数	无
返回值	void

例如，开始指定 ADC2 的校准，代码如下：

```
ADC_StartCalibration(ADC2);
```

9．ADC_GetCalibrationStatus

ADC_GetCalibrationStatus 函数的功能是获取指定 ADC 的校准状态，通过向 ADCx→CR2 写入参数来实现。具体描述如表 17-22 所示。

表 17-22　ADC_GetCalibrationStatus 函数的描述

函数名	ADC_GetCalibrationStatus
函数原形	FlagStatus ADC_GetCalibrationStatus(ADC_TypeDef* ADCx)
功能描述	获取指定 ADC 的校准状态
输入参数	ADCx：x 可以是 1 或 2，用于选择 ADC 外设 ADC1 或 ADC2
输出参数	无
返回值	ADC 校准的新状态（SET 或 RESET）

例如，获取 ADC2 的校准状态，代码如下：

```
FlagStatus Status;
Status = ADC_GetCalibrationStatus(ADC2);
```

17.3 实验步骤

步骤 1：复制并编译原始工程

首先，将“D:\STM32KeilTest\Material\16.ADC 实验”文件夹复制到“D:\STM32KeilTest\Product”文件夹中。然后，双击运行“D:\STM32KeilTest\Product\16.ADC 实验\Project”文件夹中的 STM32KeilPrj.uvprojx，单击工具栏中的按钮。当 Build Output 栏出现 FromELF: creating hex file...时，表示已经成功生成.hex 文件，出现 0 Error(s), 0 Warning(s)表示编译成功。最后，将.axf 文件下载到 STM32 的内部 Flash，观察 STM32 核心板上的两个 LED 是否交替闪烁。如果两个 LED 交替闪烁，就可以进入下一步操作。

步骤 2：添加 ADC 和 U16Queue 文件对

首先，将“D:\STM32KeilTest\Product\16.ADC 实验\HW\ADC”文件夹中的 ADC.c 和 U16Queue.c 添加到 HW 分组，具体操作可参见 2.3 节步骤 8。然后，将“D:\STM32KeilTest\Product\16.ADC 实验\HW\ADC”路径添加到 Include Paths 栏，具体操作可参见 2.3 节步骤 11。

步骤 3：完善 ADC.h 文件

单击按钮进行编译，编译结束后，在 Project 面板中，双击 ADC.c 下的 ADC.h。在 ADC.h 文件的“包含头文件”区，添加代码#include "DataType.h"。

在 ADC.h 文件的“宏定义”区，添加如程序清单 17-1 所示的宏定义代码。该宏定义是 ADC 缓冲区大小的定义。

程序清单 17-1

```
#define ADC1_BUF_SIZE 100          //设置缓冲区的大小
```

在 ADC.h 文件的“API 函数声明”区，添加如程序清单 17-2 所示的 API 函数声明代码。InitADC 函数用于初始化 ADC 模块，WriteADCBuf 函数用于写 ADC 缓冲区，ReadADCBuf 函数用于读 ADC 缓冲区。

程序清单 17-2

```
void InitADC(void);                //初始化 ADC 模块

u8    WriteADCBuf(u16 d);          //向 ADC 缓冲区写入数据
u8    ReadADCBuf(u16 *p);          //从 ADC 缓冲区读取数据
```

步骤 4：完善 ADC.c 文件

在 ADC.c 文件的“包含头文件”区的最后，添加代码#include "stm32f10x_conf.h"和#include "U16Queue.h"。

在 ADC.c 文件的“内部变量”区，添加如程序清单 17-3 所示的内部变量定义代码。其中，数组 s_arrADC1Data 为图 17-3 中的 SRAM，结构体变量 s_structADCCirQue 为 ADC 循环队列；数组 s_arrADCBuf 为 ADC 循环队列的缓冲区，该数组的大小 ADC1_BUF_SIZE 为缓冲区的大小。

程序清单 17-3

```
static u16 s_arrADC1Data;                                    //存放 ADC 转换结果数据
static StructU16CirQue s_structADCCirQue;                    //ADC 循环队列
static u16              s_arrADCBuf[ADC1_BUF_SIZE];          //ADC 循环队列的缓冲区
```

在 ADC.c 文件的“内部函数声明”区，添加内部函数的声明代码，如程序清单 17-4 所示。ConfigADC1 函数用于配置 ADC1，ConfigDMA1Ch1 函数用于配置 DMA1 的通道 1，ConfigTimer3 函数用于配置 TIM3。

程序清单 17-4

```
static void ConfigADC1(void);                  //配置 ADC1
static void ConfigDMA1Ch1(void);               //配置 DMA1 通道 1
static void ConfigTimer3(u16 arr, u16 psc);    //配置 TIM3
```

在 ADC.c 文件的“内部函数实现”区，添加 ConfigADC1 函数的实现代码，如程序清单 17-5 所示。下面按照顺序对 ConfigADC1 函数中的语句进行解释说明。

（1）RCC_ADCCLKConfig 函数对 PCLK2 进行 6 分频，由于本实验的 PCLK2 是 72MHz，因此，经过 6 分频之后，ADC 输入时钟为 12MHz。

（2）本实验是通过 ADC1 对 PA1 引脚的信号量进行模数转换的，因此，还需要通过 RCC_APB2PeriphClockCmd 函数使能 ADC1 时钟和 GPIOA 时钟。

（3）通过 GPIO_Init 函数将 PA1 配置为模拟输入模式。

（4）通过 ADC_Init 函数对 ADC1 进行配置，该函数涉及 ADC_CR1 的 DUALMOD[3:0]、SCAN，以及 ADC_CR2 的 ALIGN、EXTSEL[2:0]、CONT，ADC_SQR1 的 L[3:0]。DUALMOD[3:0]用于设置 ADC 的操作模式，SCAN 用于设置扫描模式，可参见图 17-4 和表 17-2，本实验中，ADC1 配置为独立模式，且使用扫描模式。ALIGN 用于设置数据对齐方式，EXTSEL[2:0]用于选择启动规则转换组转换的外部事件，CONT 用于设置是否进行连续转换，可参见图 17-5 和表 17-3，本实验中，ADC1 采用右对齐方式，通过 TIM3 触发，且转换模式为单次转换。L[3:0]用于存储规则序列的长度，可参见图 17-8 和表 17-6，本实验中，ADC1 只对 PA1 引脚的模拟信号量进行模数转换，因此，这里取 1。

（5）通过 ADC_RegularChannelConfig 函数设置规则序列 1 中的通道、采样顺序和采样周期，该函数涉及 ADC_SMPR2 的 SMP1[2:0]和 ADC_SQR3 的 SQ1[4:0]。SMP1[2:0]用于选择通道 1 的采样时间，可参见图 17-7 和表 17-5，本实验中，ADC1 通道 1 的采样时间设置为 239.5 周期。SQ1[4:0]用于设置规则序列中的第一个转换，可参见图 17-10 和表 17-8，由于本实验只有 1 个采样通道，且为通道 1，因此，第一个转换即为通道 1。

（6）通过 ADC_DMACmd 函数启用 DMA 传输，该函数涉及 ADC_CR2 的 DMA，可参见图 17-5 和表 17-3。

（7）通过 ADC_ExternalTrigConvCmd 函数开启或禁止规则通道组转换的外部触发事件，该函数涉及 ADC_CR2 的 EXTTRIG，可参见图 17-5 和表 17-3。本实验中，ADC1 使用 TIM3 作为触发源，因此，ADC1 需要开启规则通道组转换的外部触发事件。

（8）通过 ADC_Cmd 函数使能 ADC1，该函数涉及 ADC_CR2 的 ADON，可参见图 17-5 和表 17-3。

（9）ADC_ResetCalibration 函数用于启动 ADC 复位校准，ADC_GetResetCalibrationStatus 函数用于获取 ADC 复位校准状态，两个函数均涉及 ADC_CR2 的 RSTCAL，可参见图 17-5 和表 17-3，第一个函数用于写 RSTCAL，第二个函数用于读 RSTCAL。在本实验中，通过 ADC_ResetCalibration 函数启动 ADC1 复位校准之后，还需要通过 while 语句等待复位校准结束。

（10）ADC_StartCalibration 函数用于启动 ADC 校准，ADC_GetCalibrationStatus 函数用于获取 ADC 校准状态，两个函数均涉及 ADC_CR2 的 CAL，可参见图 17-5 和表 17-3，第一个函数用于写 CAL，第二个函数用于读 CAL。在本实验中，通过 ADC_StartCalibration 函数启动 ADC1 校准之后，还需要通过 while 语句等待校准结束。

程序清单 17-5

```
static void ConfigADC1(void)
{
  GPIO_InitTypeDef   GPIO_InitStructure;        //GPIO_InitStructure 用于存放 GPIO 的参数
  ADC_InitTypeDef    ADC_InitStructure;         //ADC_InitStructure 用于存放 ADC 的参数

  //使能 RCC 相关时钟
  RCC_ADCCLKConfig(RCC_PCLK2_Div6); //设置 ADC 时钟分频，ADCCLK=PCLK2/6=12MHz
  RCC_APB2PeriphClockCmd(RCC_APB2Periph_ADC1   , ENABLE);               //使能 ADC1 的时钟
  RCC_APB2PeriphClockCmd(RCC_APB2Periph_GPIOA , ENABLE);                //使能 GPIOA 的时钟

  //配置 ADC1 的 GPIO
  GPIO_InitStructure.GPIO_Pin     = GPIO_Pin_1;                         //设置引脚
  GPIO_InitStructure.GPIO_Mode    = GPIO_Mode_AIN;                      //设置输入类型
  GPIO_Init(GPIOA, &GPIO_InitStructure);                                //根据参数初始化 GPIO

  //配置 ADC1
  ADC_InitStructure.ADC_Mode                  = ADC_Mode_Independent;   //设置为独立模式
  ADC_InitStructure.ADC_ScanConvMode          = ENABLE;                 //使能扫描模式
  ADC_InitStructure.ADC_ContinuousConvMode = DISABLE;                   //禁止连续转换模式
  ADC_InitStructure.ADC_ExternalTrigConv      = ADC_ExternalTrigConv_T3_TRGO;
                                                                        //使用 TIM3 触发
  ADC_InitStructure.ADC_DataAlign             = ADC_DataAlign_Right;    //设置为右对齐
  ADC_InitStructure.ADC_NbrOfChannel          = 1;                      //设置 ADC 的通道数目
  ADC_Init(ADC1, &ADC_InitStructure);

  ADC_RegularChannelConfig(ADC1, ADC_Channel_1, 1, ADC_SampleTime_239Cycles5);
                                                  //设置采样时间为 239.5 个周期

  ADC_DMACmd(ADC1, ENABLE);                       //使能 ADC1 的 DMA
  ADC_ExternalTrigConvCmd(ADC1, ENABLE);          //使用外部事件启动 ADC 转换
  ADC_Cmd(ADC1, ENABLE);                          //使能 ADC1
  ADC_ResetCalibration(ADC1);                     //启动 ADC 复位校准，即将 RSTCAL 赋值为 1
  while(ADC_GetResetCalibrationStatus(ADC1));     //读取并判断 RSTCAL，RSTCAL 为 0 跳出 while
                                                  语句
```

```
  ADC_StartCalibration(ADC1);                          //启动 ADC 校准，即将 CAL 赋值为 1
  while(ADC_GetCalibrationStatus(ADC1));               //读取并判断 CAL，CAL 为 0 跳出 while 语句
}
```

在 ADC.c 文件的“内部函数实现”区，在 ConfigADC1 函数实现区的后面添加 ConfigDMA1Ch1 函数的实现代码，如程序清单 17-6 所示。下面按照顺序对 ConfigDMA1Ch1 函数中的语句进行解释说明。

（1）本实验是通过 DMA1 通道 1 将 ADC_DR 中的数据传送到 SRAM 的，因此，还需要通过 RCC_AHBPeriphClockCmd 函数使能 DMA1 通道 1 的时钟。

（2）通过 DMA_DeInit 函数将 DMA1 通道 1 寄存器重设为默认值。

（3）通过 DMA_Init 函数对 DMA1 的通道 1 进行配置，该函数涉及 DMA_CCR1 的 DIR、CIRC、PINC、MINC、PSIZE[1:0]、MSIZE[1:0]、PL[1:0]、MEM2MEM，以及 DMA_CNDTR1，还涉及 DMA_CPAR1 和 DMA_CMAR1。DIR 用于设置数据传输方向，CIRC 用于设置循环方式，PINC 用于设置外设地址增量模式，MINC 用于设置存储器地址增量模式，PSIZE[1:0]用于设置外设数据宽度，MSIZE[1:0]用于设置存储器数据宽度，PL[1:0]用于设置通道优先级，MEM2MEM 用于设置存储器模式，可参见图 16-33 和表 16-26。本实验中，DMA1 的通道 1 将外设 ADC1 的数据传输到存储器 SRAM，因此，传输方向是从外设读，外设不执行地址增量操作，存储器执行地址增量操作，存储器和外设数据宽度均为半字，数据传输采用循环模式，即数据传输的数目变为 0 时，会自动地被恢复成配置通道时设置的初值，DMA 操作将会继续进行，通道优先级设置为中等，MEM2MEM 设置为 0，表示工作在非存储器到存储器模式。DMA_CPAR1 是 DMA1 通道 1 外设地址寄存器，DMA_CMAR1 是 DMA1 通道 1 存储器地址寄存器，DMA_CNDTR1 是 DMA1 通道 1 传输数量寄存器，可参见图 16-34～图 16-36、表 16-27～表 16-29。本实验中，DMA_CPAR1 写入 ADC1→DR 的地址；DMA_CMAR1 写入 s_arrADC1Data 的地址；DMA_CNDTR1 写入 1。

（4）通过 DMA_Cmd 函数使能 DMA1 通道 1，该函数涉及 DMA_CCR1 的 EN，可参见图 16-33 和表 16-26。

程序清单 17-6

```
static void ConfigDMA1Ch1(void)
{
  DMA_InitTypeDef DMA_InitStructure;  //DMA_InitStructure 用于存放 DMA 的参数

  //使能 RCC 相关时钟
  RCC_AHBPeriphClockCmd(RCC_AHBPeriph_DMA1, ENABLE);  //使能 DMA1 的时钟

  //配置 DMA1_Channel1
  DMA_DeInit(DMA1_Channel1);  //将 DMA1_CH1 寄存器设置为默认值
  DMA_InitStructure.DMA_PeripheralBaseAddr = (uint32_t)&(ADC1->DR);        //设置外设地址
  DMA_InitStructure.DMA_MemoryBaseAddr     = (uint32_t)&s_arrADC1Data;     //设置存储器地址
  DMA_InitStructure.DMA_DIR                = DMA_DIR_PeripheralSRC;        //设置为外设到存储器模式
  DMA_InitStructure.DMA_BufferSize         = 1;                  //设置要传输的数据项数目
  DMA_InitStructure.DMA_PeripheralInc      = DMA_PeripheralInc_Disable;
                                                                 //设置外设为非递增模式
  DMA_InitStructure.DMA_MemoryInc          = DMA_MemoryInc_Enable;
```

```
                                                        //设置存储器为递增模式
  DMA_InitStructure.DMA_PeripheralDataSize   = DMA_PeripheralDataSize_HalfWord;
                                                        //设置外设数据长度为半字
  DMA_InitStructure.DMA_MemoryDataSize       = DMA_MemoryDataSize_HalfWord;
                                                        //设置存储器数据长度为半字
  DMA_InitStructure.DMA_Mode                 = DMA_Mode_Circular;     //设置为循环模式
  DMA_InitStructure.DMA_Priority             = DMA_Priority_Medium;   //设置为中等优先级
  DMA_InitStructure.DMA_M2M                  = DMA_M2M_Disable;       //禁止存储器到存储器访问
  DMA_Init(DMA1_Channel1, &DMA_InitStructure);          //根据参数初始化 DMA1_Channel1

  DMA_Cmd(DMA1_Channel1, ENABLE);                       //使能 DMA1_Channel1
}
```

在 ADC.c 文件的“内部函数实现”区，在 ConfigDMA1Ch1 函数实现区的后面添加 ConfigTimer3 函数的实现代码，如程序清单 17-7 所示。下面按照顺序对 ConfigTimer3 函数中的语句进行解释说明。

（1）本实验中的 TIM3 设置为 ADC1 的触发源，且每隔 8ms 产生一次中断触发，因此，需要通过 RCC_APB1PeriphClockCmd 函数使能 TIM3 的时钟。

（2）通过 TIM_TimeBaseInit 函数对 TIM3 进行配置，该函数涉及 TIM3_CR1 的 DIR、CMS[1:0]、CKD[1:0]，TIM3_ARR，TIM3_PSC，以及 TIM3_EGR 的 UG。DIR 用于设置计数器计数方向，CMS[1:0]用于选择中央对齐模式，CKD[1:0]用于设置时钟分频系数，可参见图 7-2 和表 7-1。本实验中，TIM3 设置为边沿对齐模式，计数器递增计数。TIM3_ARR 和 TIM3_PSC 用于设置计数器的自动重装载值和预分频器的值，可参见图 7-8、图 7-9，以及表 7-7 和表 7-8，本实验中的这两个值通过 ConfigTimer3 函数的参数 arr 和 psc 来决定。UG 用于产生更新事件，可参见图 7-6 和表 7-5，本实验中将该值设置为 1，用于重新初始化计数器，并产生一个更新事件。

（3）通过 TIM_SelectOutputTrigger 函数将 TIM3 的更新事件选为 ADC1 的触发输入，该函数涉及 TIM3_CR2 的 MMS[2:0]。MMS[2:0]用于选择在主模式下送到从定时器的同步信息（TRGO），可参见图 7-3 和表 7-2。

（4）通过 TIM_ITConfig 函数使能 TIM3 的更新中断，该函数涉及 TIM3_DIER 的 UIE。UIE 用于禁止和允许更新中断，可参见图 7-4 和表 7-3。本实验中，将该值设置为 1，用于每 8ms 产生一次中断，在中断服务函数中，通过 WriteADCBuf 函数将 s_arrADC1Data 变量值存放至 s_structADCCirQue 缓冲区。

（5）通过 NVIC_Init 函数使能 TIM3 的中断，同时设置抢占优先级为 1，子优先级为 1。

（6）通过 TIM_Cmd 函数使能 TIM3，该函数涉及 TIM3_CR1 的 CEN，可参见图 7-2 和表 7-1。在本实验中，TIM3 的参数配置完之后，就需要通过该函数使能 TIM3。

程序清单 17-7

```
static void ConfigTimer3(u16 arr, u16 psc)
{
  TIM_TimeBaseInitTypeDef  TIM_TimeBaseStructure;    //TIM_TimeBaseStructure 用于存放 TIM3 的参数
  NVIC_InitTypeDef NVIC_InitStructure;               //NVIC_InitStructure 用于存放 NVIC 的参数

  //使能 RCC 相关时钟
```

```
  RCC_APB1PeriphClockCmd(RCC_APB1Periph_TIM3, ENABLE);    //使能 TIM3 的时钟

  //配置 TIM3
  TIM_TimeBaseStructure.TIM_Period        = arr;                   //设置自动重装载值
  TIM_TimeBaseStructure.TIM_Prescaler     = psc;                   //设置预分频器值
  TIM_TimeBaseStructure.TIM_ClockDivision = TIM_CKD_DIV1;          //设置时钟分割：tDTS = tCK_INT
  TIM_TimeBaseStructure.TIM_CounterMode   = TIM_CounterMode_Up;    //设置递增计数模式
  TIM_TimeBaseInit(TIM3, &TIM_TimeBaseStructure);                  //根据参数初始化定时器

  TIM_SelectOutputTrigger(TIM3,TIM_TRGOSource_Update);             //选择更新事件为触发输入

  TIM_ITConfig(TIM3, TIM_IT_Update,ENABLE);                        //使能定时器的更新中断

  //配置 NVIC
  NVIC_InitStructure.NVIC_IRQChannel        = TIM3_IRQn;           //中断通道号
  NVIC_InitStructure.NVIC_IRQChannelPreemptionPriority = 1;        //设置抢占优先级
  NVIC_InitStructure.NVIC_IRQChannelSubPriority        = 1;        //设置子优先级
  NVIC_InitStructure.NVIC_IRQChannelCmd     = ENABLE;              //使能中断
  NVIC_Init(&NVIC_InitStructure);                                  //根据参数初始化 NVIC

  TIM_Cmd(TIM3, ENABLE);                                           //使能定时器
}
```

在 ADC.c 文件的“内部函数实现”区，在 ConfigTimer3 函数实现区的后面添加 TIM3_IRQHandler 中断服务函数的实现代码，如程序清单 17-8 所示。下面按照顺序对 TIM3_IRQHandler 函数中的语句进行解释说明。

（1）通过 TIM_GetITStatus 函数获取 TIM3 更新中断标志，该函数涉及 TIM3_DIER 的 UIE 和 TIM3_SR 的 UIF，可参见图 7-4、图 7-5、表 7-3 和表 7-4。本实验中，UIE 为 1，表示使能更新中断，当 TIM3 递增计数产生溢出时，UIF 由硬件置为 1，并产生更新中断，执行 TIM3_IRQHandler 函数，因此，在 TIM3_IRQHandler 函数中还需要通过 TIM_ClearITPendingBit 函数将 UIF 清零。

（2）本实验中，TIM3_IRQHandler 函数是每 8ms 进入一次，即每 8ms 产生一次中断，在中断服务函数中，通过 WriteADCBuf 函数将 s_arrADC1Data 变量值存放至 ADC 的缓冲区。

程序清单 17-8

```
void TIM3_IRQHandler(void)
{
  if (TIM_GetITStatus(TIM3, TIM_IT_Update) != RESET)       //判断定时器更新中断是否发生
  {
    TIM_ClearITPendingBit(TIM3, TIM_FLAG_Update);         //清除定时器更新中断标志
  }

  WriteADCBuf(s_arrADC1Data);                              //向 ADC 缓冲区写入数据
}
```

在 ADC.c 文件的“API 函数实现”区，添加 API 函数的实现代码，如程序清单 17-9 所

示。ADC.c 文件的 API 函数有 3 个，下面按照顺序对这 3 个函数中的语句进行解释说明。

（1）在 InitADC 函数中，通过 ConfigTimer3 函数配置 TIM3，通过 ConfigADC1 函数配置 ADC1，通过 ConfigDMA1Ch1 函数配置 DMA1 的通道 1，最后，通过 InitU16Queue 函数对 ADC 的缓冲区进行初始化。

（2）WriteADCBuf 函数调用入队函数 EnU16Queue，将数据写入 ADC 缓冲区。

（3）ReadADCBuf 函数调用出队函数 DeU16Queue，从 ADC 缓冲区读出数据。

程序清单 17-9

```
void InitADC(void)
{
  ConfigTimer3(799, 719);                                              //100kHz，计数到 800 为 8ms
  ConfigADC1();                                                        //配置 ADC1
  ConfigDMA1Ch1();                                                     //配置 DMA1 的通道 1

  InitU16Queue(&s_structADCCirQue, s_arrADCBuf, ADC1_BUF_SIZE);    //初始化 ADC 缓冲区
}

u8 WriteADCBuf(u16 d)
{
  u8 ok = 0;                                                           //将写入成功标志位的值设置为 0

  ok = EnU16Queue(&s_structADCCirQue, &d, 1);                        //入队

  return ok;                                                           //返回写入成功标志位的值
}

u8 ReadADCBuf(u16* p)
{
  u8 ok = 0;                                                           //将读取成功标志位的值设置为 0

  ok = DeU16Queue(&s_structADCCirQue, p, 1);                         //出队

  return ok;                                                           //返回读取成功标志位的值
}
```

步骤 5：添加 SendDataToHost 文件对

首先，将“D:\STM32KeilTest\Product\16.ADC 实验\App\SendDataToHost”文件夹中的 SendDataToHost.c 添加到 App 分组，具体操作可参见 2.3 节步骤 8。然后，将“D:\STM32KeilTest\Product\16.ADC 实验\App\SendDataToHost”路径添加到 Include Paths 栏，具体操作可参见 2.3 节步骤 11。

步骤 6：完善 SendDataToHost.h 文件

单击按钮进行编译，编译结束后，在 Project 面板中，双击 SendDataToHost.c 下的 SendDataToHost.h。在 SendDataToHost.h 文件的“包含头文件”区，添加代码#include

"DataType.h"。

在 SendDataToHost.h 文件的“API 函数声明”区，添加如程序清单 17-10 所示的 API 函数声明代码。InitSendDataToHost 函数用于初始化 SendDataToHost 模块，SendAckPack 函数用于发送命令应答数据包，SendWaveToHost 函数用于发送波形数据包到主机。

程序清单 17-10

```
void  InitSendDataToHost(void);                              //初始化 SendDataToHost 模块
void  SendAckPack(u8 moduleId, u8 secondId, u8 ackMsg);     //发送命令应答数据包

void  SendWaveToHost(u8* pWaveData);                         //发送波形数据包到主机，一次性发送 5 个点
```

步骤 7：完善 SendDataToHost.c 文件

在 SendDataToHost.c 文件的“包含头文件”区的最后，添加代码#include "PackUnpack.h"、#include "UART1.h"。

在 SendDataToHost.c 文件的“内部函数声明”区，添加内部函数的声明代码，如程序清单 17-11 所示。SendPackToHost 函数用于发送打包之后的数据包到主机。

程序清单 17-11

```
static  void  SendPackToHost(StructPackType* pPackSent);  //打包数据，并将数据包发送到主机
```

在 SendDataToHost.c 文件的“内部函数实现”区，添加 SendPackToHost 函数的实现代码，如程序清单 17-12 所示。下面按照顺序对 SendPackToHost 函数中的语句进行解释说明。

（1）PackData 函数用于将参数 pPackSent 指向的打包前数据包（包含模块 ID、二级 ID 和数据）进行打包，打包之后的结果依然保存于 pPackSent 指向的结构体变量。

（2）如果 PackData 函数的返回值大于 0，表示打包成功，则调用 WriteUART1 函数将打包之后的数据包通过 UART1 发送出去。注意，pPackSent 是结构体指针变量，而 WriteUART1 函数的第一个参数是指向 u8 类型变量的指针变量，因此需要通过“(u8*)”将 pPackSent 强制转换为指向 u8 类型变量的指针变量。

程序清单 17-12

```
static  void  SendPackToHost(StructPackType* pPackSent)
{
  u8  packValid = 0;                              //打包正确标志位，默认值为 0

  packValid = PackData(pPackSent);                //打包数据

  if(0 < packValid)                               //如果打包正确
  {
    WriteUART1((u8*)pPackSent, 10);               //写数据到串口
  }
}
```

在 SendDataToHost.c 文件的“API 函数实现”区，添加 InitSendDataToHost、SendAckPack、

SendWaveToHost 函数的实现代码，如程序清单 17-13 所示。InitSendDataToHost 函数用于初始化 SendDataToHost 模块，因为没有需要初始化的内容，函数体留空即可，如果后续升级版有需要初始化的代码，直接填入即可。下面按照顺序对 SendAckPack 和 SendWaveToHost 函数中的语句进行解释说明。

（1）定义一个 StructPackType 类型的结构体变量 pt，用于存放打包前的数据包。

（2）SendAckPack 函数将 MODULE_SYS 和 DAT_CMD_ACK 分别赋给 pt.packModuleId 和 pt.packSecondId，将参数 moduleId、secondId 和 ackMsg 分别赋给 pt.arrData[0]、pt.arrData[1] 和 pt.arrData[2]，再将 pt.arrData[3]～pt.arrData[5]赋值为 0，最后调用 SendPackToHost 函数对结构体变量 pt 进行打包，并将打包之后的结果发送到主机。

（3）SendWaveToHost 函数将 MODULE_WAVE 和 DAT_WAVE_WDATA 分别赋给 pt.packModuleId 和 pt.packSecondId，将参数 pWaveData 指向的前 5 个 u8 类型变量依次赋给 pt.arrData[0]～pt.arrData[4]，再将 pt.arrData[5]赋值为 0，最后调用 SendPackToHost 函数对结构体变量 pt 进行打包，并将打包之后的结果发送到主机。

程序清单 17-13

```
void  InitSendDataToHost(void)
{

}

void SendAckPack(u8 moduleId, u8 secondId, u8 ackMsg)
{
  StructPackType pt;                          //包结构体变量

  pt.packModuleId = MODULE_SYS;               //系统信息模块的模块 ID
  pt.packSecondId = DAT_CMD_ACK;              //系统信息模块的二级 ID
  pt.arrData[0] = moduleId;                   //模块 ID
  pt.arrData[1] = secondId;                   //二级 ID
  pt.arrData[2] = ackMsg;                     //应答消息
  pt.arrData[3] = 0;                          //保留
  pt.arrData[4] = 0;                          //保留
  pt.arrData[5] = 0;                          //保留

  SendPackToHost(&pt);                        //打包数据，并将数据发送到主机
}

void  SendWaveToHost(u8* pWaveData)
{
  StructPackType  pt;                         //包结构体变量

  pt.packModuleId = MODULE_WAVE;              //wave 模块的模块 ID
  pt.packSecondId = DAT_WAVE_WDATA;           //wave 模块的二级 ID
  pt.arrData[0] = pWaveData[0];               //波形数据 1
  pt.arrData[1] = pWaveData[1];               //波形数据 2
  pt.arrData[2] = pWaveData[2];               //波形数据 3
```

```
    pt.arrData[3] = pWaveData[3];                    //波形数据 4
    pt.arrData[4] = pWaveData[4];                    //波形数据 5
    pt.arrData[5] = 0;                               //保留

    SendPackToHost(&pt);                             //打包数据，并将数据发送到主机
}
```

步骤 8：完善 ProcHostCmd.c 文件

在 ProcHostCmd.c 文件的“包含头文件”区的最后，添加代码#include "SendDataToHost.h"。

在 ProcHostCmd.c 文件的“API 函数实现”区，先定义 ack 变量，并将 OnGenWave 函数的返回值赋给 ack，然后，在 OnGenWave 函数之后，添加调用 SendAckPack 函数的代码，如程序清单 17-14 所示。OnGenWave 函数根据变量 pack 生成不同的波形，返回值为生成波形命令响应消息，SendAckPack 函数将该响应消息发送到主机。

程序清单 17-14

```
void ProcHostCmd(u8 recData)
{
  StructPackType pack;                    //包结构体变量
  u8 ack;                                 //存储应答消息

  while(UnPackData(recData))              //解包成功
  {
    pack = GetUnPackRslt();               //获取解包结果

    switch(pack.packModuleId)             //模块 ID
    {
      case MODULE_WAVE:                   //波形信息
        ack = OnGenWave(pack.arrData);                                    //生成波形
        SendAckPack(MODULE_WAVE, CMD_GEN_WAVE, ack);                      //发送命令应答消息包
        brcak;
      default:
        break;
    }
  }
}
```

步骤 9：完善 ADC 实验应用层

在 Project 面板中，双击打开 Main.c 文件，在 Main.c 文件的“包含头文件”区的最后，添加代码#include "SendDataToHost.h"、#include "ADC.h"。

在 Main.c 文件的 InitSoftware 函数中，添加调用 InitSendDataToHost 函数的代码，如程序清单 17-15 所示，这样就实现了对 SendDataToHost 模块的初始化。

程序清单 17-15

```
static   void   InitSoftware(void)
```

```
{
  InitPackUnpack();              //初始化 PackUnpack 模块
  InitProcHostCmd();             //初始化 ProcHostCmd 模块
  InitSendDataToHost();          //初始化 SendDataToHost 模块
}
```

在 Main.c 文件的 InitHardware 函数中，添加调用 InitADC 函数的代码，如程序清单 17-16 所示，这样就实现了对 ADC 模块的初始化。

程序清单 17-16

```
static  void  InitHardware(void)
{
  SystemInit();                  //系统初始化
  InitRCC();                     //初始化 RCC 模块
  InitNVIC();                    //初始化 NVIC 模块
  InitUART1(115200);             //初始化 UART 模块
  InitTimer();                   //初始化 Timer 模块
  InitLED();                     //初始化 LED 模块
  InitSysTick();                 //初始化 SysTick 模块
  InitDAC();                     //初始化 DAC 模块
  InitADC();                     //初始化 ADC 模块
}
```

在 Main.c 文件的 Proc2msTask 函数中添加代码，实现读取 ADC 缓冲区的波形数据，并将波形数据发送到主机的功能，如程序清单 17-17 所示。下面按照顺序对添加的语句进行解释说明。

（1）在 Proc2msTask 函数中，每 8ms 通过 ReadADCBuf 函数读取一次 ADC 缓冲区的波形数据，然后将波形数据范围从 0～4095 压缩到 0～127，因为计算机上的“信号采集工具”显示范围为 0～127，而 STM32 的 ADC 模块转换输出的数据范围为 0～4095。

（2）在 PCT 通信协议中，一个波形数据包（模块 ID 为 0x71，二级 ID 为 0x01）包含 5 个连续的波形数据，对应波形上的 5 个点，因此还需要通过 s_iPointCnt 计数，当计数到 5 时，调用 SendWaveToHost 函数将数据包发送到计算机上的“信号采集工具”。

程序清单 17-17

```
static  void  Proc2msTask(void)
{
  u8   uart1RecData;                              //串口数据
  u16 adcData;                                    //队列数据
  u8   waveData;                                  //波形数据

  static u8 s_iCnt4 = 0;                          //计数器
  static u8 s_iPointCnt = 0;                      //波形数据包的点计数器
  static u8 s_arrWaveData[5] = {0};               //初始化数组

  if(Get2msFlag())                                //判断 2ms 标志位状态
  {
    if(ReadUART1(&uart1RecData, 1))               //读串口接收数据
    {
```

```
        ProcHostCmd(uart1RecData);                    //处理命令
    }

    s_iCnt4++;                                        //计数增加

    if(s_iCnt4 >= 4)                                  //达到 8ms
    {
      if(ReadADCBuf(&adcData))                        //从缓存队列中取出 1 个数据
      {
        waveData = (adcData * 127) / 4095;            //计算获取点的位置
        s_arrWaveData[s_iPointCnt] = waveData;        //存放到数组
        s_iPointCnt++;                                //波形数据包的点计数器加 1 操作

        if(s_iPointCnt >= 5)                          //接收到 5 个点
        {
          s_iPointCnt = 0;                            //计数器清零
          SendWaveToHost(s_arrWaveData);              //发送波形数据包
        }
      }
      s_iCnt4 = 0;                                    //准备下次的循环
    }

    LEDFlicker(250);                                  //调用闪烁函数
    Clr2msFlag();                                     //清除 2ms 标志位
  }
}
```

步骤 10：编译及下载验证

代码编写完成后，单击按钮进行编译。编译结束后，Build Output 栏中出现 0 Error(s)，0 Warning(s)，表示编译成功。然后，参见图 2-33，通过 Keil μVision5 软件将.axf 文件下载到 STM32 核心板。下载完成后，按照图 16-37，首先，将 STM32 核心板通过 Mini-USB 线连接到计算机，其次，将 PA4 通过杜邦线连接到 PA1 引脚，最后，将 PA4 引脚连接到示波器探头。可以通过计算机上的“信号采集工具”和示波器观察到与第 16 章实验相同的现象。

本 章 任 务

将 PA4 引脚通过杜邦线连接到 PA3 引脚，PA4 依然作为 DAC 输出正弦波、方波和三角波。在本实验的基础上，重新修改程序，将 PA1 改为 PA3，通过 ADC2 将 PA3 引脚的模拟信号量转换为数字量，并将转换后的数字量按照 PCT 通信协议进行打包，通过 UART1 实时将打包后的数据发送至计算机，再通过计算机上的“信号采集工具”动态显示接收到的波形。

本 章 习 题

1．简述本实验的 ADC 工作原理。

2．ADC 的转换范围及输入信号幅度超过 ADC 参考电压范围会有什么后果？

3．如何通过 STM32 的 ADC 检测 7.4V 锂电池的电压？

附录 A　STM32 核心板原理图

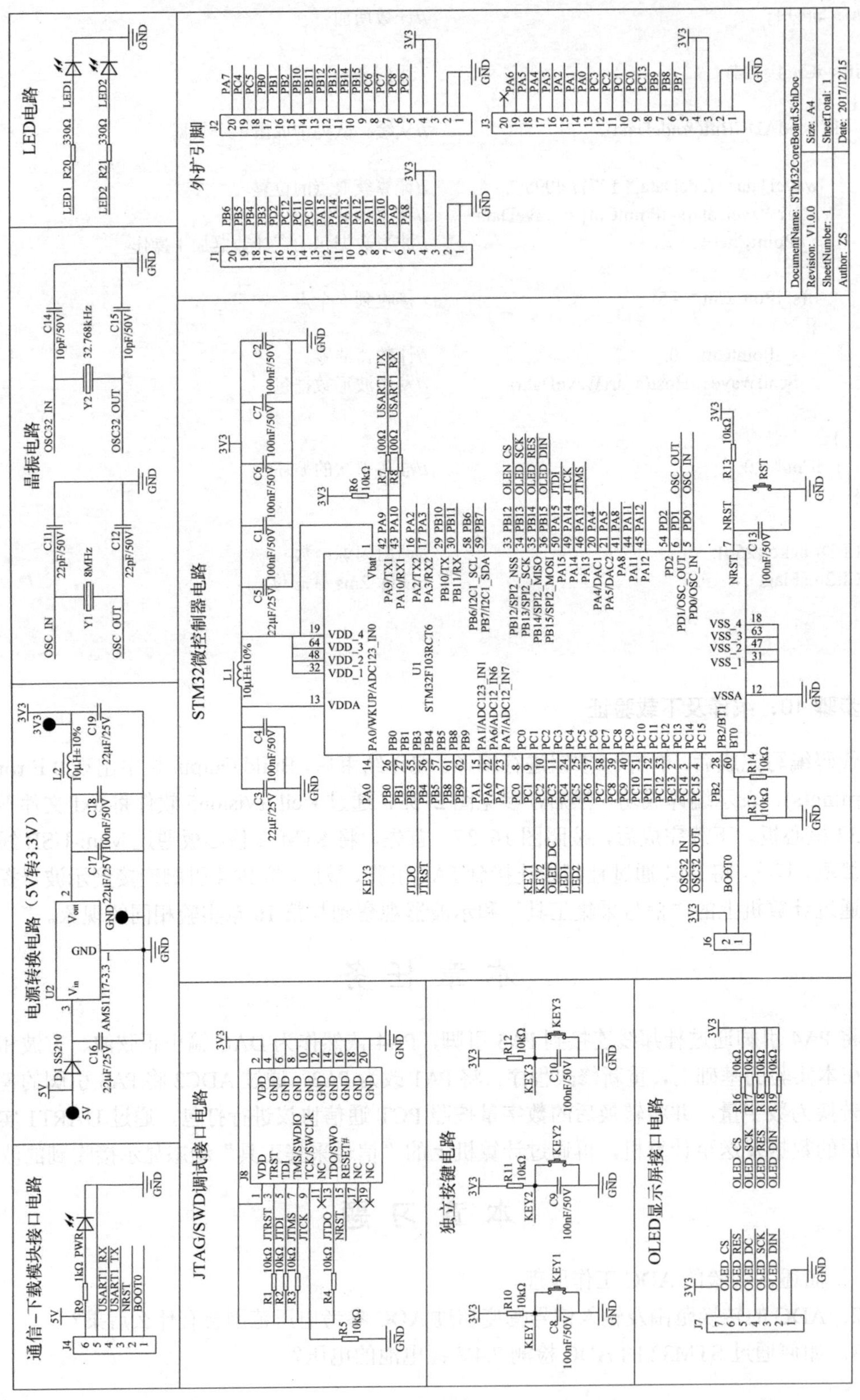

附录 B　STM32F103RCT6 引脚定义

引脚序号	引　脚　名	类　　型	I/O 结构	复位后主功能	复用功能	
					默　认	重　映　射
1	V_{BAT}	S		V_{BAT}		
2	PC13-TAMPER-RTC	I/O		PC13	TAMPER-RTC	
3	PC14-OSC32_IN	I/O		PC14	OSC32_IN	
4	PC15-OSC32_OUT	I/O		PC15	OSC32_OUT	
5	OSC_IN	I		OSC_IN		
6	OSC_OUT	O		OSC_OUT		
7	NRST	I/O		NRST		
8	PC0	I/O		PC0	ADC123_IN10	
9	PC1	I/O		PC1	ADC123_IN11	
10	PC2	I/O		PC2	ADC123_IN12	
11	PC3	I/O		PC3	ADC123_IN13	
12	V_{SSA}	S		V_{SSA}		
13	V_{DDA}	S		V_{DDA}		
14	PA0-WKUP	I/O		PA0	WKUP/ USART2_CTS/ ADC123_IN0/ TIM2_CH1_ETR/ TIM5_CH1/ TIM8_ETR	
15	PA1	I/O		PA1	USART2_RTS/ ADC123_IN1/ TIM5_CH2/ TIM2_CH2	
16	PA2	I/O		PA2	USART2_TX/ TIM5_CH3/ ADC123_IN2/ TIM2_CH3	
17	PA3	I/O		PA3	USART2_RX/ TIM5_CH4/ ADC123_IN3/ TIM2_CH4	
18	V_{SS_4}	S		V_{SS_4}		
19	V_{DD_4}	S		V_{DD_4}		
20	PA4	I/O		PA4	SPI1_NSS/ USART2_CK/ DAC_OUT1/ ADC12_IN4	
21	PA5	I/O		PA5	SPI1_SCK/ DAC_OUT2/ ADC12_IN5	
22	PA6	I/O		PA6	SPI1_MISO/ TIM8_BKIN/ ADC12_IN6/ TIM3_CH1	TIM_BKIN
23	PA7	I/O		PA7	SPI1_MOSI/ TIM8_CH1N/ ADC12_IN7/ TIM3_CH2	TIM_CH1N

续表

引脚序号	引 脚 名	类 型	I/O 结构	复位后主功能	复用功能	
					默 认	重 映 射
24	PC4	I/O		PC4	ADC12_IN14	
25	PC5	I/O			ADC12_IN15	
26	PB0	I/O			ADC12_IN8/ TIM3_CH3/ TIM8_CH2N	TIM1_CH2N
27	PB1	I/O			ADC12_IM9/ TIM3_CH4/ TIM8_CH3N	TIM1_CH3N
28	PC2	I/O	FT	PC2/ BOOT1		
29	PB10	I/O	FT	PB10	I2C2_SCL/ USART3_TX	TIM2_CH3
30	PB11	I/O	FT	PB11	I2C2_SDA/ USART3_RX	TIM2_CH4
31	V_{SS_1}	S		V_{SS_1}		
32	V_{DD_1}	S		V_{DD_1}		
33	PB12	I/O	FT	PB12	SPI2_NSS/ I2S2_WS/ I2C2_SMBA/ USART3_CK/ TIM1_BKIN	
34	PB13	I/O	FT	PB13	SPI2_SCK/ I2S2_CK/ USART3_CTS/ TIM1_CH1N	
35	PB14	I/O	FT	PB14	SPI2_MISO/ TIM1_CH2N/ USART3_RTS	
36	PB15	I/O	FT	PB15	SPI2_MOSI/ I2S2_SD/ TIM1_CH3N	
37	PC6	I/O	FT	PC6	I2S2_MCK/ TIM8_CH1/ SDIO_D6	TIM3_CH1
38	PC7	I/O	FT	PC7	I2S3_MCK/ TIM8_CH2/ SDIO_D7	TIM3_CH2
39	PC8	I/O	FT	PC8	TIM8_CH3/ SDIO_D0	TIM3_CH3
40	PC9	I/O	FT	PC9	TIM8_CH4/ SDIO_D1	TIM3_CH4
41	PA8	I/O	FT	PA8	USART1_CK/ TIM1_CH1/ MCO	
42	PA9	I/O	FT	PA9	USART1_TX/ TIM1_CH2	
43	PA10	I/O	FT	PA10	USART1_RX/ TIM1_CH3	
44	PA11	I/O	FT	PA11	USART1_CTS/ USBDM/ CAN_RX/ TIM1_CH4	
45	PA12	I/O	FT	PA12	USART1_RTS/ USBDP/ CAN_TX/ TIM1_ETR	
46	PA13	I/O	FT	JTMS-SWDIO		PA13
47	V_{SS_2}	S		V_{SS_2}		
48	V_{DD_2}	S		V_{DD_2}		
49	PA14	I/O	FT	JTCK-SWCLK		PA14

续表

引脚序号	引脚名	类型	I/O 结构	复位后主功能	复用功能	
					默认	重映射
50	PA15	I/O	FT	JTDI	SPI3_NSS/ I2S3_WS	TIM2_CH1_ETR/ PA15/ SPI1_NSS
51	PC10	I/O	FT	PC10	UART4_TX/ SDIO_D2	USART3_TX
52	PC11	I/O	FT	PC11	UART4_RX/ SDIO_D3	USART3_RX
53	PC12	I/O	FT	PC12	UART5_TX/ SDIO_CK	USART3_CK
5	PD0	I/O	FT	OSC_IN	FSMC_D2	CAN_RX
6	PD1	I/O	FT	OSC_OUT	FSMC_D3	CAN_TX
54	PD2	I/O	FT	PD2	TIM3_ETR/ UART5_RT/ SDIO_CMD	
55	PB3	I/O	FT	JTDO	SPI3_SCK/ I2S3_CK	PB3/ TRACESWO TIM2_CH2/ SPI1_SCK
56	PB4	I/O	FT	NJTRST	SPI3_MISO	PB4/ TIM3_CH1 SPI1_MISO
57	PB5	I/O		PB5	I2C1_SMBA/ SPI3_MOSI/ I2S3_SD	TIM3_CH2/ SPI1_MOSI
58	PB6	I/O	FT	PB6	I2C1_SCL/ TIM4_CH1	USART1_TX
59	PB7	I/O	FT	PB7	I2C1_SDA/ FSMC_NADV/ TIM4_CH2	USART1_RX
60	BOOT0	I		BOOT0		
61	PB8	I/O	FT	PB8	TIM4_CH3/ SDIO_D4	I2C1_SCL/ CAN_RX
62	PB9	I/O	FT	PB9	TIM4_CH4/ SDIO_D5	I2C1_SDA/ CAN_TX
63	V_{SS_3}	S		V_{SS_3}		
64	V_{DD_3}	S		V_{DD_3}		

附录 C　C 语言软件设计规范（LY-STD001—2019）

C.1 《C 语言软件设计规范（LY-STD001—2019）》简介

该规范是由深圳市乐育科技有限公司于 2019 年发布的 C 语言软件设计规范，版本为 LY-STD001—2019。该规范详细介绍了 C 语言的书写规范，包括排版、注释、命名规范等，紧接着是 C 文件模板和 H 文件模板，并对这两个模板进行了详细的说明。使用代码书写规则和规范可以使程序更加规范和高效，对代码的理解和维护起到至关重要的作用。

C.2 排　　版

（1）程序块采用缩进风格编写，缩进的空格数为 2 个。对于由开发工具自动生成的代码可以有不一致。

（2）须将 Tab 键设定为转换为 2 个空格，以免用不同的编辑器阅读程序时，因 Tab 键所设置的空格数目不同而造成程序布局不整齐。对于由开发工具自动生成的代码可以有不一致。

（3）相对独立的程序块之间、变量说明之后必须加空行。

例如：

```
int tick;
int hour;
--------------------------------空行隔开--------------------------------
hour = tick / 3600;
--------------------------------空行隔开--------------------------------
if(hour >= 59)
{
  //program code
}
```

（4）不允许把多个短语句写在一行中，即一行只写一条语句。

例如：

```
int recData1 = 0;   int recData2 = 0;
```

应该写为

```
int recData1 = 0;
int recData2 = 0;
```

（5）if、for、do、while、case、switch、default 等语句自占一行，且 if、for、do、while 等语句的执行语句部分无论多少都要加括号{}。

例如：

```
if(s_iFreqVal > 60)
    return;
```

应该写为

```
if(s_iFreqVal > 60)
{
    return;
}
```

（6）在两个以上的关键字、变量、常量进行对等操作时，它们之间的操作符之前、之后或前后要加空格；进行非对等操作时，如果是关系密切的立即操作符（如→），后不应加空格。

例如：

```
int a, b, c;
if(a >= b && c > d)
a = b + c;
a *= 2;
a = b ^ 2;
*p = 'a';
flag = !isEmpty;
p = &mem;
p->id = pid;
```

C.3　注　　释

注释是源码程序中非常重要的一部分，通常情况下规定有效的注释量不得少于20%。其原则是有助于对程序的阅读理解，所以注释语言必须准确、简明扼要。注释不宜太多也不宜太少，内容要一目了然，意思表达准确，避免有歧义。总之该加注释的一定要加，不必要的地方就一定别加。

（1）边写代码边注释，修改代码的同时修改相应的注释，以保证注释与代码的一致性。不再有用的注释要删除。

（2）注释的内容要清楚、明了，含义准确，防止注释二义性。

（3）避免在注释中使用缩写，特别是非常用缩写。

（4）注释应考虑程序易读及外观排版的因素，使用的语言若是中、英文兼有的，建议多使用中文，除非能用非常流利准确的英文表达。

C.4　命名规范

标识符的命名要清晰、明了，有明确含义，同时使用完整的单词或大家基本可以理解的缩写，避免使人产生误解。

较短的单词可通过去掉“元音”形成缩写，较长的单词可取单词的头几个字母形成缩写；一些单词有大家公认的缩写。

例如：

message 可缩写为 msg；flag 可缩写为 flg；increment 可缩写为 inc。

1．三种常用命名方式介绍

（1）骆驼命名法（camelCase）。

骆驼命名法，正如它的名称所表示的那样，是指混合使用大小写字母来构成变量和函数的名字。例如：printEmployeePayChecks()。

（2）帕斯卡命名法（PascalCase）。

与骆驼命名法类似，只不过骆驼命名法是首个单词的首字母小写，后面单词首字母都大写，而帕斯卡命名法是所有单词首字母都大写，例如：public void DisplayInfo()。

（3）匈牙利命名法（Hungarian）。

匈牙利命名法通过在变量名前面加上相应的小写字母的符号标识作为前缀，标识出变量的作用域、类型等。这些符号可以多个同时使用，顺序是先 m_（成员变量），再简单数据类型，再其他。例如：m_iFreq，表示整型的成员变量。匈牙利命名法的关键是：标识符的名字以一个或多个小写字母开头作为前缀；前缀之后是首字母大写的一个单词或多个单词组合，该单词要指明变量的用途。

2．函数命名（文件命名与函数命名相同）

函数名应该能体现该函数完成的功能，可采用动词+名词的形式。关键部分应该采用完整的单词，辅助部分若太常见可采用缩写，缩写应符合英文的规范。每个单词的第一个字母要大写。

例如：

```
AnalyzeSignal();
SendDataToPC();
ReadBuffer();
```

3．变量

（1）头文件为防止重编译须使用类似于_SET_CLOCK_H_的格式，其余地方应避免使用以下画线开始和结尾的定义。

如：

```
#ifndef _SET_CLOCK_H_
#define _SET_CLOCK_H_
…
#end if
```

（2）常量使用宏的形式，且宏中的所有字母均为大写。

例如：

```
#define        MAX_VALUE        100
```

（3）枚举命名时，枚举类型名应按照 EnumAbcXyz 的格式，且枚举常量均为大写，不同单词之间用下画线隔开。

例如：

```
typedef enum
{
  TIME_VAL_HOUR = 0,
  TIME_VAL_MIN,
  TIME_VAL_SEC,
  TIME_VAL_MAX
}EnumTimeVal;
```

（4）结构体命名时，结构体类型名应按照 StructAbcXyz 的格式，且结构体的成员变量应采用骆驼命名法。

例如：

```
typedef struct
{
  short hour;
  short min;
  short sec;
}StructTimeVal;
```

（5）在本文档中，静态变量有两类，函数外定义的静态变量称为文件内部静态变量，函数内定义的静态变量称为函数内部静态变量。注意，文件内部静态变量均定义在“内部变量区”。这两种静态变量命名格式一致，即 s_+变量类型（小写）+变量名（首字母大写）。变量类型包括 i（整型）、f（浮点型）、arr（数组类型）、struct（结构体类型）、b（布尔型）、p（指针类型）。

例如：

```
s_iHour，s_arrADCConvertedValue[10]，s_pHeartRate
```

（6）函数内部的非静态变量即为局部变量，其有效区域仅限于函数范围内。局部变量命名采用骆驼命名法，即首字母小写。

例如：

```
timerStatus，tickVal，restTime
```

（7）为了最大限度地降低模块之间的耦合，本文档不建议使用全局变量，若非不得已必须使用，则按照 g_+变量类型（小写）+变量名（首字母大写）进行命名。

C.5　C 文件模板

每个 C 文件模块都由模块描述区、包含头文件区、宏定义区、枚举结构体定义区、内部变量区、内部函数声明区、内部函数实现区及 API 函数实现区组成。下面是各个模块的示意。

1．模块描述区

```
/*********************************************************************************************
* 模块名称：SendDataToHost.c
* 摘    要：发送数据到主机
* 当前版本：1.0.0
```

```
* 作    者：XXX
* 完成日期：20XX 年 XX 月 XX 日
* 内    容：
* 注    意：
***************************************************************************
* 取代版本：
* 作    者：
* 完成日期：
* 修改内容：
* 修改文件：
*********************************************************************************************/
```

2．包含头文件区

```
/*********************************************************************************************
*                                      包含头文件
*********************************************************************************************/
#include   "SampleSignal.h"
#include   "AnalyzeSignal.h"
#include   "ProcessSignal.h"
```

3．宏定义区

```
/*********************************************************************************************
*                                      宏定义
*********************************************************************************************/
#define   ALPHA   2048          //宏定义必须全部大写，格式为 ABC_XYZ
```

4．枚举结构体定义区

```
/*********************************************************************************************
*                                      枚举结构体定义
*********************************************************************************************/
//定义枚举
//枚举类型为 EnumTimeVal，枚举类型的命名格式为 EnumXxYy
typedef enum
{
  TIME_VAL_HOUR = 0,
  TIME_VAL_MIN,
  TIME_VAL_SEC,
  TIME_VAL_MAX
}EnumTimeVal;

//定义一个时间值结构体，包括 3 个成员变量，分别是 hour、min 和 sec
//结构体类型为 StructTimeVal，结构体类型的命名格式为 StructXxYy
typedef struct
{
  short hour;
  short min;
  short sec;
```

```
}StructTimeVal;
```

5. 内部变量区

```
/*********************************************************************************************
*                                        内部变量
*********************************************************************************************/
static i16 s_iSignalSample = 0;      //信号采样值
```

6. 内部函数声明区

```
/*********************************************************************************************
*                                        内部函数声明
*********************************************************************************************/
static void SampleSignalPerSec(void* pBuf);      //每隔 2ms 采样一次信号
```

7. 内部函数实现区

```
/*********************************************************************************************
*                                        内部函数实现
*********************************************************************************************/
/*********************************************************************************************
* 函数名称：SampleSignal
* 函数功能：采样信号
* 输入参数：void
* 输出参数：void
* 返 回 值：void
* 创建日期：20XX 年 XX 月 XX 日
* 注    意：
*********************************************************************************************/
static  void  SampleSignal(void)
{
}
```

8. API 函数实现区

```
/*********************************************************************************************
*                                        API 函数实现
*********************************************************************************************/
/*********************************************************************************************
* 函数名称：Task
* 函数功能：任务
* 输入参数：void
* 输出参数：void
* 返 回 值：void
* 创建日期：20XX 年 XX 月 XX 日
* 注    意：
*********************************************************************************************/
void  Task(void)
{
```

```
}
```

C.6 H 文件模板

每个 H 文件模块都由模块描述区、包含头文件区、宏定义区、枚举结构体定义区及 API 函数声明区组成。下面是各个模块的示意。

1. 模块描述区

```
/*********************************************************************************************
* 模块名称：SendDataToHost.h
* 摘    要：发送数据到主机
* 当前版本：1.0
* 作    者：
* 完成日期：
* 内    容：
* 注    意：
**********************************************************************************
* 取代版本：
* 作    者：
* 完成日期：
* 修改内容：
* 修改文件：
*********************************************************************************************/
#ifndef _SEND_DATA_TO_PC   //注意，这个是必需的，防止重编译
#define _SEND_DATA_TO_PC   //注意，这个是必需的
```

2. 包含头文件区

```
/*********************************************************************************************
*                                          包含头文件
*********************************************************************************************/
#include "DataType.h"
#include "Version.h"
```

3. 宏定义区

```
/*********************************************************************************************
*                                            宏定义
*********************************************************************************************/
//参照"模块描述（C 文件）"中的"宏定义区"
```

4. 枚举结构体定义区

```
/*********************************************************************************************
*                                        枚举结构体定义
*********************************************************************************************/
//参照"模块描述（C 文件）"中的"枚举结构体定义区"
//但是"C 文件"中定义的只能用于所在的 C 文件区
```

```
//“H文件”定义的既能用在所在的H文件、对应的C文件区，还能用于其他被应用的H文件和C文件区
```

5. API函数声明区

```
/*********************************************************************************************
*                                        API函数声明
*********************************************************************************************/
void  InitSignal(void);
#endif          //注意，这个是必需的，与#ifndef对应
```

参考文献

[1] 杨百军，王学春，黄雅琴. 轻松玩转 STM32F1 微控制器. 北京：电子工业出版社，2016.

[2] 蒙博宇. STM32 自学笔记. 北京：北京航空航天大学出版社，2012.

[3] 王益涵，孙宪坤，史志才. 嵌入式系统原理及应用——基于 ARM Cortex-M3 内核的 STM32F1 系列微控制器. 北京：清华大学出版社，2016.

[4] 喻金钱，喻斌. STM32F 系列 ARM Cortex-M3 核微控制器开发与应用. 北京：清华大学出版社，2011.

[5] 刘军. 例说 STM32. 北京：北京航空航天大学出版社，2011.

[6] Joseph Yiu，宋岩（译）. ARM Cortex-M3 权威指南. 北京：北京航空航天大学出版社，2009.

[7] 刘火良，杨森. STM32 库开发实战指南. 北京：机械工业出版社，2013.

[8] 肖广兵. ARM 嵌入式开发实例——基于 STM32 的系统设计. 北京：电子工业出版社，2013.

[9] 陈启军，余有灵，张伟，潘登，周伟. 嵌入式系统及其应用. 上海：同济大学出版社，2011.

[10] 张洋，刘军，严汉宇. 原子教你玩 STM32（库函数版）. 北京：北京航空航天大学出版社，2013.